高等院校"新形态"规划教材

# 机械设计基础

## (第3版)(慕课版)

主　编　朱　颜　李建华
副主编　马　震　郭安福
主　审　陈国定

本书资源使用说明

北京邮电大学出版社
·北京·

## 内容提要

本书是基于目前教学改革的实际需要，根据教育部高等学校机械基础课程教学指导分委员会颁布的《机械设计基础课程教学基本要求(非机类专业适用)》而编写的。

全书共分15章，主要内容包括：机械设计概论、机械零件尺寸的确定、平面机构运动简图及自由度、平面连杆机构、凸轮机构、齿轮传动、轮系和减速器、间歇运动机构及组合机构、带传动和链传动、机械连接、轴承、轴和联轴器、弹簧、机械的平衡和调速、机械传动系统方案设计。各章均附有一定数量的思考与练习题。另有附录，包括机械零件工作能力计算基础、极限与配合、零件机械加工工艺简介和计算机辅助设计简介。

本书主要作为高等院校近机类专业的教材，也可供其他相关专业的师生和工程技术人员参考。

**图书在版编目(CIP)数据**

机械设计基础 ：慕课版 / 朱颜，李建华主编. 3版. -- 北京 ：北京邮电大学出版社，2024. -- ISBN 978-7-5635-7274-8

Ⅰ. TH122

中国国家版本馆CIP数据核字第2024CV6636号

**策划编辑**：韩 霞　**责任编辑**：韩 霞　**封面设计**：广信达雅

**出版发行**：北京邮电大学出版社
**社　　址**：北京市海淀区西土城路10号(100876)
**电话传真**：010-82333010　62282185(发行部)　010-82333009　62283578(传真)
**网　　址**：www.buptpress3.com
**电子信箱**：buptpress3@163.com
**经　　销**：各地新华书店
**印　　刷**：鸿博睿特(天津)印刷科技有限公司
**开　　本**：787 mm×1 092 mm　1/16
**印　　张**：17
**字　　数**：434千字
**版　　次**：2012年7月第1版　2024年7月第3版
**印　　次**：2024年7月第1次印刷

ISBN 978-7-5635-7274-8　　定价：54.00元

如有质量问题请与发行部联系

# 前言

本书是在第 2 版的基础上，基于目前教学改革的实际需要，根据教育部高等学校机械基础课程教学指导分委员会颁布的《机械设计基础课程教学基本要求(非机类专业适用)》而编写的。

党的二十大报告强调“推进教育数字化”。教育数字化是教育教学活动与数字技术融合发展的产物，教材是教育教学的基本载体和关键支撑。本教材响应“新形态教材”的要求，充分利用“互联网＋”的功能，继续挖掘数字平台的巨大潜力，全面支持教师开展多种形式的教学活动，学生可以随时随地学习。学生通过助学助教手机端 APP，扫描书中的二维码，可以查看重要知识点的微课、动画视频以及相关内容的扩展阅读。本书资源使用说明，请扫描扉页中的二维码查看。另外，为了更好地适应线上线下混合式教学的新模式，本书还配有慕课，学生可以在优学院平台上学习。本次改版还加入了课程思政的内容，以增强学生的爱国情怀，提高学生的创新意识。

本书以“突出技能、重在实用、简化理论、实用为度”为指导思想，紧密结合近机类专业的需求特点，本着利于教学的基本要求及少而精的原则，删繁就简，着重讲述有关机械设计的基本概念、基本理论和基本方法。

本书引导学生从认识机械入门，使学生了解机械设计的理念和内容，并且重点掌握常用机构和通用零件的原理特点与应用，淡化机构和零件的设计计算。

本书突出机械整体概念，适当扩大知识面，增强设计与工程实际的联系，让学生通过设计实例了解设计理论和方法。

本书将与机械设计紧密相关的机械零件工作能力计算基础、极限与配合、零件机械加工工艺简介和计算机辅助设计简介等基础知识作为附录编在正文之后，以便读者增强对机械设计的理解和应用。

本书力求简明易懂，好教好学，以及更具启迪性。本书在各章结尾都附有一定数量的思考与练习题，以帮助学生对课程内容的理解和掌握。

在本书的编写过程中，编者参考和引用了有关教材的内容和插图，在此对这些教材的编者表示衷心的感谢。

本书由聊城大学朱颜、西北工业大学李建华担任主编，聊城大学马震、郭安福担任副主编，西北工业大学陈国定教授担任主审。

党的二十大报告指出，坚持把发展经济的着力点放在实体经济上，推动制造业高端化、智能化、绿色化发展，坚持机械化、信息化、智能化融合发展，推进新型工业化，加快建设制造强国。愿本书能够为广大读者提供系统而深入的机械设计基础知识，使其更好地适应新时代制造业发展的方向，为实现强国梦贡献一份力量。

由于编者水平和时间有限，漏误之处在所难免，敬请广大读者给予批评指正。

编　者

CONTENTS 目录

# 第1章 机械设计概论

## 1.1 概　　述

绪论

中华文明的机械发展史

机械设计是根据用户的使用要求，对机械的工作原理、结构、运动方式、力和能量的传递方式、各个零件的材料和形状尺寸、润滑方法等进行构思、分析和计算，并将其转化为具体的描述以作为制造依据的工作过程。

机械设计是机械工程的重要组成部分，是机械生产的第一步，是决定机械性能最主要的因素。机械设计的任务是：在各种限定条件（如材料、加工能力、理论知识和计算手段等）下设计出最好的机械，即做出优化设计。优化设计需要综合地考虑许多要求，一般包括最好的工作性能、最低的制造成本、最小的尺寸和质量、使用中最大的可靠性、最低的消耗和最少的环境污染等。这些要求通常是互相矛盾的，而且它们之间的相对重要性因机械种类和用途的不同而异。设计者的任务是按具体情况权衡轻重，统筹兼顾，使设计的机械有最优的综合技术性能及经济效果。过去，设计的优化主要依靠设计者的知识、经验和远见。随着机械工程基础理论和价值工程、系统分析等新学科的发展，制造和使用的技术经济数据资料的积累，以及计算机的推广应用，设计的优化逐渐舍弃主观判断而依靠科学计算。

不同机械服务于不同的产业，应用不同的工作原理，具有不同的功能和特性。各产业的机械设计，特别是整体和整系统的机械设计，因为依附于有关的产业技术而难以形成独立的学科。因此，出现了农业机械设计、矿山机械设计、纺织机械设计、汽车设计、船舶设计、泵设计、压缩机设计、汽轮机设计、内燃机设计、机床设计等专业性的机械设计分支。但是，这些专业设计又有许多共性技术，如机构分析和综合、力与能的分析和计算、工程材料学、材料强度学、传动、润滑、密封，以及标准化、可靠性、工艺性、优化等。此外，还有研究设计工作的内在规律和设计的合理步骤与方法的新兴的设计方法学。将机械设计的共性技术与理性化的设计方法学汇集成为一门独立的、综合性的机械设计学科是机械工程实践工作者和教育工作者正在努力的工作方向。

机械设计可分为新型设计、继承设计和变型设计 3 类。

（1）新型设计。新型设计是指应用成熟的科学技术或经过实验证明可行的新技术，设计过去没有的新型机械。

（2）继承设计。继承设计是指根据使用经验和技术发展对已有的机械进行设计更新，以提高其性能，降低其制造成本或减少其运用费用。

(3) 变型设计。变型设计是指为适应新的需要对已有的机械进行部分修改或增删而发展出不同于标准型的变型产品。

## 1.2 机械设计的基础知识

机械设计的基础知识包括机械制图、机构学、理论力学、工程材料、材料力学和机械加工工艺等课程的知识。下面简要说明这些课程和机械设计的关系。

机械制图是用图样确切表示机械的结构形状、尺寸大小、工作原理和技术要求的学科。图样由图形、符号、文字和数字等组成，是表达设计意图和制造要求以及交流经验的技术文件，常被称为工程界的语言。

机构学是着重研究机械中机构的结构和运动等问题的学科，主要研究各种机械中有关机构的结构、运动和受力等共性问题。具体来讲，机构学的研究内容分两个方面：一是对已有机构的研究，包含机构的结构分析、运动分析和动力分析等，其中在机构的运动分析和动力分析中需要运用理论力学中的运动学、动力学和静力学方面的相关知识；二是按机械设计要求设计新的机构，包括机构的结构设计、运动设计和动力设计等。

在机械制造业中，金属材料是目前使用量最大、使用范围最广的材料。金属材料分为钢铁材料和有色金属材料两大类。金属材料有着优良的使用性能和加工工艺性能。随着科学技术的进步，非金属材料由于具有一些金属材料所不具备的性能特点（如耐蚀性、绝缘、消声、质轻、生产率高、成本低等）而得到迅速发展。

机械零部件在载荷作用下可能会出现整体或表面断裂、塑性变形过大等，从而丧失正常工作能力的状况，称为失效。要求所设计的机械零部件，在正常工作条件下不出现这种类型的失效。材料力学的基本任务是研究构件在外力作用下抵抗变形和破坏的规律，在满足强度、刚度和稳定性要求的前提下兼顾构件截面形状、尺寸确定的合理性和材料选择的经济性，为设计既经济又安全的构件提供必要的理论基础和计算方法。

机械加工工艺过程是利用切削加工、磨削加工、电加工、超声波加工、电子束及离子束加工等机械、电的加工方法，直接改变毛坯的形状、尺寸、相对位置和性能等，使其转变为合格零件的过程。把零件装配成部件或成品并达到装配要求的过程称为装配工艺过程。机械加工工艺过程直接决定零件和产品的质量，对产品的成本和生产周期都有较大的影响，是机械产品整个工艺过程的主要组成部分。设计者必须了解机械零部件的制造工艺，能从材料选择、毛坯制造、机械加工、装配及维修等环节考虑有关工艺问题。

## 1.3 机械设计的一般过程

机械设计构思与方案

### 1.3.1 构思与方案设计

设计产品时的主要设想就是构思，原始设计就是构思在产品结构（包括机构)上的最初体现。产品的优劣,是由产品能实现的性能指标高低来评判的。

以发动机为例,从机构学观点看,转子发动机只有两个运动构件,即转子和曲轴,动力直接通过曲轴输出;往复式发动机的动力要经过连杆,再由曲轴输出。转子发动机能顺序、均衡、平稳地输出能量;往复式发动机间断地以冲击方式输出能量。转子发动机利用转子表面自动开闭进排气阀门;往复式发动机要有专门的凸轮机构控制进排气阀门。可见转子发动机构件少,动力性能好。

从发动机的主要性能指标——功率容量比,即单位体积所产生的功率来看,转子发动机曲轴每转一圈,产生一个动力冲程;四冲程往复式发动机曲轴每转两圈,产生一个动力冲程。可见转子发动机功率容量比是四冲程往复式发动机的两倍,即转子发动机体积小而功率大。

从这些分析可知,转子发动机的构思和原始设计方案比往复式发动机优越。

往复式发动机的主体结构(曲柄滑块机构)是低副机构,圆柱形的活塞和汽缸容易加工。转子发动机的三角形转子,8 字形缸的内壁及内、外齿轮的加工却很复杂。另外,转子的密封材料也比活塞的密封材料要求高。这些也许就是先有往复式发动机的历史原因。

经过以上评述,可知每个产品的构思和设计都有自身的特点,并体现历史发展的过程和相应的生产工艺水平。

### 1.3.2 强度分析

强度是零件材料没有失效前的承载能力的一种度量。零件所承受的载荷,根据加载方式可分为逐渐加载、突然加载、在冲击条件下加载、连续交变地加载以及在高温或低温条件下加载。

如果机器的重要零件损坏了,那么整部机器必须停下来修理。因此在设计机器时,主要零件的强度必须满足要求,以防损坏。设计人员应当尽可能精确地确定作用在零件上的力的性质、大小、方向和作用点。但是工程设计无法做到十分严密,因为一方面很难确定作用力的全部要素;另一方面,同一种材料做成的不同试件,对载荷、温度、环境等条件所显示的抵抗能力也会不同。这样,计算结果就不能准确地表示实际的承载能力。

为此,在机械设计中,必须做出合理的假设,以便对产品进行力学计算和强度分析。所谓合理的假设,是指假设既要反映机器的实际工况,又要便于计算。一般地,这种假设偏保守,也有考虑不周之处,所以对于重要产品,必须通过试验和试用,证明该产品的设计是成功的。

### 1.3.3 选择材料

各种材料具有不同的抵抗外载荷、防止腐蚀和抵抗磨损的能力,这种能力表现为材料应具有的屈服极限、持久极限、弹性、韧性、硬度和抗腐蚀性等特性。此外,各种零件在不同的工作条件下要求具有不同的特性,这些特性有些是必须具有的,有些是希望具有的。零件材料的选择就是根据零件使用要求的特性来选择具有这种特性的材料。

1. 机械零件的常用材料

机械制造中最常用的材料首先是金属材料，其又分为钢铁材料和有色金属材料（如铜、铝及其合金等）；其次是非金属材料（如工程塑料、橡胶、玻璃、皮革、纸板、木材及纤维制品等）和复合材料（如纤维增强塑料、金属陶瓷等）。

随着科学技术的飞速发展，新材料不断涌现，材料的品种和规格也不断增多。但目前在机械工业中用来制作机械零件的基础材料仍然是以金属材料为主。

1）钢

钢是一种含碳量小于2.11%的铁碳合金。它具有较高的强度、塑性和韧性，钢制零件毛坯可用锻造、辗轧、冲压、焊接、铸造等方法获得，其应用极为广泛。

按照用途的不同，钢可分为结构钢（用于制造各种机械零件和工程结构的构件）、工具钢（用于制造刀具、量具和模具等）和特殊钢（如不锈钢、耐热钢、耐酸钢等，用于一些特殊场合）。

2）铸铁

铸铁是一种含碳量大于2.11%的铁碳合金。铸铁具有适当的易熔性，良好的液态流动性，因而可铸成型状复杂的零件。此外，铸铁具有一定的减振性、耐磨性、切削性（指灰铸铁）且成本低廉，因此它在机械制造中应用甚广。常用的铸铁有灰铸铁、球墨铸铁、可锻铸铁和合金铸铁等，其中灰铸铁应用得最多。

3）有色金属

有色金属及其合金种类繁多，由于其具有某些特殊的性能，因此应用于一些特殊的场合，在机械工业中尤以铜合金、铝合金的应用广泛。

（1）铜合金。铜合金具有一定的强度和硬度，导电性、导热性、减摩耐磨性和耐蚀性良好，是制造电工器件和耐磨蚀零件的重要材料。常用的铜合金有黄铜和青铜之分，黄铜为锌和铜的合金；青铜又分为锡青铜（铜与锡的合金）和无锡青铜（铜与铅、铝、镍、锰、硅、铍等的合金）。铜合金可以铸造辗压。

（2）铝合金。铝是应用最广的轻金属，纯铝有良好的塑性、耐蚀性、导电性、导热性和焊接性，但其强度、硬度较低。在铝中加入合金元素如硅、铜、镁、锰、锌等，可以获得质量轻、强度高的零件。铝合金分为铸造铝合金和变形铝合金两类，后者又包含防锈铝、锻铝、硬铝及超硬铝等类别。

4）工程塑料

工程塑料是在工程中用来作为结构或传动件材料的塑料，它具有强度较高，重量轻，绝缘性、减摩耐磨性、耐蚀性、耐热性好等特点。一般说来，其成型工艺性好，生产率高，应用范围日益扩大，因此越来越受到工程界的重视。

2. 材料的选择

从多种材料中选择出适宜的材料，要考虑诸多因素，通常应考虑以下几方面。

1）载荷的大小和性质，应力的大小、性质及其分布状况

对于承受拉伸载荷为主的零件宜选用钢材，承受压缩载荷为主的零件宜选

用铸铁。脆性材料原则上只适用于制造承受静载荷的零件，承受冲击载荷时应选择塑性较好的材料。

2）零件的工作条件

在腐蚀介质中工作的零件应选择耐腐蚀材料，在高温下工作的零件应选择耐热材料，在湿热环境下工作的零件应选择防锈能力好的材料，如不锈钢、铜合金等。零件在工作中易发生磨损之处，要提高其表面硬度，以增强耐磨性，应选择适合进行表面处理的淬火钢、渗碳钢、氮化钢。金属材料的性能可通过热处理和表面强化（如喷丸、滚压等）来提高和改善，因此要充分利用热处理和表面热处理方法来发挥材料的潜能。

3）零件的尺寸及质量

零件的尺寸及质量与材料的品种及毛坯制取方法有关。对外形复杂、尺寸较大的零件，若考虑用铸造毛坯，则应选用适合铸造的材料；若考虑用焊接毛坯，则应选用焊接性能较好的材料；尺寸小、外形简单、批量大的零件，适合冲压和模锻，所选材料就应具有较好的塑性。

4）经济性

选择零件的材料时，当用价格低廉的材料能满足使用要求时，就不应选择价格高的材料，这对于大批量制造的零件尤为重要。此外，还应考虑零件的加工成本及维修费用。为了简化供应和储存的材料品种，对于小批量制造的零件，应尽可能减少同一部设备上使用材料的品种和规格，使综合经济效益最高。

## 1.3.4 外观

外观往往是影响用户选择和购买产品的重大因素。例如，小轿车、摩托车等机械产品的外观，电视机、收录机等家用电器的外观都直接影响产品的竞争能力。又如，儿童玩具的外观和造型是否美观，几乎是孩子们喜爱与否的决定因素。即使大型的机械设备，也必须外形美观大方。

一般来说，产品外观应具备下述特征：①对称性；②轻便；③可靠性；④轮廓清晰，色调明快；⑤舒适；⑥独特和富丽；⑦现代化造型。

图 1-1 为现代小轿车外观，它综合地体现了上述特征。

图 1-1 现代小轿车外观

## 1.3.5 工艺性

对已设计好的产品应选择适宜的工艺过程，每个零件图的尺寸、公差、表面粗糙度和技术条件都直接影响工艺过程的优劣和生产周期的长短。根据零件图和零件材料的特性，可选择以下一种或多种工艺：①切削加工；②铸造；③锻造；④钣金；⑤冲压；⑥挤压；⑦注模法（塑料制品的加工方法）。

当零件的图样和材料确定之后，在一定程度上也就确定了采用某种工艺。

工艺的另一个重要方面是装配，即将各个零部件装配成一个整体。装配要根据产品的结构特点，选择合适的连接方式：

(1) 螺栓、键、销钉连接（能方便地拆开）；

(2) 铆钉连接（可拆，但不方便）；

(3) 焊接（形成永久性连接，不可拆）。

同样的孔，采用车削、镗削还是磨削作为最后的工序，要根据加工精度和表面粗糙度决定。表面采用油漆、抛光、电镀还是塑料涂层，要根据外观和抗腐蚀的要求决定。这都说明加工工艺和所设计产品的要求有着密切的关系。

### 1.3.6 经济性

经济性是一个综合性的指标，通俗地说，就是物美价廉。物美价廉是产品获得市场认可的决定性条件。设计人员不仅有责任使产品具有良好的功能和优越的质量，而且有责任使产品价格便宜合理。对生产者而言，价格主要包含劳动力和材料的消耗；对用户而言，价格不仅包含购买费用，还应包含使用过程中所耗电费和维修费用。质量粗劣、效率低下的产品，要不断维修且耗能过大，这样的产品没有市场。同样，产品质量虽好，但价格昂贵，市场竞争力也会相应地降低。

为此，设计人员应认真考虑产品的下述问题：

(1) 产品的基本功能是什么？

(2) 怎样使它获得最佳功能？

(3) 是否必须使用抗腐蚀材料？

(4) 是否尽量采用了标准件？

(5) 装拆是否方便？

(6) 产品是否满足互换性要求？

(7) 哪些零件需要外购？

(8) 公差是否还能放大？

(9) 是否必须要求非常光滑的表面？

对于问题(9)，可举一个实例来加深印象。对于轴来说，如果要达到 0.1 μm 或更小的表面粗糙度，就要采用下述复杂的加工顺序：粗车、精车、粗磨、精磨、研磨，这将使生产成本大为提高。

### 1.3.7 安全性

安全性是指机器正常运行时，不得危及操作人员的安全，对可能的误操作要有预防措施，对潜在的将要发生的危险能发出警告。例如，高速运行的构件应有保护罩；对于某些操作要能自锁或互锁；高速行驶的汽车当车门未关好或未系安全带时，应能发出蜂鸣警告等。

此外，要尽可能操作便利。当对汽车驾驶技术的要求降低后，便可能有更多的人迅速掌握驾驶技术。同时，对驾驶员驾驶技术要求的降低，还可能减少或避免行车事故。

## 思考与练习题

1-1 举例说明什么是新型设计、继承设计和变型设计。

1-2 评价产品优劣的指标有哪些？

1-3 机械零件常用的材料有哪些？选择零件的材料时应考虑哪些主要要求？

1-4 简述机械设计的内容和步骤。

本章习题参考答案

# 第 2 章　机械零件尺寸的确定

## 2.1 概　　述

机械零件设计的中心问题就是保证零件正常工作，也就是研究以下两方面的内容。

(1) 机械零件为什么会失效？

(2) 保证零件在规定期限正常工作的条件是什么？

### 2.1.1　失效形式

机械零件由于某种原因不能正常工作的状态，称为失效。在不发生失效的条件下，零件所能安全工作的限度，称为工作能力（习惯上称为承载能力）。

零件失效的可能原因有：断裂或塑性变形；过大的弹性变形；工作表面过度磨损或损伤；发生强烈的振动；连接的松弛；摩擦传动的打滑等。

机械零件失效形式虽然较多，但归纳起来主要为强度、刚度、耐磨性、稳定性和温度的影响等几个方面的问题。

设计机械零件时，常根据一个或几个可能发生的失效形式，运用相应的判定条件确定零件的形状和主要尺寸。

### 2.1.2　强度分析中的基本概念

强度条件是保证零件正常工作的基本条件。下面以起重吊钩的螺栓连接为例来说明与强度有关的几个基本概念。

如图 2-1 所示，当起重吊钩承受工作载荷 $Q$ 时，螺栓杆受拉，其强度条件为

$$\sigma=\frac{Q}{A}\leqslant[\sigma] \tag{2-1}$$

式中，$Q$ 为起重吊钩的螺栓所受的载荷，N；$A$ 为起重吊钩的螺栓截面积，$\mathrm{mm}^2$，$A=\frac{\pi}{4}d_1^2$，$d_1$ 为螺纹小径，mm；$[\sigma]$为螺栓的许用应力，MPa。

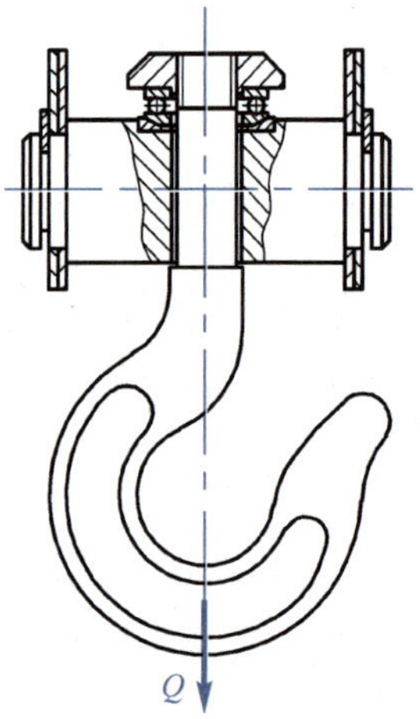


图 2-1　起重吊钩的螺栓连接

许用应力

$$[\sigma]=\frac{\sigma_{\lim}}{s} \tag{2-2}$$

式中，$\sigma_{\lim}$为材料的应力极限，MPa；$s$ 为保证零件不发生失效的冗余度，称为安全系数。

由式(2-1)，可以计算出螺栓的尺寸 $d_1$，即

$$d_1=\sqrt{\frac{4Q}{\pi[\sigma]}} \tag{2-3}$$

广义地说，就是根据零件的失效分析，确定零件的尺寸。

## 2.1.3 载荷和应力分类

载荷和应力分类

载荷大体可分为以下两类。

(1) 静载荷——逐渐加到一定数值后，大小和方向都不变化或变化很小的载荷。

(2) 动载荷——大小、方向和作用点都随时间变化的载荷或冲击载荷。

应力可分为静应力和动应力。

大小与方向不随时间变化或随时间变化缓慢的应力称为静应力，如图 2-2(a)所示。在静应力作用下，当应力不超过弹性极限时，零件产生弹性变形；否则，可能产生断裂或塑性变形。大小或方向随时间变化的应力称为动应力，如图 2-2(b)所示。

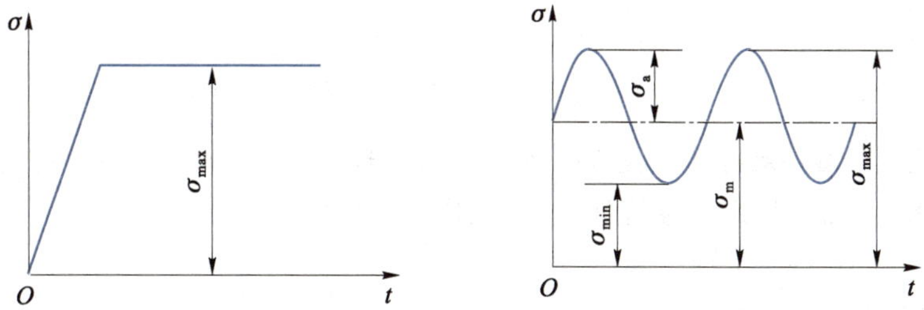


(a) 静应力　　(b) 动应力

图 2-2 静应力与动应力

机械零件一般在变化的载荷作用下产生动应力，在某些情况下静载荷也可产生动应力。例如，在滚动轴承支承的转轴上有横向静载荷作用时，如图 2-3 所示，转轴上的弯曲应力则为动应力。在动应力作用下机械零件可能发生疲劳断裂。

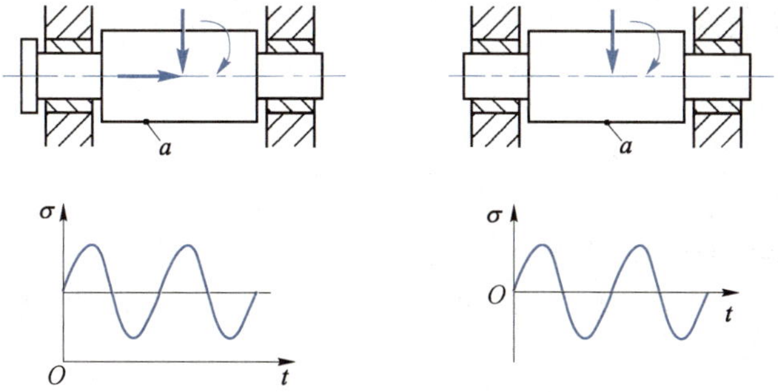


图 2-3 静载荷作用下零件内产生动应力

静拉伸试验

## 2.2 材料的机械特性

### 2.2.1 拉伸试验

拉伸试验是指在承受轴向拉伸载荷下测定材料特性。利用拉伸试验得到的数据可以确定材料的弹性极限、伸长率、弹性模量、比例极限、面积缩减量、拉伸强度、屈服点、屈服强度和其他拉伸性能指标。利用在高温条件下进行的拉伸试验可以得到蠕变数据。金属拉伸试验方法可参见 GB/T 228.1—2021《金属材料　拉伸试验　第 1 部分：室温试验方法》。

图 2-4 为低碳钢通过拉伸试验得到的 $\sigma$-$\varepsilon$ 曲线，其中，$\sigma_p$ 为比例极限；$\sigma_e$ 为弹性极限；$\sigma_s$ 为屈服极限；$\sigma_b$ 为强度极限。图 2-5 为几种不同材料的 $\sigma$-$\varepsilon$ 曲线。

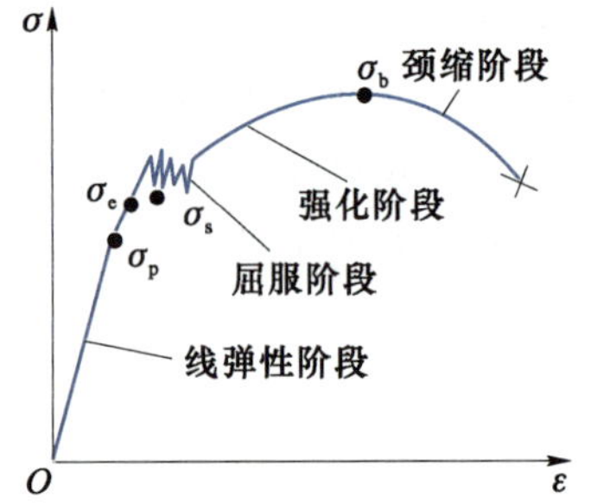


图 2-4　低碳钢通过拉伸试验得到的 $\sigma$-$\varepsilon$ 曲线

工程上规定，无明显屈服阶段的，规定以塑性应变 $\varepsilon$=0.2%所对应的应力作为屈服指标，称为规定塑性延伸强度，记作 $\sigma_{p0.2}$（见图 2-6）。

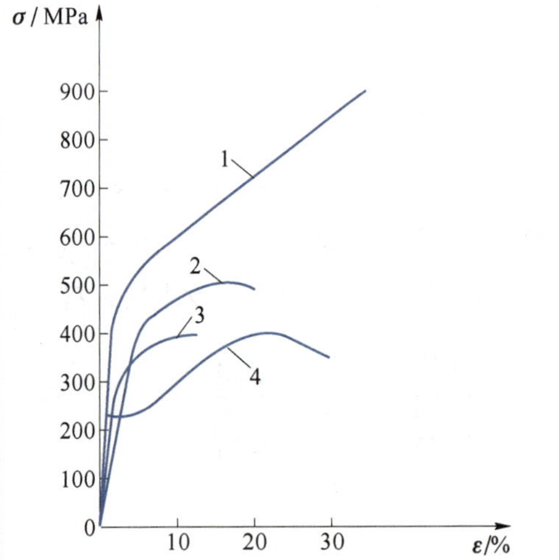


1—锰钢；2—硬铝；3—退火球墨铸铁；4—低碳钢

图 2-5　几种不同材料的 $\sigma$-$\varepsilon$ 曲线

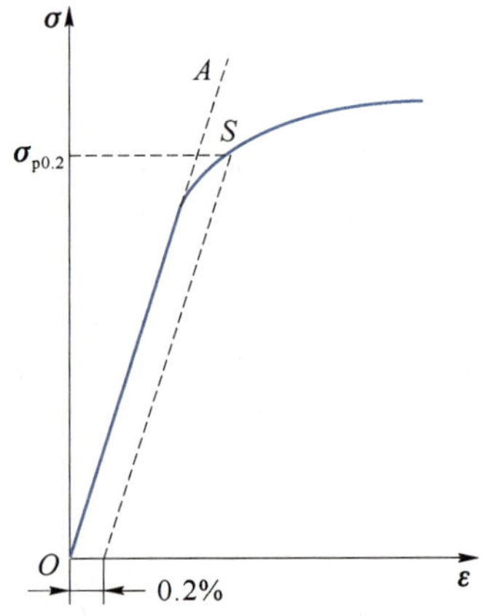


图 2-6　规定塑性延伸强度

### 2.2.2 材料的机械特性

1. 应力极限

通过拉伸获得的是静应力条件下的应力极限，主要有屈服极限和强度极限。对于塑性材料，由于其不允许产生塑性变形，因此以屈服极限为应力极限；对于脆性材料，由于其没有明显的塑性变形，因此以强度极限为应力极限。

2. 刚度

材料的刚度是指材料抵抗变形的机械特性。材料的刚度是用材料的弹性模量 $E$ 度量的。

3. 弹性能

弹性能是材料发生残余变形前所能吸收能量的极限值。

4. 韧性能

韧性能是材料发生断裂前所能吸收能量的极限值。脆性材料所能吸收的弹性能和韧性能很低，且近似相等。

5. 延展性

延展性用材料的截面收缩率和长度延伸率度量。截面收缩率以断裂处截面收缩量与原截面之比的百分率表示；长度延伸率以试件断裂后的伸长值和原长之比的百分率表示。材料的长度延伸率在 5%以上的为塑性材料，否则为脆性材料。脆性材料不能以局部的塑性变形来缓解应力集中。

6. 硬度

材料的硬度是指材料抵抗压痕和划痕的能力。一般来说，材料的硬度越高，耐磨和抗点蚀能力越强，塑性越差。材料的强度和硬度近似成正比。

7. 加工性

加工性是材料容易切削与否的一种度量，过硬和过韧的材料都不易加工。

### 2.2.3 温度对材料机械性质的影响

一般提到材料机械性质都是指室温条件下的机械性质，如材料的弹性模量、屈服极限都是指室温条件下通过试验获得的数值。

事实上，材料在低温和高温条件下的机械性质可能大不相同。

(1) 零件的工作温度越高，材料的弹性模量越小。零件的工作温度达到 500 ℃时，弹性模量下降 30%。

(2) 零件的工作温度越高，材料的屈服极限越低。零件的工作温度达到 500 ℃时，屈服极限下降 70%。

(3) 蠕变与松弛。材料在高温条件下，承受不变的载荷作用，变形将随时间不断缓慢地增长，这种现象称为蠕变。蠕变是不可恢复的塑性变形。

蠕变在室温时也有，只是在温度高时才明显。一般金属约在 150 ℃以上才产生明显的蠕变。蠕变的机械性能数据要仿照实际工作条件进行长期蠕变试验取得。高温条件下工作的某些零件，要计算其在有效寿命期间的蠕变量，以防发生干涉。例如，汽轮机叶片在高温和离心力作用下长期工作，蠕变会使叶片碰到机壳而发生故障。

连接用的螺栓，在高温下承受拉力（如发动机的汽缸螺栓）而产生蠕变，由于总变形大小不变，因此蠕变逐渐增大，弹性变形逐渐减小，螺栓应力随时间降低，以致连接压力全部消失，产生松动。这种应力由于蠕变随时间逐渐降低的现象称为应力松弛，简称松弛。为防止由于松弛造成的松动，应及时拧紧螺栓或另外使用锁紧装置。

### 2.2.4 许用应力和安全系数

由式(2-2)可知，应力极限 $\sigma_{\lim}$、安全系数 $s$ 和许用应力的关系为

$$[\sigma]=\frac{\sigma_{\lim}}{s}$$

许用应力和安全系数不是独立的。在零件材料已经确定的情况下，安全系数一旦确定，许用应力也就确定了。安全系数是用来弥补各种可能的但无法肯定的因素，其中包括以下 3 类。

1）与应力计算有关的因素

主要有应力计算所依据的载荷数值不精确，计算的各种假设与实际工况有出入，这些都使计算公式产生不准确性。

2）与材料的极限应力有关的因素

主要有材料的机械性能本身不稳定，试件尺寸与零件尺寸不一致造成的不准确性。

3）与零件重要性有关的因素

主要由零件损坏所引起的后果而定，包括生产上的影响、经济上的损失及人身事故等。轮胎上的螺栓如果松脱，会使快速行驶的汽车轮胎脱落而造成车翻人伤的事故；汽车冷却系统的散热器管的螺钉松脱，只是流失一些冷却液，而且修复很方便。一条自动线上关键设备的重要零件损坏会造成整条自动线停产，而一台单机的重要零件损坏只影响一台机器的工作。

安全系数取得过大，产品不仅价格高而且很笨重；安全系数取得过小，会使产品过早失效，甚至造成事故和损失。要把安全系数取得恰到好处是一个很复杂的问题，一般要由高级设计人员处理。

## 2.3 疲劳曲线和疲劳极限

中国高铁车轮

### 2.3.1 疲劳现象

试件在经受一定次数的动应力作用后，在表面应力最大的地方出现裂纹，裂纹的位置往往从表面有裂缝或小的伤痕位置开始，当动应力循环次数继续增加时，就由个别的裂纹扩展成一连串围绕在试件周围的裂纹。裂纹形成的应力集中加速了裂纹本身的扩展。当试件全周布满裂纹后，裂纹就向中心扩展。最后，

当试件剩余的未被裂纹扩展到的面积缩小到使应力超过强度极限时，试件就突然断裂，这种现象称为疲劳破坏。

疲劳破坏有以下特点：①在某类动应力多次作用后突然断裂；②断裂时动应力的最大值远小于材料的屈服极限；③即使是塑性材料，其断裂时也无明显的塑性变形。

### 2.3.2 疲劳曲线

图 2-7 是试件经弯曲疲劳试验获得的疲劳曲线。从图 2-7 中可看出：应力幅值越小，循环次数越多，因为作用的应力越小，可作用的次数越多。大多数钢材的疲劳曲线在循环次数达到 $N_0$ 次时，已趋水平。这时的应力值称为材料的疲劳极限，是动应力强度计算的依据，这时的循环次数称为循环基数。从理论上说，疲劳极限定义为材料经受无限次循环而导致疲劳的最大应力值，但是在实际应用中通常取一定的循环基数来确定疲劳极限。

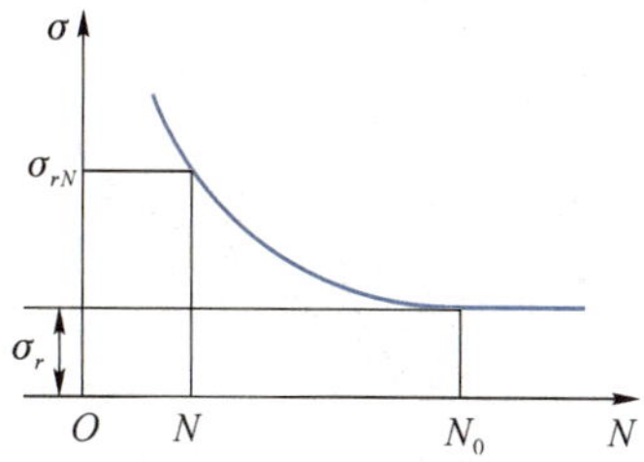

图 2-7 试件经弯曲疲劳试验获得的疲劳曲线

通过上面的讨论可看出疲劳问题有以下几个特点：①动应力会使材料产生疲劳；②疲劳极限和循环次数有关，是动应力条件下的应力极限，是影响寿命的重要因素；③疲劳断裂是脆性断裂，不易察觉，断裂会突然发生。

### 2.3.3 表面接触疲劳

齿轮、轴承和凸轮等零件工作时，理论上两个零件之间是通过点接触或线接触传递载荷的。它们的表面会因表面接触疲劳而失效。

实际上，零件受载荷后在接触部分将产生局部的弹性变形而形成面接触。但其接触面积很小，表层产生的局部应力很大，该应力就称为接触应力。零件在接触应力的反复作用下，首先在表面或表层产生初始疲劳裂纹，然后在滚动接触过程中，润滑油被挤进裂纹内造成高压，使裂纹扩展，最后使表层金属呈小片状剥落下来，在零件表面形成一个个小坑，这种现象称为疲劳点蚀。发生疲劳点蚀后，接触面积减小，零件的光滑表面损坏，使零件的承载能力降低，并引起振动和噪声。

影响疲劳点蚀的最主要因素是接触应力的大小，因此只要限制接触应力不超过许用值，一般就不会发生疲劳点蚀。

接触应力的计算属于弹性力学范畴，这里只简单介绍其应用。

两个半径为 $\rho_1$ 和 $\rho_2$ 的圆柱体，以 $F_n$ 相压时，接触面呈带形，在接触面的最大接触应力为 $\sigma_{Hmax}$，可用赫兹(Hertz)公式计算，即

$$\sigma_{Hmax}=\sqrt{\frac{1}{\pi\left(\frac{1-\mu_1^2}{E_1}+\frac{1-\mu_2}{E_2}\right)}\cdot\frac{F_n}{b\rho_\Sigma}} \tag{2-4}$$

式中，$\mu_1$、$\mu_2$ 为两圆柱体材料的泊松比；$E_1$、$E_2$ 为两圆柱体材料的弹性模量；$\rho_\Sigma$ 为

两圆柱体的综合曲率半径，mm，$\rho_{\Sigma}=\dfrac{\rho_1\rho_2}{\rho_1\pm\rho_2}$，“+”用于外凸的圆柱体［见图 2-8(a)］，“−”用于内凹的圆柱体［见图 2-8(b)］。

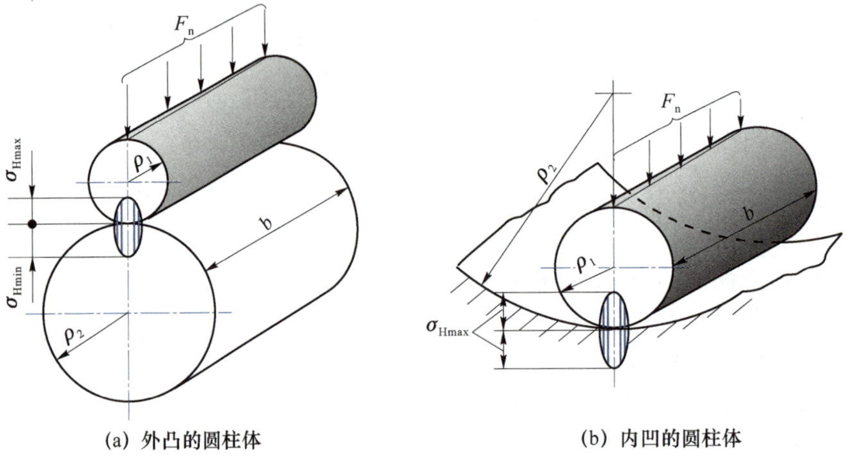


图 2-8　两个圆柱体的接触面

接触疲劳强度条件为

$$\sigma_{Hmax}\leqslant[\sigma]_H \tag{2-5}$$

综上所述，提高零件接触疲劳的方法如下。

(1) 增大零件的综合曲率半径，可以降低接触应力。

(2) 提高零件的表面硬度，以提高其接触疲劳极限。

(3) 提高零件的加工精度和减小其表面粗糙度，改善其接触情况。

(4) 采用黏度大的润滑油。

## 2.4 零件设计方法

零件设计的中心问题，就是根据零件的正常工作条件，确定零件的几何尺寸和有关参数。零件设计方法有以下几种。

### 2.4.1 理论设计

根据设计理论和实验数据进行的设计称为理论设计。下面以单向拉伸的强度设计为例进行说明。

图 2-1 所示的起重吊钩承受工作载荷 $Q$ 时，螺栓杆受拉的强度条件如式(2-1)所示，即

$$\sigma=\frac{Q}{\frac{\pi}{4}d_1^2}\leqslant[\sigma]=\frac{\sigma_{lim}}{s}$$

对于上式有以下两类处理方法。

#### 1. 设计计算

由公式直接拟定几何参数

$$d_1=\sqrt{\frac{4Q}{\pi[\sigma]}}$$

2. 校核计算

已拟定几何参数 $d_1$，可根据已知条件不同选用以下 4 个公式之一进行核算。

(1) 核算应力

$$\sigma=\frac{Q}{\frac{\pi}{4}d_1^2}\leqslant[\sigma]$$

(2) 核算载荷

$$Q\leqslant\frac{\pi}{4}d_1^2[\sigma]$$

(3) 核算安全系数

$$\frac{\sigma_{\lim}}{\sigma}\geqslant s$$

(4) 核算材料应力极限

$$\sigma_{\lim}\geqslant s\sigma$$

设计计算多用于简单(结构和受力都简单)的零件，校核计算多用于结构复杂、受力复杂的零件。

## 2.4.2 经验设计

根据已有某类零件设计与使用实践归纳出的经验关系式或类比办法进行的设计称为经验设计。这种设计适用于使用要求、结构形式已定型的典型零件。这种设计方法简便有效，但设计数据偏保守，理由不充分，遇到新结构和新的使用要求的零件时，使用这种设计方法难于处理。

## 2.4.3 计算机辅助设计

计算机辅助设计(computer aided design，CAD)是指在设计活动中，利用计算机作为工具，帮助工程技术人员进行设计的一切适用技术的总和。计算机辅助设计是人和计算机相结合、各尽所长的新型设计方法。在程序运行过程中，人可以评价设计结果，控制设计过程；计算机可以发挥其分析计算和存储信息的能力，完成信息管理、绘图、模拟、优化和其他数值分析任务。一个好的计算机辅助设计系统既能充分发挥人的创造性作用，又能充分利用计算机的高速分析计算能力，找到人和计算机的最佳结合点。

计算机辅助设计包括的内容有概念设计、优化设计、有限元分析、计算机仿真、计算机绘图等。

在计算机辅助设计工作中，计算机实质上是进行大量的信息加工、管理和交换任务。也就是在设计人员的初步构思、判断、决策的基础上，计算机对数据库中大量的设计资料进行检索，根据设计要求进行计算、分析及优化，将初步设计结果显示在图形显示器上，以人机交互的方式反复加以修改，经设计人员确认之后，在自动绘图机及打印机上输出设计结果。在计算机辅助设计作业过程中，逻辑判断、科学计算和创造性思维是反复交叉进行的。

一个完整的计算机辅助设计系统，应在设计过程中的各个阶段都能发挥作用。而要实现这一点，就必须具备以下3个条件。

(1) 建立完备的产品设计数据库。产品设计数据库用来存储设计某类产品时所需的各种信息，如有关标准规范、经验曲线、计算公式等，都按照数据结构关系存入计算机。数据库可供计算机辅助设计作业时检索或调用，也便于数据的管理和数据资源的共享。

(2) 建立完备的应用程序库。将解决某一类工程设计问题的通用及专用设计程序，如通用数学方法计算程序、常规机械设计程序、优化方法程序、有限元计算程序等，汇集备用。

(3) 建立多功能交互式图形程序库。利用图形程序库可以进行二维及三维图形的信息处理，能在此基础上完成绘制工程设计图及建立标准件库、零部件库等图形处理工作。

### 2.4.4 模型实验设计

对于巨型的重要的结构复杂的零件，为了确保设计的可靠性，可采用模型实验设计。模型实验设计是先按初步设计的零件做成小尺寸的模型，经过实验修正为正式设计的零件。对于重要的零件和设备，国家规定了设计规范和检验标准。对于这些规范，每个设计人员都必须严格遵守。设计大体要经过以下几个步骤。

(1) 根据零件的使用要求，选择零件的类型和结构。

(2) 根据机器的工作要求，计算作用在零件上的载荷。

(3) 根据零件的工作条件，选择合适的材料。

(4) 根据零件可能的失效形式，计算零件的主要尺寸及参数。

(5) 根据工艺性及标准化等原则进行零件的结构设计。

(6) 结构设计完成后，进行详细的核算，以判断结构的合理性。

(7) 绘制零件的工作图及有关说明。

设计方法和设计步骤都要根据具体的情况决定，这些方法可以交叉使用，这些步骤可以前后互换，但这些内容和原则都必须满足和遵循。

## 思考与练习题

2-1 什么是失效？列举失效的3种形式。

2-2 设计人员为什么要研究产品失效？

2-3 载荷和应力分别有哪两大类？

2-4 提高零件强度的主要措施有哪些？

2-5 划分脆性材料和塑性材料的判据是什么？列举这两类材料在机械性质方面的 3 点区别。

2-6 有一用碳钢制成的轴，发现刚度不够，改用合金钢能否提高轴的整体刚度？

2-7 屈服极限、强度极限、疲劳极限都是材料的应力极限，它们的区别在哪里？

本章习题参考答案

# 第 3 章　平面机构运动简图及自由度

机构由构件组成，各构件之间具有确定的相对运动。构件应如何组合才能运动？在什么条件下才具有确定的相对运动？这对分析现有机构或创新机构都很重要。

所有构件的运动平面都相互平行的机构称为平面机构，否则称为空间机构。本章仅讨论平面机构的自由度计算和平面机构运动简图。

机构的构成

## 3.1　机构的组成

### 3.1.1　运动副

运动副的类型

机构通常由若干个相互连接起来的构件组成。机构中两构件之间直接接触并能做相对运动的可动连接，称为运动副。例如，轴与轴承之间的连接，活塞与汽缸之间的连接，凸轮与推杆之间的连接，两齿轮的轮齿啮合等，都属于运动副。

根据运动副两元素接触形式（点接触、线接触和面接触）不同，可将运动副分为低副和高副两类。

1. 低副

两构件之间为面接触的运动副称为低副。根据两构件之间的相对运动形式，低副又可分为移动副和转动副两种。

1）移动副

两构件之间的相对运动为直线运动的运动副称为移动副，如图 3-1 所示。

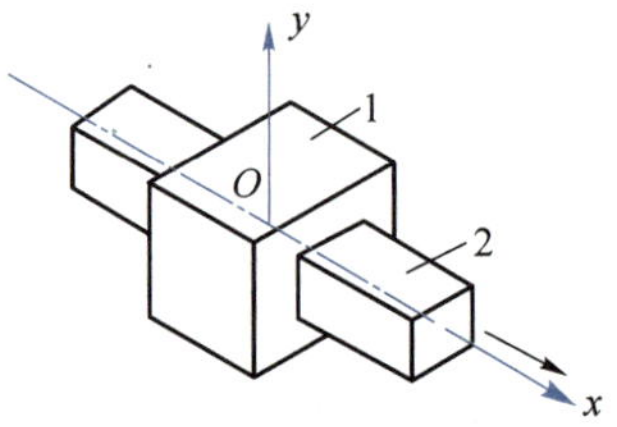


图 3-1　移动副

2）转动副

两构件之间的相对运动为转动的运动副称为转动副（又称回转副或铰链），如图 3-2 所示。

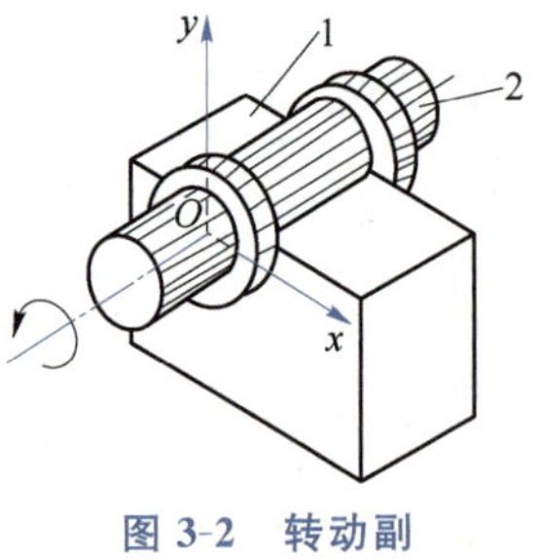


图 3-2　转动副

2. 高副

两构件之间为点接触或线接触的运动副称为高副。如图 3-3所示，凸轮 1 与尖顶推杆 2 构成高副；如图 3-4 所示，齿轮 1 与齿轮 2 的轮齿啮合处构成高副。

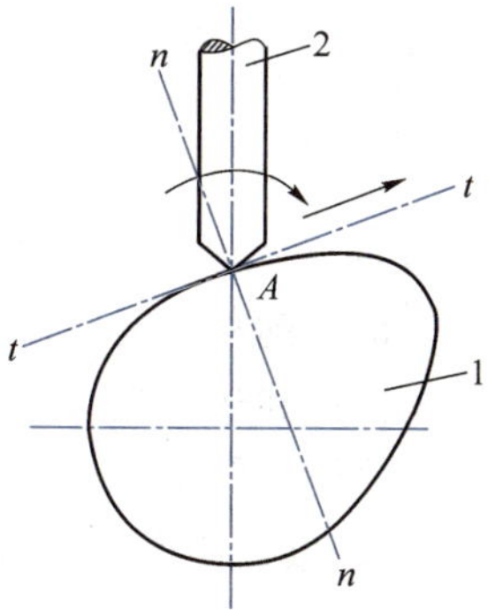


图 3-3 凸轮高副

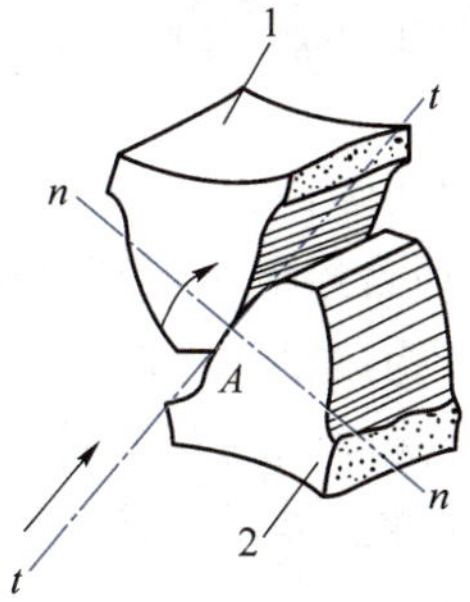


图 3-4 齿轮高副

## 3.1.2 运动链

两个以上构件通过运动副连接而构成的可动系统称为运动链。

根据运动链中首尾两构件是否相互连接，可将运动链分为开式链和闭式链两种：首尾两构件不相互连接，形成一个非封闭的可动系统，称为开式链，如图 3-5 所示；首尾两构件相互连接，形成一个封闭的可动系统，称为闭式链，如图 3-6 所示。

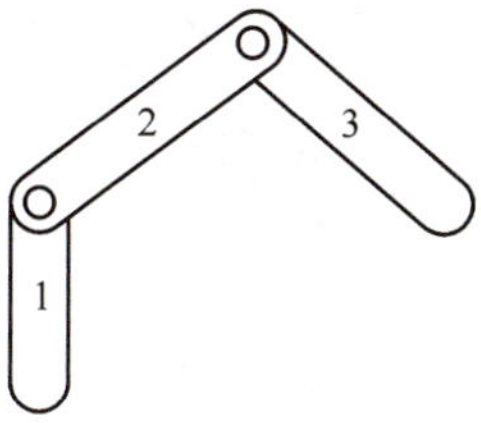


图 3-5 开式链

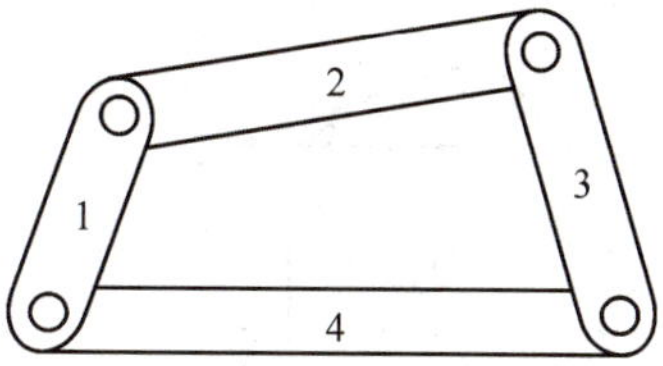


图 3-6 闭式链

## 3.1.3 机构

在运动链中，将某一构件固定作为机架，且运动链的运动确定，这样运动链便成为机构，如图 3-7 所示。

自动装卸机构

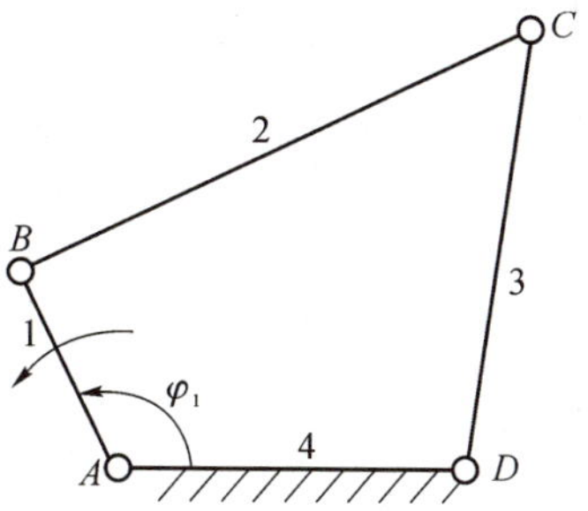


图 3-7 机构

图 3-7 所示机构中从动件 3 的运动规律取决于原动件 1 的运动规律和机构的组成情况。

平面机构运动简图

## 3.2 平面机构运动简图

机构中实际构件的外形和结构往往很复杂，在对现有机械进行分析或设计新机械时，通常绘制表明机械运动特征及运动传递情况的机构运动简图。

绘制机构运动简图时，必须用规定的符号代表构件和运动副，并按一定的比例表示各种运动副的相对位置。部分常用机构运动简图符号如表3-1所示，其他常用零部件的表示方法可参考GB/T 4460—2013《机械制图　机构运动简图用图形符号》。

表3-1　部分常用机构运动简图符号（GB/T 4460—2013）

| 名称 | 符号 | 名称 | 符号 |
| --- | --- | --- | --- |
| 轴、杆、连杆等构件 |  | 棘轮机构 | 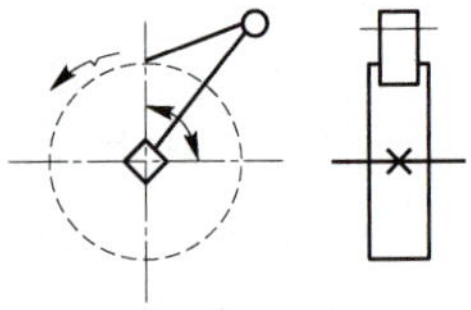 |
| 轴、杆的固定支座（机架） |  | | |
| 一个构件上有两个转动副 |   | 链传动 | 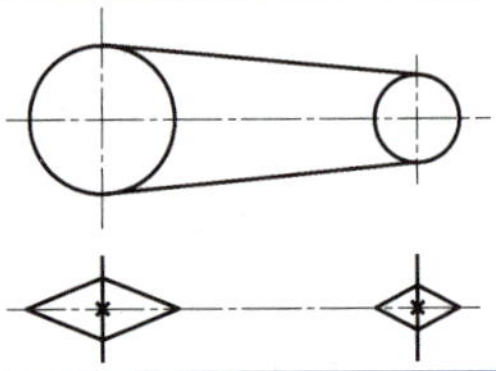 |
| 一个构件上有三个转动副 | 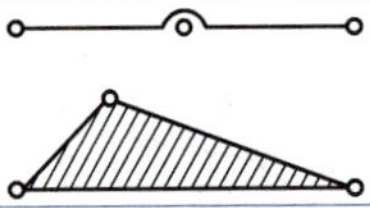 | | |
| 两个运动构件用转动副相连 | 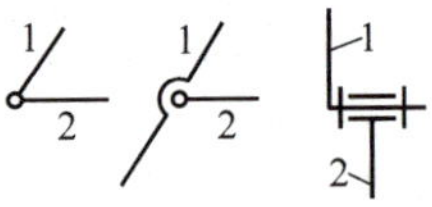  | 外啮合圆柱齿轮传动 | 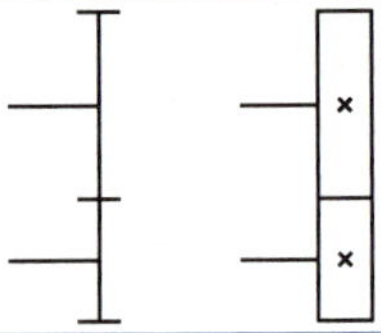 |
| 一个运动构件、一个固定构件用转动副相连 | 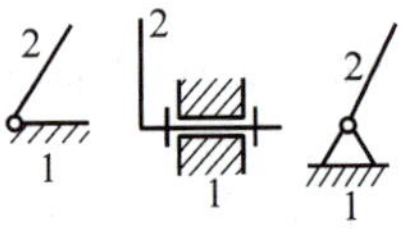  | 内啮合圆柱齿轮传动 | 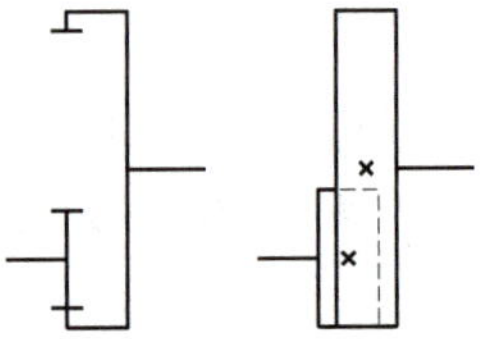 |
| 两个运动构件用移动副相连 | 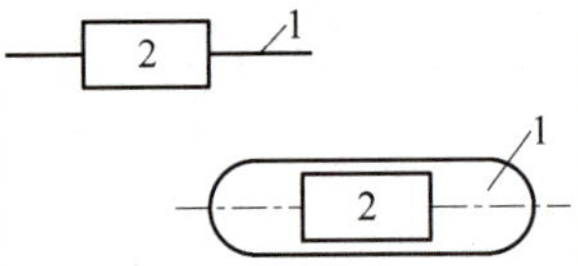  | 齿轮齿条传动 | 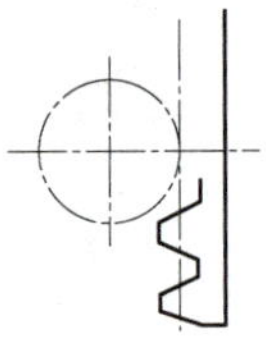 |
| 一个运动构件、一个固定构件用移动副相连 | 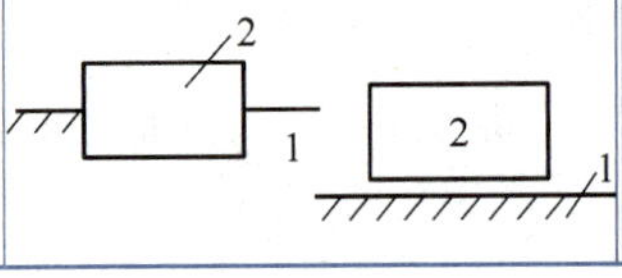  | 圆锥齿轮 | 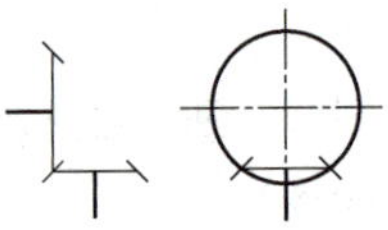 |

下面以图 3-8 所示的单缸汽油内燃机为例，说明机构运动简图的绘制方法。内燃机包含由汽缸 11、活塞 10、连杆 3 和曲轴 4 所组成的连杆机构，由小齿轮 1 和大齿轮 18 所组成的齿轮机构，以及由凸轮轴 7 和阀门推杆 8、阀门推杆 9 所组成的凸轮机构等。

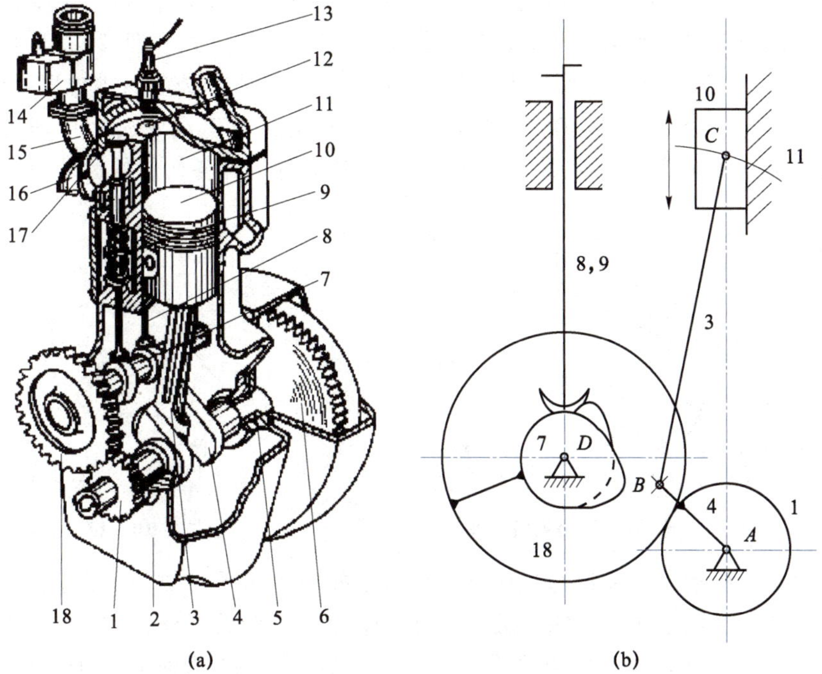


图 3-8　单缸汽油内燃机

此内燃机机构由 7 个构件、4 个转动副、3 个移动副、1 个齿轮高副和 2 个凸轮高副组成。

在燃气压力的作用下，活塞 10 首先运动，然后通过连杆 3 使曲轴 4 输出回程运动；而为了控制进气和排气，由固装于曲轴 4 上的小齿轮 1 带动固装于凸轮轴 7 上的大齿轮 18 使凸轮回转，再由凸轮轴 7 上的两个凸轮分别推动阀门推杆 8 及 9，以控制进气阀 17 和排气阀 12。作图步骤如下。

(1) 选择视图平面。

(2) 选取比例尺，并根据机构运动尺寸定出各运动副间的相对位置。

(3) 画出各运动副和机构符号，并表示出各构件。

(4) 完成必要的标注。

发动机运动简图微课

## 3.3 平面机构的自由度

自由度综合微课

### 3.3.1 机构具有确定运动的条件

机构是具有确定运动的运动链。所谓确定运动，是指机构中的所有构件，在任一瞬时的运动都是完全确定的。

如图 3-9 所示的铰链四杆机构，如果给定一个独立的运动参数，如构件 1 的角位移规律 $\varphi_1=\varphi_1(t)$，则不难看出，此时其余各构件的运动便都随之确定。

但对于如图 3-10 所示的铰链五杆机构，如果给定一个独立的运动参数，如构件 1 的角位移规律 $\varphi_1=\varphi_1(t)$，则此时构件 2、3、4 的运动并不能确定。因为当构件 1 按给定的运动规律 $\varphi_1=\varphi_1(t)$运动时，构件 2、3、4 可以不受构件 1 运动的约束而自由运动。例如，当构件 1 占有位置 $AB$ 时，构件 2、3、4 可以占有位置 $BC$、$CD$ 及 $DE$，也可以占有位置 $BC'$、$C'D'$ 及 $D'E$，或者其他位置。但是，若再给定另一个独立的运动参数，如构件 4 的角位移规律 $\varphi_4=\varphi_4(t)$，即同时给定两个独立的运动参数，则不难看出，这时铰链五杆机构各构件的运动便完全确定了。

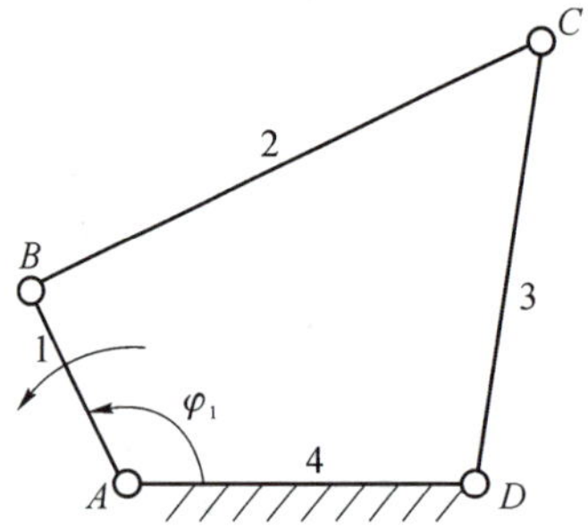


图 3-9　铰链四杆机构

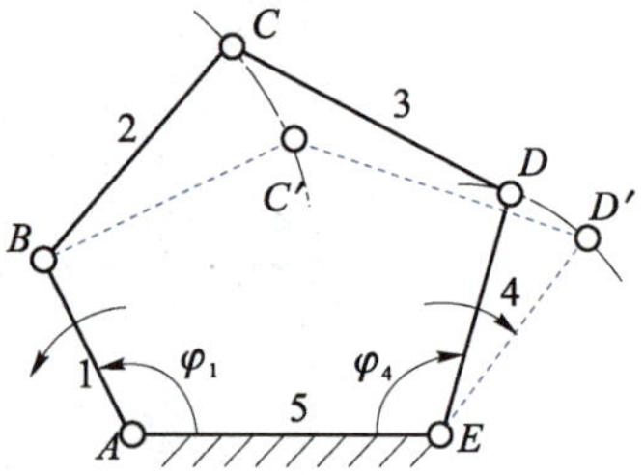


图 3-10　铰链五杆机构

机构具有确定的运动时必须给定的独立运动参数的数目，称为机构的自由度。显然上述铰链四杆机构的自由度为 1，而铰链五杆机构的自由度为 2。对于自由度为 1 的机构，只要给定一个独立的运动参数，机构中其他构件的运动便是完全确定的。而对于自由度为 2 的机构，则必须同时给定两个独立的运动参数，机构中其他构件的运动才是完全确定的。其余以此类推。

按照给定的运动规律运动的构件，称为机构的原动件。因为机构的原动件通常是与机架相连的，对于这样的原动件，一般只能给定一个独立的运动参数（如绕固定轴回转的原动件，只能按照一个独立的运动规律回转），所以，在此情况下，为了使机构具有确定的运动，则机构的原动件数应等于机构的自由度。这就是机构具有确定运动的条件。

平面机构自由度的计算（一）

### 3.3.2　平面机构自由度的计算

绝大多数机构，只要有一个原动件，其运动就是确定的，即其自由度为 1。而有些机构，则需要有两个，甚至两个以上的原动件，其运动才是确定的，即其自由度为 2，甚至大于 2。下面讨论平面机构自由度的计算问题。

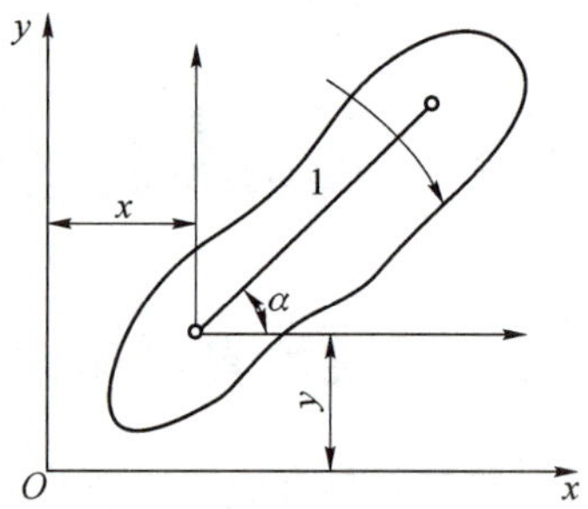


图 3-11　构件的自由度

如图 3-11 所示，一个做平面运动的自由构件具有 3 个自由度（沿 $x$ 轴和 $y$ 轴移动，以及绕垂直于运动平面 $Oxy$ 的轴线的转动）。如果在一个平面机构中共有 $n$ 个活动构件（因为机构的机架固定不动，所以不计算在内），那么，这些构件在未通过运动副连接之前，它们共有 $3n$ 个自由度。当用运动副将构件连接组成机构之后，机构中各构件具有的自由度随之减少。至于自由度减少的数量，则因运动副的性质的不同而不同。

在平面机构中，每个低副引入两个约束，使机构失去两个自由度；每个高副引入一个约束，使机构失去一个自由度。

如图 3-1 所示的移动副，约束了沿 $y$ 轴方向移动和在平面内转动的两个自由度，只保留沿 $x$ 轴方向移动的一个自由度。

如图 3-2 所示的转动副，约束了沿两个轴移动的自由度，只保留一个转动的自由度。高副引入了一个约束。

如图 3-3 和图 3-4 所示，都约束了沿接触处公法线 $n$-$n$ 方向移动的自由度，保留了绕接触处的转动和沿接触处公切线 $t$-$t$ 方向移动的两个自由度。

因此，如果在某机构中，各构件间共构成了 $P_L$ 个低副和 $P_H$ 个高副，那么，它们共引入$(2P_L+P_H)$个约束，即减少$(2P_L+P_H)$个自由度。于是，该机构实际的自由度为

$$F=3n-(2P_L+P_H)=3n-2P_L-P_H \tag{3-1}$$

式(3-1)就是平面机构自由度的计算公式。

**例 3-1** 计算图 3-8(b)所示的单缸汽油内燃机的自由度。

**解** 除机架外，单缸汽油内燃机有 6 个活动构件，$n=6$；4 个转动副和 3 个移动副，共 7 个低副，$P_L=7$；3 个高副，$P_H=3$。由式(3-1)得

$$F=3n-(2P_L+P_H)=3\times6-(2\times7+3)=1$$

该机构的自由度为 1。

## 3.3.3 计算平面机构自由度的注意事项

### 1. 复合铰链

两个以上构件组成两个或更多个共轴线的转动副，组成复合铰链，如图 3-12(a)所示，为 3 个构件在 $A$ 处构成复合铰链。由其侧视图[见图 3-12(b)]可知，此三构件共组成两个共轴线的转动副。当由 $K$ 个构件组成复合铰链时，应当组成 $K-1$ 个共轴线的转动副。

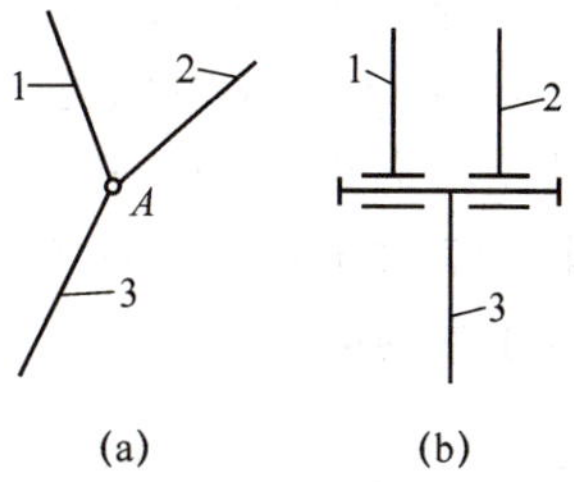


图 3-12 复合铰链

### 2. 局部自由度

机构中常出现一种与输出构件运动无关的自由度，称为局部自由度(或称多余自由度)。在计算机构自由度时，可预先将其排除。如图 3-13(a)所示的平面凸轮机构中，为了减少高副接触处的磨损，在从动件上安装一个滚子 3，使其与凸轮轮廓曲线滚动接触。显然，滚子绕其自身轴线转动与否并不影响凸轮与从动件间的相对运动，因此，滚子绕其自身轴线的转动为机构的局部自由度，在计算机构的自由度时，应预先将转动副 $C$ 除去不计，或如图 3-13(b)所示，设想将滚子 3 与从动件 2 固连在一起，作为一个构件考虑。这样在机构中，$n=2$，$P_L=2$，

$P_H=1$，其自由度为 $F=3n-2P_L-P_H=3\times2-2\times2-1=1$，即此凸轮机构中只有一个自由度。

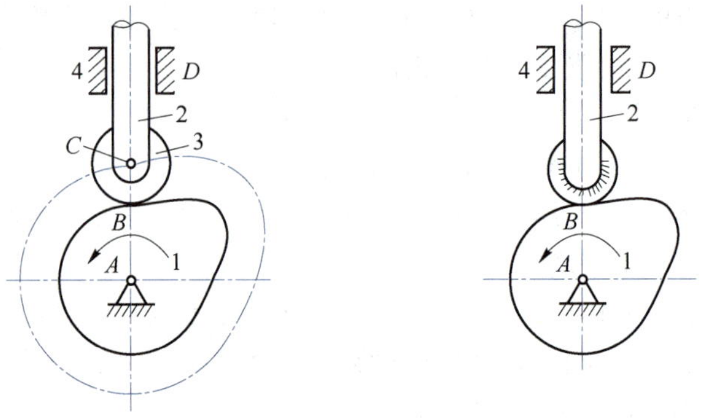


(a) (b)

图 3-13 局部自由度

平面机构自由度的计算（二）

### 3. 虚约束

在运动副引入的约束中，有些约束对机构自由度的影响是重复的。这些对机构运动不起限制作用的重复约束，称为消极约束或虚约束，在计算机构自由度时，应当将其除去不计。

平面机构中的虚约束常出现在下列场合。

(1) 两个构件之间组成多个导路平行的移动副时，只有一个移动副起作用，其余都是虚约束。如图 3-14 所示，凸轮机构中的移动副 $C$、$C'$。

(2) 两个构件在多处接触构成平面高副，且各接触点处的公法线彼此重合，如图 3-14 所示的平面高副 $B$、$B'$。这时，只有其中的一个平面高副起约束作用，而其余平面高副所引入的约束均为虚约束。

(3) 两个构件之间组成多个轴线重合的回转副时，只有一个回转副起作用，其余都是虚约束，如图 3-15 所示的转动副 $C$、$C'$。

(4) 机构中对传递运动不起独立作用的对称部分，也为虚约束。如图 3-16 所示的定轴轮系中，中心轮 1 经过 3 个对称布置的中间齿轮 2、2′和 2″驱动内齿轮 3，其中有两个中间齿轮对传递运动不起独立作用。另外两个中间齿轮则带入了虚约束。

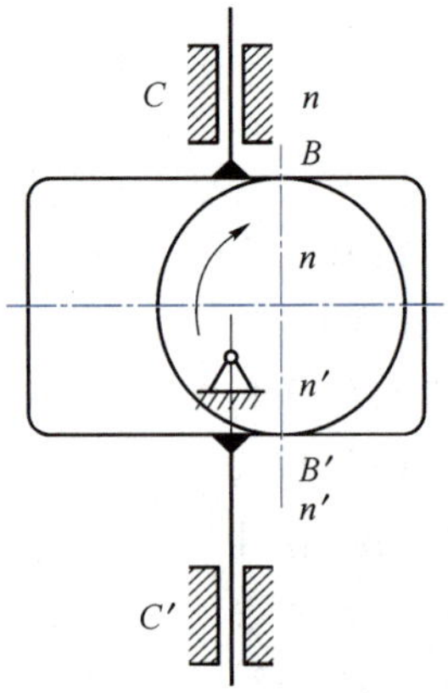


图 3-14 凸轮机构

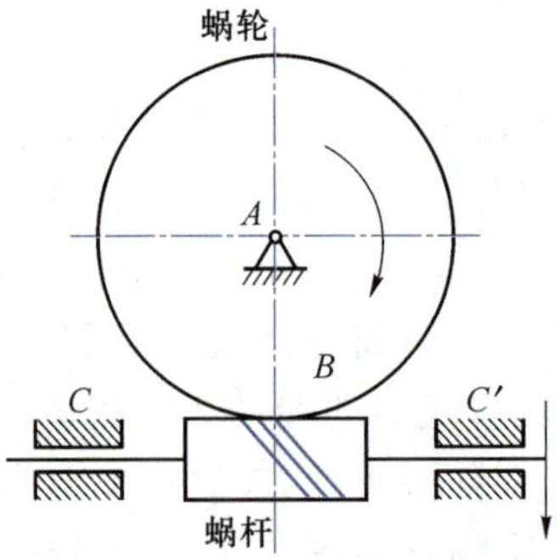


图 3-15 蜗杆传动

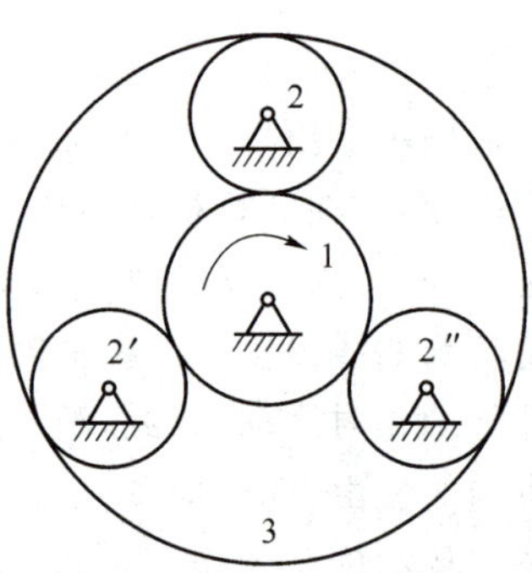


图 3-16 对称结构的虚约束

应当注意，对于虚约束，从机构的运动观点来看，它是多余的，但从增强构件刚度、改善机构受力状况等方面来看，它是必需的。

综上所述，在计算平面机构自由度时，必须考虑是否存在复合铰链，并应将局部自由度和虚约束除去不计，才能得到正确的结果。

## 思考与练习题

3-1 机构运动简图能表示出原机构哪些方面的特性？

3-2 当机构的原动件数少于或多于机构的自由度时，机构的运动将发生何种情况？

3-3 计算图 3-17 所示各机构的自由度，并指出复合铰链、局部自由度和虚约束。

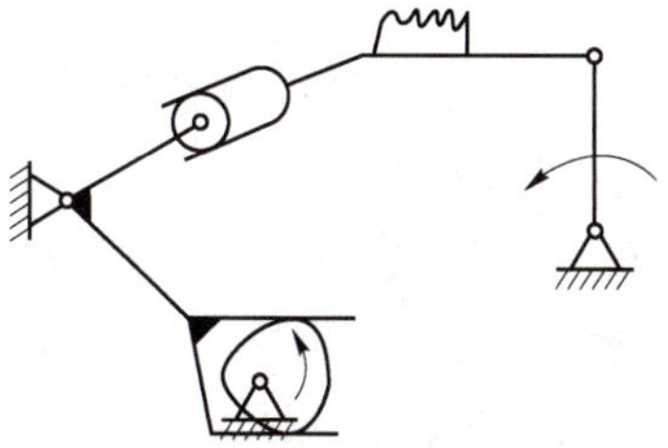

(a)缝纫机送布机构

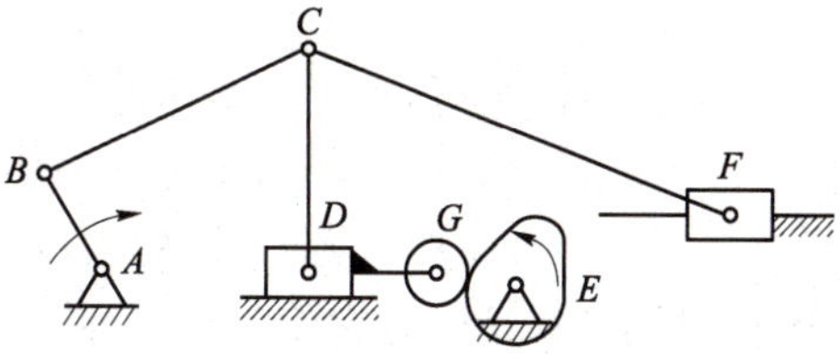


(b)筛料机机构

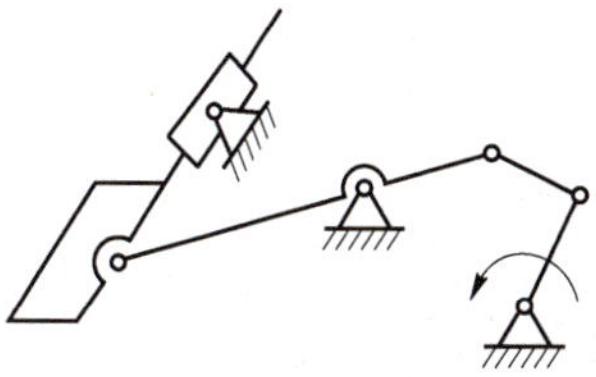

(c)推土机铲土机构

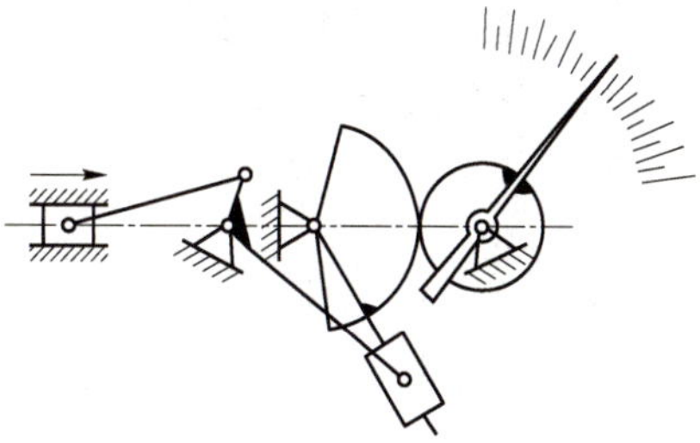

(d)仪表机构

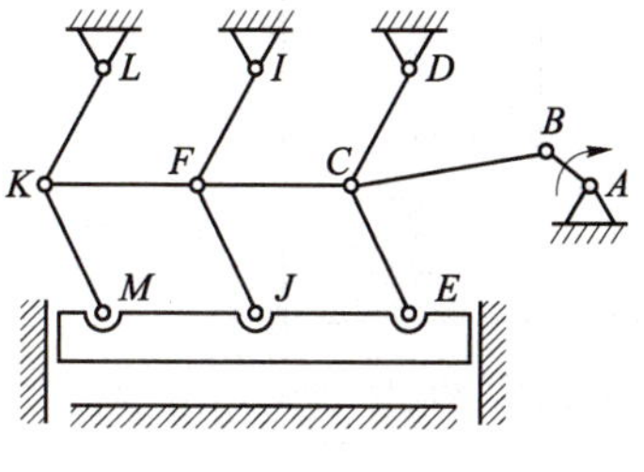


(e)压力机机构

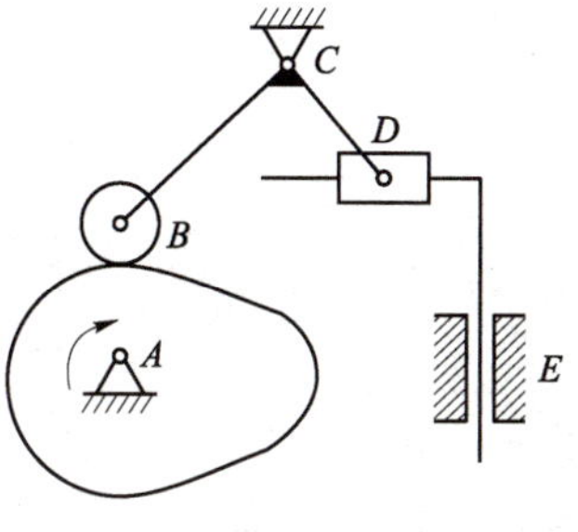


(f)凸轮连杆机构

图 3-17 题 3-3

本章习题参考答案

# 第4章 平面连杆机构

## 4.1 概 述

连杆机构的应用及发展

连杆机构是一种常用的传动机构，它广泛应用于各种机器和仪表中。例如，内燃机、插床、牛头刨床等的主体机构都是连杆机构。

连杆机构中各构件多呈杆状，因此常简称为杆。连杆机构之所以能得到广泛应用，是因为它能实现多种运动形式的转换，满足多方面的要求。而且连杆机构的杆件可以设计得较长，能够把运动传到较远的地方，因此飞机、汽车及机床中常采用连杆机构作为操纵装置。下面介绍几个实例。

图 4-1 为插床的主传动机构。当原动件 1 回转时，运动转变为插刀头 5 的上下往复切削运动。

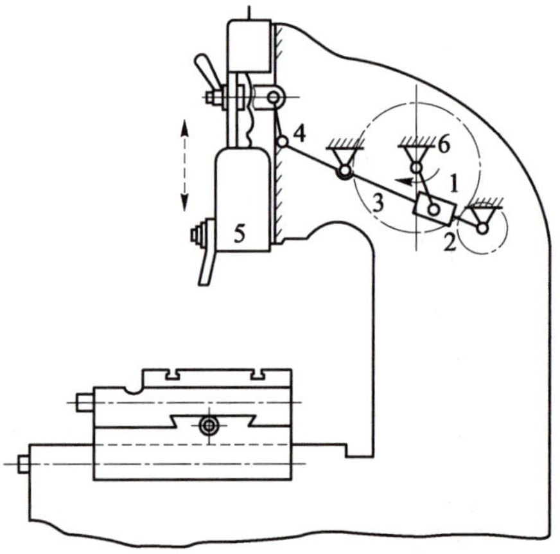


图 4-1 插床的主传动机构

图 4-2 为雷达天线俯仰机构。当主动曲柄 1 回转时，从动摇杆 3 做往复摆动，使固定于其上的雷达天线做俯仰运动。

图 4-3 为汽车挡风玻璃的刮水器。当主动曲柄 2 做整周转动时，从动摇杆（刮水器臂）6、8 做大摆角的同步摆动。

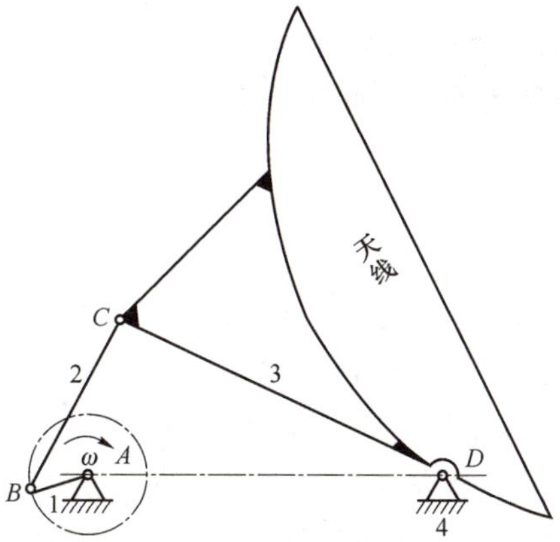


图 4-2 雷达天线俯仰机构

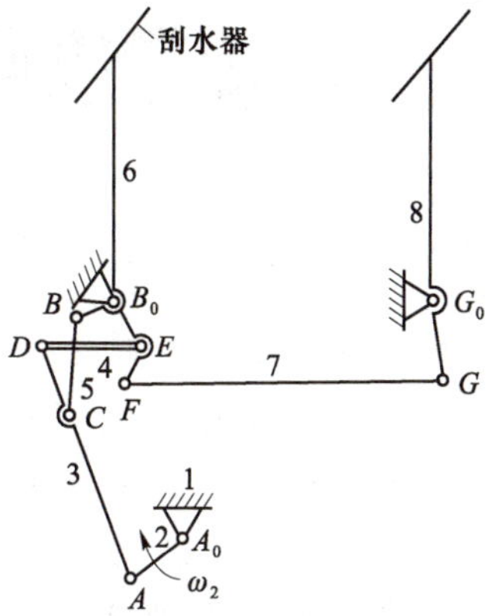


图 4-3 汽车挡风玻璃的刮水器

现实生活中的实例也很多，如图 4-4 所示的窗扇启闭机构，它可以隔着纱窗启闭玻璃窗。又如图 4-5 所示的自张伞机构，它利用装于主、副滑块之间的弹簧使伞自动张开。

另外，工农业生产上常利用连杆上某些点的轨迹来完成工程上特殊的运动轨迹要求。例如，如图 4-6 所示的农机中使用的送料机构，当主动件 $OA$ 回转时，利用装于连杆 $CD$ 的耙子将料向上送进。耙子上各点 $F_1, F_2, \cdots, F_5$ 的轨迹相同，如图 4-6 中粗双点画线所示。

钱学森与东方红一号卫星的姿态调整机构

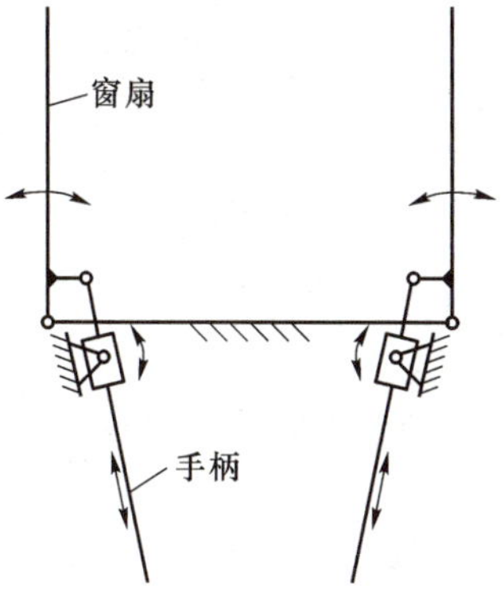


图 4-4 窗扇启闭机构

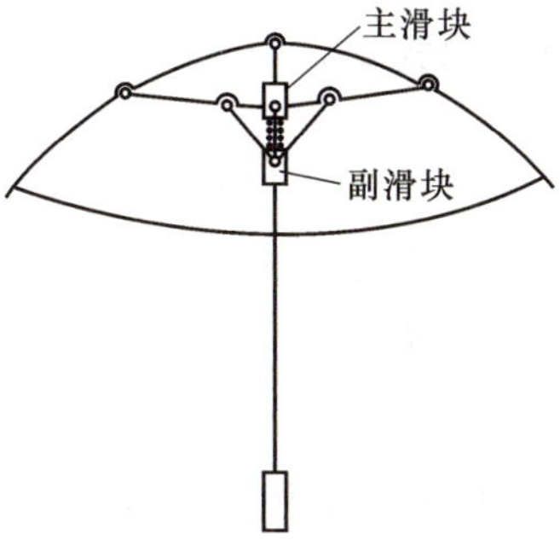


图 4-5 自张伞机构

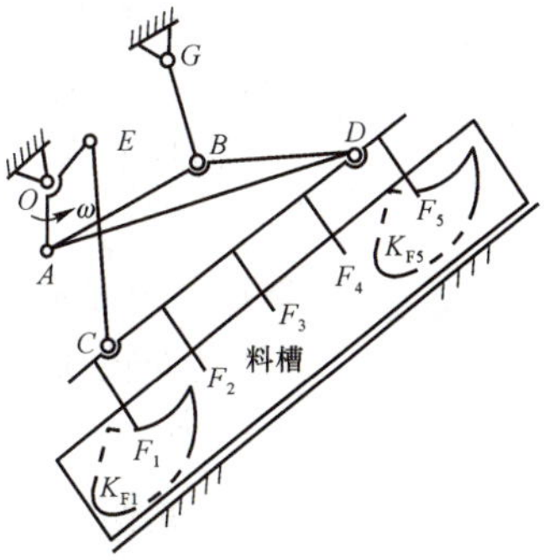


图 4-6 农机中使用的送料机构

连杆机构的特点如下。

(1) 连杆机构中各运动副均为低副，因此压强小，磨损少，便于润滑，寿命长。

(2) 其接触表面是圆柱面或平面，制造比较简单，易于获得较高的制造精度。

(3) 连杆机构的构件数目较多时，各构件的尺寸误差和运动副中的间隙将使机构产生较大的累积误差。

(4) 连杆及滑块所产生的惯性力难以平衡，所以连杆机构一般不宜用于高速传动。

平面四杆机构的类型及演化

## 4.2 平面四杆机构的基本形式和演化

### 4.2.1 铰链四杆机构的基本形式

最基本的平面连杆机构是铰链四杆机构，如图4-7所示。其他形式的四杆机构可以看作是在它的基础上演化而成的。它不仅应用广泛，而且是组成多杆机构的基础。图4-7中固定构件4称为机架，与机架相连的杆1和杆3称为连架杆，连接两个连架杆的活动构件2称为连杆；能绕固定铰链中心做整周转动的连架杆称为曲柄；只能绕固定铰链中心摆动的连架杆称为摇杆。通常，按两个连架杆的运动形式不同，将铰链四杆机构分为3种基本形式：曲柄摇杆机构、双曲柄机构和双摇杆机构。

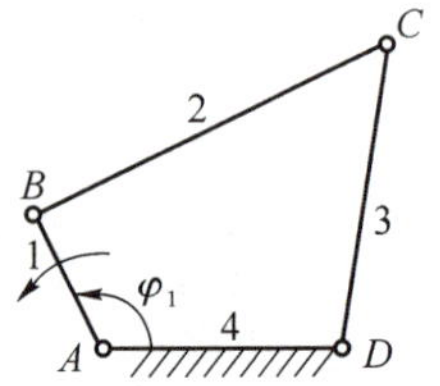

图4-7　铰链四杆机构

1. 曲柄摇杆机构

在铰链四杆机构的两个连架杆中，如果其中一个是曲柄，另一个是摇杆，则这种机构称为曲柄摇杆机构。通常曲柄为原动件，做匀速转动，而从动摇杆做变速往复摆动。连杆做平面复杂运动。

图4-2为调整雷达天线俯仰角的曲柄摇杆机构，曲柄1缓慢地匀速转动，通过连杆2使摇杆3在一定的角度范围内摇动，从而调整天线俯仰角的大小。

图4-8为缝纫机踏板机构。摇杆2（原动件）往复摆动，通过连杆3驱动曲柄4（从动件）做整周转动，再经过带传动使机头主轴转动。

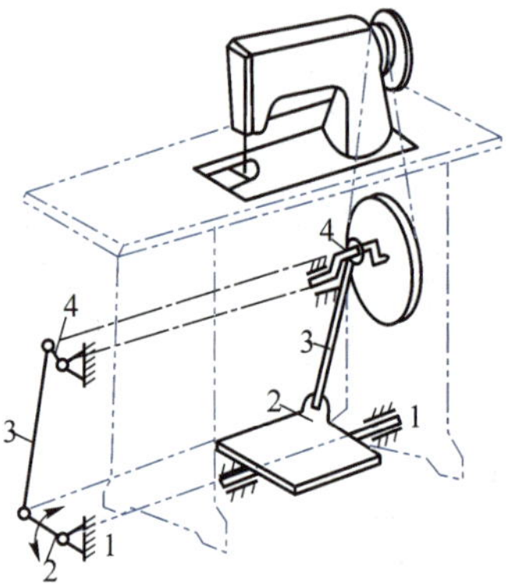

图4-8　缝纫机踏板机构

2. 双曲柄机构

当两连架杆都可以相对于机架做整周转动时，这种机构称为双曲柄机构。若两曲柄长度不等，则这种机构称为不等双曲柄机构，这种机构当主动曲柄以等角速度连续旋转时，从动曲柄以变角速度连续转动，且其角速度的变化幅度相当大，其最大值和最小值之比可达2∶1～3∶1。图4-9所示的惯性筛机构就是利用曲柄机构的这个特性，使筛子（滑块）6的往复运动具有较大变动的加速度，使物料因惯性而达到筛分的目的。

双曲柄机构中，若其相对的两杆平行且相等，则这种机构称为平行双曲柄机构。其运动特点是两曲柄以相同角速度沿相同的方向回转，而连杆做平移运动。图4-10所示的机车车轮联动机构就是利用了其两曲柄等速同向转动的特性。

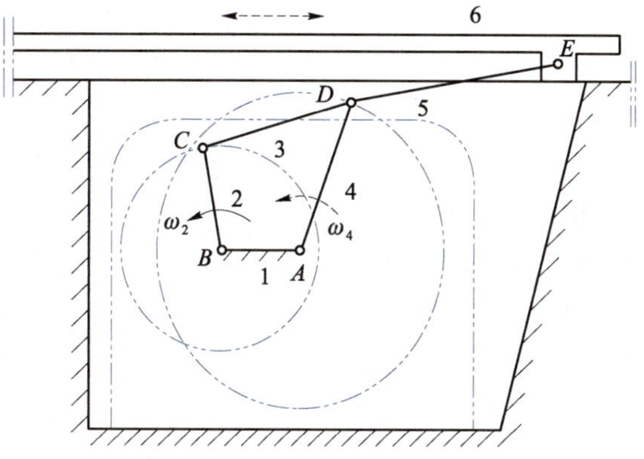


图 4-9 惯性筛机构

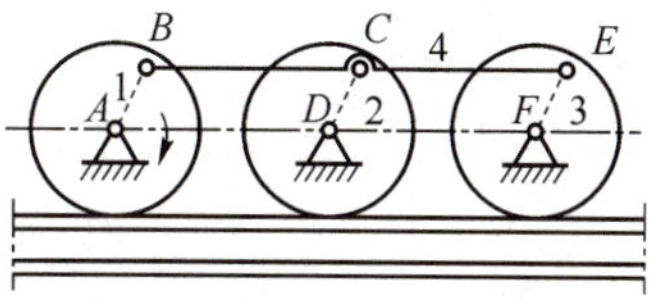


图 4-10 机车车轮联动机构

在如图 4-11 所示的平行四边形机构中，在主动曲柄 $AB$ 转动一周中，从动曲柄 $CD$ 将会处于两次与机架、连杆同时共线的位置。在这两个位置处会出现 $CD$ 转向不确定的现象($CD$ 的转向可能改变也可能不变)，此位置称为转折点。为了保证从动曲柄转向不变，工程上常采用如下一些方法：①在机构中安装一个大质量的飞轮，利用其惯性闯过转折点；②利用多组机构来消除运动的不确定现象。图 4-10 所示的机车车轮联动机构就是保证从动曲柄转向不变的应用实例。

若相对两杆长度相等，但彼此不平行，则这种机构称为反向双曲柄机构，如图 4-12 所示。该机构的特点是两曲柄的转向相反，且角速度不相等。

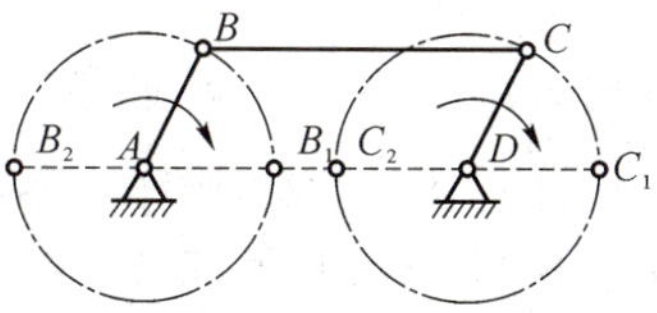


图 4-11 平行四边形机构

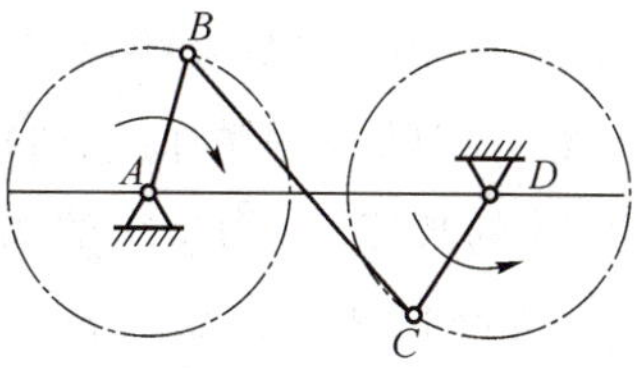


图 4-12 反向双曲柄机构

### 3. 双摇杆机构

若铰链四杆机构的两连架杆均为摇杆(见图 4-13)，则这种机构称为双摇杆机构。在图 4-14 所示的飞机起落架机构中，$ABCD$ 为一双摇杆机构。图 4-14 中实线为起落架放下的位置；虚线为收起位置，此时整个起落架机构藏于机身中。

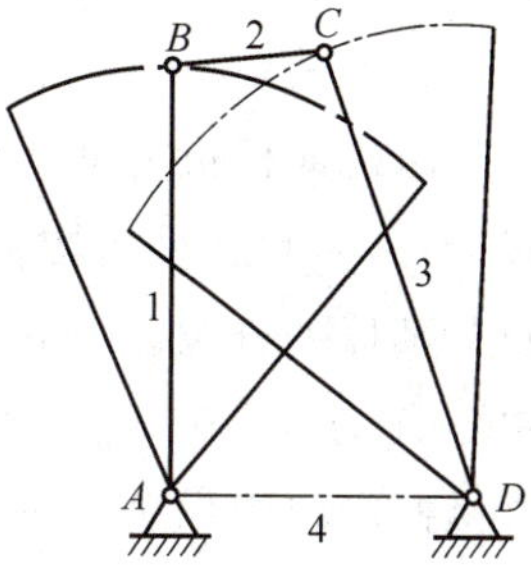


图 4-13 双摇杆机构

在双摇杆机构中，两摇杆在同一时间内所摆过的角度在一般情况下是不相等的。这一特点被用于汽车的转向机构中。图 4-15 为汽车前轮的转向机构。它是两摇杆($AB$ 与 $CD$)长度相等的双摇杆机构(又称等腰梯形机构)。在该机构的作用下，汽车转弯时，可使两前轮轴线与后轮轴线近似汇交于一点 $O$(见图 4-15)，以保证各轮相对于路面近似为纯滚动，以减小轮胎与路面之间的磨损。

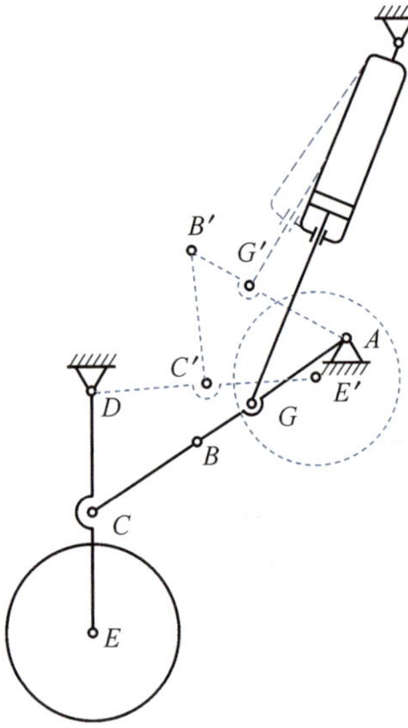


图 4-14　飞机起落架机构

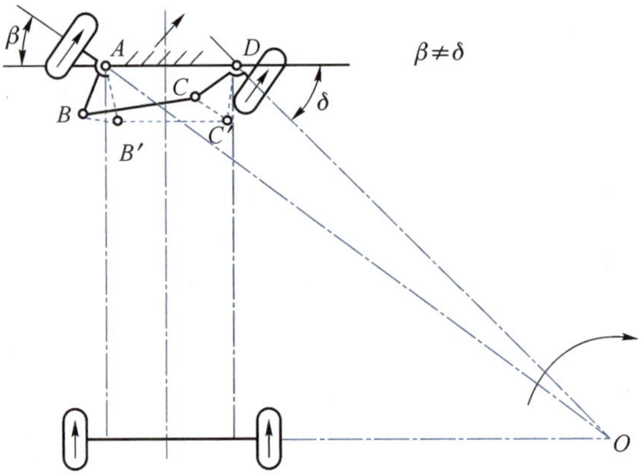


图 4-15　汽车前轮的转向机构

平面四杆机构的演化

## 4.2.2　平面四杆机构的演化

在实际机械中，平面连杆机构的形式是多种多样的，其中绝大多数是在铰链四杆机构的基础上发展和演化而成的。

### 1. 含一个移动副的四杆机构

在如图 4-16(a)所示的曲柄摇杆机构中，摇杆 3 上点 $C$ 的轨迹是以点 $D$ 为圆心，以杆 3 的长度 $L_3$ 为半径的圆弧 $mm$ 的长度。如将转动副 $D$ 扩大，使其半径等于 $L_3'$，并在机架上按点 $C$ 的近似轨迹 $mm$ 做成一弧形槽，摇杆 3 做成与弧形槽相配的弧形块，如图 4-16(b)所示。此时虽然转动副 $D$ 的外形改变，但机构的运动特性并没有改变。若将弧形槽的半径增至无穷大，则转动副 $D$ 的中心移至无穷远处，弧形槽变为直槽，转动副 $D$ 转化为移动副，构件 3 由摇杆变成滑块，于是曲柄摇杆机构就演化为曲柄滑块机构。此时移动方位线 $mm$ 不通过曲柄回转中心，因此这种机构称为偏置曲柄滑块机构，如图 4-16(c)所示。曲柄转动中心至其移动方位线 $mm$ 的垂直距离称为偏距 $e$，当移动方位线 $mm$ 通过曲柄转动中心 $A$ 时($e=0$)，这种机构称为对心曲柄滑块机构，如图 4-16(d)所示。曲柄滑块机构广泛应用于内燃机、空压机及冲床设备中。

在如图 4-16(d)所示的对心曲柄滑块机构中，若取杆 2 为固定件，可得如图 4-17(a)所示的摇块机构。图 4-17(b)所示的自卸卡车翻斗机构就是该机构的应用实例。若滑块 3 为固定件，则可得如图 4-18(a)所示的固定滑块机构，也称定块机构。图 4-18(b)所示的手摇抽水唧筒机构就是该机构的应用实例。

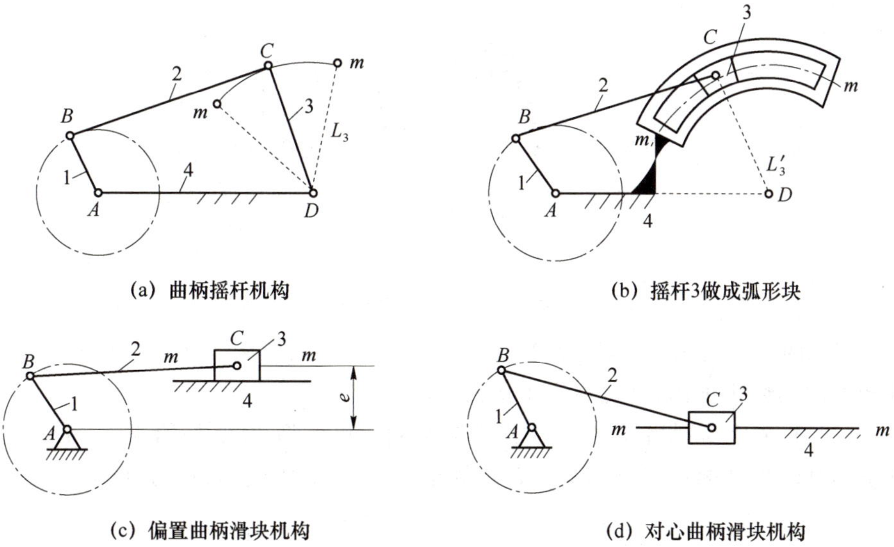


(a) 曲柄摇杆机构　(b) 摇杆3做成弧形块

(c) 偏置曲柄滑块机构　(d) 对心曲柄滑块机构

图 4-16　曲柄滑块机构的演化

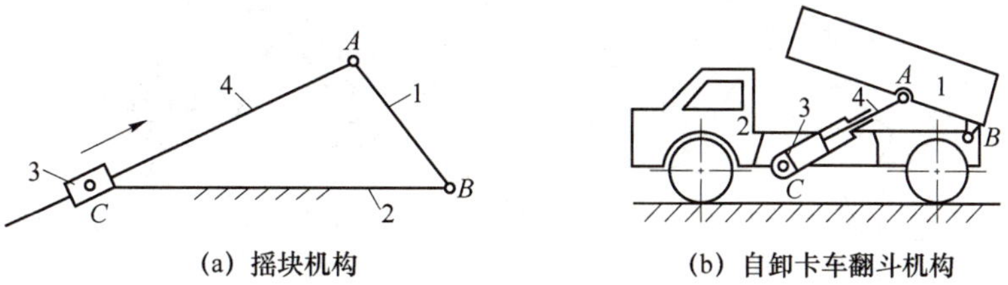


(a) 摇块机构　(b) 自卸卡车翻斗机构

图 4-17　摇块机构及自卸卡车翻斗机构

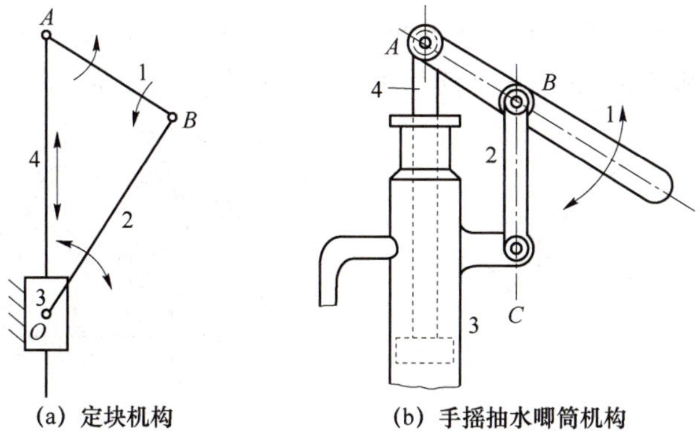


(a) 定块机构　(b) 手摇抽水唧筒机构

图 4-18　定块机构及手摇抽水唧筒机构

### 2. 含有两个移动副的四杆机构

在如图 4-19(a)所示的曲柄滑块机构中，将转动副 $B$ 扩大，图 4-19(a)所示的曲柄滑块机构可等效为图 4-19(b)所示的机构。若将圆弧槽 $mm$ 的半径逐渐增加至无穷大，则图 4-19(b)所示的机构就演化为图 4-19(c)所示的机构。此时连杆 2 转化为沿直线 $mm$ 移动的滑块 2，转动副 $C$ 变成移动副，滑块 3 转化为移动导杆。曲柄滑块机构演化为具有两个移动副的四杆机构，称为双滑块机构。根据两个移动副所处位置的不同，可将双滑块机构分成如下 4 种形式。

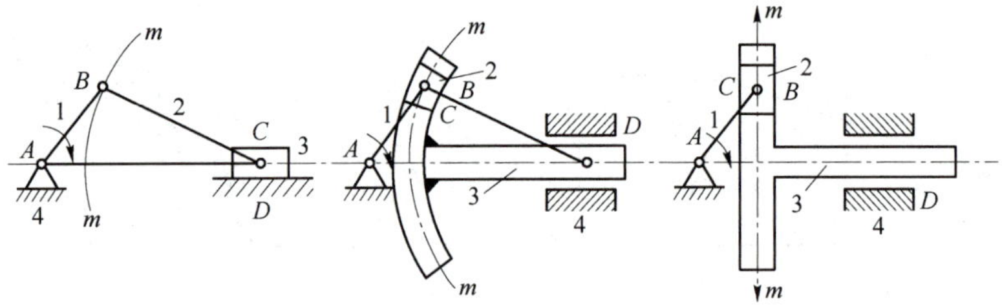


图 4-19　双滑块机构

（1）两个移动副不相邻，如图 4-20 所示。这种机构从动件 3 的位移与原动件转角的正切成正比，因此称为正切机构。

（2）两个移动副相邻，且其中一个移动副与机架相关联，如图 4-21 所示。这种机构从动件 3 的位移与原动件转角的正弦成正比，因此称为正弦机构。

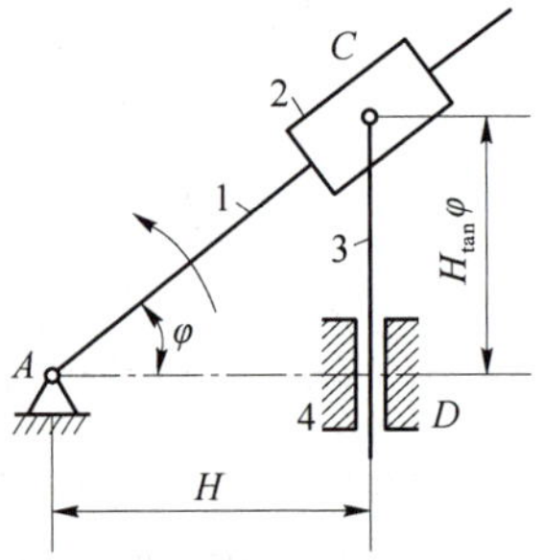


图 4-20　正切机构

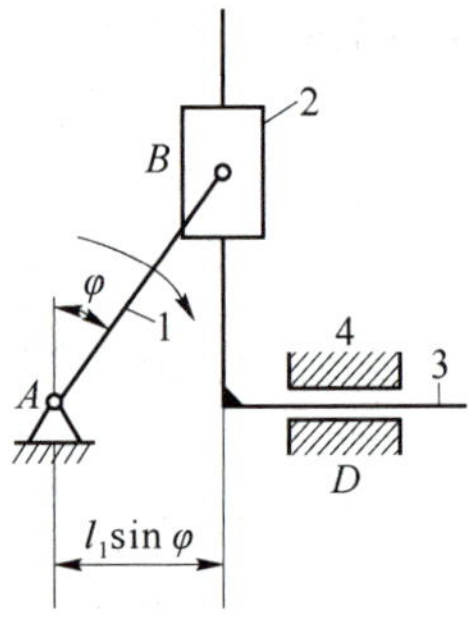


图 4-21　正弦机构

（3）两个移动副相邻，且均不与机架相关联，如图 4-22(a)所示。这种机构的主动件 1 与从动件 3 具有相等的角速度。图 4-22(b)所示的滑块联轴器就是这种机构的应用实例，它可用来连接中心线不重合的两根轴。

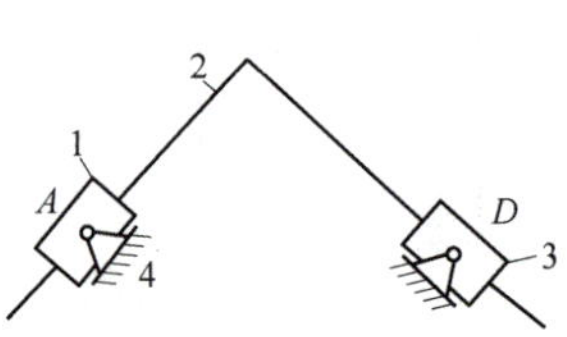


图 4-22　角速度相同机构与滑块联轴器

（4）两个移动副都与机架相关联。图 4-23 所示的椭圆仪就是这种机构的例子。当滑块 1 和 3 沿机架的十字槽滑动时，连杆 2 上的各点描绘出长、短不同的椭圆。

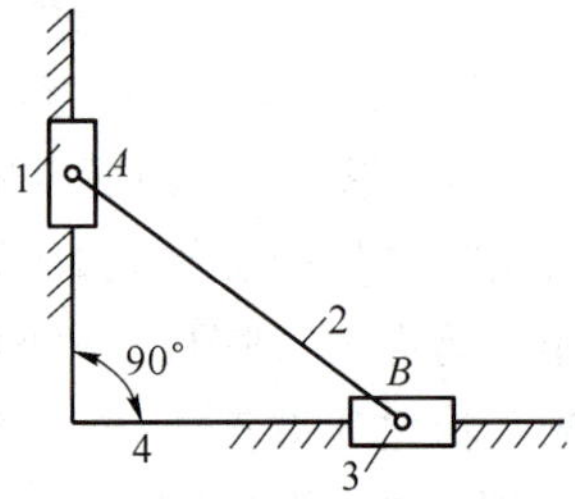


图 4-23　椭圆仪

### 3. 偏心轮机构

图 4-24(a)所示为偏心轮机构。杆 1 为圆盘，其

几何中心为 $B$。因为运动时该圆盘绕偏心 $A$ 转动，所以称为偏心轮。$A$、$B$ 之间的距离 $e$ 称为偏心距。按照相对运动关系，可画出该机构的运动简图，如图 4-24(b)所示。由图 4-24 可知，偏心轮是回转副 $B$ 扩大到包括回转副 $A$ 而形成的，偏心距 $e$ 是曲柄的长度。

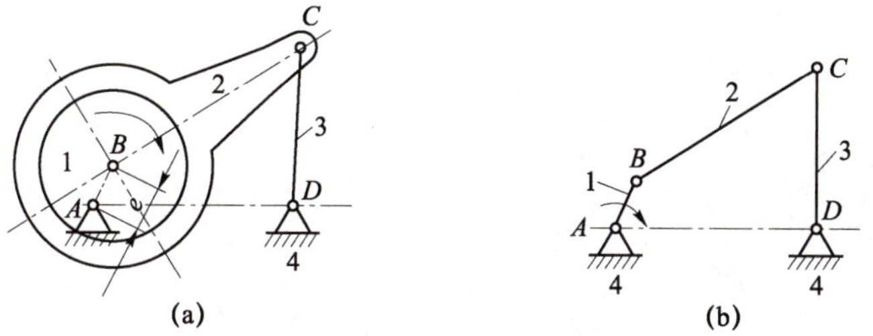


图 4-24 偏心轮机构及其运动简图

当曲柄长度很小时，通常把偏心轮与轴做成一体（见图4-25），这样不仅增大了轴颈的尺寸，提高了偏心轴的强度和刚度，并且使结构得到了简化。因此，偏心轮广泛应用于传力较大的剪床、冲床、颚式破碎机、内燃机等机械中。

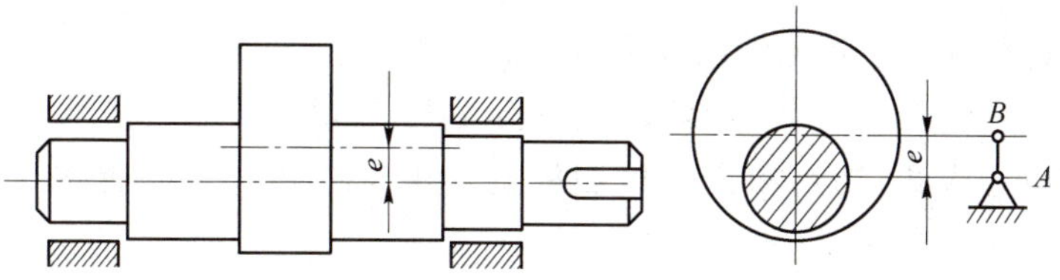


图 4-25 偏心轴

## 4.3 铰链四杆机构的特性

铰链四杆机构的特性

### 4.3.1 铰链四杆机构中存在曲柄的条件

铰链四杆机构是否具有整转副，取决于各杆的相对长度。下面通过曲柄摇杆机构来分析铰链四杆机构存在曲柄的条件。在铰链四杆机构中，若组成转动副的两构件能做整周相对转动，则该转动副称为整转副；不能做整周相对转动的则称为摆转副。在图 4-26 所示的曲柄摇杆机构中，要使杆 $AB$ 对于杆 $AD$ 能绕转动副 $A$ 做整周转动，$AB$ 必须能顺利通过与 $BC$ 共线的两个位置 $AB'$ 和 $AB''$。因此，只要判断在该两个位置时机构中各杆尺寸之间的关系，就可以求得转动副 $A$ 成为整转副（$B$ 为曲柄）应满足的条件。

设各杆长度分别为 $l_1$、$l_2$、$l_3$、$l_4$，并取 $l_1 \leqslant l_4$。当杆 1 处于 $AB'$ 位置时，形成 $\triangle B'C'D$，显然，各杆的长度应满足以下关系：

$$l_2 \leqslant (l_4 - l_1) + l_3$$

或

$$l_3 \leqslant (l_4 - l_1) + l_2 \tag{4-1}$$

即

$$l_1 + l_2 \leqslant l_3 + l_4$$

或

$$l_1 + l_3 \leqslant l_2 + l_4 \tag{4-2}$$

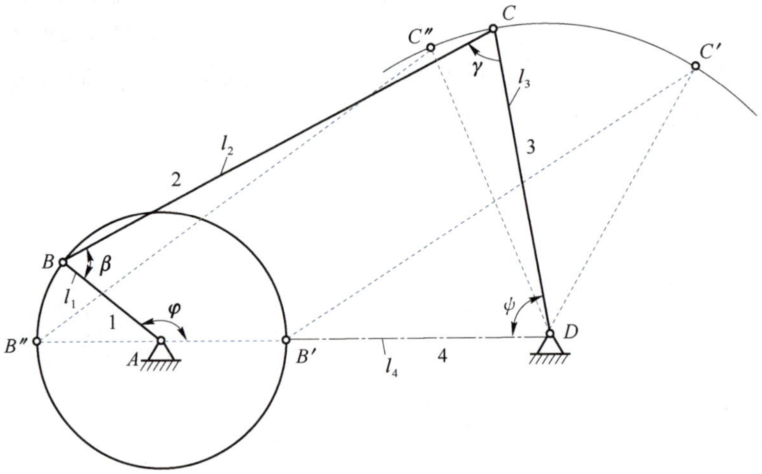


图 4-26 机构存在曲柄的条件分析

又当杆1处于$AB''$位置时，形成$\triangle B''C''D$，则又有如下关系：

$$l_1+l_4\leqslant l_2+l_3 \tag{4-3}$$

将式(4-1)、式(4-2)、式(4-3)两两相加可得

$$l_1\leqslant l_2,\quad l_1\leqslant l_3,\quad l_1\leqslant l_4 \tag{4-4}$$

分析以上诸式，即可得出铰链四杆机构中相邻两构件形成整转副的条件如下。

(1) 最短杆长度＋最长杆长度≤其他两杆长度之和(此条件称为杆长条件)。

(2) 组成整转副的两杆中必有一个杆为四杆中的最短杆。

图4-27所示铰链四杆机构满足杆长条件，杆1为最短杆，则$A$、$B$为整转副，$C$、$D$为摆转副。当以杆4[见图4-27(a)]或杆2[见图4-27(b)]为机架时，杆1为曲柄，杆3为摇杆，得曲柄摇杆机构。当以杆1为机架[见图4-27(c)]时，杆2、杆4均为曲柄，得双曲柄机构。当以杆3为机架[见图4-27(d)]时，杆2、杆4均为摇杆，得双摇杆机构。若不满足杆长条件，则无整转副存在。因此，不论取哪一根杆作为机架，均无曲柄存在，均为双摇杆机构。由此可得铰链四杆机构存在曲柄的条件如下。

(1) 最短杆长度＋最长杆长度≤其他两杆长度之和。

(2) 最短杆为连架杆或机架。

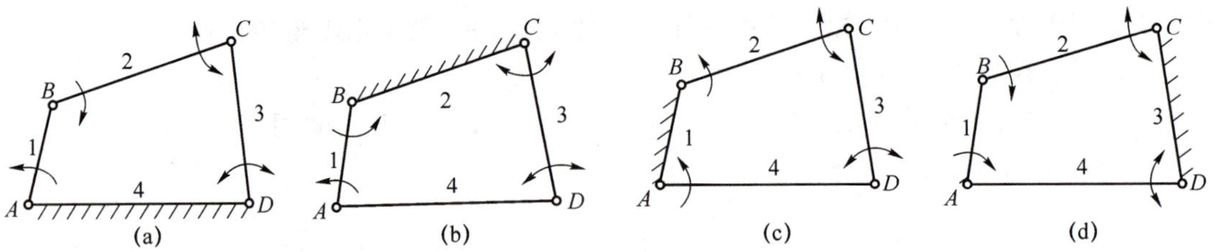


图 4-27 变换机架获得不同机构形式

## 4.3.2 急回运动和行程速比系数

图 4-28 所示为一曲柄摇杆机构，其曲柄 $AB$ 在转动一周的过程中，有两次与连杆 $BC$ 共线。在这两个位置，铰链中心 $A$ 与 $C$ 之间的距离 $AC_1$ 和 $AC_2$ 分别为最短距离和最长距离，因而摇杆 $CD$ 的位置 $C_1D$ 和 $C_2D$ 分别为两个极限位置。摇杆在两极限位置间的夹角 $\psi$ 称为摇杆的摆角。

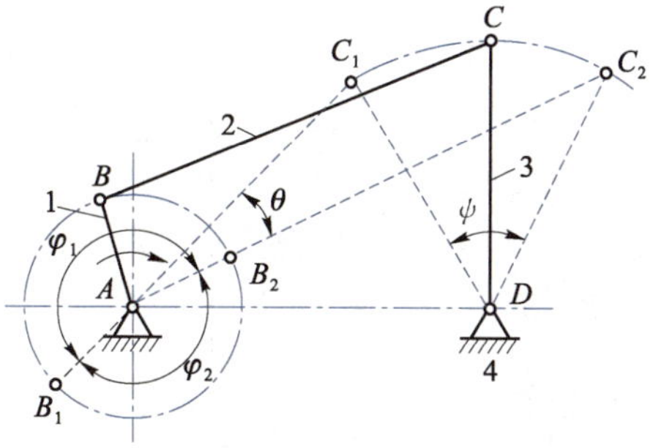


图 4-28 曲柄摇杆机构的急回特性

当曲柄由位置 $AB_1$ 顺时针转到位置 $AB_2$ 时，曲柄转角 $\varphi_1=180°+\theta$，这时摇杆由极限位置 $C_1D$ 摆到极限位置 $C_2D$，摇杆摆角为 $\psi$；而当曲柄再顺时针转过角度 $\varphi_2=180°-\theta$ 时，摇杆由位置 $C_2D$ 摆回到位置 $C_1D$，其摆角仍然是 $\psi$。虽然摇杆来回摆动的摆角相同，但对应的曲柄转角却不等（$\varphi_1>\varphi_2$）；当曲柄匀速转动时，对应的时间也不等（$t_1>t_2$），这反映了摇杆往复摆动的快慢不同。令摇杆自 $C_1D$ 摆至 $C_2D$ 为工作行程，这时铰链 $C$ 的平均速度是 $v_1=C_1C_2/t_1$；摆杆自 $C_2D$ 摆回至 $C_1D$ 为空回行程，这时铰链 $C$ 的平均速度是 $v_2=C_1C_2/t_2$，$v_1<v_2$，表明摇杆具有急回运动的特性。牛头刨床、往复式运输机等机械利用这种急回特性来缩短非生产时间，提高生产率。

急回运动特性可用行程速比系数 $K$ 表示，即

$$K=\frac{v_1}{v_2}=\frac{C_1C_2/t_2}{C_1C_2/t_1}=\frac{t_1}{t_2}=\frac{\varphi_1}{\varphi_2}=\frac{180°+\theta}{180°-\theta} \tag{4-5}$$

式中，$\theta$ 为摇杆处于两极限位置时对应的曲柄所夹的锐角，称为极位夹角。式(4-5)也可表示为

$$\theta=180°\times\frac{K-1}{K+1} \tag{4-6}$$

由以上分析可知：极位夹角 $\theta$ 越大，$K$ 值越大，急回运动的性质越显著，但机构运动的平稳性越差。因此在设计时，应根据其工作要求，恰当地选择 $K$ 值，在一般机械中，取$1<K<2$。

## 4.3.3 压力角与传动角

在生产实际中往往要求连杆机构不仅能实现预期的运动规律，而且希望运转轻便、效率高。图 4-29 所示的曲柄摇杆机构，若不计各杆质量和运动副中的摩擦，则连杆 $BC$ 为二力杆，它作用于从动摇杆 3 上的力 $P$ 是沿 $BC$ 方向

平面机构的演化

急回运动和行程速比特性

的。作用在从动件上的驱动力 $P$ 与该力作用点绝对速度 $v_c$ 之间所夹的锐角 $\alpha$ 称为压力角。由图 4-29 可见，力 $P$ 在 $v_c$ 方向的有效分力为 $P_t = P\cos\alpha$，它可使从动件产生有效的回转力矩，显然 $P_t$ 越大越好。而力 $P$ 在垂直于 $v_c$ 方向的分力 $P_n = P\sin\alpha$ 为无效分力，它不仅无助于从动件的转动，而且增加了从动件转动时的摩擦阻力矩。因此，希望 $P_n$ 越小越好。由此可知，压力角 $\alpha$ 越小，机构的传力性能越好，理想情况是 $\alpha=0$，所以压力角是反映机构传力效果的一个重要参数。一般设计机构时都必须注意控制最大压力角不超过许用值。

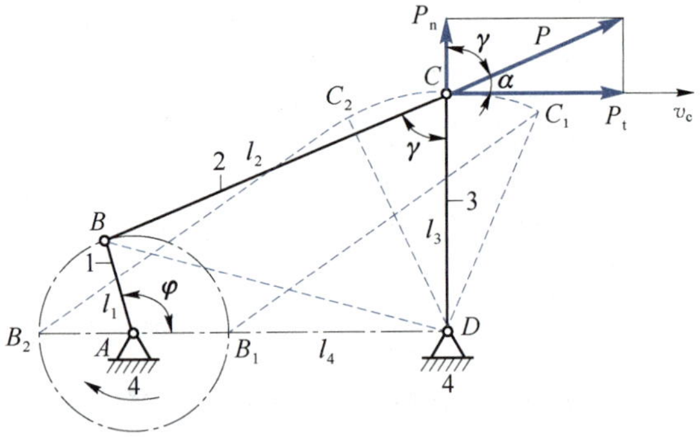


图 4-29　压力角与传动角

在实际应用中，为度量方便起见，常用压力角的余角 $\gamma$ 的大小来衡量机构传力性能的好坏，$\gamma$ 称为传动角。显然 $\gamma$ 值越大越好，理想情况是 $\gamma=90°$。

当机构运动时，传动角的大小是随机构位置的改变而变化的。$\gamma$ 越大，则 $\alpha$ 越小，机构的传动性能越好；反之，传动性能越差。为了保证机构的正常传动，通常应使传动角的最小值 $\gamma_{min}$ 大于或等于其许用值 $[\gamma]$。一般机械中，推荐 $[\gamma]=40°\sim50°$。对于传动功率大的机构，如冲床、颚式破碎机中的主要执行机构，为使工作时得到更大的功率，可取 $\gamma_{min}=[\gamma]\geqslant50°$。对于一些非传动机构，如控制、仪表等机构，可取 $[\gamma]<40°$，但不能过小。可以通过如下方法来确定最小传动角 $\gamma_{min}$。由图 4-29 中 $\angle ABD$ 和 $\angle BCD$ 可分别写出：

$$BD^2 = l_1^2 + l_4^2 - 2l_1 l_4 \cos\varphi$$

$$BD^2 = l_2^2 + l_3^2 - 2l_2 l_3 \cos\angle BCD$$

由此可得

$$\cos\angle BCD = \frac{l_2^2 + l_3^2 - l_1^2 - l_4^2 + 2l_1 l_4 \cos\varphi}{2l_2 l_3} \tag{4-7}$$

当 $\varphi=0°$ 和 $180°$ 时，$\cos\varphi=+1$ 和 $-1$，$\angle BCD$ 分别出现最小值 $\angle BCD_{(min)}$ 和最大值 $\angle BCD_{(max)}$（见图 4-29）。如上所述，传动角 $\gamma$ 是用锐角表示的。当 $\angle BCD$ 为锐角时，传动角 $\gamma=\angle BCD$，显然，$\angle BCD_{(min)}$ 也是传动角的最小值；当 $\angle BCD$ 为钝角时，传动角应以 $\gamma=180°-\angle BCD$ 来表示，显然，$\angle BCD_{(max)}$ 对应传动角的另一极小值。若 $\angle BCD$ 由锐角变成钝角，则机构运动过程中，将在 $\angle BCD_{(min)}$ 和 $\angle BCD_{(max)}$ 位置两次出现传动角的极小值。两者中较小的一个即为该机构的最小传动角 $\gamma_{min}$。

利用死点夹紧工件的夹具

## 4.3.4　机构的死点位置

对于图 4-30 所示的曲柄摇杆机构，若以摇杆 3 为原动件，而曲柄 1 为从动件，则当摇杆摆到极限位置 $C_1D$ 和 $C_2D$ 时，连杆 2 与曲柄 1 共线。若不计各杆的质量，则这时连杆加给曲柄的力将通过铰链中心 $A$，即机构处于压力角 $\alpha=90°$（传力角 $\gamma=0°$）的位置，此时驱动力的有效力为 0。此力对点 $A$ 不产生力矩，因此不能使曲柄转动。机构的这种位置称为死点位置。死点位置会使机构的从动件出现卡死或运动不确定的现象。出现死点位置对传动机构来说是一种缺陷，这种缺陷可以利用回转机构的惯性或添加辅助机构来克服。例如，图 4-8 所示缝纫机踏板机构，就是利用皮带轮的惯性作用使机构能顺利通过死点位置。

在工程实践中，有时也常常利用机构的死点位置来实现一定的工作要求，如图 4-31 所示的利用死点夹紧工件的夹具，当工件 5 需要被夹紧时，利用连杆 $BC$ 与摇杆 $CD$ 形成的死点位置工作，这时工件经杆 1、杆 2 传给杆 3 的力，通过杆 3 的传动中心 $D$。此力不能驱使杆 3 转动。因此，当撤去主动外力 $P$ 后，在工作反力 $N$ 的作用下，机构不会反转，工件依然被可靠地夹紧。

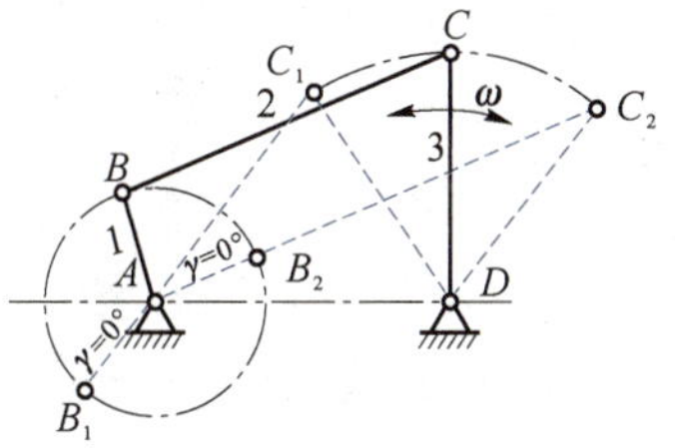


图 4-30 曲柄摇杆机构中的死点位置

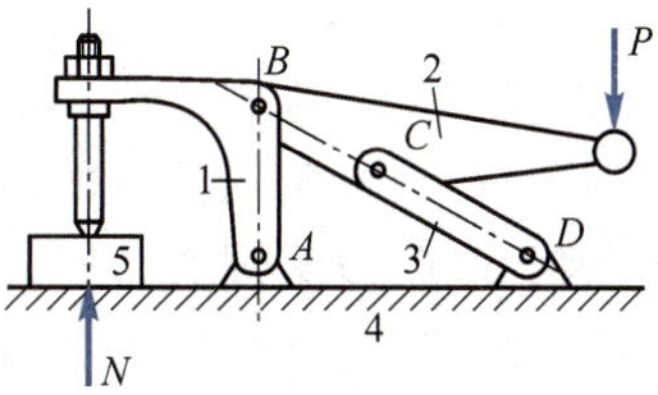


图 4-31 利用死点夹紧工件的夹具

## 4.4 平面连杆机构的设计

### 4.4.1 平面四杆机构设计的基本问题

平面四杆机构的运动设计，主要是根据运动要求，在满足几何条件和动力条件（如是否存在曲柄、急回特性、最小传动角 $\gamma_{min}\geqslant[\gamma]$ 等）的情况下，确定与机构运动有关的各个尺寸参数及各个构件的相对位置，而不涉及构件的形状和截面尺寸。

由于生产实际中对平面四杆机构的要求是多种多样的，因此给定的条件也各不相同，但可将其归为以下两类设计方法。

1. 按给定的运动规律进行设计

设计时按不同的运动规律要求，这种设计方法又可分为以下 3 种情况：①按给定的行程速比系数 $K$ 进行设计；②按给定连杆预定位置进行设计；③按给定两连架杆对应位置进行设计。

2. 按给定的运动轨迹进行设计

这种设计方法是利用连杆上某些点的轨迹，来完成特定工作的设计，如图 4-6 所示的农机中使用的送料机构就是如此。

平面四杆机构的设计方法有图解法、解析法、实验法等。图解法具有简单易行和几何关系清晰的优点，但精度较差。解析法的精度较高，可得出精确解。实验法是利用一些简单的工具，按所给的运动要求来试找所需机构的运动尺寸。这种方法的原理简单，直观性较强，而且可以免去大量的作图工作量，但精度较差。设计时应根据具体情况来选择使用哪种方法。

图解法设计平面四杆机构

## 4.4.2 平面四杆机构的设计方法

### 1. 按给定的行程速比系数进行设计

给定行程速比系数 $K$、摇杆 3 的长度 $c$ 及其摆角 $\psi$，设计曲柄摇杆机构。

首先，按照式(4-6)算出极位夹角 $\theta$。

然后，任选一点 $D$，由摇杆长度 $c$ 及摆角 $\psi$ 作摇杆 3 的两个极限位置 $C_1D$ 和 $C_2D$（见图 4-32），使其长度等于 $c$，其间夹角等于 $\psi$。

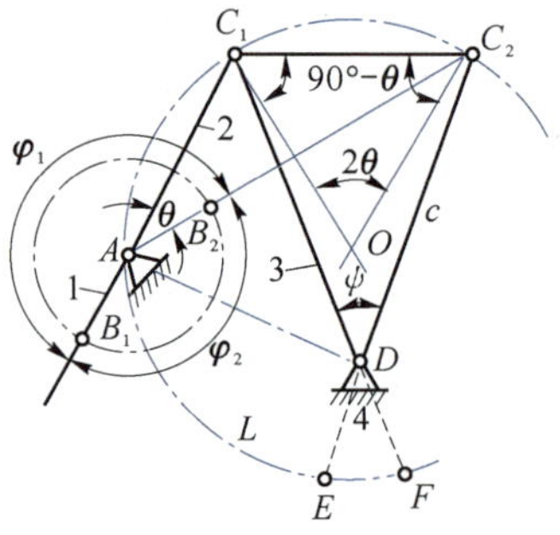


图 4-32　按行程速比系数 $K$ 设计曲柄摇杆机构

再连接直线 $C_1C_2$，作 $\angle C_1C_2O=\angle C_2C_1O=90°-\theta$，得 $C_1O$ 与 $C_2O$ 的交点 $O$。这样，得 $\angle C_1OC_2=2\theta$。由于同弦上的圆周角为圆心角的一半，因此以点 $O$ 为圆心、以 $OC_1$ 为半径作圆 $L$，则该圆周上任意点 $A$ 与点 $C_1$ 和点 $C_2$ 连线的夹角 $\angle C_1AC_2=\theta$。从几何上看，点 $A$ 的位置可在圆周 $L$ 上任意选择；从传动上看，点 $A$ 的位置要受传动角的限制。例如，把点 $A$ 选在 $C_2D$（或 $C_1D$）的延长线与圆 $L$ 的交点 $E$（或点 $F$）上时，最小传动角为 0°，该位置即死点位置。这时，即使以曲柄作主动件，该机构也将不能启动。若把点 $A$ 选在 $EF$ 范围内，则出现对摇杆的有效分力与摇杆给定的运动方向相反的情况，即不能实现给定的运动。即使这样，点 $A$ 的位置仍有无穷多解。欲使其有确定的解，可以添加附加条件。

当点 $A$ 的位置确定后，可根据极限位置时曲柄和连杆共线的原理，连接 $AC_1$ 和 $AC_2$，得

$$AC_2=b+a\ ,\quad AC_1=b-a$$

式中，$a$ 和 $b$ 分别为曲柄和连杆的长度。以上两式相减得

$$a=\frac{AC_2-AC_1}{2}$$

而 $b=a+AC_1=AC_2-a$。

连线 $AD$ 的长度为机架的长度 $d$。

### 2. 按给定连杆预定位置进行设计

设已知连杆 2 的长度 $b$ 和它的 3 个位置 $B_1C_1$、$B_2C_2$、$B_3C_3$，如图 4-33 所示，试设计该铰链四杆机构。

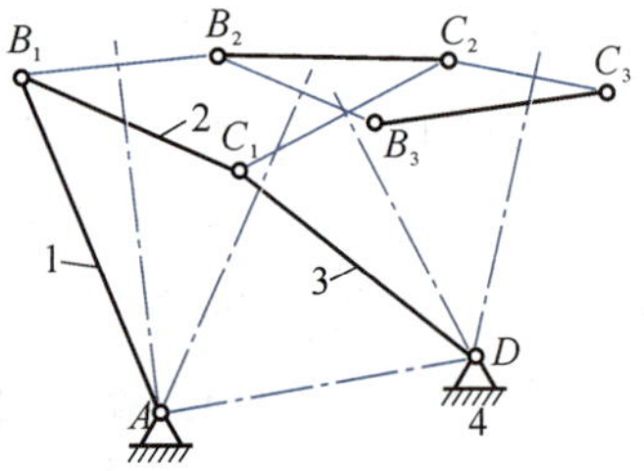


图 4-33　按连杆预定位置设计铰链四杆机构

由于在铰链四杆机构中，连架杆 1 和 3 分别绕两个固定铰链 $A$ 和 $D$ 转动，因此连杆上点 $B$

的 3 个位置点 $B_1$、$B_2$、$B_3$ 应位于同一圆周上，其圆心即位于连架杆 1 的固定铰链 $A$ 的位置。分别连接 $B_1B_2$ 及 $B_2B_3$，并作两连线各自的中垂线，其交点即为固定铰链 $A$。同理，可求得连架杆 3 的固定铰链 $D$。连线 $AD$ 即为机架的长度。这样，构件 1、2、3、4 即组成所要求的铰链四杆机构。

若只给定连杆的两个位置，则点 $A$ 和点 $D$ 可分别在 $B_1B_2$ 和 $C_1C_2$ 各自的中垂线上任意选择，因此，有无穷多解。为了得到确定的解，可根据具体情况添加辅助条件，如给定最小传动角或提出其他结构上的要求等。

### 3. 按给定两连架杆对应位置进行设计

如图 4-34 所示，设已知曲柄 $AB$ 和机架 $AD$ 的长度，要求在该四杆机构的传动过程中，曲柄 $AB$ 和摇杆 $CD$ 上某一标线 $DE$ 能占据 3 组给定的对应位置 $AB_1$、$AB_2$、$AB_3$ 及 $DE_1$、$DE_2$、$DE_3$（对应 3 组摆角 $\varphi_1$、$\varphi_2$、$\varphi_3$ 及 $\psi_1$、$\psi_2$、$\psi_3$）。设计此四杆机构。

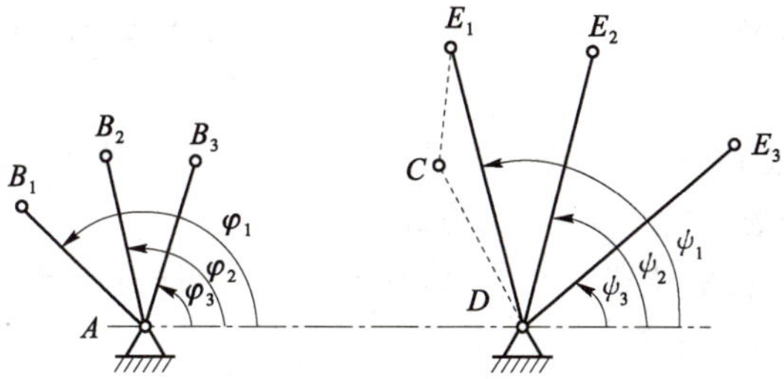


图 4-34 按给定两连架杆对应位置设计四杆机构

这类问题的设计方法之一，可以通过机架变换，先将 $AB_1$、$AB_2$ 和 $AB_3$ 变换为连杆，采用按给定连杆预定位置进行设计的方法求解。

下面介绍按照给定两连架杆对应位置设计四杆机构这类问题的解析法。

在如图 4-35 所示的铰链四杆机构中，已知连架杆 $AB$ 和 $CD$ 的 3 对对应位置 $\varphi_1$、$\psi_1$，$\varphi_2$、$\psi_2$ 和 $\varphi_3$、$\psi_3$，要求确定各杆的长度 $l_1$、$l_2$、$l_3$ 和 $l_4$。此机构各杆长度按同一比例增减时，各杆转角间的关系不变，因此只需确定各杆的相对长度。取 $l_1=1$，则该机构的待求参数只有 3 个。

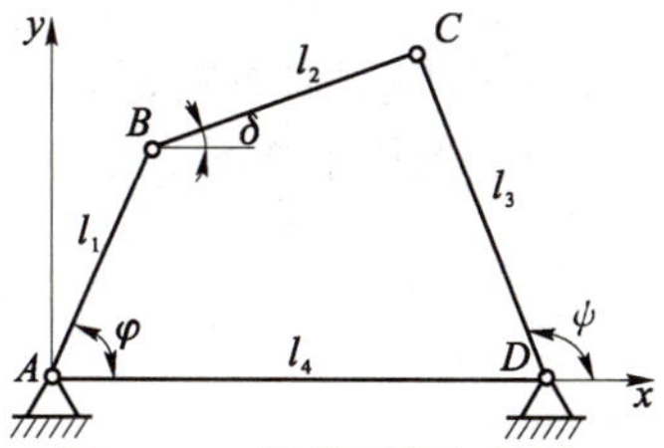


图 4-35 铰链四杆机构的解析设计

该机构的 4 个杆组成封闭多边形。取各杆在坐标轴 $x$ 和 $y$ 上的投影，可以得到以下关系式：

$$\cos\varphi+l_2\cos\delta=l_4+l_3\cos\psi$$

$$\sin\varphi+l_2\sin\delta=l_3\sin\psi$$

将 $\cos\varphi$ 和 $\sin\varphi$ 移到等式右边，再把等式两边取平方后相加，即可消去 $\delta$，整理后得

$$\cos\varphi=\frac{l_4^2+l_3^2+1-l_2^2}{2l_4}+l_3\cos\psi-\frac{l_3}{l_4}\cos(\psi-\varphi)$$

为简化上式，令

$$\begin{cases} P_0 = l_3 \\ P_1 = \dfrac{l_3}{l_4} \\ P_2 = \dfrac{l_4^2 + l_3^2 + 1 - l_2^2}{2l_4} \end{cases} \tag{4-8}$$

则有

$$\cos\varphi = P_0 \cos\psi + P_1 \cos(\psi - \varphi) + P_2 \tag{4-9}$$

上式即为两连架杆转角之间的关系式。将已知的3对对应位置的转角 $\varphi_1$、$\psi_1$，$\varphi_2$、$\psi_2$ 和 $\varphi_3$、$\psi_3$ 分别代入式(4-9)，可得到方程组

$$\begin{cases} \cos\varphi_1 = P_0 \cos\psi_1 + P_1 \cos(\psi_1 - \varphi_1) + P_2 \\ \cos\varphi_2 = P_0 \cos\psi_2 + P_1 \cos(\psi_2 - \varphi_2) + P_2 \\ \cos\varphi_3 = P_0 \cos\psi_3 + P_1 \cos(\psi_3 - \varphi_3) + P_2 \end{cases} \tag{4-10}$$

由方程组可以解出3个未知数 $P_0$、$P_1$、$P_2$。将它们代入式(4-8)，即可得 $l_2$、$l_3$、$l_4$。以上求出的杆长 $l_1$、$l_2$、$l_3$、$l_4$ 可同时乘以任意比例常数，所得的机构都能实现对应的转角。

若仅给定两连架杆的2对位置，则方程组中只能得到2个方程，3个参数 $P_0$、$P_1$、$P_2$ 可以任意给定一个，所以有无穷个解。

若给定两连架杆的位置超过3对，则不可能有精确解，但可以用优化的方法或实验法试凑，求其近似解。

4. 按给定点的轨迹进行设计

平面四杆机构运动时，其连杆做平面复合运动，连杆上各点的运动轨迹是各种不同的曲线，这些曲线称为连杆曲线，其形状与连杆机构的类型、构件尺寸及连杆上点的位置有关。

图4-36所示为一曲柄摇杆机构中连杆上一些点的轨迹曲线。由于连杆曲线的多样性，因此常常被利用来完成一些特殊要求的动作，如图4-6所示的连杆曲线用于农机中送料。

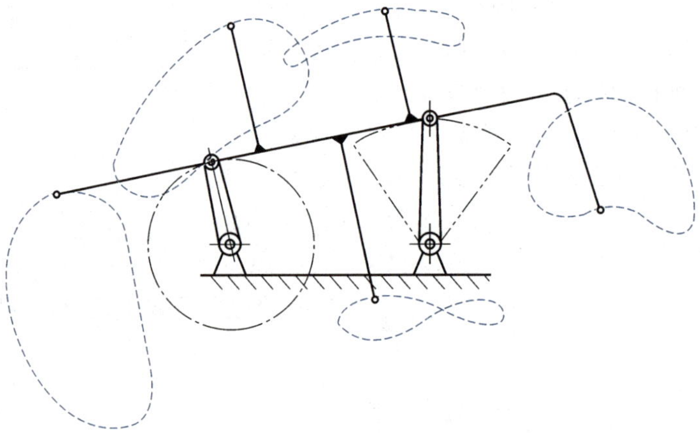

图4-36 曲柄摇杆机构中连杆上一些点的轨迹曲线

按给定点的轨迹设计机构是较复杂的，可用解析法、实验法和连杆曲线图谱法等来完成设计。下面仅对连杆曲线图谱法作简要介绍。这种方法是利用连杆

曲线图谱手册进行设计。图 4-37 是已出版的《四连杆机构分析图谱》中的一张图。图 4-37 中虚线是连杆上各点的轨迹曲线，每条虚线上的小圆点是连杆 $BC$ 上描点所在的位置，图中右下角的 4 个等式表示取曲柄 2 的长度为单位长度($l_2=1$)时，其他各杆长度为相对于曲柄的相对长度。

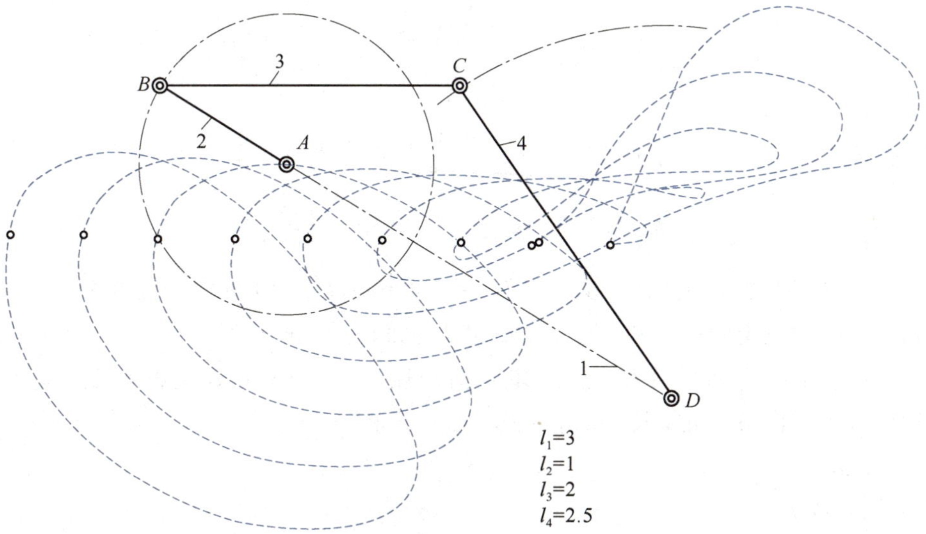


图 4-37 《四连杆机构分析图谱》中的一张图

## 思考与练习题

4-1 为什么连杆机构又称为低副机构？它有哪些特点？

4-2 铰链四杆机构有哪几种主要形式？它们之间的主要区别在哪里？图 4-5 所示机构为哪种四杆机构？

4-3 何谓曲柄？铰链四杆机构中存在曲柄的条件是什么？

4-4 何谓连杆机构的压力角和传动角？其大小对连杆机构的工作有何影响？在四杆机构中最小传动角出现在什么位置？为什么？

4-5 试根据图 4-38 中注明的尺寸判断其中铰链四杆机构是曲柄摇杆机构、双曲柄机构还是双摇杆机构？

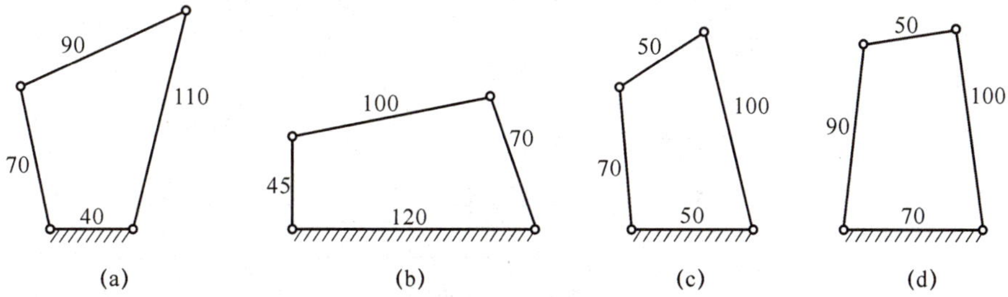


图 4-38 题 4-5

4-6　试确定图 4-39 四杆机构从动件的摆角 $\psi$ 和机构的最小传动角。

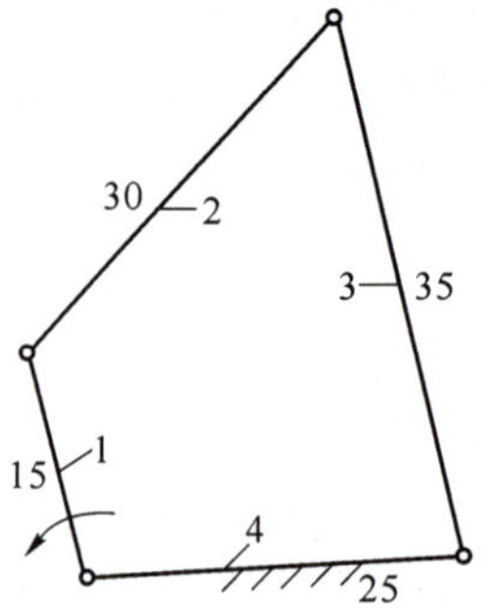


图 4-39　题 4-6

4-7　图 4-40 所示为某机械踏板机构，设已知 $L_{CD}=500$ mm，$L_{AD}=1\ 000$ mm，踏板 3 在水平位置上、下各摆动 10°，试确定曲柄 1 和连杆 2 的长度 $L_{AB}$ 和 $L_{BC}$。

4-8　图 4-41 所示为一曲柄摇杆机构，已知曲柄长度 $L_{AB}=80$ mm，连杆长度 $L_{BC}=390$ mm，摇杆长度 $L_{CD}=300$ mm，机架长度 $L_{AD}=380$ mm，试求：

(1) 摇杆的摆角 $\psi$；

(2) 机构的极位夹角 $\theta$；

(3) 机构的行程速比系数 $K$。

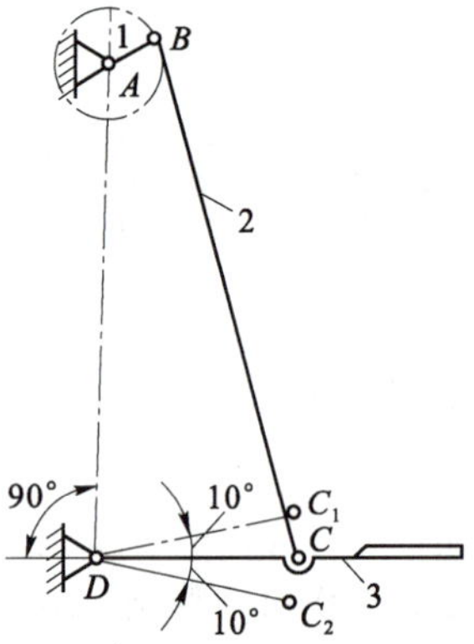


图 4-40　题 4-7

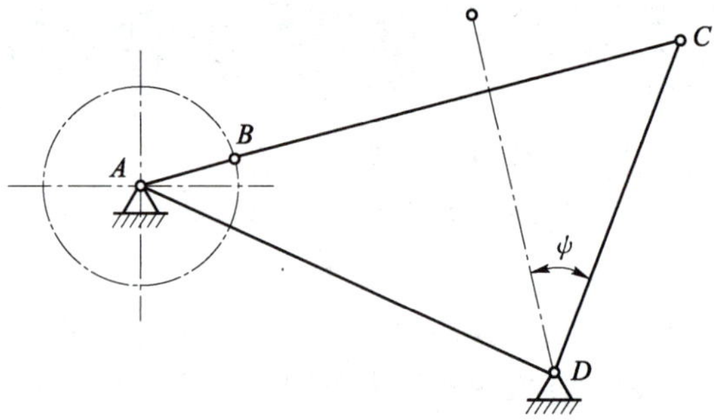


图 4-41　题 4-8

4-9　设计一偏置曲柄滑块机构。已知滑块的行程 $s=50$ mm，偏距 $e=20$ mm（见图 4-42），行程速比系数 $K=1.5$，试用作图法求曲柄的长度 $L_{AB}$ 和连杆的长度 $L_{BC}$。

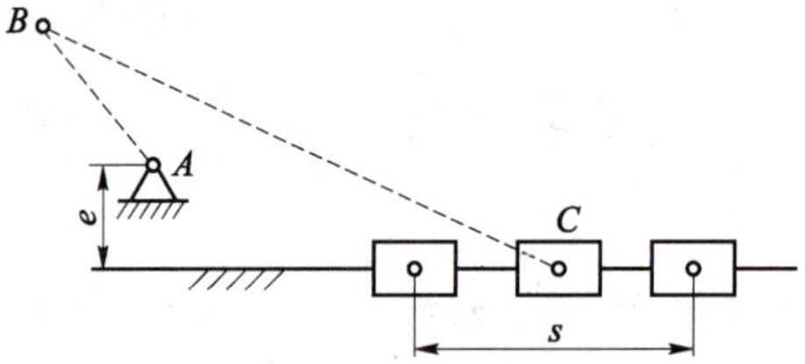


图 4-42　题 4-9

4-10　设计一铰链四杆机构作为加热炉炉门的启闭机构。已知炉门上两活动铰链的中心距为 50 mm，炉门打开后呈水平位置时，要求炉门温度较低的一面朝上（如图 4-43 中虚线所示），设固定铰链安装在 $y-y$ 轴线上，其相关尺寸如图 4-43 所示，求此铰链四杆机构其余三杆的长度。

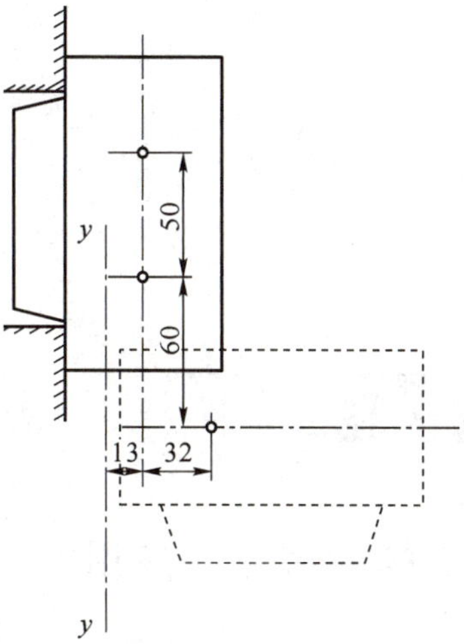


图 4-43 题 4-10

本章习题参考答案

# 第5章 凸轮机构

## 5.1 概述

凸轮机构的基本知识

凸轮机构的应用

汽车燃油喷射系统中的凸轮机构

### 5.1.1 凸轮机构的特点和应用

凸轮机构能将主动件的连续等速运动变为从动件的往复变速运动或间歇运动。凸轮机构是机械中的一种常用机构，在自动机械、半自动机械中应用非常广泛。

凸轮机构的优点是：只要设计适当的凸轮轮廓，便可使从动件得到所需的运动规律，并且结构简单、紧凑、设计方便。它的缺点是凸轮轮廓与从动件之间为点接触或线接触，易于磨损，因此，通常多用于传力不大的控制机构。

图 5-1 所示为内燃机配气凸轮机构。盘形凸轮 1 回转时，推动平底推杆 2 做往复移动，再通过摇臂 3 使气阀 4 按一定规律启闭。

图 5-2 所示为靠模车削凸轮机构。工件 1 回转，当刀架 2 做纵向移动时，同时刀架 2 在靠模板 3（凸轮）曲线轮廓的推动下做横向移动，车刀切削出与靠模板曲线一致的工件。

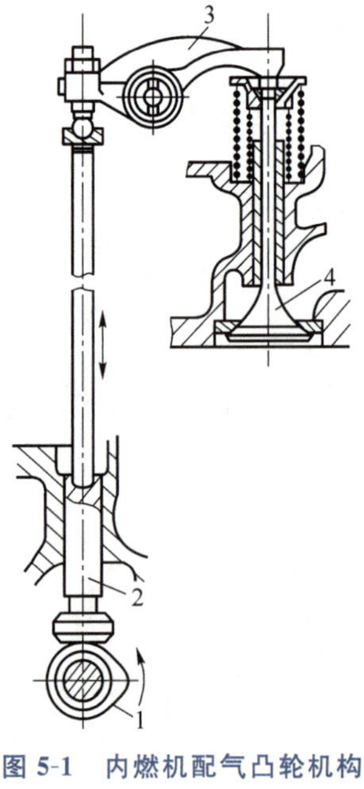

图 5-1 内燃机配气凸轮机构

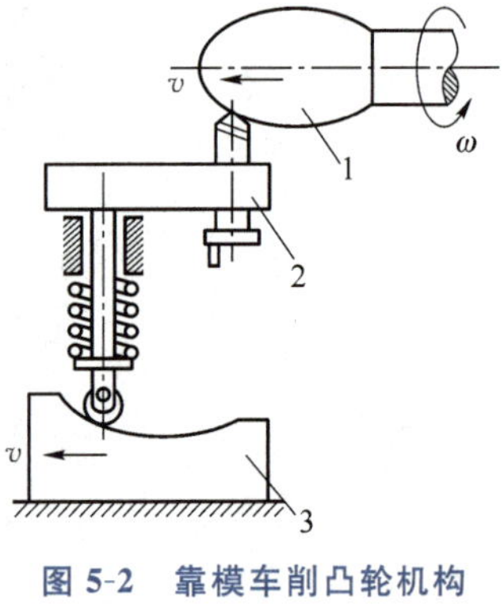

图 5-2 靠模车削凸轮机构

图 5-3 所示为靠模车削自动车床走刀凸轮机构。带凹槽的圆柱凸轮 1 做等速回转，槽中的滚子带动从动件 2 做左右摆动时，扇形齿轮通过齿条带动托板 3 做往复移动。

从以上所举的例子可以看出：凸轮机构主要由凸轮、推杆（从动件）和机架 3 个基本构件组成。

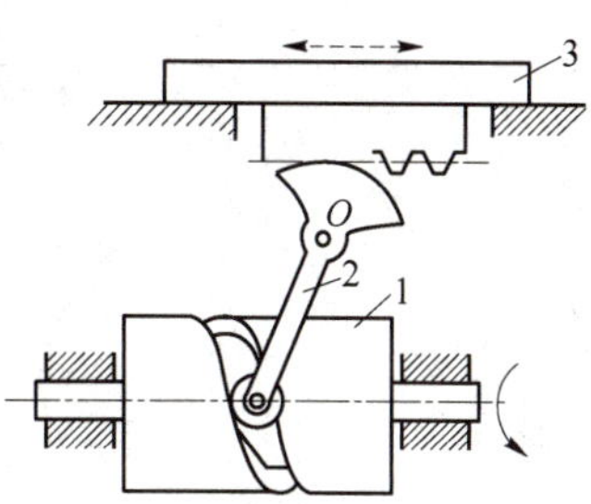

图 5-3　靠模车削自动车床走刀凸轮机构

## 5.1.2　凸轮机构的分类

### 1. 按凸轮的形状分类

（1）盘形凸轮：它是凸轮的基本形式。这种凸轮是一个绕固定轴转动并且具有变化半径的盘形零件，如图 5-1 所示。

（2）移动凸轮：当盘形凸轮的回转中心趋于无穷远时，凸轮相对机架做直线运动，这种凸轮称为移动凸轮，如图 5-2 所示。

（3）圆柱凸轮：将移动凸轮卷成圆柱体就成为圆柱凸轮，如图 5-3 所示。

### 2. 按推杆的形状分类

（1）尖端推杆（见表 5-1 第 2 列）：这种推杆结构最简单，尖端能与任意复杂的凸轮轮廓保持接触，以实现推杆的任意运动规律。但因尖端易磨损，仅适用于作用力很小的低速凸轮机构。

（2）滚子推杆（见表 5-1 第 3 列）：推杆的一端装有可自由转动的滚子，滚子与凸轮之间为滚动摩擦，磨损小，可以承受较大的载荷，因此，应用最普遍。

（3）平底推杆（见表 5-1 第 4 列）：推杆的一端为一平面，直接与凸轮轮廓相接触。若不考虑摩擦，则凸轮对推杆的作用力始终垂直于端平面，传动效率高，且接触面间容易形成油膜，利于润滑，因此常用于高速凸轮机构。它的缺点是不能用于凸轮轮廓有凹曲线的凸轮机构中。

（4）曲面推杆（见表 5-1 第 5 列）：这是尖端推杆的改进形式，较尖端推杆不易磨损。

表 5-1　按推杆分类的凸轮机构

| 推杆类型 | 尖端 | 滚子 | 平底 | 曲面 |
|---|---|---|---|---|
| 对心移动推杆 | 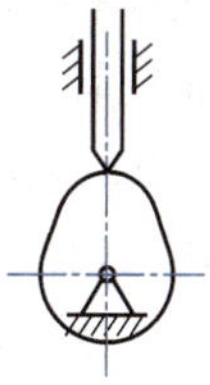 | 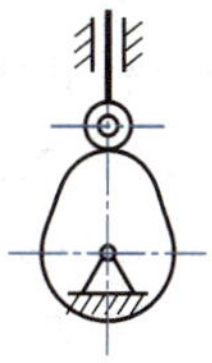 | 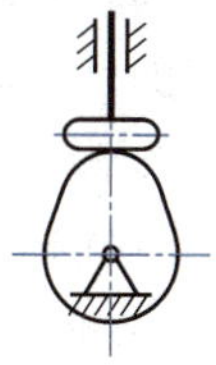 | 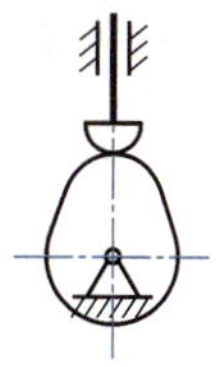 |
| 偏置移动推杆 | 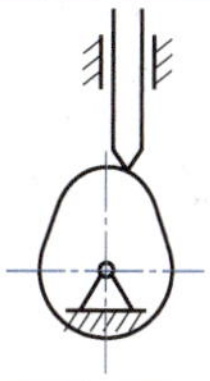 | 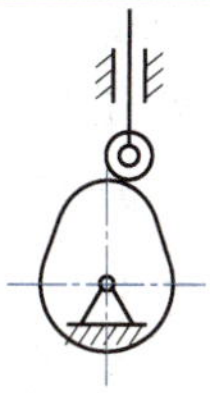 | 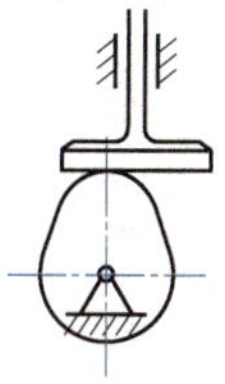 | 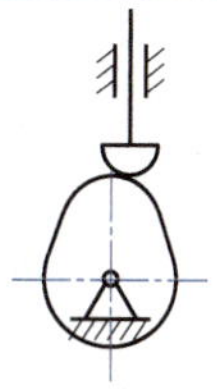 |

续表

| 推杆类型 | 尖端 | 滚子 | 平底 | 曲面 |
| --- | --- | --- | --- | --- |
| 摆动推杆 | 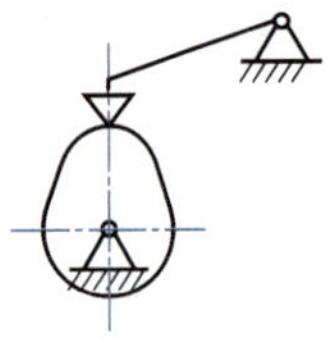 | 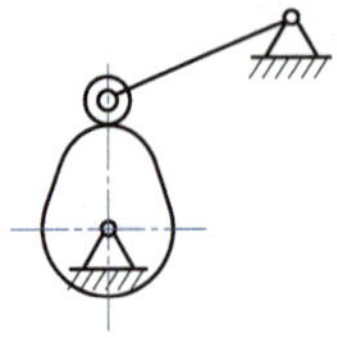 | 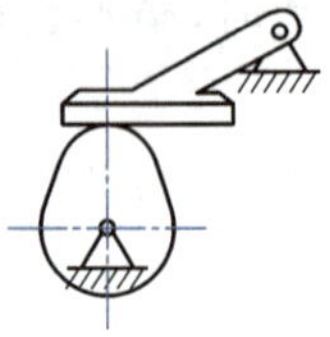 | 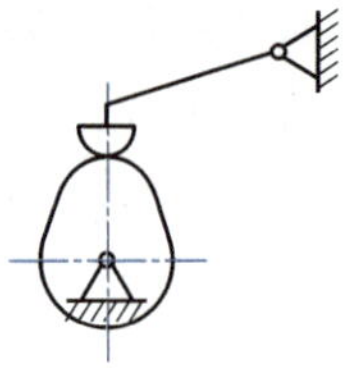 |

3. 按推杆的运动形式分类

（1）对心移动推杆（见表5-1第2行）：推杆相对机架做往复直线运动。

（2）偏置移动推杆（见表5-1第3行）：不对心放置移动推杆，推杆相对机架做往复直线运动。

（3）摆动推杆（见表5-1第4行）：推杆相对机架做往复摆动。

为了使凸轮与推杆始终保持接触，可以利用重力、弹簧力或依靠凸轮上的凹槽来实现。

推杆的常用运动规律

## 5.2 推杆的常用运动规律

推杆的运动规律就是推杆的位移 $s$、速度 $v$ 和加速度 $a$ 随时间 $t$ 的变化规律。当凸轮做匀速转动时，其转角 $\delta$ 与时间 $t$ 成正比（$\delta=\omega t$），所以推杆的运动规律也可以用推杆的运动参数随凸轮转角的变化规律来表示，即 $s=s(\delta)$，$v=v(\delta)$，$a=a(\delta)$。通常用推杆运动线图直观地表述这些关系。

现以对心移动尖端推杆盘形凸轮机构为例，说明凸轮与推杆的运动关系。如图5-4(a)所示，以凸轮轮廓曲线的最小向径 $r_{min}$ 为半径所作的圆称为凸轮的基圆，$r_{min}$ 称为基圆半径。点 $A$ 为凸轮轮廓曲线的起始点。当凸轮与推杆在点 $A$ 接触时，推杆处于最低位置（推杆处于距凸轮轴心 $O$ 最近位置）。当凸轮以匀角速度 $\omega_1$ 逆时针转动 $\delta_t$ 时，凸轮轮廓 $AB$ 段的向径逐渐增加，推动推杆以一定的运动规律到达最高位置 $B'$（此时推杆处于距凸轮轴心 $O$ 最远位置），这个过程称为推程。这时推杆移动的距离 $h$ 称为升程，对应的凸轮转角 $\delta_t$ 称为推程运动角。当凸轮继续转动 $\delta_s$ 时，凸轮轮廓 $BC$ 段向径不变，此时推杆处于最远位置且停留不动，相应的凸轮转角 $\delta_s$ 称为远休止角。当凸轮继续转动 $\delta_h$ 时，凸轮轮廓 $CD$ 段的向径逐渐减小，推杆在重力或弹簧力的作用下，以一定的运动规律回到起始位置，这个过程称为回程。对应的凸轮转角 $\delta_h$ 称为回程运动角。当凸轮继续转动 $\delta_{s'}$ 时，凸轮轮廓 $DA$ 段的向径不变，此时推杆在最近位置停留不动，相应的凸轮转角 $\delta_{s'}$ 称为近休止角。当凸轮再继续转动时，推杆重复上述运动循环。如果以直角坐标系的纵坐标代表推杆的位移 $s_2$，横坐标代表凸轮的转角 $\delta$，则可以画出推杆位移 $s_2$ 与凸轮转角 $\delta$ 之间的关系线图，如图5-4(b)所示，它简称为推杆位移曲线。

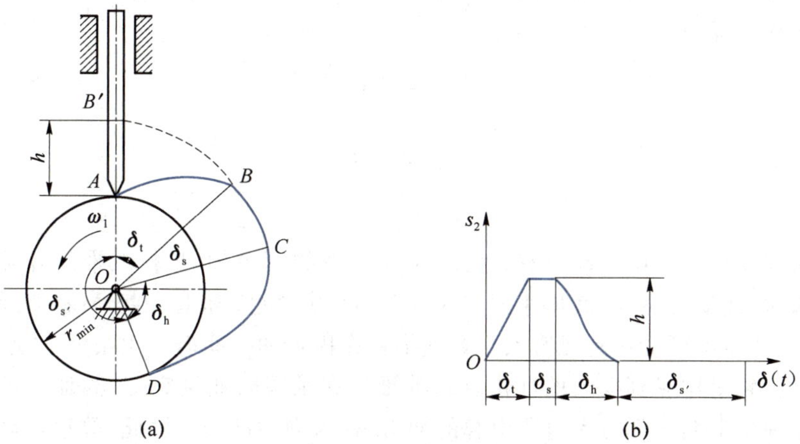


图 5-4 凸轮机构运动过程

下面介绍几种从动件常用推杆的运动规律。

## 5.2.1 等速运动规律

推杆速度为定值的运动规律称为等速运动规律。当凸轮以等角速度 $\omega_1$ 转动时,推杆在推程或回程中的速度为常数,如图 5-5(b)所示。

推程时,设凸轮推程运动角为 $\delta_t$,推杆升程为 $h$,相应的推程时间为 $T$,则推杆的速度为

$$v_2 = C_1 = 常数$$

位移方程为

$$s_2 = \int v_2 \mathrm{d}t = C_1 t + C_2$$

加速度方程为

$$a_2 = \frac{\mathrm{d}v_2}{\mathrm{d}t} = 0$$

初始条件:当 $t=0$ 时,$s_2=0$;当 $t=T$ 时,$s_2=h$。利用位移方程得到 $C_2=0$ 和$C_1=h/T$。

因此有

$$\begin{cases} s_2 = h\dfrac{t}{T} \\ v_2 = \dfrac{h}{T} \\ a_2 = 0 \end{cases} \tag{5-1}$$

由于凸轮转角 $\delta_1=\omega_1 t$,$\delta_t=\omega_1 T$,代入式(5-1),得推程时推杆用转角 $\delta$ 表示的运动方程为

$$\begin{cases} s_2 = \dfrac{h}{\delta_t}\delta_1 \\ v_2 = \dfrac{h}{\delta_t}\omega_1 \\ a_2 = 0 \end{cases} \tag{5-2}$$

回程时，推杆的速度为负值。回程结束，凸轮转角为 $\delta_h$，$s=0$，同理可推出推杆的运动方程为

$$\begin{cases} s_2=h\left(1-\dfrac{\delta_1}{\delta_h}\right) \\ v_2=-\dfrac{h}{\delta_h}\omega_1 \\ a_2=0 \end{cases} \tag{5-3}$$

由图 5-5(a)、(b)、(c)位移、速度、加速度曲线图可知，推杆在推程开始和终止的瞬时，速度有突变，其加速度在理论上为无穷大(实际上，由于材料的弹性变形，其加速度不可能达到无穷大)，致使推杆在极短的时间内产生很大的惯性力，因而使凸轮机构受到极大的冲击。这种推杆在某瞬时速度突变，其加速度和惯性力在理论上趋于无穷大时所引起的冲击，称为刚性冲击。因此，等速运动规律只适用于低速轻载的凸轮机构。

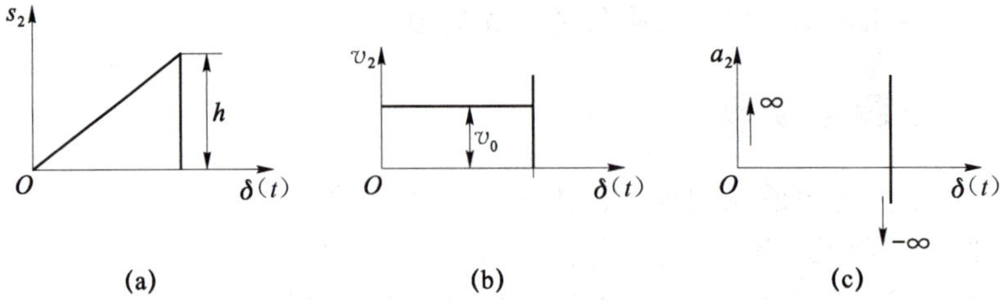


图 5-5 等速运动规律

## 5.2.2 等加速等减速运动规律

推杆在行程的前半段为等加速，而后半段为等减速的运动规律，称为等加速等减速运动规律。如图 5-6 所示，推杆在升程 $h$ 中，先做等加速运动，后做等减速运动，直至停止。等加速度和等减速度的绝对值相等。这样，由于推杆等加速段的初速度和等减速段的末速度为零，因此两段升程所需的时间必相等，即凸轮转角均为 $\delta_t/2$；两段升程也必相等，均为 $h/2$。

等加速段的运动时间为 $T/2$，即 $\delta_t/2\omega_1$，对应的凸轮转角为 $\delta_t/2$。由于是等加速运动，因此 $s_2=a_0t^2/2$。利用上述分析结果可得

$$\frac{h}{2}=\frac{1}{2}a_0\left(\frac{T}{2}\right)^2$$

$$a_2=a_0=\frac{4h}{T^2}=4h\left(\frac{\omega_1}{\delta_t}\right)^2 \tag{5-4}$$

将上式积分两次，并代入初始条件：当 $\delta_1=0$ 时，$v_2=0$，$s_2=0$。可推出推杆前半行程做等加速运动时的运动方程如下：

$$\begin{cases} s_2=\dfrac{2h}{\delta_t^2}\delta_1^2 \\ v_2=\dfrac{4h\omega_1}{\delta_t^2}\delta_1 \\ a_2=\dfrac{4h\omega_1^2}{\delta_t^2} \end{cases} \tag{5-5}$$

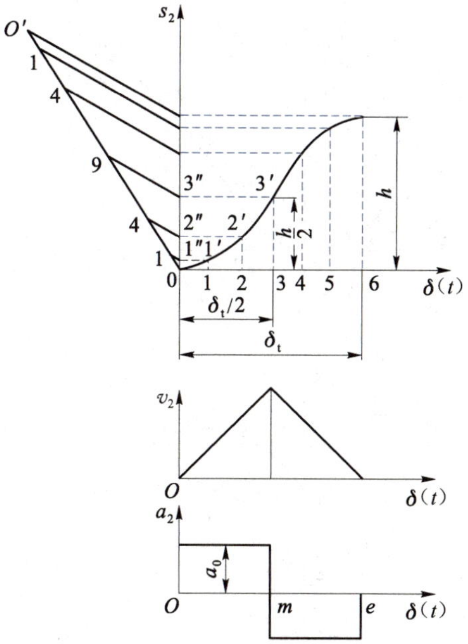


图 5-6 等加速运动规律

推程的后半行程推杆做等减速运动，此时凸轮的转角是由$\delta_t/2$开始到$\delta_t$为止。同理可得其减速运动方程为

$$\begin{cases} s_2 = h - \dfrac{2h}{\delta_t^2}(\delta_t - \delta_1)^2 \\ v_2 = \dfrac{4h\omega_1}{\delta_t^2}(\delta_t - \delta_1) \\ a_2 = -\dfrac{4h\omega_1^2}{\delta_t^2} \end{cases} \tag{5-6}$$

由加速度线图 5-6(c)可知，推杆在升程始末，以及由等加速过渡到等减速的瞬时($O$、$m$、$e$三处)，加速度出现有限值的突然变化，这将产生有限惯性力的突变，从而引起冲击。这种推杆在瞬时加速度发生有限值的突变时所引起的冲击称为柔性冲击。因此，等加速等减速运动规律不适用于高速，仅用于中低速凸轮机构。

## 5.2.3 简谐运动规律

点在圆周上做匀速运动时，它在这个圆的直径上的投影所构成的运动称为简谐运动，其运动规律如图 5-7 所示。

简谐运动规律推杆的位移方程为

$$s_2 = \frac{h}{2}(1 - \cos\theta)$$

将上式求导两次，由图 5-7 可知：当$\theta=\pi$时，$\delta_1=\delta_t$，而凸轮做匀速转动，因此$\theta=\pi\delta_1/\delta_t$，由此，可导出推杆推程做简谐运动的运动方程为

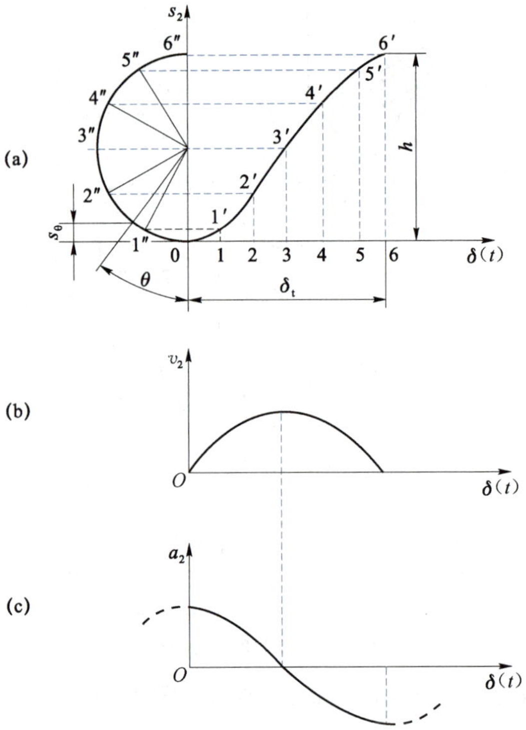


图 5-7 简谐运动规律

$$
\begin{cases}
s_2=\dfrac{h}{2}\left(1-\cos\dfrac{\pi\delta_1}{\delta_t}\right)\\
v_2=\dfrac{\pi h\omega_1}{2\delta_t}\sin\dfrac{\pi\delta_1}{\delta_t}\\
a_2=\dfrac{\pi^2 h\omega_1^2}{2\delta_t^2}\cos\dfrac{\pi\delta_1}{\delta_t}
\end{cases}
\tag{5-7}
$$

同理可求得推杆在回程做简谐运动的运动方程为

$$
\begin{cases}
s_2=\dfrac{h}{2}\left(1+\cos\dfrac{\pi\delta_1}{\delta_h}\right)\\
v_2=-\dfrac{\pi h\omega_1}{2\delta_h}\sin\dfrac{\pi\delta_1}{\delta_h}\\
a_2=\dfrac{\pi^2 h\omega_1^2}{2\delta_h^2}\cos\dfrac{\pi\delta_1}{\delta_h}
\end{cases}
\tag{5-8}
$$

由加速度线图 5-7(c)可见，一般情况下，这种运动规律的推杆在行程的始点和终点有柔性冲击；只有当加速度曲线保持连续时，这种运动规律才能避免冲击。

### 5.2.4 改进型运动规律

在上述运动规律的基础上有所改进的运动规律称为改进型运动规律。例如，在推杆为等速运动的凸轮机构中，为了消除位移曲线上的折点，可将位移线图作一些修改。如图 5-8 所示，将行程始、末两处各取一小段圆弧 $OA$ 及 $BC$，并将位于曲线上的斜直线与这两段曲线相切，以使曲线圆滑。当推杆按修改后的位移规律运动时，将不产生刚性冲击。但这时在 $OA$ 及 $BC$ 这两段曲线处的运动将不再是等速运动。

在实际应用时，或者采用单一的运动规律，或者采用几种运动规律的组合，应视推杆的工作需要而定。原则上应注意减轻推杆的冲击。

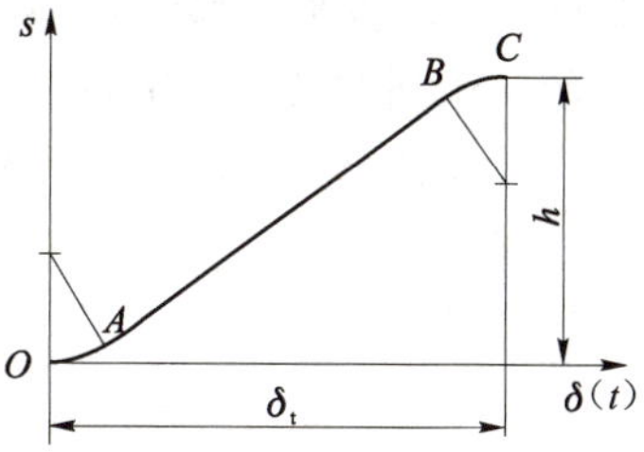


图 5-8　改进的等速运动规律的位移曲线

凸轮轮廓曲线的设计

图解法设计凸轮轮廓曲线

## 5.3 凸轮轮廓曲线的设计

### 5.3.1 凸轮轮廓曲线设计方法的基本原理

根据工作条件要求，选定了凸轮机构的形式、凸轮转向、凸轮的基圆半径和从动件推杆的运动规律后，就可以进行凸轮轮廓曲线的设计。凸轮轮廓曲线的设计有图解法和解析法。图解法简便易行、直观，能够满足一般工程的要求。解析法精确度较高，通常利用计算机进行计算。

图 5-9 所示为一对心移动尖端推杆盘形凸轮机构。设凸轮的轮廓曲线已按预定的推杆运动规律设计。当凸轮以角速度 $\omega_1$ 绕轴 $O$ 逆时针转动时，推杆的尖端沿凸轮轮廓曲线相对其导路按预定的运动规律移动。现设想给整个凸轮机构加上一个公共角速度 $-\omega_1$，此时凸轮将不动。根据相对运动原理，凸轮和推杆之间的相对运动并未改变。这样推杆一方面随导路以角速度 $-\omega_1$ 绕轴 $O$ 转动，另一方面又在导路中按预定的规律做往复移动。由于推杆尖端始终与凸轮轮廓相接触，显然，推杆在这种复合运动中，其尖端的运动轨迹就是凸轮轮廓曲线。这种以凸轮作动参考系，按相对运动原理设计凸轮轮廓曲线的方法称为反转法。

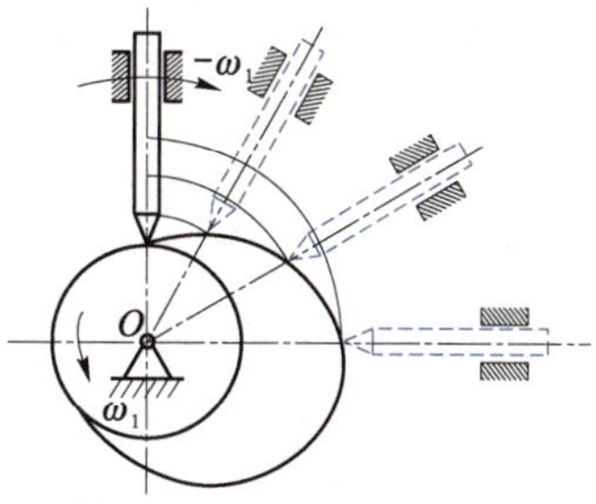


图 5-9　反转法原理

### 5.3.2 用作图法设计凸轮轮廓曲线

#### 1. 对心移动尖端推杆盘形凸轮轮廓的绘制

已知推杆的位移运动规律、凸轮的基圆半径 $r_{min}$，以及凸轮以等角速度 $\omega$ 顺时针回转，要求绘出此凸轮的轮廓。

根据反转法的原理，可以作图如下。

(1) 根据已知推杆的运动规律作推杆的位移线图[见图 5-10(a)]，并将横坐标用若干点等分。

(2) 以 $r_{min}$ 为半径作基圆。此基圆与导路的交点 $B_0$ 便是推杆尖端的起始位置。

(3) 自 $OB_0$ 沿 $\omega$ 的相反方向取角度 $\delta_t$、$\delta_s$、$\delta_h$、$\delta_{s'}$，并将它们各分成与图 5-10(b)对应的若干等份，得点 $C_1$，$C_2$，$C_3$，…，连接 $OC_1$，$OC_2$，$OC_3$，…，它们便是反转后推杆导路的各个位置。

(4) 量取各个位移量，即取 $B_1C_1=11'$，$B_2C_2=22'$，$B_3C_3=33'$，…，得反转后尖端的一系列位置 $B_1$，$B_2$，$B_3$，…。

(5) 将点 $B_0$，$B_1$，$B_2$，$B_3$，…连成光滑的曲线，便得到所要求的凸轮轮廓[见图 5-10(b)]。

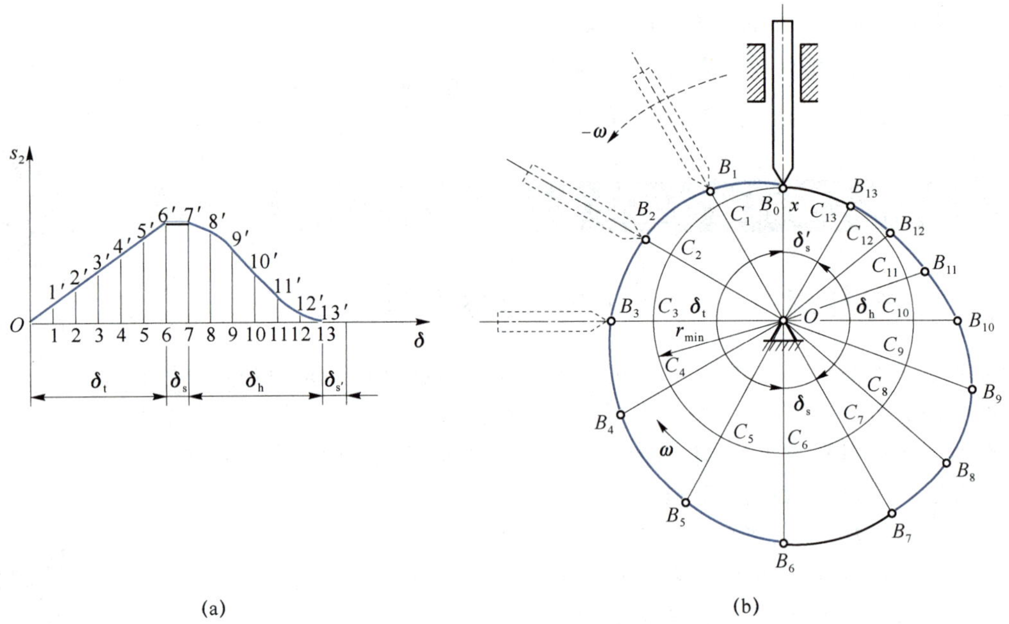

图 5-10 对心移动尖端推杆盘形凸轮

## 2. 对心移动滚子推杆盘形凸轮轮廓的绘制

把尖端推杆改为滚子推杆时，其凸轮轮廓设计方法如图 5-11 所示。首先，把滚子中心看作尖端推杆的尖端，按照上面的方法画出一条轮廓曲线 $\beta_0$。再以 $\beta_0$ 上各点为中心，以滚子半径为半径，画一系列圆，最后作这些圆的内包络线 $\beta$，它便是使用滚子推杆时凸轮的实际轮廓，而 $\beta_0$ 称为此凸轮的理论轮廓。由作图过程可知，滚子推杆盘形凸轮轮廓的基圆半径 $r_{min}$ 应当在理论轮廓上度量。

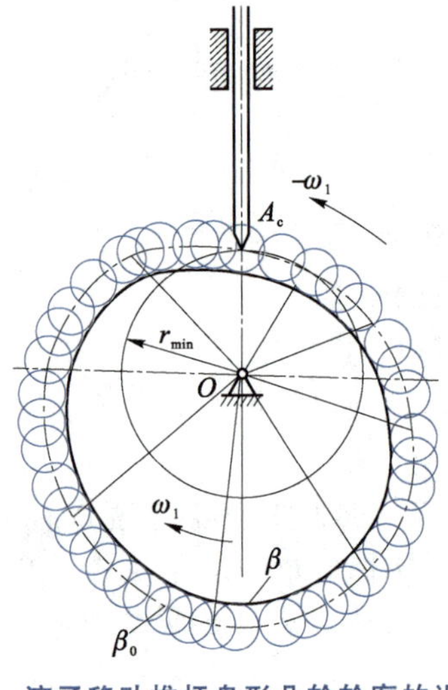

图 5-11 滚子移动推杆盘形凸轮轮廓的设计方法

设计凸轮轮廓曲线应注意的问题

## 5.4 凸轮机构设计应注意的问题

设计凸轮机构时，不仅要保证从动件实现预定的运动规律，还要求传动时受力良好、结构紧凑。因此，在设计凸轮机构时应注意下述问题。

### 5.4.1 滚子半径的选择

如图 5-12 所示，设理论轮廓上最小曲率半径为 $\rho_{min}$，滚子半径为 $r_T$ 及对应的实际轮廓曲线半径为 $\rho_a$，它们之间有如下关系。

1. 凸轮理论轮廓的内凹部分

由图 5-12(a)可知：$\rho_a=\rho_{min}+r_T$，实际轮廓曲率半径总大于理论轮廓曲率半径。因而，不论选择多大的滚子，都能作出实际轮廓。

2. 凸轮理论轮廓的外凸部分

由图 5-12(b)可知：$\rho_a=\rho_{min}-r_T$。

(1) 当 $\rho_{min}>r_T$ 时，$\rho_a>0$，如图 5-12(b)所示，凸轮实际轮廓为一平滑曲线。

(2) 当 $\rho_{min}=r_T$ 时，$\rho_a=0$，如图 5-12(c)所示，在凸轮实际轮廓曲线上产生了尖点，这种尖点极易磨损，磨损后就会改变从动件预定的运动规律。

(3) 当 $\rho_{min}<r_T$ 时，$\rho_a<0$，如图 5-12(d)所示，这时凸轮实际轮廓曲线发生相交，图中阴影部分的轮廓曲线在实际加工时被切去，使这一部分运动规律无法实现，使凸轮机构出现运动失真现象。

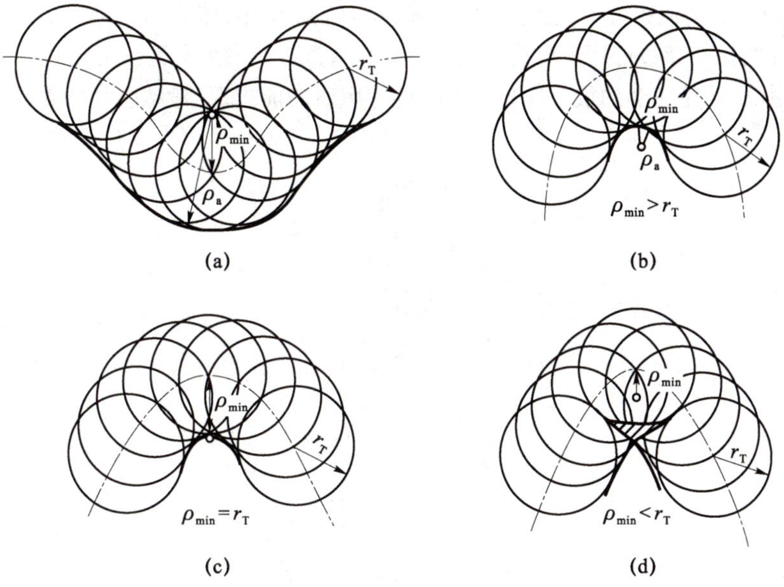


图 5-12 滚子半径对凸轮轮廓的影响

为了使凸轮轮廓在任何位置既不变尖也不相交，滚子半径必须小于理论轮廓外凸部分的最小曲率半径 $\rho_{min}$。如果 $\rho_{min}$ 过小，按上述条件选择的滚子半径太小而不能满足安装和强度要求时，就应当把凸轮基圆尺寸加大，重新设计凸轮轮廓曲线。

## 5.4.2 压力角的校核

图 5-13 所示为尖端移动推杆凸轮机构。当不考虑摩擦时，凸轮给予推杆的力 $F$ 是沿法线方向的，推杆运动方向与力 $F$ 方向之间的夹角 $\alpha$ 为压力角。

为了保证在载荷 $W$ 一定的条件下，使凸轮机构中的作用力不致过大，必须对压力角最大值给予限制，这个许用值用$[\alpha]$表示。

通常推程(工作行程)：移动推杆 $[\alpha]=30°$；摆动推杆 $[\alpha]=45°$。

回程：因为受力较小且无自锁问题，所以许用压力角可取得大些，通常$[\alpha]=80°$。

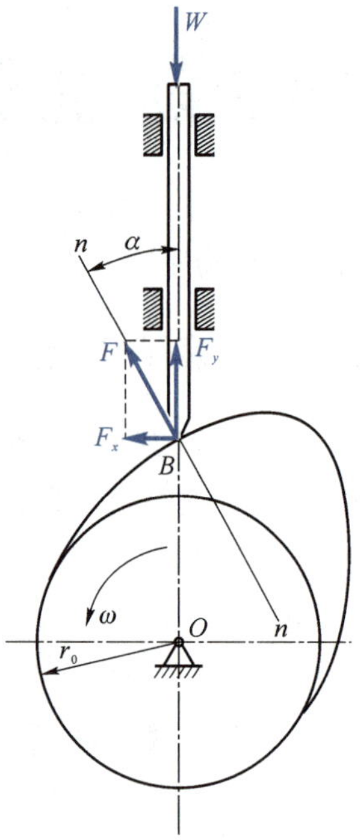


图 5-13 尖端移动推杆凸轮机构

## 5.4.3 基圆半径的确定

在设计凸轮机构时，凸轮的基圆半径取得越小，所设计的凸轮机构越紧凑。但是，基圆半径过小会引起压力角增大，致使凸轮机构的工作情况变坏。从图 5-14 可知：

$$v_2=v_1\tan\alpha=\omega(r_0+s)\tan\alpha$$

$$r_0=\frac{v_2}{\omega\tan\alpha}-s$$

显然，在其他条件不变的情况下，基圆半径 $r_0$ 越小，压力角 $\alpha$ 越大。基圆半径过小，压力角会超过许用值而使凸轮机构效率太低甚至发生自锁。因此实际设计中，只能在保证凸轮轮廓的最大压力角不超过许用值的前提下，考虑减小凸轮的尺寸。

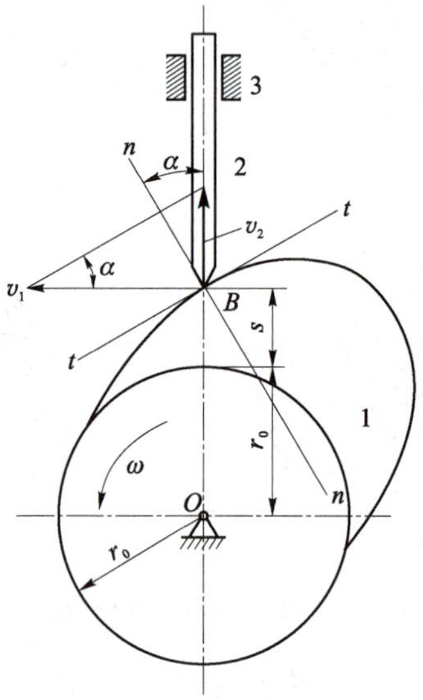


图 5-14 凸轮机构的压力角与半径的关系

## 思考与练习题

5-1 凸轮和推杆有哪些形式？应如何选用？

5-2 常用的推杆运动规律各有何特点？各适用于何种场合？什么是刚性冲击和柔性冲击？

5-3 何谓凸轮机构的反转法设计？它对于凸轮轮廓曲线的设计有何意义？

5-4 何谓凸轮机构的压力角？为什么要规定许用压力角？

5-5 何谓凸轮机构的运动失真？它是如何产生的？怎样才能避免运动失真？

5-6 盘形凸轮基圆半径的选择与哪些因素有关？

5-7 写出图5-15所示凸轮机构的名称，并在图中作出(或指出)：①基圆 $r_0$；②理论轮廓曲线；③实际轮廓曲线；④行程 $h$；⑤图示位置从动件的位移量 $s$；⑥推杆与凸轮上点 $A$ 接触时的压力角。

5-8 图5-16所示为一对心移动尖顶推杆盘形凸轮(偏心轮)机构，其几何中心 $O'$ 与凸轮转轴 $O$ 的距离为 $L_{OO'}=15$ mm，偏心轮半径 $R=30$ mm，凸轮以等角速度 $\omega$ 顺时针转动，试作出推杆的位移线图 $s$-$\delta$。

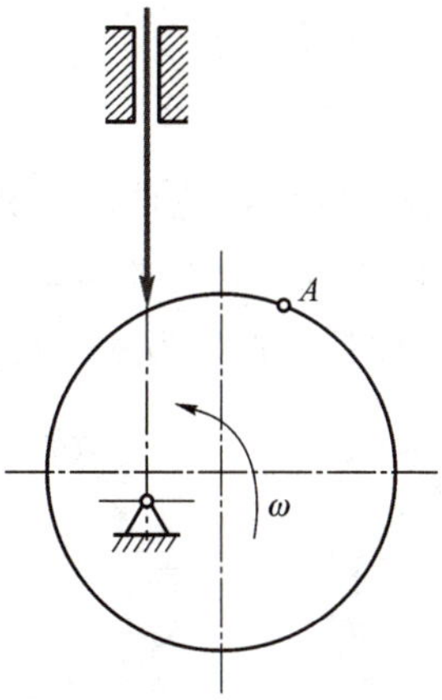

图5-15 题5-7

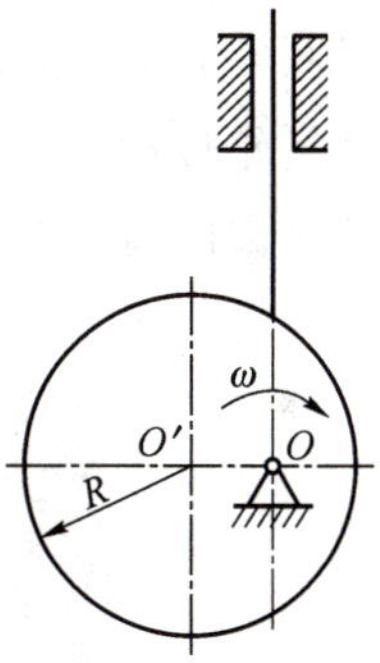

图5-16 题5-8

本章习题参考答案

# 第6章 齿轮传动

## 6.1 概 述

齿轮机构的基本知识

齿轮传动的应用

平行轴齿轮传动机构

齿轮传动是应用非常广泛的一种传动机构。它可用来传递空间任意两轴间的运动和动力，并具有传递功率范围大、传动效率高、传动比准确、使用寿命长、工作安全可靠等特点。

齿轮机构的类型很多。根据空间两轴间相对位置的不同，齿轮机构有以下3种基本类型。

### 6.1.1 平行轴间的齿轮传动

图6-1所示为用于平行轴间传动的直齿圆柱齿轮传动。其中图6-1(a)为外啮合齿轮传动，两齿轮转向相反；图6-1(b)为内啮合齿轮传动，两齿轮转向相同。由于轮齿的齿向与齿轮的轴线平行，因此称其为直齿圆柱齿轮。

(a) (b)

图6-1 直齿圆柱齿轮传动

图6-2所示也是用于平行轴间传动的齿轮传动。其中图6-2(a)的轮齿的齿向相对于齿轮的轴线倾斜了一个角度(称为螺旋角)，因此称其为斜齿圆柱齿轮。斜齿圆柱齿轮相对于直齿圆柱齿轮而言，其承载能力高、传动平稳，但传动时会产生轴向力。图6-2(b)为人字齿轮传动，它可视为由螺旋方向相反的两个斜齿轮组成。人字齿轮不仅具有斜齿轮的优点，同时人字齿轮的两个斜齿轮产生的轴向力相互抵消。

(a) (b)

图 6-2 斜齿圆柱齿轮传动和人字齿轮传动

## 6.1.2 相交轴间的齿轮传动

图 6-3 所示为用于相交轴间传动的锥齿轮传动，其轮齿分布在截圆锥体的表面上。它有直齿[见图 6-3(a)]、斜齿[见图 6-3(b)]和曲线齿[见图 6-3(c)]之分。其中直齿锥齿轮应用最为广泛，而斜齿圆锥齿轮则应用较少。由于曲线齿锥齿轮(又称弧齿锥齿轮)能够适应高速重载的要求，因此目前也得到了广泛的应用。

相交轴齿轮传动机构

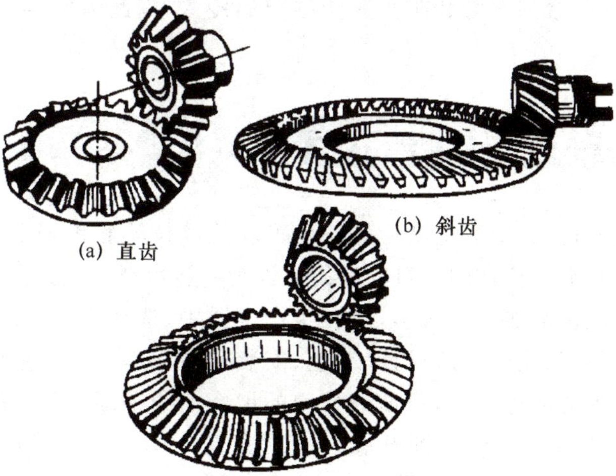

(a) 直齿　(b) 斜齿　(c) 曲线齿

图 6-3 锥齿轮传动

## 6.1.3 交错轴间的齿轮传动

用于交错轴间的齿轮传动常见的有如图 6-4 所示的 3 种类型。其中图 6-4(a)为交错轴斜齿圆柱齿轮传动(就其单个齿轮而言，仍是一个斜齿圆柱齿轮)，图 6-4(b)为蜗杆传动(其两轴交错角一般为 90°)，图 6-4(c)为准双曲面齿轮传动。交错轴斜齿圆柱齿轮传动由于其承载能力低，因此一般用于运动传递；蜗杆传动的传动比大、传动平稳，在运动传递和动力传动中都有广泛应用；准双曲面齿轮传动在汽车、拖拉机等运输设备中应用广泛。

交错轴齿轮传动机构

(a)　　(b)　　(c)

图 6-4　交错轴间的齿轮传动

根据一对齿轮在啮合过程中传动比（$i_{12}=\omega_1/\omega_2$）是否恒定，可将齿轮传动分为定传动比传动和变传动比传动两大类。定传动比传动的齿轮都是圆形的，实际中应用最为广泛。而变传动比传动的齿轮都是非圆形的，因此又称为非圆齿轮传动。非圆齿轮传动在工程中应用较少，主要用于一些特殊的场合。

按照工作条件的不同，齿轮传动可分为闭式传动和开式传动。闭式传动的齿轮封闭在箱体内，因而能保证良好的润滑和工作条件。开式传动的齿轮是外露的，不能保证良好的润滑和防止灰尘砂粒的侵入，因此齿面容易磨损，只宜用于低速传动。

## 6.2　渐开线齿廓及其特性

一对齿轮的传动，依靠主动齿轮轮齿推动从动齿轮轮齿来实现。能按一定传动比规律相互啮合传动的一对轮齿齿廓称为共轭齿廓。理论上能满足一定传动比规律的共轭齿廓曲线有很多，但在生产实践中，选择齿廓曲线时，不仅要满足定传动比的要求，还必须从设计、制造、安装和使用等方面予以综合考虑。对于定传动比传动的齿轮来说，目前最常用的齿廓曲线是渐开线，其次是摆线、变态摆线和圆弧齿廓等。由于渐开线齿廓具有良好的传动性能，而且便于制造、安装、测量和互换使用，因此它的应用最为广泛。本章主要介绍渐开线齿轮传动。

### 6.2.1　渐开线的形成

渐开线的形成

如图 6-5 所示，当一直线 $BK$ 沿一圆周做纯滚动时，直线上任意点 $K$ 的轨迹 $AK$ 就是该圆上的渐开线。该圆称为渐开线的基圆，其半径用 $r_b$ 表示；直线 $BK$ 称为渐开线的发生线；角度 $\theta_K$ 称为渐开线上 $K$ 点的展角；角度 $\alpha_K$ 称为渐开线上点 $K$ 的压力角。

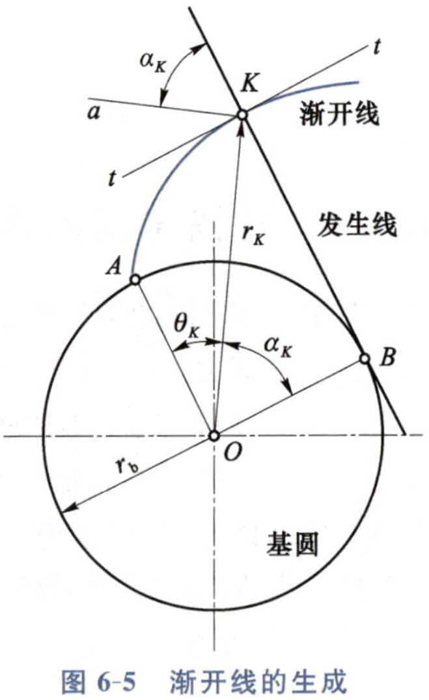


图 6-5　渐开线的生成

## 6.2.2 渐开线的特性

根据渐开线的形成过程，可知渐开线具有下列特性。

（1）发生线沿基圆滚过的长度等于基圆上被滚过的圆弧长度，即$\overline{BK}=\overset{\frown}{AB}$。

（2）因为发生线$BK$沿基圆做纯滚动，它与基圆的切点$B$为其速度瞬心，所以发生线$BK$为渐开线在点$K$的法线。又因发生线恒切于基圆，所以渐开线上任意一点的法线必与基圆相切。

（3）发生线与基圆的切点$B$也是渐开线在点$K$处的曲率中心，而线段$\overline{BK}$就是渐开线在点$K$处的曲率半径。可以看出，渐开线越接近基圆，其曲率半径越小，在基圆上渐开线的曲率半径为零。

（4）渐开线的形状取决于基圆的大小。如图6-6所示，在展角相同的条件下，基圆半径越大，其渐开线的曲率半径也越大。当基圆半径为无穷大时，其渐开线就变成一条直线。

（5）由于渐开线是从基圆开始向外展开的，因此基圆以内无渐开线。

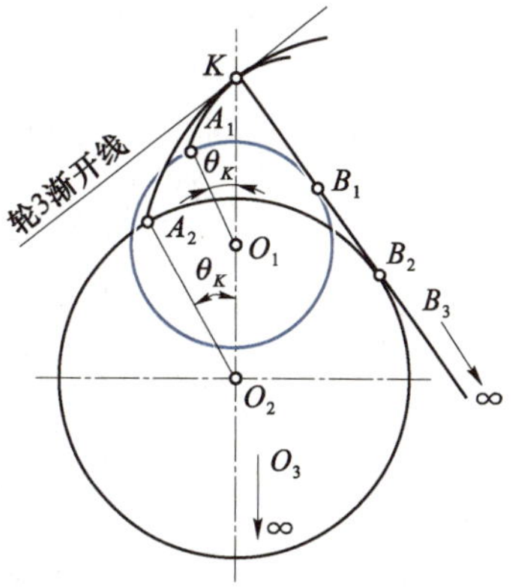


图6-6 渐开线的基圆

## 6.2.3 渐开线齿廓的啮合特点

### 1. 能满足定传动比的要求并具有可分性

直齿圆柱齿轮传动（一）

如图6-7所示，设$C_1$和$C_2$为两齿轮上相互啮合的一对渐开线齿廓，它们的基圆半径分别为$r_{b1}$和$r_{b2}$。当$C_1$、$C_2$在任意点$K$啮合时，过点$K$作这对齿廓的公法线$n-n$。根据渐开线的特性可知，此公法线必然同时与两齿轮的基圆相切，其切点分别为点$N_1$和点$N_2$，即$N_1N_2$为两基圆的一条内公切线。在两基圆大小给定，中心距$\overline{O_1O_2}$不变的条件下，两基圆的内公切线在该方向上只有一条，它与连心线的交点$P$为一定点，这个点$P$称为节点。以轮心为圆心，过节点所作的圆称为节圆，两齿轮的节圆半径分别用$r'_1$和$r'_2$表示。

设两齿轮在接触点$K$处的线速度分别为$v_{K1}$和$v_{K2}$。要使这对齿廓能够通过接触而传动，它们沿接触点的公法线方向是不能有相对运动的（否则两齿廓将彼此分离或相互嵌入），即$v_{K1}$和$v_{K2}$在公法线方向上的分速度应相等：

$$v_{K1}\cos\alpha_{K1}=v_{K2}\cos\alpha_{K2}$$

由于$\omega_1=\dfrac{v_{K1}}{\overline{O_1K}}=\dfrac{v_{K1}\cos\alpha_{K1}}{r_{b1}}$和$\omega_2=\dfrac{v_{K2}}{\overline{O_2K}}=\dfrac{v_{K2}\cos\alpha_{K2}}{r_{b2}}$，则传动比

$$i_{12}=\frac{\omega_1}{\omega_2}=\frac{r_{b2}}{r_{b1}}$$

因此，渐开线齿廓啮合传动能满足定传动比的要求。另外，对于一个确定的齿轮来说，其基圆的大小是完全确定的，因此两齿轮之传动比也就完全确定，即使两齿轮的实际安装中心距与设计中心距略有偏差，也不会影响两齿轮的传动

比。渐开线齿廓传动的这一特性称为传动的可分性。对于渐开线齿轮装配和使用而言，这一特性都是十分有利的。

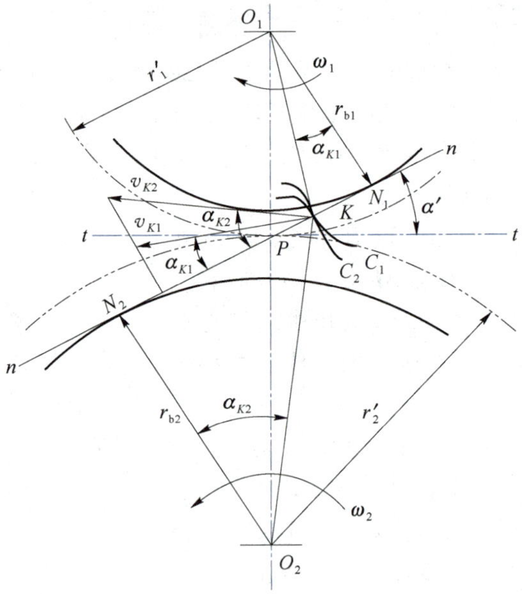


图 6-7　一对渐开线齿廓的啮合

又由于$\triangle O_1PN_1 \sim \triangle O_2PN_2$，因此

$$i_{12}=\frac{\omega_1}{\omega_2}=\frac{r_{b2}}{r_{b1}}=\frac{\overline{O_2P}}{\overline{O_1P}}=\frac{r'_2}{r'_1} \tag{6-1}$$

即两齿轮的传动比为两齿轮的节圆半径之反比，两个齿轮的啮合传动相当于两个节圆做纯滚动。

2. 渐开线齿廓之间的正压力方位不变

一对渐开线齿轮齿廓在任何位置啮合时，过接触点的公法线都是同一条直线 $N_1N_2$，这说明一对渐开线齿廓从开始啮合到脱离接触，所有啮合点均在直线 $N_1N_2$ 上，即直线 $N_1N_2$ 是两齿廓接触点的轨迹，称它为渐开线齿轮传动的啮合线。由于齿轮传动中两啮合齿廓间的正压力沿其接触点的公法线方向，对于渐开线齿廓啮合传动来说，该公法线与啮合线是同一条直线 $N_1N_2$，因此在渐开线齿轮传动过程中，两啮合齿廓之间的正压力方向是始终不变的。这对于齿轮传动的平稳性是很有利的。

## 6.3 齿轮的术语和基本尺寸

### 6.3.1 齿轮各部分的名称和符号

图 6-8 所示为一标准直齿圆柱外啮合齿轮的一部分。过轮齿顶端所作的圆称为齿顶圆，其半径用 $r_a$ 表示；过齿槽底部所作的圆称为齿根圆，其半径用 $r_f$ 表

示；沿任意圆周所量得的轮齿的弧线厚度称为该圆上的齿厚，以 $s_i$ 表示；相邻两轮齿之间的齿槽沿任意圆周所量得的弧线宽度称为该圆上的槽宽，以 $e_i$ 表示；沿任意圆周所量得的相邻两齿上同侧齿廓之间的弧线长度称为该圆上的齿距，以 $p_i$ 表示。在同一圆周上，齿距等于齿厚与槽宽之和，即

$$p_i = s_i + e_i \tag{6-2}$$

为了便于计算齿轮各部分的尺寸，在介于齿顶圆和齿根圆之间，定义一个圆作为计算基准，该圆称为齿轮的分度圆，其半径、齿厚、槽宽和齿距分别以 $r$、$s$、$e$ 和 $p$ 表示。轮齿介于分度圆和齿顶圆之间的部分称为齿顶，其径向高度称为齿顶高，以 $h_a$ 表示；轮齿介于分度圆和齿根圆之间的部分称为齿根，其径向高度称为齿根高，以 $h_f$ 表示；齿顶高和齿根高之和称为全齿高，以 $h$ 表示，即

$$h = h_a + h_f$$

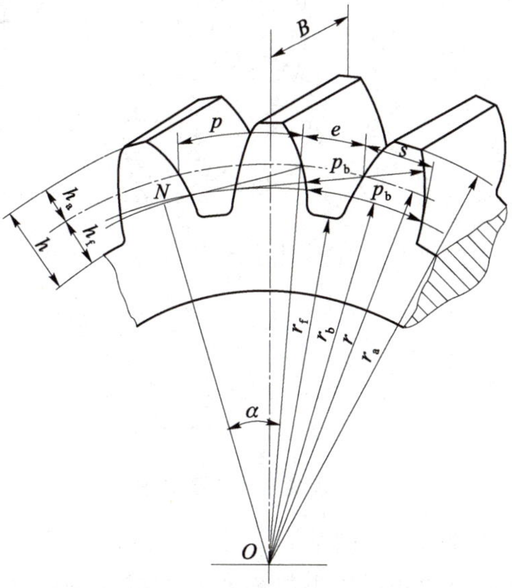


图 6-8 标准直齿圆柱外啮合齿轮各部分的名称和符号

## 6.3.2 渐开线齿轮的基本参数

(1) 齿数：齿轮整个圆周上轮齿的总数，用 $z$ 表示。

(2) 模数：由于齿轮分度圆的周长等于 $zp$，因此分度圆的直径为

$$d = zp/\pi$$

式中，π 为无理数，由此计算的分度圆直径也为无理数，这将给齿轮的设计、制造和检验等带来很大不便。因此工程上将比值 $p/\pi$ 规定为一些简单的数值，称为模数，以 $m$ 表示，并将其标准化，即

$$m = p/\pi \tag{6-3}$$

模数 $m$ 的单位为 mm，标准模数系列见表 6-1。齿轮分度圆直径为

$$d = mz$$

齿数相同的齿轮，若模数不同，则尺寸也不同(见图 6-9)。

表 6-1　标准模数系列（摘自 GB/T 1357—2008）　　单位：mm

| | | | | | | | | | | |
|---|---|---|---|---|---|---|---|---|---|---|
| 第一系列 | … | 1.5 | 2 | 2.5 | 3 | 4 | 5 | 6 | 8 | 10 |
| | 12 | 16 | 20 | 25 | 32 | 40 | 50 | | | |
| 第二系列 | … | 1.75 | 2.25 | 2.75 | 3.5 | 4.5 | 5.5 | (6.5) | 7 | 9 |
| | 11 | 14 | 18 | 22 | 28 | 36 | 45 | | | |

注：选用模数时，应优先采用第一系列；其次是第二系列，括号内的模数应避免采用。

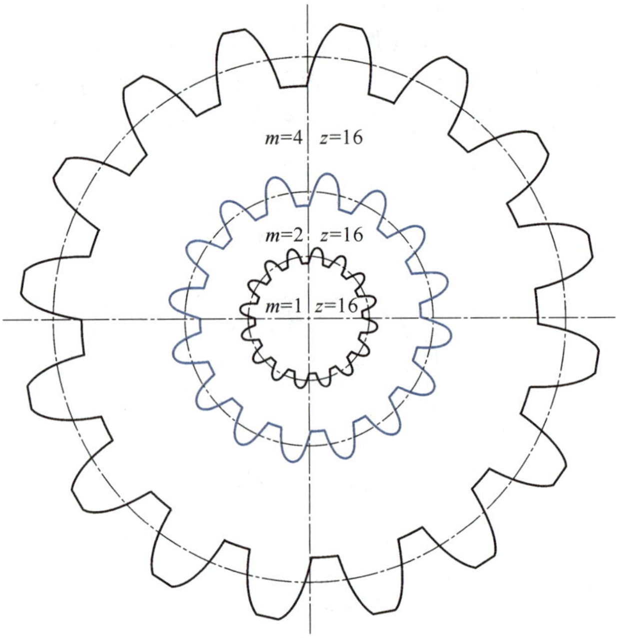


图 6-9　齿轮尺寸与模数的关系

(3) 压力角：齿轮齿廓在不同圆周上的压力角各不相同，分度圆上的压力角用 $\alpha$ 表示。GB/T 1356—2001《通用机械和重型机械用圆柱齿轮　标准基本齿条齿廓》中规定分度圆上的压力角为标准值，$\alpha=20°$。通常所说的齿轮压力角指的是齿轮分度圆上的压力角。

对于分度圆，现在可以给出一个明确的定义：齿轮上具有标准模数和标准压力角的圆称为分度圆。

前面已提到，渐开线的齿廓形状取决于基圆的大小。由图 6-5 可知，$r_b=r\cos\alpha=\frac{1}{2}mz\cos\alpha$，因此基圆的大小取决于齿轮的齿数 $z$、模数 $m$ 和压力角 $\alpha$。这 3 个参数确定时，渐开线的形状随之确定，因此这 3 个参数和下面将讲到的齿顶高系数 $h_a^*$ 和顶隙系数 $c^*$ 为渐开线齿轮的 5 个基本参数。

## 6.3.3　渐开线齿轮各部分的几何尺寸

齿轮各部分的尺寸均以齿轮的基本参数表示。为了便于计算和设计，现将渐开线标准直齿圆柱齿轮的几何尺寸的计算公式列于表 6-2 中。这里所说的标准齿轮是指 $m$、$\alpha$、$h_a^*$、$c^*$ 均为标准值，而且有 $e=s$。其中 $h_a^*$ 称为齿顶高系数，$c^*$ 称为顶隙系数，这两个系数也已标准化了。其数值为 $h_a^*=1$，$c^*=0.25$（标准正常齿)；$h_a^*=0.8$，$c^*=0.3$(短齿)。只要确定了这5个基本参数的值，渐开线标准直齿轮的齿廓形状和几何尺寸也就完全确定了。

表6-2 渐开线标准直齿圆柱齿轮的几何尺寸的计算公式

| 名称 | 代号 | 计算公式 |
|---|---|---|
| 齿顶高 | $h_a$ | $h_a=h_a^* m=m \quad (h_a^*=1)$ |
| 齿根高 | $h_f$ | $h_f=(h_a^*+c^*)m=1.25m \quad (c^*=0.25)$ |
| 全齿高 | $h$ | $h=h_a+h_f=2.25m$ |
| 分度圆直径 | $d$ | $d=mz$ |
| 齿顶圆直径 | $d_a$ | $d_a=d+2h_a=d+2m$ |
| 齿根圆直径 | $d_f$ | $d_f=d-2h_f=d-2.5m$ |
| 基圆直径 | $d_b$ | $d_b=d\cos\alpha$ |
| 齿距 | $p$ | $p=\pi m$ |
| 齿厚 | $s$ | $s=\frac{p}{2}=\frac{\pi m}{2}$ |
| 槽宽 | $e$ | $e=\frac{p}{2}=\frac{\pi m}{2}$ |

在齿轮传动的设计计算中，有时还需计算齿轮相邻两齿同侧齿廓间沿公法线方向度量的距离(称为齿轮的法向齿距)。根据渐开线的特性可知，法向齿距处处相等，且在数值上与基圆上的弧齿距 $p_b$ 相等。因此，无论是法向齿距还是基圆齿距均以 $p_b$ 表示(见图6-8)，而且

$$p_b=\pi d_b/z=\pi m\cos\alpha=p\cos\alpha \tag{6-4}$$

## 6.3.4 齿条和内齿轮的尺寸

### 1. 齿条

当齿轮的基圆半径为无穷大时，渐开线就变成了直线，齿轮也就变成了齿条，如图6-10所示。齿条与齿轮相比有以下两个特点。

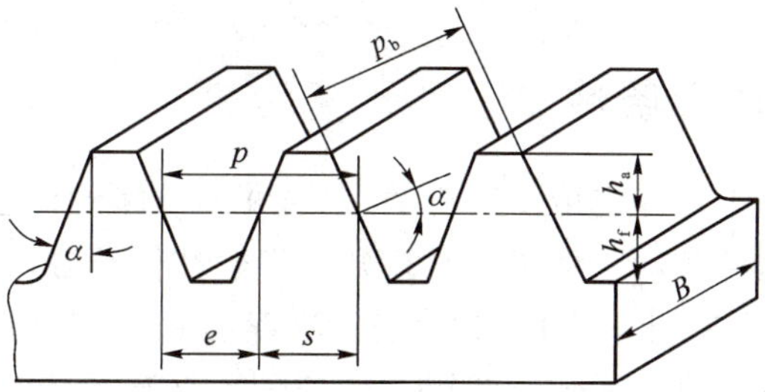


图6-10 齿条

(1) 由于齿条的齿廓是直线，因此齿廓上各点的法线是平行的；由于在传动时齿条是做直线移动的，因此齿条齿廓上各点的压力角相同，其大小等于齿廓直线的倾斜角(称为齿形角)。

(2) 由于齿条上各齿同侧的齿廓是平行的，因此不论在分度线上还是在与其平行的其他直线上，其齿距都相等，即 $p_i = p = \pi m$。

齿条的基本尺寸（如 $h_a$、$h_f$、$s$、$e$、$p$、$p_b$ 等）均可参照外齿轮几何尺寸的计算公式进行计算。

### 2. 内齿轮

图6-11所示为一内齿圆柱齿轮。由于内齿轮的轮齿分布在空心圆柱体的内表面上，因此它与外齿轮相比有以下不同点。

(1) 内齿轮的轮齿相当于外齿轮的齿槽，内齿轮的齿槽相当于外齿轮的轮齿。因此，外齿轮的轮齿是外凸的，而内齿轮的轮齿是内凹的。

(2) 内齿轮的齿根圆大于齿顶圆。

(3) 为了使内齿轮齿顶的齿廓全部为渐开线，齿顶圆必须大于基圆。

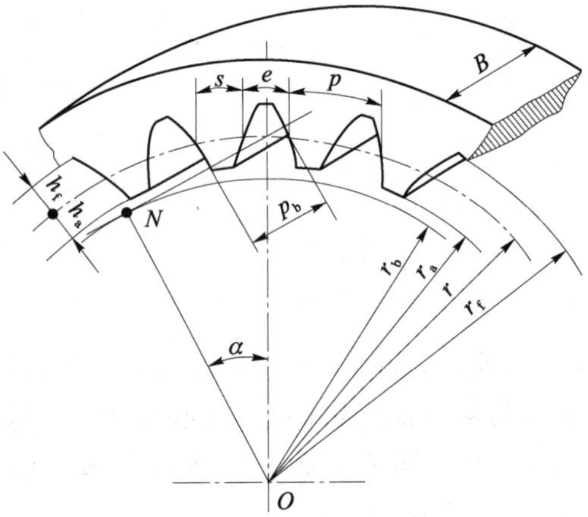


图6-11 内齿圆柱齿轮

基于内齿轮与外齿轮的上述不同点，其基本尺寸也不难计算。例如，内齿轮的分度圆直径仍为 $d = mz$；而齿顶圆直径 $d_a = d - 2h_a$；齿根圆直径 $d_f = d + 2h_f$ 等。

直齿圆柱齿轮传动（二）

## 6.4 齿轮啮合过程

### 6.4.1 正确啮合条件

渐开线齿廓能够保证定传动比传动，但这并不意味着任意两个渐开线齿轮都能搭配正确地啮合传动。由于一对渐开线齿轮在传动时，它们的齿廓啮合点都应位于啮合线 $N_1N_2$ 上，因此要使齿轮能准确地啮合传动，应使处于啮合线上的各对轮齿都能同时进入啮合（见图6-12），为此两齿轮的法向齿距应相等，即

$$p_{b1} = \pi m_1 \cos \alpha_1 = p_{b2} = \pi m_2 \cos \alpha_2$$

$$m_1 \cos \alpha_1 = m_2 \cos \alpha_2$$

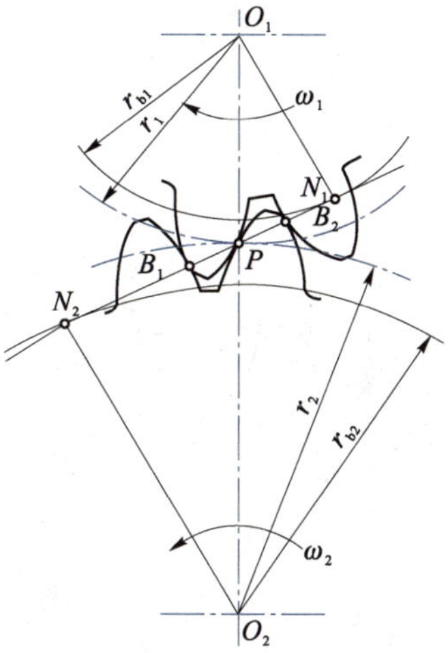


图 6-12 一对齿轮的正确啮合条件

由于模数和压力角均已标准化，因此一对渐开线齿轮要能正确啮合，应使其模数和压力角分别相等，即

$$m_1=m_2=m,\quad \alpha_1=\alpha_2=\alpha \tag{6-5}$$

## 6.4.2 齿轮传动的中心距和啮合角

在确定齿轮传动的中心距时，应满足以下两点要求。

### 1. 保证两齿轮的齿侧间隙为零

一对齿轮在啮合传动时，为了便于在相互啮合的齿廓间进行润滑，避免因制造和装配误差，以及轮齿受力变形和摩擦发热所引起的挤扎现象，在两齿轮的非工作齿侧间总要留有一定的间隙。但为了减小或避免轮齿间的反向冲撞和空程，要求这种间隙很小，并由制造公差来保证。在计算齿轮的公称尺寸和中心距时，都是按齿侧间隙为零来考虑的。

### 2. 保证两齿轮的顶隙为标准值

一对齿轮在啮合传动时，为了避免一轮的齿顶与另一轮的齿槽底部相抵触，并且为了能留有一定的空隙存储润滑油，在一轮的齿顶圆与另一轮的齿根圆之间留有一定的间隙，该间隙称为顶隙。如图 6-13 所示，设顶隙为标准值 $c=c^*m$ 时，两齿轮的中心距为

$$a=r_{a1}+c+r_{f2}=(r_1+h_a^*m)+c^*m+(r_2-h_a^*m-c^*m)=r_1+r_2 \tag{6-6}$$

即两齿轮的中心距等于两齿轮的分度圆半径之和，这个中心距称为标准中心距。

又因为齿轮传动的中心距恒等于两齿轮的节圆半径之和，即 $a=r_1'+r_2'$，而齿轮传动的传动比 $i_{12}=\dfrac{r_2}{r_1}=\dfrac{r_2'}{r_1'}$，由此可知，在按标准中心距安装时，两齿轮的分度圆将分别与各自的节圆重合。

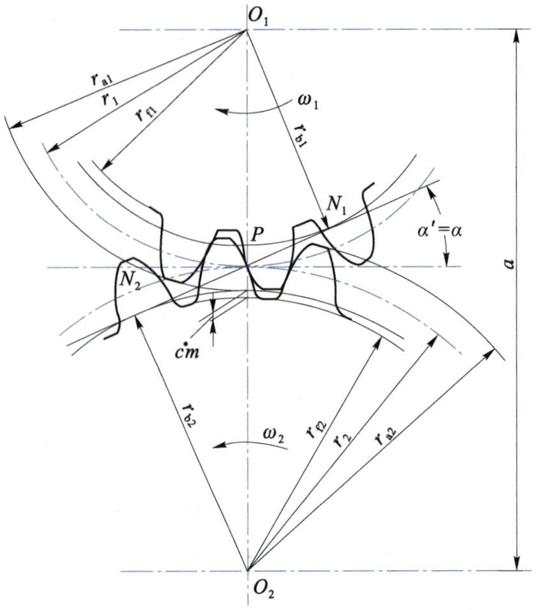


图 6-13　标准渐开线齿轮的安装示意图

要使一对齿轮传动时其齿侧间隙为零，需要使一个齿轮在节圆上的齿厚等于另一齿轮在节圆上的槽宽。分度圆与节圆重合，而标准齿轮在分度圆上的齿厚等于槽宽，因此有 $s_1'=e_1'=s_2'=e_2'=\pi m/2$。因此可知，标准齿轮按标准中心距安装时，其无侧隙的要求同时得到满足。

齿轮传动的啮合角是指两齿轮啮合传动时其节点 $P$ 处的圆周速度方向与啮合线 $N_1N_2$ 之间所夹的锐角，以 $\alpha'$ 表示。根据啮合角的定义可知，啮合角等于节圆上的压力角。若一对齿轮按标准中心距安装，则节圆与分度圆重合，啮合角也就等于齿轮的分度圆压力角。

当实际中心距 $a'$ 与标准中心距不同时，两齿轮的分度圆不再相切，节圆与分度圆也不再重合。由于 $r_b=r'\cos\alpha'=r\cos\alpha$，因此有 $r_{b1}+r_{b2}=(r_1'+r_2')\cos\alpha'=(r_1+r_2)\cos\alpha$。因此，可得中心距与啮合角的关系为

$$a'\cos\alpha'=a\cos\alpha \tag{6-7}$$

对于齿轮与齿条的啮合，由于齿条齿廓为直线，其上各点的压力角都等于齿形角，因此齿轮与齿条的啮合传动有以下特点。

(1) 啮合角恒等于分度圆上的压力角。

(2) 齿轮的节圆恒与其分度圆重合。

### 6.4.3　啮合过程及连续传动条件

在图 6-14 中，设轮 1 为主动轮，以角速度 $\omega_1$ 沿顺时针方向回转；轮 2 为从动轮，以角速度 $\omega_2$ 沿逆时针方向回转。由于啮合点必然在啮合线 $N_1N_2$ 上，因此在齿轮 2 的齿顶圆与啮合线 $N_1N_2$ 的交点 $B_2$ 处，齿轮 1 的齿根部分与齿轮 2 的齿顶部分开始进入啮合。随着传动的进行，两齿廓的啮合点将沿着主动轮的齿廓，由齿根逐渐移向齿顶；沿着从动轮的齿廓，由齿顶逐渐移向齿根。当啮合点

沿 $N_1N_2$ 移到主动轮的齿顶圆与 $N_1N_2$ 的交点 $B_1$ 处时，主动轮 1 的齿顶即将与从动轮 2 的齿根部分脱离啮合。可见，啮合点实际走过的轨迹只是啮合线 $N_1N_2$ 上的 $\overline{B_1B_2}$ 段，因此称 $\overline{B_1B_2}$ 为实际啮合线段。而 $\overline{N_1N_2}$ 是理论上能够达到的最长啮合线段，称为理论啮合线段，点 $N_1$ 和点 $N_2$ 称为啮合极限点。

为了使一对齿轮的正确啮合传动不致中断，必须保证在前一对轮齿尚未脱离啮合时，后一对轮齿就已经进入啮合。为此，实际啮合线段 $\overline{B_1B_2}$ 的长度必须大于或至少等于齿轮的法向齿距 $p_b$，如图 6-14 所示。实际啮合线段 $\overline{B_1B_2}$ 的长度与齿轮的法向齿距 $p_b$ 的比值称为齿轮传动的重合度，用 $\varepsilon_\alpha$ 表示。齿轮连续传动的条件为

$$\varepsilon_\alpha = \frac{\overline{B_1B_2}}{p_b} \geqslant 1 \tag{6-8}$$

一对齿轮传动的重合度的大小实质上表明了同时啮合的轮齿对数的平均值，其计算公式可由图 6-15 推导而得

$$\begin{aligned}\varepsilon_\alpha &= \frac{\overline{B_1B_2}}{p_b} = \frac{\overline{PB_1} + \overline{PB_2}}{\pi m \cos\alpha} \\ &= \frac{1}{2\pi}\left[z_1(\tan\alpha_{a1} - \tan\alpha') + z_2(\tan\alpha_{a2} - \tan\alpha')\right]\end{aligned} \tag{6-9}$$

可见，齿轮传动的重合度与模数无关，齿轮的齿数越多、啮合角越小、齿顶圆压力角越大，则重合度越大。

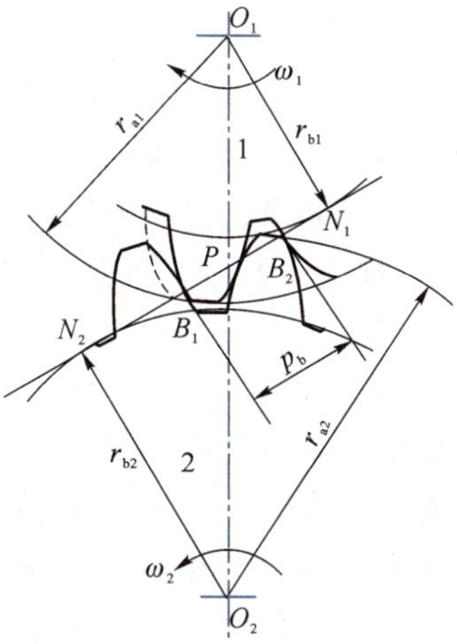


图 6-14 齿廓啮合过程

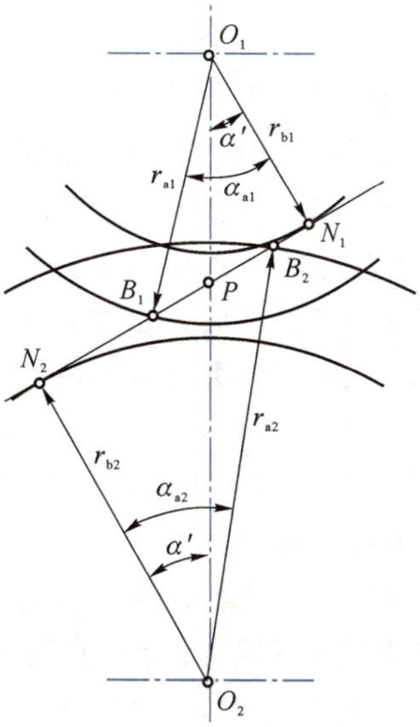


图 6-15 齿轮传动的重合度

## 6.5 齿轮加工

### 6.5.1 齿轮的加工方法

齿轮可以通过压铸、热轧、冷轧、粉末冶金、冲压等无屑加工方法和切削加工

方法来加工，其中切削加工方法具有良好的加工精度，是目前齿形加工的主要方法。切削加工方法按加工原理可分为仿形法和展成法两种。

### 1. 仿形法

仿形法
加工齿轮

仿形法的特点是所用刀具的切削刃形状与被切齿轮轮槽的形状相同。用成型原理加工齿形的方法有：用齿轮铣刀在铣床上铣齿、用成型砂轮磨齿、用齿轮拉刀拉齿等。图6-16所示为盘形齿轮铣刀和指形齿轮铣刀仿形加工齿轮的情况。这些方法存在分度误差及刀具的安装误差，加工精度较低。此外，加工过程中需作多次不连续分齿，生产率很低。因此，这些方法主要用于单件小批量生产和修配工作中加工精度不高的齿轮。

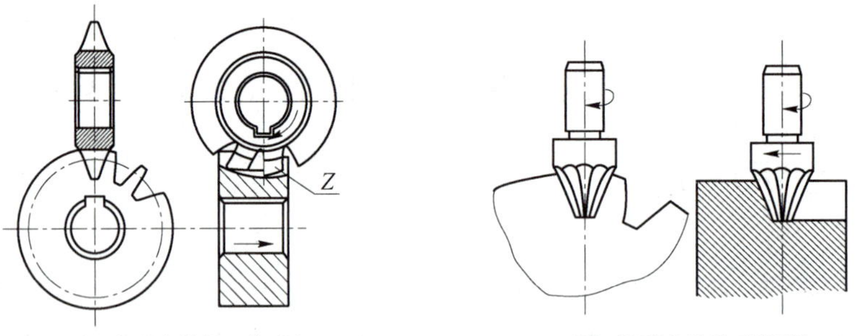


(a) 盘形齿轮铣刀仿形加工　　(b) 指形齿轮铣刀仿形加工

图 6-16　仿形法加工齿轮

大国工匠徐强：
“徐强精度”带
领中国齿轮走
向世界

### 2. 展成法

展成法是利用一对齿轮相互啮合时，其共轭齿廓互为包络线的原理进行加工的。如果把其中一个齿轮做成刀具，使其与被加工齿轮的轮坯按要求的传动比对滚（称为展成运动），就可以在被加工齿轮的轮坯上加工出与刀具齿形共轭的齿廓。用这种方法加工齿数不同的齿轮，只要模数和齿形角相同，就可以用同一把刀具加工。用展成原理加工齿形的方法有滚齿、插齿、剃齿、珩齿和磨齿等。其中，剃齿、珩齿和磨齿属于齿形的精加工方法。展成法的加工精度和生产效率都较高，刀具通用性好，因此在生产中应用得十分广泛。

图 6-17(a)所示为齿轮插齿刀切齿的情况。齿轮插齿刀可视为一个具有刀刃的渐开线外齿轮，加工时齿轮插齿刀沿轮坯轴线方向做往复切削运动，同时机床的传动系统严格保证插齿刀与齿轮毛坯间按要求的传动比传动（展成运动）。这样，刀具的渐开线齿廓就可在轮坯上切出与其共轭的渐开线齿廓，如图 6-17(b)所示。另外，在插齿时，为逐步切至全齿深，齿轮插齿刀应有径向进给量；齿轮插齿刀做上下往复运动时，向下是切削行程，而齿轮插齿刀向上运动时，为了避免刀具擦伤已加工的齿面并减少刀齿的磨损，工作台带动工件沿径向退出切削区一段距离（让刀运动），齿轮插齿刀切削轮坯时，工作台再恢复原位。

将齿轮插齿刀的齿数增加至无穷多，其基圆也将增至无穷大，这时渐开线变为直线，齿轮插齿刀也就变成了具有直线齿廓的齿条插齿刀。齿条插齿刀与齿轮插齿刀的切齿原理相同（见图 6-18）。

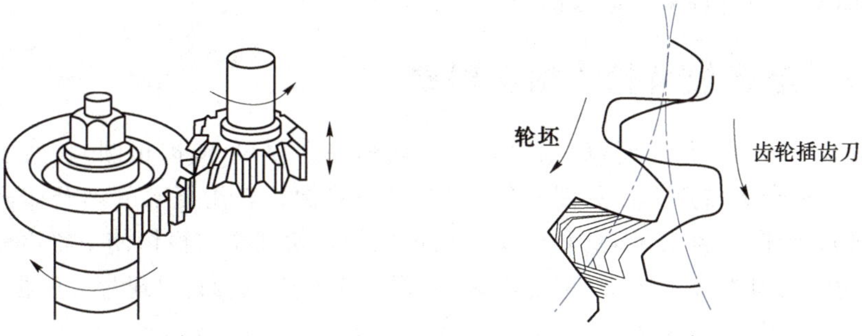


图 6-17 齿轮插齿刀切齿和渐开线齿廓

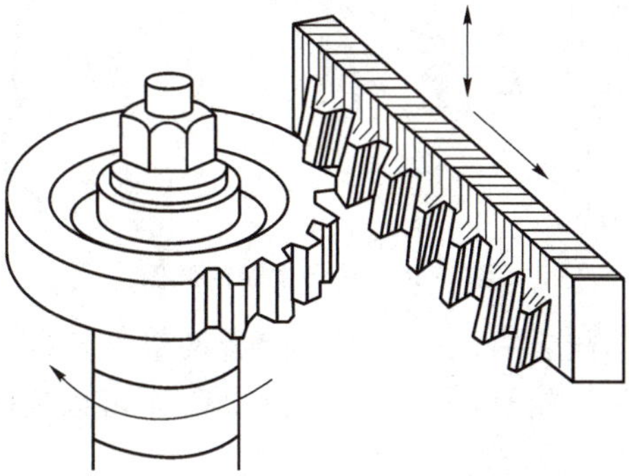

图 6-18 齿条插齿刀切齿

图 6-19(a)所示为齿轮滚刀切齿，其加工原理相当于一对螺旋齿轮做无侧隙强制性的啮合。齿轮滚刀结构如图 6-19(b)所示，相当于在一个具有很大螺旋角的齿轮上沿轴向开有数个均匀分布的槽，以获得刀具的刀刃和容屑空间。齿轮滚刀沿轴向的每一排刀刃就相当于一个齿条。当齿轮滚刀转动时，一方面完成了滚削加工所需要的切削运动，由于齿轮滚刀齿廓的螺旋运动相当于齿条在移动，因而同时实现了与被切齿轮间的展成运动。为了能切出整个齿宽，齿轮滚刀还应具有沿被切齿轮轴向的进给运动。

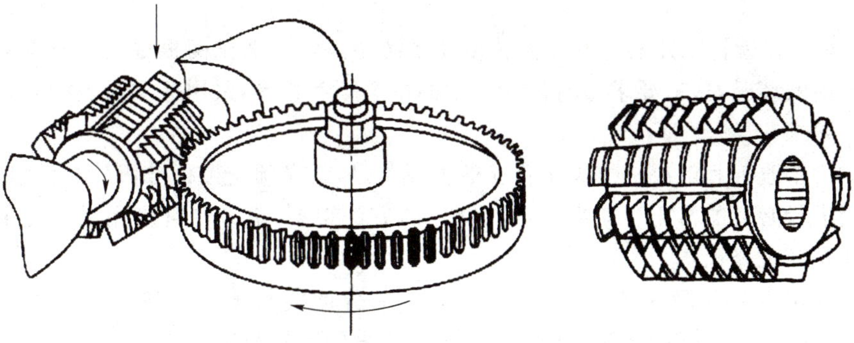


图 6-19 齿轮滚刀切齿和齿轮滚刀结构

插齿的切削运动为上下往复的间断切削运动，生产效率低，因此一般只在内齿轮加工或双联、三联齿轮的加工中应用。滚齿是连续的切削运动，生产效率高，因而实际中普遍采用滚齿的方法加工齿轮。

## 6.5.2 渐开线齿轮的根切现象

用展成法加工齿轮时，如果刀具的已切削好齿顶线(或齿顶圆)超过了被切齿轮上的啮合极限点 $N_1$[见图 6-20(a)]，刀刃将会把轮齿根部的渐开线齿廓切去一部分[见图 6-20(b)]，这种现象称为齿轮的根切现象。根切使得轮齿根部被削弱，轮齿的抗弯能力降低，重合度减小，因此应当避免齿轮出现过分的根切。

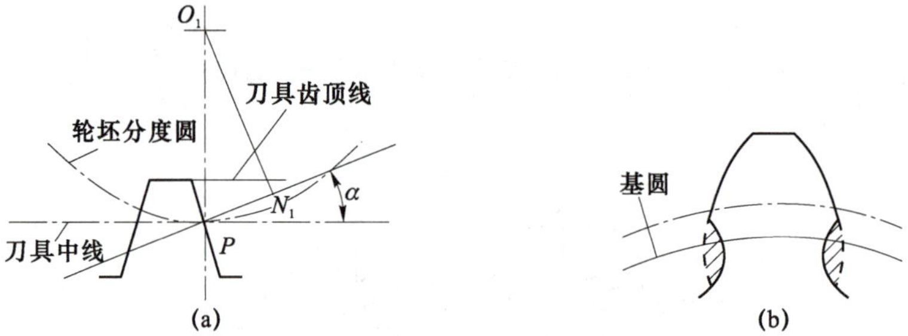


图 6-20 轮齿根切的原因

齿轮的齿数越少，越容易产生根切。用齿条型刀具(齿条插齿刀、齿轮滚刀等)加工标准直齿圆柱齿轮时，若 $h_a^* =1$，$\alpha=20°$，则可以证明标准渐开线齿轮不产生根切的最少齿数 $z_{min}=17$。

## 6.5.3 变位齿轮的概念

标准齿轮传动虽然具有设计简单、互换性好等一系列优点，但在实际应用中也暴露出许多不足之处。

(1) 当齿轮齿数小于 17 时，会产生根切现象，降低轮齿的抗弯强度和齿轮啮合的重合度。

(2) 在一对相互啮合的标准齿轮中，小齿轮的齿根厚度相对较薄，强度较低，同时小齿轮的轮齿参与啮合的次数又多，这就使得小齿轮的使用寿命比大齿轮低。

(3) 在齿轮变速器等一些齿轮传动系统中经常会遇到两根轴之间有多对齿轮传动的情况，这就要求每对齿轮传动的中心距都相等，采用标准齿轮很难满足这一要求。

为了改善和解决标准齿轮存在的上述不足，就必须突破标准齿轮的限制，对齿轮进行必要的修正。对齿轮进行修正的方法很多，最方便且应用最广泛的方法就是变位修正法。

在用齿条型刀具加工齿轮时，若刀具的分度线与被切齿轮的分度圆相切[见图 6-21(a)]，称为标准安装，这样加工出来的齿轮为标准齿轮。

若在加工齿轮时不采用标准安装，而是将刀具相对于被切齿轮中心向外移出或向内移近一段距离，则刀具分度线将不再与被切齿轮的分度圆相切。刀具移动的距离 $xm$ 称为变位量，其中 $m$ 为模数，$x$ 为变位系数。这种通过改变刀具与被切齿轮相对位置来加工齿轮的方法称为变位修正法，这样加工出来的齿轮称为变位齿轮。

加工齿轮时，若把刀具由标准位置远离被切齿轮中心[见图 6-21(b)]，称为正变位，$x>0$，加工出来的齿轮称为正变位齿轮；若把刀具由标准位置移近被切齿轮中心[见图 6-21(c)]，称为负变位，$x<0$，加工出来的齿轮称为负变位齿轮。图 6-21(d)所示为具有相同模数、齿数和压力角的变位齿轮与标准齿轮的比较。

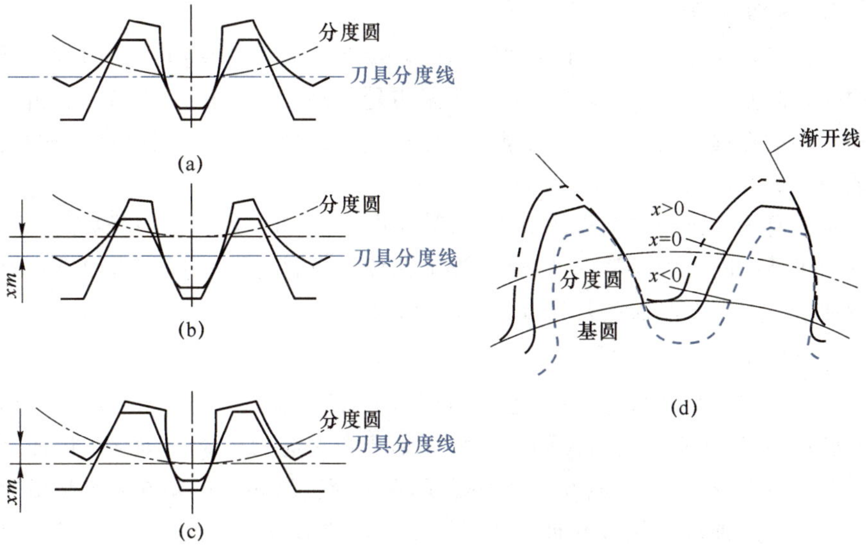


图 6-21 标准齿轮与变位齿轮的比较

由于加工变位齿轮时刀具没有变，刀具与被切齿轮的传动比关系没有变，而仅仅改变了刀具与被切齿轮的相对位置，因此变位齿轮与标准齿轮相比，其模数、齿数、分度圆压力角、基圆直径、分度圆直径、齿距等都没有发生变化。至于它们的差别，由图 6-21(d)不难看出，其齿厚、槽宽、齿顶高和齿根高等发生了变化，而且变位齿轮的齿廓曲线用的是与标准齿轮同一基圆上的渐开线的不同区段。

采用变位齿轮可以很好地解决上述标准齿轮存在的问题，而且在加工齿轮时，仍然采用标准刀具，并不增加制造难度。因此变位齿轮传动在各种机械中得到广泛的应用。

## 6.6 直齿圆柱齿轮传动的强度计算

### 6.6.1 齿轮的失效形式及设计准则

齿轮的失效主要是轮齿的失效。至于齿轮的其他部分(如齿圈、轮毂、轮辐等)，其强度和刚度一般都很富裕，很少发生破坏，通常都是按经验设计的。轮齿的失效形式主要有以下 5 种。

1\. 轮齿折断

轮齿相当于一个悬臂梁，工作时受到弯曲应力的作用，因此轮齿折断是轮齿失效的主要形式之一。从机理上来讲，轮齿折断有疲劳折断和脆性折断。所谓疲劳折断，就是轮齿在变化的弯曲应力作用下，首先产生疲劳裂纹，随着应力循环次数的增加，裂纹逐渐扩展，最终导致轮齿折断；脆性折断指的是大的冲击载荷或严重的过载，导致轮齿的突然折断。另外，轮齿的折断可能是从齿根部整体折断，也可能是局部折断，如图 6-22(a)所示。

2. 齿面点蚀

轮齿工作时，齿面上由于受到脉动循环接触应力的作用而产生的麻点状剥蚀损伤，称为点蚀。它是润滑良好的闭式齿轮传动中常见的失效形式。齿面上最初出现的点蚀仅为针尖大小的麻点，然后逐渐扩展，最后甚至数点连成一片，形成明显的表面损伤。

点蚀首先会出现在轮齿的节线附近[见图 6-22(b)]，然后向其他部位扩展。这是由于节线附近相对滑动速度低，形成油膜的条件差，润滑不良，而且在这一区域通常只有一对轮齿参与啮合，因此接触应力大。

3. 齿面胶合

对于高速重载的齿轮传动，齿面间压力大，瞬时温度高。当润滑效果差，瞬时温度过高时，相啮合的齿面间就会发生黏焊在一起的现象。同时两齿面又做相对滑动，黏焊在一起的地方就会被撕开，在齿面上沿相对运动方向上形成犁沟状的伤痕。这种现象称为齿面胶合。齿面胶合的形成既取决于压力，又取决于相对滑动速度，因此齿面胶合通常发生在高速齿轮传动中，而且发生在齿面上相对滑动速度大的齿顶和齿根部位，如图 6-22(c)所示。

4. 齿面磨损

在齿轮传动过程中，当轮齿工作面间落入磨料性物质（如砂粒、铁屑、灰尘等）时，齿面将产生磨粒磨损。齿面磨损会因其失去正确的齿廓形状而导致传动精度降低，严重时还会因轮齿的变薄而折断。齿面磨损是开式齿轮传动的主要失效形式。

5. 齿面塑性变形

对于软齿面的齿轮，在载荷及摩擦力都很大的情况下，轮齿在啮合过程中，齿面表层的材料就会沿着摩擦力的方向产生塑性流动，使得齿廓失去正确的形状。由于主动轮齿面上摩擦力的方向背离节线，因此节线附近的材料就会朝着齿顶和齿根方向流动，使得节线附近下凹；而从动轮齿面上摩擦力的方向正好相反，因此齿顶和齿根处的材料就会朝着节线附近流动，使得节线附近外凸，如图 6-22(d)所示。

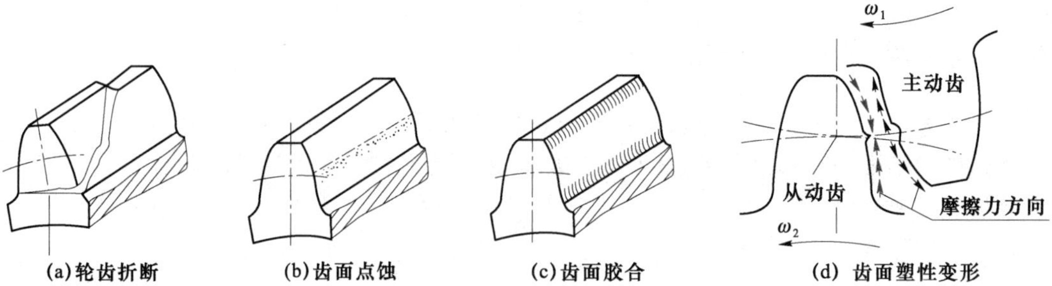


(a)轮齿折断　(b)齿面点蚀　(c)齿面胶合　(d) 齿面塑性变形

图 6-22　轮齿的失效

除了以上5种失效形式，齿轮传动还可能发生其他的失效形式，但这5种是最基本的。针对不同的失效形式，理应建立相应的设计准则，但是，由于有些失效形式目前尚未建立简明而有效的计算方法，因此对于一般的齿轮传动，通常只按保证齿面接触疲劳强度和齿根弯曲疲劳强度两个准则进行计算。进行齿面接触疲劳强度计算以保证轮齿不发生点蚀；进行齿根弯曲疲劳强度计算以保证轮齿不发生折断。

## 6.6.2 齿轮的材料及选择

对上述5种齿轮失效形式进行分析，可以发现：要使轮齿不易发生齿面失效（点蚀、胶合、磨损和塑性变形），一般要求齿面有高的硬度；要使轮齿不易折断，轮齿应有高的强度和韧性。因而对齿轮材料总的要求就是外硬内韧。由于钢材通过适当的处理能很好地满足这种要求，因而它是最理想、应用最普遍的齿轮材料。除此之外，有些情况下也可用铸铁、工程塑料等作为齿轮材料。

按照毛坯制取方法的不同，钢材有铸钢和锻钢两大类。由于锻造使钢的晶粒细化、纤维化，从而使其强度（特别是疲劳强度）大幅度提高，因此一般优先采用锻钢作为齿轮材料。

按照钢成分的不同，钢又分为碳素钢和合金钢。合金钢的性能优于碳素钢，但价格较高，因此重要的场合才用合金钢。

钢制齿轮总要进行适当的热处理，以改善材料的性能。对于一般要求的齿轮，在切齿工艺前采用正火或调质处理，以改善其切削加工性，使其更易获得好的表面完整性。这种热处理工艺获得的齿面硬度较小（小于350 HBS，称为软齿面齿轮）。若要进一步提高齿轮的精度，可采用剃齿的办法。对于重要的齿轮传动，在切齿工艺后，根据不同的品种和牌号，分别采用渗碳淬火、氮化、氰化或表面淬火等表面硬化工艺，提高齿面硬度（硬度大于350 HBS，称为硬齿面齿轮）和耐磨性。表面硬化处理后，一般会引起变形，通常需采用磨齿工艺提高齿轮的精度。

铸钢和铸铁一般用在大型或形状复杂不便于锻造的情况下。在办公机械和家用机械等要求噪声低、质量轻的场合可用工程塑料等非金属材料。

前面说过，在一对相互啮合的齿轮中，小齿轮的齿根厚度相对较薄，轮齿参与啮合的次数又多。因此，在选择齿轮材料时，也应考虑这一因素，即小齿轮选择较好的材料或采用适当的热处理，使小齿轮的强度和齿面硬度大于大齿轮。

## 6.6.3 齿轮上的载荷分析

### 1. 公称载荷

对于直齿圆柱齿轮传动，若略去齿面间的摩擦力，则轮齿间的相互作用力为法向载荷 $F_n$，将其作为齿轮强度计算的公称载荷。为了便于分析计算，可按节点处啮合进行受力分析。如图6-23所示，将法向力 $F_n$ 分解为相互垂直的两个分力，即圆周力 $F_t$ 和径向力 $F_r$。各力的计算公式为

$$\begin{cases} F_{t1}=F_{t2}=\dfrac{2T_1}{d_1} \\ F_{r1}=F_{r2}=F_{t1}\tan\alpha \\ F_{n1}=F_{n2}=\dfrac{F_{t1}}{\cos\alpha} \end{cases} \tag{6-10}$$

式中，$T_1$ 为作用在主动轮上的转矩，N·mm；$d_1$ 为主动轮的分度圆直径，mm；$\alpha$ 为压力角，(°)；各力的单位为 N。

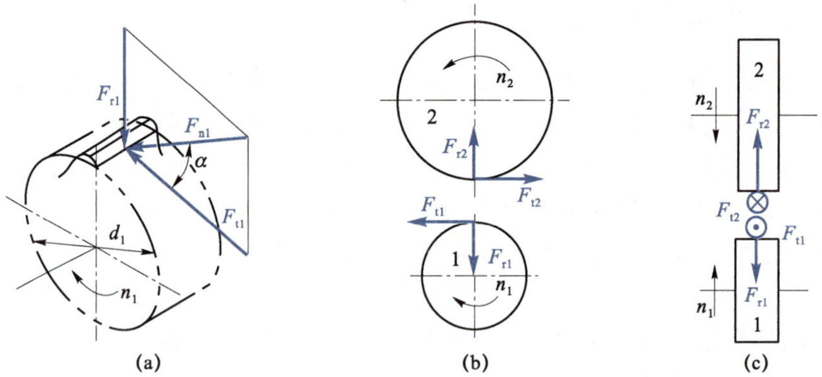


图 6-23 直齿圆柱齿轮传动的受力分析

对于主动轮来说，齿轮上的圆周力为阻力，因此主动轮上的圆周力方向与受力点的速度方向相反；对于从动轮来说，齿轮上的圆周力为驱动力，因此从动轮上的圆周力方向与受力点的速度方向相同。径向力的方向均由啮合节点指向各自的轮心。

若主动轮传递的功率为 $P_1$(kW)，转速为 $n_1$(r/min)，则主动轮上的转矩 $T_1$(N·mm)为

$$T_1=9.55\times10^6\,\frac{P_1}{n_1} \tag{6-11}$$

### 2. 计算载荷

在实际传动中，由于原动机及工作机运转的不平稳，齿轮制造误差以及支承刚度不足使齿面载荷分布不均匀等因素的影响，使得齿轮上所受的实际载荷一般大于公称载荷，因此在齿轮强度计算时，应当按计算载荷进行计算。计算载荷为

$$F_{ca}=KF_n \tag{6-12}$$

式中，$K$ 为载荷系数，一般取 $K=1.2\sim2$。当载荷平稳，齿宽系数较小，轴承相对齿轮对称布置，轴的刚性大，齿轮精度较高时，取较小值；反之取较大值。

## 6.6.4 齿面接触疲劳强度计算

齿面点蚀与齿面的接触应力有关，因此齿面接触疲劳强度计算的目的是防止齿面点蚀失效。依据的理论是两平行圆柱体的接触应力理论。

前面说过，轮齿啮合时节线附近接触应力大，齿面点蚀首先发生在轮齿的节线附近。因此，计算接触应力时，选择啮合节点为接触应力的计算点。将轮齿节

点处的接触看成两个圆柱体之间的接触(见图 6-24),两个圆柱体的半径分别为两齿轮轮廓渐开线在节点处的曲率半径 $\rho_1$ 和 $\rho_2$,圆柱体宽度为齿宽 $b$。其接触应力可直接套用接触应力计算的赫兹公式,即式(2-4)。将曲率半径 $\rho_1$ 和 $\rho_2$、齿宽 $b$、材料常数和计算载荷代入式(2-4),可以推导出齿面接触疲劳强度的计算公式为

$$d_1 \geqslant 76.6\sqrt[3]{\frac{KT_1}{\psi_d[\sigma_H]^2}\cdot\frac{u\pm1}{u}} \tag{6-13}$$

式中,$d_1$ 为小齿轮的分度圆直径,mm;$T_1$ 为小齿轮的转矩,N·mm;$u$ 为齿数比,$u=\frac{z_2}{z_1}$;$\psi_d$ 为齿宽系数,$\psi_d=\frac{b}{d_1}$,其中 $b$ 为齿宽,mm;$[\sigma_H]$为许用接触应力,MPa。注意:正号用于外啮合,负号用于内啮合。

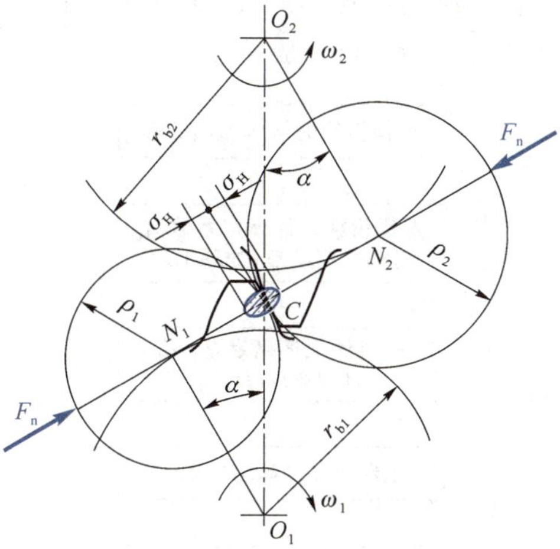


图 6-24 齿面节点处的接触应力

值得注意的是,一对齿轮啮合时,两齿面上的接触应力是相等的,但两齿轮的材料不同,其许用接触应力是不同的,在进行强度计算时应取$[\sigma_H]_1$ 与$[\sigma_H]_2$中的较小者。

## 6.6.5 齿根弯曲疲劳强度计算

齿根弯曲疲劳强度计算的目的是防止轮齿折断。轮齿折断与齿根弯曲应力有关,在进行齿根弯曲应力计算时,把轮齿视为悬臂梁。如图 6-25 所示,从安全的观点考虑,假定全部载荷由一对轮齿来承担,且载荷作用在齿顶,由法向反力 $F_n$ 和悬臂长 $h_f$ 确定齿根处的弯矩 $M$,由齿宽 $b$ 和齿根处齿厚 $s_F$ 确定齿根处的抗弯截面系数,代入材料力学中的弯曲应力计算公式,可推导出齿根弯曲疲劳强度的计算公式为

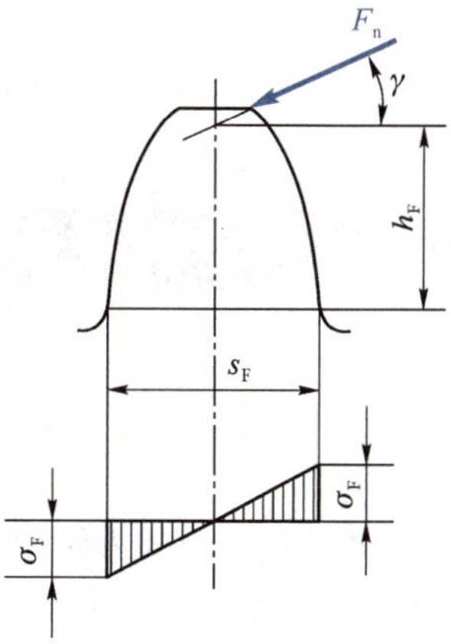


图 6-25 齿根的弯曲应力

$$m \geqslant 1.26\sqrt[3]{\frac{KT_1Y_{Fs}}{\psi_d z_1^2[\sigma_F]}} \tag{6-14}$$

式中，$z_1$ 为小齿轮的齿数；$m$ 为齿轮的模数，mm；$Y_{Fs}$ 为齿形系数，与轮齿的几何形状有关；$[\sigma_F]$为许用弯曲应力。其余各参数的意义及量纲同式(6-13)。

应当注意，大、小齿轮的齿形系数不同，两齿轮的材料不同，许用弯曲应力也不同，因此计算时应取 $Y_{Fs1}/[\sigma_F]_1$ 与 $Y_{Fs2}/[\sigma_F]_2$ 中的较大者。

### 6.6.6 直齿圆柱齿轮设计的一般过程

图 6-26 所示为直齿圆柱齿轮设计的一般过程。在选取齿数时，对于闭式齿轮传动，由于转速一般较高，为了提高传动的平稳性，小齿轮的齿数宜选多一些，可取 $z_1=20\sim40$；开式齿轮传动转速一般较低，为使轮齿能保证足够的抗弯强度，小齿轮不宜选用过多的齿数，可取 $z_1=17\sim20$。另外，为了使相互啮合的两齿轮的每一对轮齿都有相互啮合的机会，从而使齿轮磨损均匀，两齿轮的齿数间最好不要有公约数，更不要将齿数比选成整数。

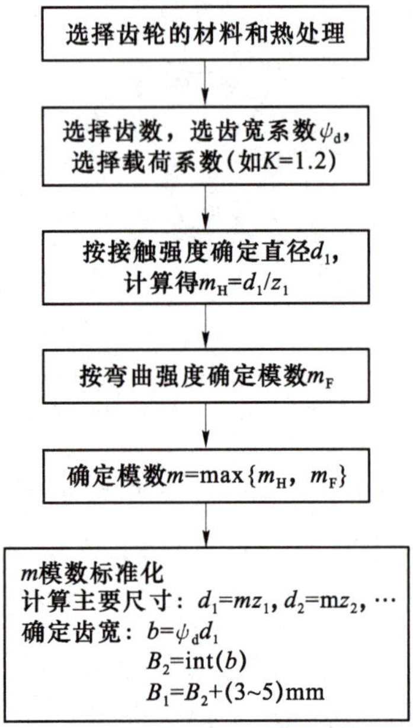


图 6-26 直齿圆柱齿轮设计的一般过程

## 6.7 斜齿圆柱齿轮传动

斜齿圆柱齿轮传动

### 6.7.1 斜齿圆柱齿轮的啮合特点

对于直齿圆柱齿轮，其齿廓曲面的形成如图 6-27(a)所示，发生面在基圆柱上纯滚动，发生面上一条与轴线平行的直线 $KK$ 在空间的轨迹面为直齿轮的齿廓曲面。显然，轮齿的方向与轴线平行，因此在垂直于轴线的各平面内，基于齿廓曲面的形成原理，直齿圆柱齿轮传动的轮齿是沿整个齿宽同时进入和退出啮合的，如图 6-27(b)所示。因而其传动平稳性差，冲击和噪声较大。

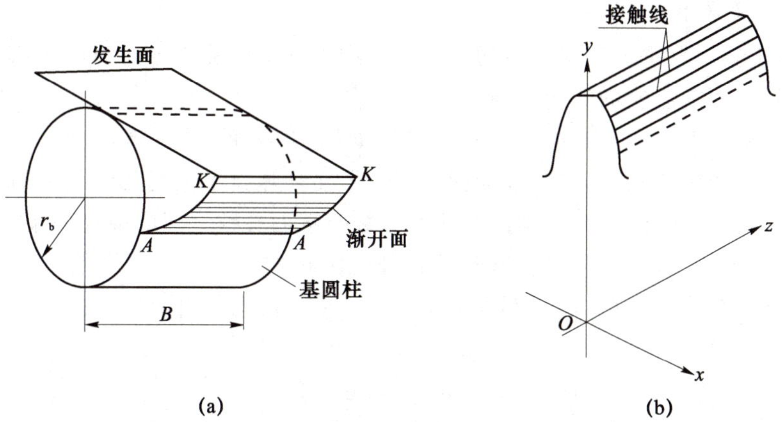


图 6-27　直齿圆柱齿轮的齿廓曲面

斜齿圆柱齿轮的齿廓曲面的形成如图 6-28(a)所示,发生面沿基圆柱纯滚动时,发生面上一条与轴线不平行的斜直线 $KK$ 在空间的轨迹面为斜齿圆柱齿轮的齿廓曲面。显然,轮齿的方向不再与轴线平行。由于垂直齿轮轴线的任一剖面同齿廓曲面的交线为渐开线,而任一圆柱同齿廓曲面的交线为螺旋线,因此该齿廓曲面实为渐开螺旋面。因此,一对斜齿圆柱齿轮啮合传动时,其轮齿间的接触线是倾斜的,齿面接触是由一个点开始,逐渐增至一条最长的线,再由最长的接触线减短至一个点而后退出啮合的,如图 6-28(b)所示。正因如此,斜齿圆柱齿轮传动平稳,冲击和噪声较小。

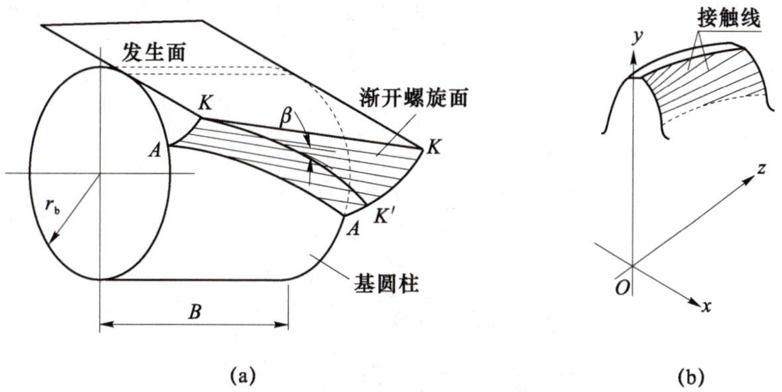


图 6-28　斜齿圆柱齿轮的齿廓曲面

## 6.7.2　斜齿圆柱齿轮的参数及几何尺寸

### 1. 螺旋角

圆柱同斜齿轮齿廓曲面的交线为螺旋线,螺旋线的切线与齿轮轴线之间的夹角称为螺旋角。显然,不同圆柱上螺旋线的螺旋角是不相等的。通常所说的斜齿轮螺旋角指的是分度圆柱上的螺旋角,用 $\beta$ 表示。螺旋线有左旋和右旋之分,如图 6-29 所示。

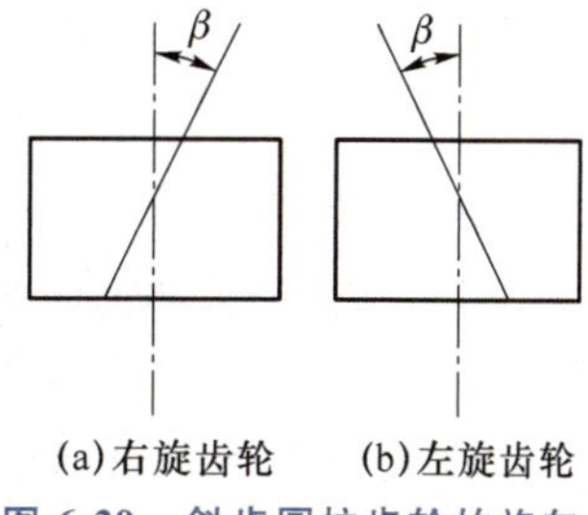


图 6-29　斜齿圆柱齿轮的旋向

### 2. 模数和压力角

由于斜齿轮垂直于其轴线的端面齿形和垂直于螺旋线方向的法面齿形是不相同的，因而斜齿轮的端面参数与法面参数也不相同。由于在切制斜齿轮的轮齿时，刀具进刀的方向一般是垂直于其法面的，其法面参数（模数 $m_n$、压力角 $\alpha_n$ 等）与刀具的参数相同，因此取为标准值。但在计算斜齿轮的几何尺寸时却需按端面参数进行计算，因此必须建立法面参数与端面参数之间的换算关系。

图 6-30 所示为斜齿圆柱齿轮沿其分度圆柱的展开图。图中阴影线部分为轮齿，空白部分为齿槽，$p_n$ 为法面齿距，$p_t$ 为端面齿距。由图可见：

$$p_n = p_t \cos\beta$$

$$\pi m_n = \pi m_t \cos\beta$$

得

$$m_n = m_t \cos\beta \tag{6-15}$$

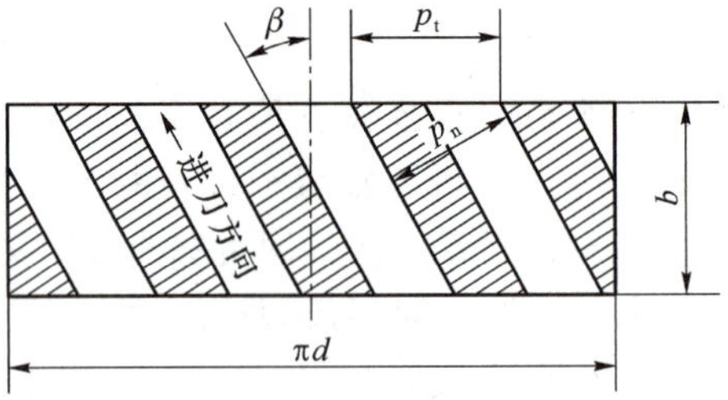


图 6-30　斜齿圆柱齿轮沿其分度圆柱的展开图

图 6-31 所示为斜齿条的一个轮齿，$\triangle a'b'c$ 在法面上，$\triangle abc$ 在端面上。由图可见：

$$\tan\alpha_n = \tan\angle a'b'c = \overline{a'c}/\overline{a'b'}, \quad \tan\alpha_t = \tan\angle abc = \overline{ac}/\overline{ab}$$

由于 $\overline{ab} = \overline{a'b'}$，$\overline{a'c} = \overline{ac}\cos\beta$，因此得

$$\tan\alpha_n = \tan\alpha_t \cos\beta \tag{6-16}$$

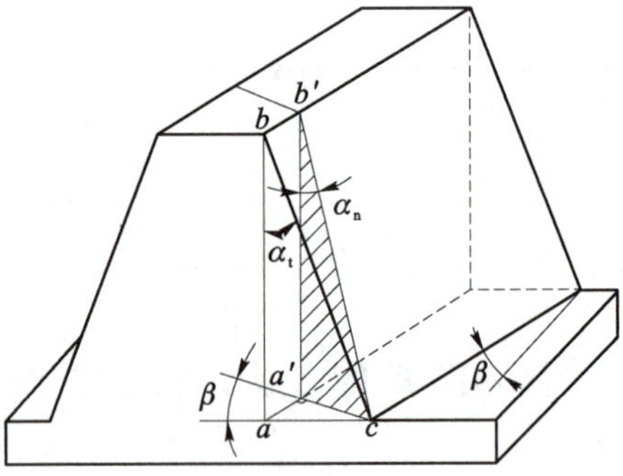


图 6-31　斜齿条

### 3. 几何尺寸计算

斜齿圆柱齿轮传动的几何尺寸应按端面参数计算，其计算公式见表 6-3。

表 6-3 标准斜齿圆柱齿轮传动的几何尺寸的计算公式

| 名称 | 代号 | 计算公式 |
|---|---|---|
| 齿顶高 | $h_a$ | $h_a=h_{an}^*m_n=m_n \quad (h_{an}^*=1)$ |
| 齿根高 | $h_f$ | $h_f=(h_{an}^*+c_n^*)m_n=1.25\,m_n \quad (c_n^*=0.25)$ |
| 全齿高 | $h$ | $h=h_a+h_f=2.25\,m_n$ |
| 分度圆直径 | $d$ | $d_1=m_tz_1=m_nz_1/\cos\beta,\quad d_2=m_tz_2=m_nz_2/\cos\beta$ |
| 齿顶圆直径 | $d_a$ | $d_{a1}=d_1+2h_a,\quad d_{a2}=d_2+2h_a$ |
| 齿根圆直径 | $d_f$ | $d_{f1}=d_1-2h_f,\quad d_{f2}=d_2-2h_f$ |
| 顶隙 | $c$ | $c=c_n^*m_n=0.25\,m_n$ |
| 中心距 | $a$ | $a=(d_1+d_2)/2=m_n(z_1+z_2)/(2\cos\beta)$ |

## 6.7.3 斜齿圆柱齿轮传动的正确啮合条件

一对斜齿圆柱齿轮的正确啮合条件，除了与直齿轮一样，两齿轮的法面模数和法面压力角分别相等，它们的螺旋角还必须相匹配，以保证两齿轮在啮合处的齿廓螺旋面相切，即

$$\begin{cases} m_{n1}=m_{n2} \\ \alpha_{n1}=\alpha_{n2} \\ \beta_1=\pm\beta_2 \end{cases} \tag{6-17}$$

式中，螺旋角关系中的"－"号表示外啮合，即外啮合的螺旋角大小相等，旋向相反；"＋"号表示内啮合，即内啮合的螺旋角大小相等，旋向相同。

## 6.7.4 斜齿圆柱齿轮传动的重合度

为了分析一对斜齿圆柱齿轮传动的重合度，现将一对直齿圆柱齿轮传动与斜齿圆柱齿轮传动进行对比。如图 6-32 所示，上图为直齿圆柱齿轮传动的啮合面，下图为斜齿圆柱齿轮传动的啮合面，$B_1B_1'B_2'B_2$ 为啮合区。

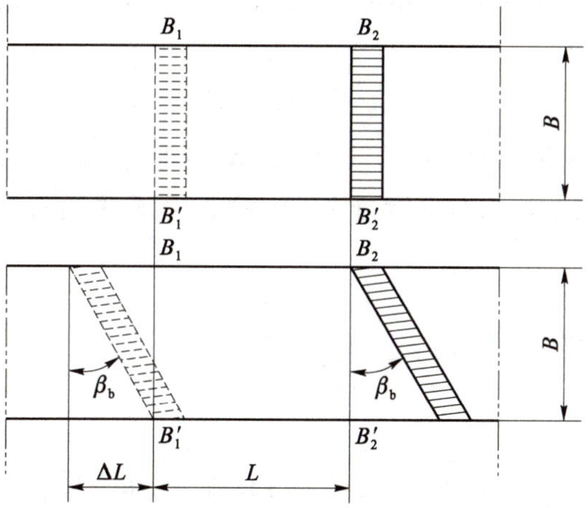


图 6-32 直齿圆柱齿轮传动的啮合面与斜齿圆柱齿轮传动的啮合面的对比

对于直齿轮传动，轮齿在 $B_2B_2'$ 处进入啮合时，是整个齿宽同时接触；在

$B_1B_1'$处脱离啮合时，是整个齿宽同时分开，因此其重合度 $\varepsilon_\alpha=L/p_{bt}$。其中 $p_{bt}$ 为端面上的法向齿距，对直齿轮来说，也就是它的法向齿距。

对于斜齿轮传动，轮齿也是在 $B_2B_2'$ 处进入啮合，不过它不是沿整个齿宽同时接触，而是由轮齿的一端先进入啮合；在 $B_1B_1'$ 处脱离啮合时，也是轮齿的一端先脱离啮合，直到该轮齿转到图中虚线位置时，这对轮齿才完全脱离接触。这样，斜齿轮传动的实际啮合区就比直齿轮传动增大了 $\Delta L=B\tan\beta_b$，因此，斜齿轮传动的重合度也就比直齿轮传动增大了 $\varepsilon_\beta=\Delta L/p_{bt}$，称为轴向重合度，而 $\varepsilon_\alpha$ 称为端面重合度。可见，斜齿圆柱齿轮传动总的重合度 $\varepsilon_\gamma$ 是端面重合度 $\varepsilon_\alpha$ 和轴向重合度 $\varepsilon_\beta$ 两部分之和，即

$$\varepsilon_\gamma=\varepsilon_\alpha+\varepsilon_\beta \tag{6-18}$$

直齿圆柱齿轮传动的重合度总是小于 2，即直齿圆柱齿轮传动总会有单对齿啮合的机会；而斜齿圆柱齿轮传动的重合度一般大于 2，即斜齿圆柱齿轮传动最少有两对轮齿同时参与啮合。因此，斜齿圆柱齿轮传动具有更大的承载能力。

斜齿圆柱齿轮的当量齿轮

### 6.7.5 斜齿圆柱齿轮的当量齿轮和当量齿数

在切制斜齿轮的轮齿时，刀具进刀的方向一般是垂直于其法面的，而且在计算斜齿轮的轮齿强度时，载荷也是作用在法面内的，因此需要知道斜齿轮的法面齿形。为此，虚拟一个直齿轮，这个直齿轮的齿形与斜齿轮的法面齿形相当。虚拟的这个直齿轮称为该斜齿轮的当量齿轮。由于齿形与模数、齿数和压力角有关，因此当量齿轮的模数和压力角就是该斜齿轮的法面模数和压力角，当量齿轮所具有的齿数称为该斜齿轮的当量齿数，以 $z_v$ 表示。可以推导出当量齿数的计算公式为

$$z_v=z/\cos^3\beta \tag{6-19}$$

引入当量齿轮的概念，一方面，在进行斜齿轮强度计算时，可将斜齿轮等效成当量齿轮来计算，另一方面，还可通过式(6-19)确定标准斜齿圆柱齿轮不产生根切的最少齿数，即

$$z_{min}=z_{v\,min}\cos^3\beta \tag{6-20}$$

式中，$z_{v\,min}$ 为当量齿轮不产生根切的最少齿数(17)。可见，标准斜齿圆柱齿轮不产生根切的最少齿数比标准直齿圆柱齿轮的少，因此采用斜齿圆柱齿轮传动可获得更为紧凑的结构。

### 6.7.6 斜齿圆柱齿轮的强度计算

#### 1. 受力分析

对于斜齿圆柱齿轮传动，同样将法向载荷 $F_n$ 作为齿轮强度计算的公称载荷，并按节点处啮合进行受力分析。如图 6-33 所示，将法向力 $F_n$ 分解为相互垂直的 3 个分力，即圆周力 $F_t$、径向力 $F_r$ 和轴向力 $F_a$。各力的计算公式为

$$
\begin{cases}
F_{t1}=F_{t2}=\dfrac{2T_1}{d_1} \\
F_{r1}=F_{r2}=F_{t1}\tan\alpha_n/\cos\beta \\
F_{a1}=F_{a2}=F_{t1}\tan\beta \\
F_{n1}=F_{n2}=\dfrac{F_{t1}}{\cos\alpha_n\cos\beta}
\end{cases}
\tag{6-21}
$$

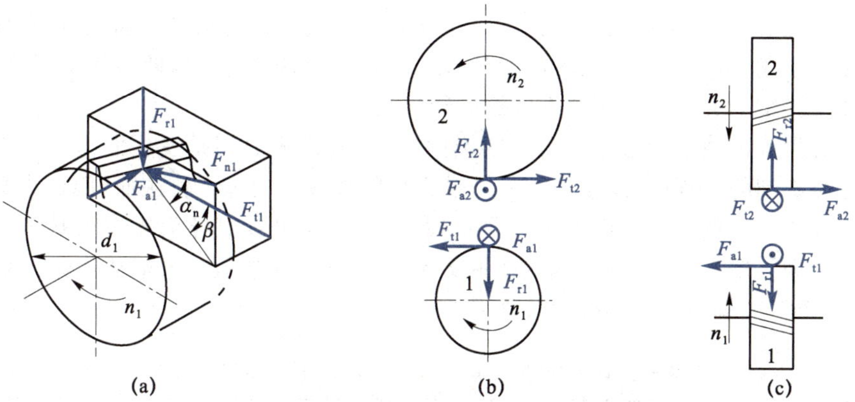


**图 6-33 斜齿圆柱齿轮传动的受力分析**

斜齿圆柱齿轮传动圆周力 $F_t$ 和径向力 $F_r$ 方向的判定与直齿轮传动一样。主动轮(图 6-33 中为轮 1)轴向力 $F_a$ 方向可用左、右手定则判定。左旋齿轮用左手定则,右旋齿轮用右手定则,判定时用手握住齿轮轴线,让四指弯曲方向与齿轮旋转方向相同,则大拇指的指向为齿轮所受轴向力的方向。而从动轮所受的轴向力方向与主动轮的相反。

从式(6-21)可以看出,斜齿圆柱齿轮传动中轴向力的大小随螺旋角的增大而增大,因此螺旋角不宜选择得过大,但选择得过小又失去了斜齿圆柱齿轮传动的优越性。因此,设计中一般取 $\beta=8^\circ\sim20^\circ$。

## 2. 强度计算

由于斜齿轮载荷作用在法面上,而法面齿形与当量齿轮的齿形相当,因此斜齿轮的强度计算可转换为当量齿轮的强度计算。由于斜齿轮的接触线是倾斜的,且重合度大,因而斜齿轮的承载能力比相同尺寸的直齿轮要高一些。斜齿轮的齿面接触疲劳强度和齿根弯曲疲劳强度的计算公式分别为

$$d_1 \geqslant 75.6\sqrt[3]{\frac{KT_1}{\psi_d[\sigma_H]^2}\cdot\frac{u\pm1}{u}} \tag{6-22}$$

$$m_n \geqslant 1.24\sqrt[3]{\frac{KT_1Y_{Fs}}{\psi_d z_1^2[\sigma_F]}} \tag{6-23}$$

由于斜齿轮传动平稳,因而在选取载荷系数 $K$ 时应加以考虑,同时齿形系数 $Y_{Fs}$ 也应按当量齿数确定。

直齿锥齿轮传动

## 6.8 直齿锥齿轮传动

### 6.8.1 概述

锥齿轮用于相交轴之间的传动。两轴之间的轴夹角可根据传动需要来确定，一般机械中多采用轴夹角 $\Sigma=90°$ 的传动。锥齿轮的轮齿有直齿、斜齿和曲齿等多种形式，由于直齿锥齿轮的设计、制造和安装均较简便，因此应用最为广泛。本节仅介绍轴夹角 $\Sigma=90°$ 的直齿锥齿轮传动。

直齿锥齿轮的轮齿是分布在圆锥面上的，其齿廓曲面是发生面沿一个基圆锥做纯滚动的过程中，发生面上一条过锥顶的直线所走过的轨迹面，因而齿廓曲面在以锥顶为球心的球面上为渐开线，称为球面渐开线。锥齿轮有大端和小端之分。为了便于计算和测量，通常取大端的参数为标准值。大端压力角的标准值 $\alpha=20°$；大端模数的标准值按表 6-4 选取。

表 6-4　锥齿轮标准模数（摘自 GB/T 12368—1990）　单位：mm

| | | | | | | | | |
|---|---|---|---|---|---|---|---|---|
| … | 1 | 1.125 | 1.25 | 1.375 | 1.5 | 1.75 | 2 | 2.25 |
| 2.5 | 2.75 | 3 | 3.25 | 3.5 | 3.75 | 4 | 4.5 | 5 |
| 5.5 | 6 | 6.5 | 7 | 8 | 9 | 10 | … | |

### 6.8.2 直齿锥齿轮的参数和几何尺寸计算

如前所述，锥齿轮以大端参数为标准值，因此其几何尺寸也以大端为准，其齿顶高系数 $h_a^*=1$，顶隙系数 $c^*=0.2$。

图 6-34 所示为一对锥齿轮传动，$\delta$ 为分度圆锥角，轴夹角 $\Sigma=\delta_1+\delta_2=90°$。$R$ 为分度圆锥的锥顶到大端的距离，称为锥距。齿宽 $b$ 与锥距之比为锥齿轮的齿宽系数，用 $\psi_R$ 表示，一般取 $\psi_R=b/R=0.25\sim0.3$。锥齿轮的传动比为

$$i_{12}=\frac{\omega_1}{\omega_2}=\frac{z_2}{z_1}=\frac{d_2}{d_1}=\cot\delta_1=\tan\delta_2 \tag{6-24}$$

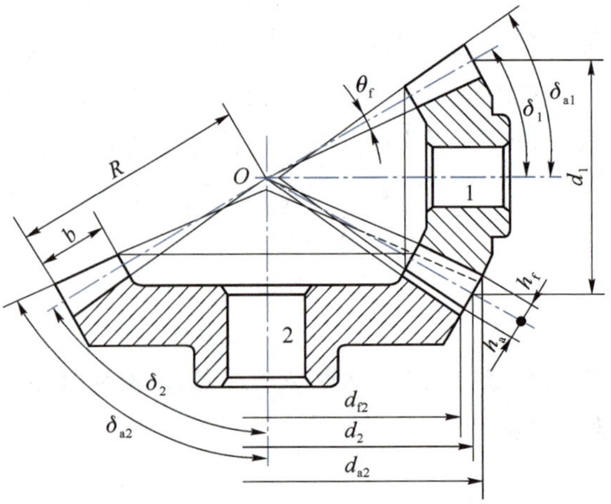


图 6-34　锥齿轮传动的几何尺寸

根据 GB/T 12369—1990、GB/T 12370—1990 的规定，现主要采用等顶隙锥齿轮传动，即两齿轮之间的顶隙从大端到小端都是相等的(见图 6-34)。在这种传动中，两齿轮的分度圆锥和齿根圆锥的锥顶共点。但两齿轮的齿顶圆锥，因为其母线各自平行于与之啮合传动的另一锥齿轮的齿根圆锥的母线，所以其锥顶就不再重合于一点了。标准直齿锥齿轮传动的几何尺寸的计算公式见表 6-5。

**表 6-5 标准直齿锥齿轮传动的几何尺寸的计算公式($\Sigma=90°$)**

| 名称 | 代号 | 计算公式 |
|---|---|---|
| 齿顶高 | $h_a$ | $h_a=h_a^* m=m \quad (h_a^*=1)$ |
| 齿根高 | $h_f$ | $h_f=(h_a^*+c^*)m=1.2m \quad (c^*=0.2)$ |
| 全齿高 | $h$ | $h=h_a+h_f=2.2\,m$ |
| 顶隙 | $c$ | $c=c^* m=0.2\,m$ |
| 分度圆锥角 | $\delta$ | $\delta_1=\arctan(z_1/z_2)$， $\delta_2=\arctan(z_2/z_1)$ |
| 分度圆直径 | $d$ | $d_1=mz_1$， $d_2=mz_2$ |
| 齿顶圆直径 | $d_a$ | $d_{a1}=d_1+2h_a\cos\delta_1$， $d_{a2}=d_2+2h_a\cos\delta_2$ |
| 锥距 | $R$ | $R=\sqrt{d_1^2+d_2^2}/2=m\sqrt{z_1^2+z_2^2}/2$ |
| 齿宽 | $b$ | $b=\psi_R R$， $\psi_R=0.25\sim0.3$ |
| 齿根角 | $\theta_f$ | $\theta_f=\arctan(h_f/R)$ |
| 顶锥角 | $\delta_a$ | $\delta_{a1}=\delta_1+\theta_f$， $\delta_{a2}=\delta_2+\theta_f$ |
| 根锥角 | $\delta_f$ | $\delta_{f1}=\delta_1-\theta_f$， $\delta_{f2}=\delta_2-\theta_f$ |

## 6.8.3 直齿锥齿轮传动的正确啮合条件

一对标准锥齿轮的啮合传动，除了要求两齿轮大端的模数和压力角分别相等，还要求两锥齿轮的锥距相等，即

$$\begin{cases} m_1=m_2 \\ \alpha_1=\alpha_2 \\ R_1=R_2 \end{cases} \tag{6-25}$$

## 6.8.4 直齿锥齿轮的当量齿轮和当量齿数

与斜齿轮类似，虚拟一个直齿轮，这个直齿轮的齿形与锥齿轮大端的齿形相当。虚拟的直齿轮称为该锥齿轮的当量齿轮，这个当量齿轮的模数和压力角，就是该锥齿轮大端的模数和压力角，当量齿轮所具有的齿数称为该锥齿轮的当量齿数，以 $z_v$ 表示。可以推导出当量齿数的计算公式为

$$z_v=z/\cos\delta \tag{6-26}$$

同样也可得出锥齿轮不产生根切的最少齿数，即

$$z_{min}=z_{v\,min}\cos\delta \tag{6-27}$$

### 6.8.5 锥齿轮传动的强度计算

1. 受力分析

同样以法向载荷 $F_n$ 作为齿轮强度计算的公称载荷，并根据锥齿轮的特点视 $F_n$ 作用在齿宽中点（节点）。如图 6-35 所示，将法向力 $F_n$ 分解为相互垂直的 3 个分力，即圆周力 $F_t$、径向力 $F_r$ 和轴向力 $F_a$。各力的计算公式为

$$\begin{cases} F_{t1}=F_{t2}=\dfrac{2T_1}{d_{m1}} \\ F_{r1}=F_{a2}=F_{t1}\tan\alpha\cos\delta_1 \\ F_{a1}=F_{r2}=F_{t1}\tan\alpha\sin\delta_1 \\ F_{n1}=F_{n2}=\dfrac{F_{t1}}{\cos\alpha} \end{cases} \tag{6-28}$$

式中，各力的单位均为 N；$d_{m1}$ 为齿宽中点处的分度圆直径，mm，$d_{m1}=(1-0.5\psi_R)d_1$。

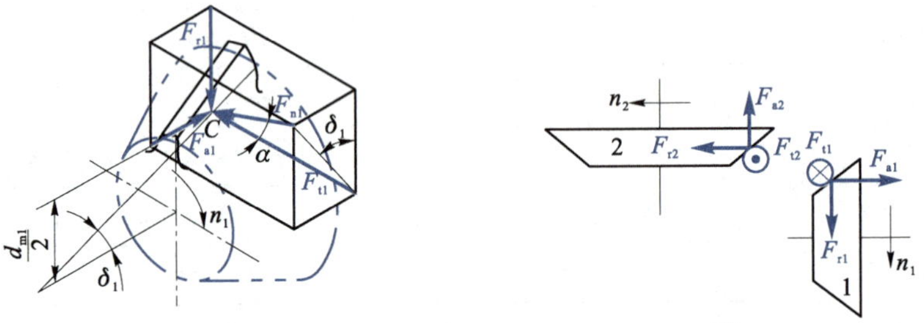


图 6-35 锥齿轮轮齿受力分析

锥齿轮传动中圆周力 $F_t$ 和径向力 $F_r$ 方向的判定与直齿轮传动一样，轴向力的方向由锥齿轮的小端指向大端。

2. 强度计算

锥齿轮的强度计算按齿宽中点处的当量齿轮进行。锥齿轮的齿面接触疲劳强度和齿根弯曲疲劳强度的计算公式分别为

$$d_1\geqslant 96.6\sqrt[3]{\frac{KT_1}{\psi_R(1-0.5\psi_R)^2u[\sigma_H]^2}} \tag{6-29}$$

$$m\geqslant 1.59\sqrt[3]{\frac{KT_1Y_{Fs}}{\psi_R(1-0.5\psi_R)z_1^2\sqrt{u^2+1}[\sigma_F]}} \tag{6-30}$$

式中，齿形系数 $Y_{Fs}$ 也应按当量齿数确定。

蜗杆传动

## 6.9 蜗杆传动

### 6.9.1 概述

蜗杆传动用于传递空间两交错轴之间的运动和动力，通常两轴垂直交错，即

交错角为90°。蜗杆传动一般以蜗杆为主动件做减速传动。如果蜗杆的导程角较大,那么也可以用蜗轮为主动件做增速传动。蜗杆根据其螺旋线的旋向不同,有左旋和右旋之分。

蜗杆传动由于具有传动比大、工作平稳、噪声小和反行程可自锁等优点,因此得到广泛应用。其主要缺点是啮合齿面间有较大的相对滑动速度,容易引起磨损和胶合。因此,常需要用耐磨和减摩性能良好的有色金属(如锡青铜等)制造蜗轮,成本较高。蜗杆传动的效率也较低,通常 $\eta=0.7\sim0.9$。

按照蜗杆形状的不同,蜗杆传动可分为圆柱蜗杆传动、环面蜗杆传动和锥蜗杆传动(见图6-36)。其中圆柱蜗杆传动在工程中应用最广。

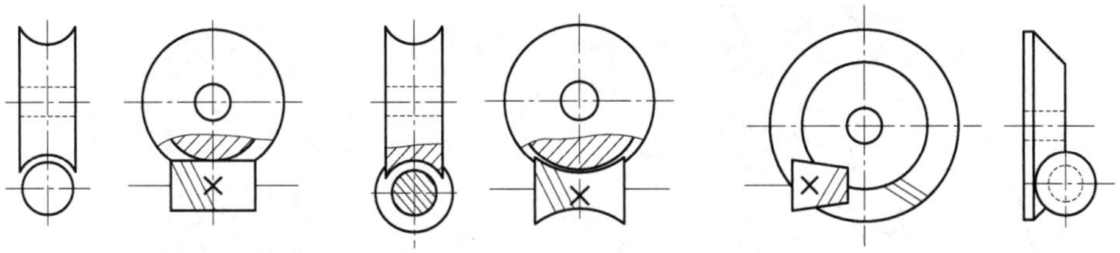

(a)圆柱蜗杆传动 (b)环面蜗杆传动 (c)锥蜗杆传动

图6-36 蜗杆传动的类型

圆柱蜗杆传动又分为普通圆柱蜗杆传动和圆弧齿圆柱蜗杆传动。普通圆柱蜗杆按其轮齿的廓形在不同剖面为直线,分为阿基米德蜗杆(在轴剖面为直线)、渐开线蜗杆(在平行于蜗杆轴线但不过轴线的剖面内为直线)和法面直廓蜗杆(在轮齿的法剖面为直线)等。圆弧齿圆柱蜗杆在轴剖面中的廓形是内凹的圆弧。普通圆柱蜗杆由于其直线形的廓形,使得加工蜗杆的成型刀具的设计非常方便。但圆弧齿圆柱蜗杆传动的承载能力大、传动效率高、尺寸小,因而目前动力传动的标准蜗杆减速器均采用圆弧齿圆柱蜗杆传动。由于普通圆柱蜗杆中的阿基米德蜗杆最为简单,而且有关阿基米德蜗杆传动的一些基本知识也适用于其他形式的蜗杆传动,因此下面将通过阿基米德蜗杆传动,介绍蜗杆传动的一些基本知识。

## 6.9.2 蜗杆传动的主要参数和几何尺寸

图6-37所示为阿基米德蜗杆传动。通过蜗杆轴线并垂直于蜗轮轴线的平面称为蜗杆传动的中间平面。在中间平面内,蜗杆的廓形为直线形,蜗杆相当于一个齿条,蜗轮的齿廓是渐开线。蜗轮和蜗杆在中间平面内就相当于渐开线齿轮与齿条的啮合。因此,蜗杆传动的设计计算都是以中间平面为准。

1. 模数和压力角

由于中间平面为蜗杆的轴剖面和蜗轮的端剖面,因此规定模数和压力角,对蜗杆来说是在轴剖面中,分别用 $m_{x1}$ 和 $\alpha_{x1}$ 表示;而对蜗轮来说是在端剖面中,分别用 $m_{t2}$ 和 $\alpha_{t1}$ 表示。

由于蜗轮和蜗杆在中间平面内相当于渐开线齿轮与齿条的啮合,因此其正确啮合条件也遵循齿轮齿条啮合的情况,即模数和压力角分别相等。同时蜗杆传动又相当于交错轴间的齿轮传动,要正确啮合还应保证两轮齿在齿向上一致,

为此，蜗杆的导程角 $\gamma_1$ 应与蜗轮的螺旋角 $\beta_2$ 相等。因此，蜗杆传动的正确啮合条件为

$$\begin{cases} m_{x1}=m_{t2}=m \\ \alpha_{x1}=\alpha_{t2}=\alpha \\ \gamma_1=\beta_2 \end{cases} \tag{6-31}$$

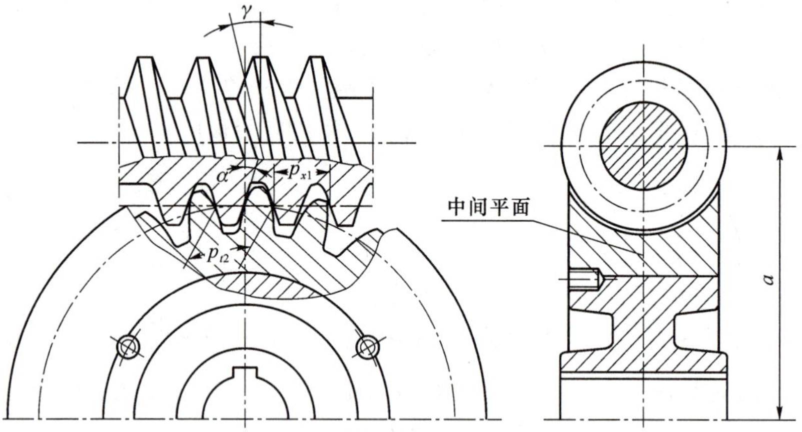


图 6-37 阿基米德蜗杆传动

应当注意：蜗杆的导程角 $\gamma_1$ 不仅与蜗轮的螺旋角 $\beta_2$ 大小相等，而且螺旋方向相同；压力角仍为标准值 $\alpha=20°$；标准模数 $m$ 按表 6-6 选取。

表 6-6 蜗杆传动的标准模数和直径

| $m$/mm | $d_1$/mm | $z_1$ | $m^2d_1$/mm³ | $m$/mm | $d_1$/mm | $z_1$ | $m^2d_1$/mm³ |
|---|---|---|---|---|---|---|---|
| 1 | 18 | 1 | 18 | 6.3 | 63 | 1,2,4,6 | 2 500 |
| 1.25 | 20 | 1 | 31 | | 112 | 1 | 4 445 |
| | 22.4 | 1 | 35 | 8 | 80 | 1,2,4,6 | 5 120 |
| 1.6 | 20 | 1,2,4 | 51 | | 140 | 1 | 8 960 |
| | 28 | 1 | 72 | 10 | 90 | 1,2,4,6 | 9 000 |
| 2 | 22.4 | 1,2,4,6 | 90 | | 160 | 1 | 16 000 |
| | 35.5 | 1 | 142 | 12.5 | 112 | 1,2,4 | 17 500 |
| 2.5 | 28 | 1,2,4,6 | 175 | | 200 | 1 | 31 250 |
| | 45 | 1 | 281 | 16 | 140 | 1,2,4 | 35 840 |
| 3.15 | 35.5 | 1,2,4,6 | 352 | | 250 | 1 | 64 000 |
| | 56 | 1 | 556 | 20 | 160 | 1,2,4 | 64 000 |
| 4 | 40 | 1,2,4,6 | 640 | | 315 | 1 | 126 000 |
| | 71 | 1 | 1 136 | 25 | 200 | 1,2,4 | 125 000 |
| 5 | 50 | 1,2,4,6 | 1 250 | | 400 | 1 | 250 000 |
| | 90 | 1 | 2 250 | | | | |

注：本表摘自 GB/T 10085—2018，表中所列 $d_1$ 数值为国家标准规定的优先使用值。

2. 分度圆直径

由于加工蜗轮用的蜗轮滚刀必须和与该蜗轮啮合的蜗杆具有相同的分度圆直径，为了限制蜗轮滚刀的数目，国家标准中规定将蜗杆的直径 $d_1$ 标准化，且与模数相匹配，见表 6-6。蜗轮分度圆直径的计算公式与齿轮一样，即 $d_2=mz_2$。

3. 齿数

蜗杆的齿数是指端面上的齿数，又称蜗杆的头数，用 $z_1$ 表示。通常取 $z_1=1,2,4,6$。当要求传动比大或反行程自锁时，取 $z_1=1$，即单头蜗杆；当要求蜗杆传动具有较高的传动效率时，$z_1$ 应取较大值。蜗轮的齿数 $z_2=i_{12}z_1$，对于动力传动，一般推荐 $z_2=29\sim70$。

4. 蜗杆的导程角 $\gamma_1$

设蜗杆的头数为 $z_1$，导程为 $l$，轴向齿距为 $p_{x1}$，分度圆直径为 $d_1$，则蜗杆分度圆柱螺旋线的导程角 $\gamma_1$ 可由下式确定：

$$\tan\gamma_1=l/(\pi d_1)=z_1 p_{x1}/(\pi d_1)=mz_1/d_1 \tag{6-32}$$

$\gamma_1$ 取较大值时，传动效率得以提高；当其小于啮合轮齿间的当量摩擦角 $\varphi_v$ 时，机构将具有反行程自锁功能。

5. 中心矩

蜗杆传动的中心距为

$$a=r_1+r_2 \tag{6-33}$$

## 6.9.3 蜗杆传动的受力分析

同样以法向载荷 $F_n$ 作为齿轮强度计算的公称载荷，如图 6-38 所示，将法向力 $F_n$ 分解为相互垂直的 3 个分力，即圆周力 $F_t$、径向力 $F_r$ 和轴向力 $F_a$。各力的计算公式为

$$\begin{cases} F_{t1}=F_{a2}=\dfrac{2T_1}{d_1} \\ F_{a1}=F_{t2}=\dfrac{2T_2}{d_2} \\ F_{r1}=F_{r2}=F_{t2}\tan\alpha \\ F_n=\dfrac{2T_2}{d_2\cos\alpha_n\cos\gamma_1} \end{cases} \tag{6-34}$$

式中，$T_1$ 和 $T_2$ 分别为作用在蜗杆和蜗轮上的转矩，N·mm；$T_2=T_1 i_{12}\eta$，其中 $i_{12}$ 为传动比，$\eta$ 为蜗杆传动的效率；$d_1$ 和 $d_2$ 分别为蜗杆和蜗轮的分度圆直径，mm；各力的单位为 N。

蜗杆和蜗轮上各分力的方向和判定方法与斜齿轮相同。蜗杆传动中，在确定从动蜗轮所受的圆周力方向后，即可确定从动蜗轮的转向。

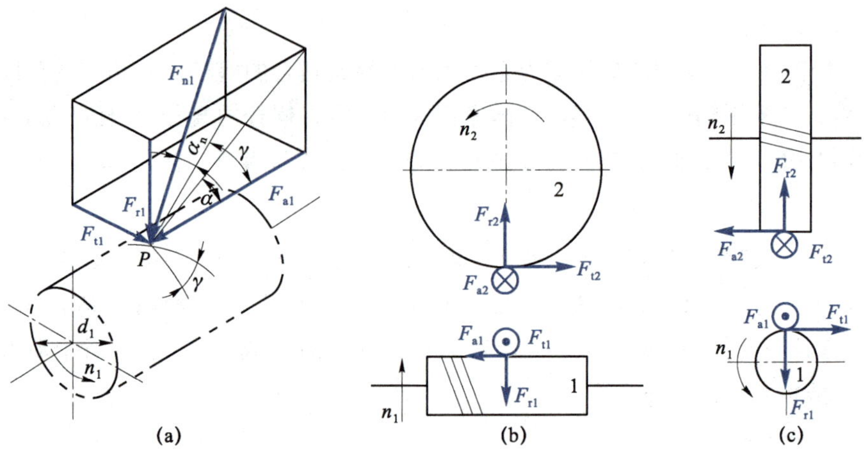


图 6-38　蜗杆传动的受力分析

## 6.9.4　齿面滑动速度 $v_s$

蜗杆传动与螺旋传动类似，齿面间的相对滑动速度较大。由图 6-39 可知，齿面间的相对滑动速度（齿面滑动速度）为

$$v_s=\sqrt{v_1^2+v_2^2}=\frac{v_1}{\cos\gamma}=\frac{\pi d_1 n_1}{60\times 1\,000\cos\gamma} \tag{6-35}$$

式中，$v_1$ 为蜗杆分度圆的圆周速度，m/s；$d_1$ 为蜗杆的分度圆直径，mm；$n_1$ 为蜗杆的转速，r/min。

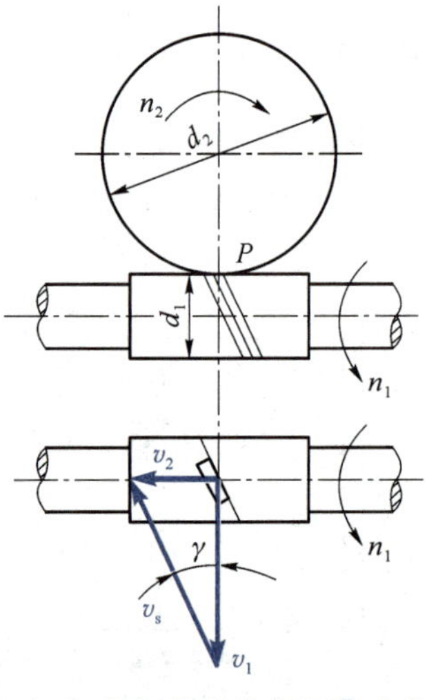


图 6-39　蜗杆传动的齿面滑动速度

齿面滑动速度 $v_s$ 的大小对齿面的润滑状况、齿面失效、发热及传动效率都有很大影响。

## 6.9.5　蜗杆传动的失效形式和材料

### 1. 蜗杆传动的失效形式

由于蜗杆传动的相对滑动速度大、效率低、发热量大，因此其主要失效形式为轮齿的胶合、点蚀和磨损。目前在设计时常按齿面接触疲劳强度条件计算。

在蜗杆传动中,由于蜗轮材料较弱,失效多发生在蜗轮轮齿上,因此一般只对蜗轮轮齿进行承载能力计算。

2. 蜗杆传动的常用材料

蜗杆一般采用碳钢或合金钢制造。

蜗轮一般用具有减摩耐磨性能的青铜材料(锡青铜、铝铁青铜等)制成,要求不高时,可采用灰铸铁(HT150、HT200)。

### 6.9.6 蜗杆传动的承载能力计算

1. 强度计算

蜗轮的齿面接触疲劳强度计算公式为

$$m^2 d_1 \geqslant K T_2 \left(\frac{500}{z_2[\sigma_H]}\right)^2 \tag{6-36}$$

式中,$m^2 d_1$ 的单位为 $mm^3$;$K$ 为载荷系数,$K=1.1\sim1.3$,当工作载荷变化较大,蜗轮圆周速度较高时取大值;$[\sigma_H]$为蜗轮材料的许用接触应力,MPa。

按式(6-36)计算出 $m^2 d_1$ 后,由表6-6查取适当的标准模数 $m$ 和蜗杆的分度圆直径 $d_1$。

2. 热平衡计算

由于蜗杆传动的效率低,因此它工作时发热量大。在闭式传动中,如果产生的热量不能及时散发,就会引起箱内油温升高、润滑失效,导致轮齿磨损加剧,甚至产生胶合。因此,对连续工作的闭式蜗杆传动要进行热平衡计算。

达到热平衡时,传动的发热速度应与箱体的散热速度相等,由此得

$$1\,000(1-\eta)P = k_d A(t_0 - t_a) \tag{6-37}$$

$$t_0 = \frac{1\,000(1-\eta)P}{k_d A} - t_a \tag{6-38}$$

式中,$P$ 为蜗杆传递的功率,kW;$k_d$ 为箱体的散热系数,$k_d=12\sim18$ W/(m$^2$·℃),当周围通风良好时取大值;$A$ 为散热面积,指内表面能被润滑油飞溅到,外表面又可被周围空气冷却的箱体表面面积,m$^2$;$t_0$ 为工作时油的温度,一般限制在60～70 ℃;$t_a$ 为周围空气的温度,常温情况可取20 ℃;$\eta$ 为蜗杆的传动效率,与蜗杆头数有关,见表6-7。

表6-7 蜗杆的传动效率

| 蜗杆头数 $z_1$ | 1 | 2 | 4 | 6 |
|---|---|---|---|---|
| 传动效率 $\eta$ | 0.7～0.8 | 0.8～0.86 | 0.86～0.91 | 0.90～0.92 |

注:当蜗杆转速高,齿面相对滑动速度大时,$\eta$ 取较大值,反之取较小值。

当超过温度的允许值时,应合理设计箱体结构,铸出或焊接散热片,以增加散热面积;也可在蜗杆轴上加装风扇,或在箱体油池中加装冷却水管,以提高散热系数。

# 6.10 齿轮的结构设计

通过齿轮传动的强度计算，可以确定齿轮的齿数、模数、齿宽、螺旋角、分度圆直径等主要尺寸，而齿圈、轮毂等的结构形式及尺寸，通常由结构设计而定。

## 6.10.1 齿轮的结构

齿轮的结构形式主要与齿轮尺寸大小和毛坯制作方法有关。

对于小尺寸的齿轮，通常将其做成整体式的(见图6-40)。若齿槽底部与键槽底部之间的距离(图6-40中的$e$)过小，为了防止齿轮从该处断裂，则应将齿轮与轴做成一体，称其为齿轮轴(见图6-41)。

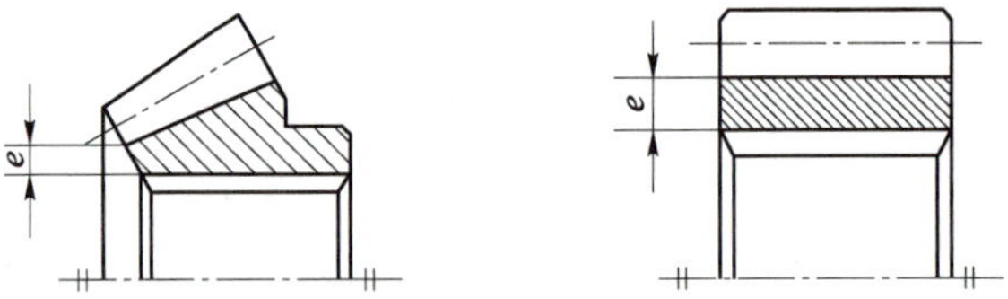


(a) 锥齿轮　　(b) 圆柱齿轮

图6-40　实心齿轮

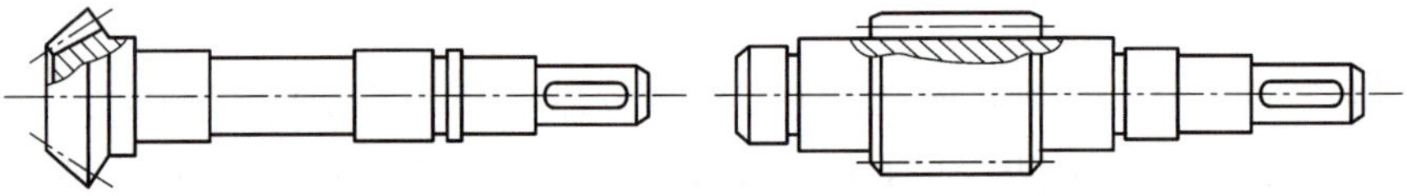

(a)　　(b)

图6-41　齿轮轴

对于中等尺寸的齿轮，为了节省材料、减轻质量，通常做成腹板式齿轮(见图6-42)，其中图6-42(a)、图6-42(b)为锻造腹板式齿轮，图6-42(c)为铸造腹板式齿轮。

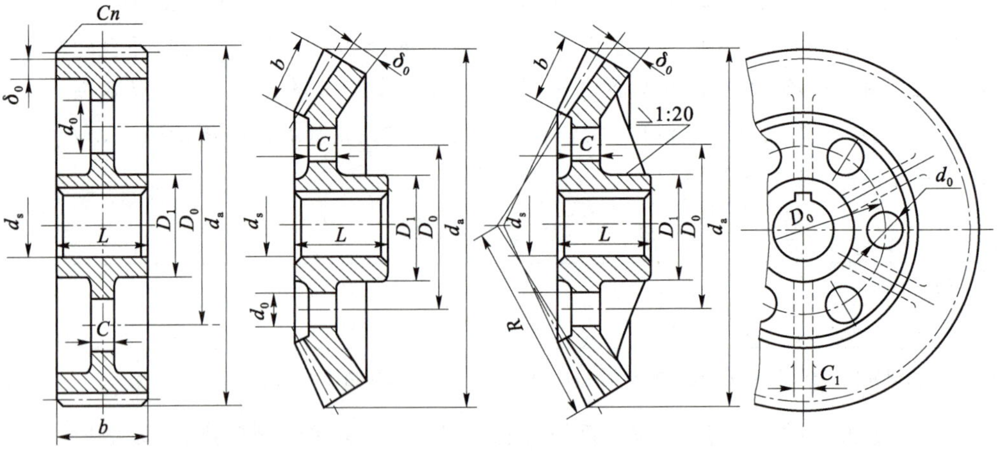


(a)　　(b)　　(c)

图6-42　腹板式齿轮

对于大型齿轮，由于设备限制难以锻造，通常采用铸造，做成轮辐式齿轮（见图 6-43）。

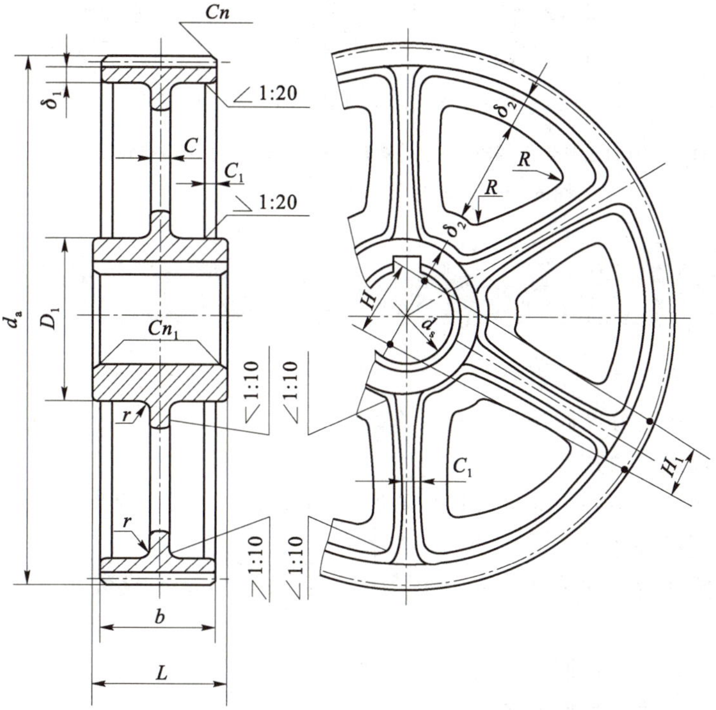


图 6-43　轮辐式齿轮

## 6.10.2　蜗杆和蜗轮的结构

由于蜗杆的螺旋部分直径不大，因此其通常和轴做成一体。图 6-44 (a) 所示的铣制蜗杆螺旋部分与轴之间没有退刀槽，轴的刚度较好，螺旋部分要采用铣削的方法制作；图 6-44 (b) 所示的车制蜗杆有退刀槽，可用车削的方法制作，但刚度较差。

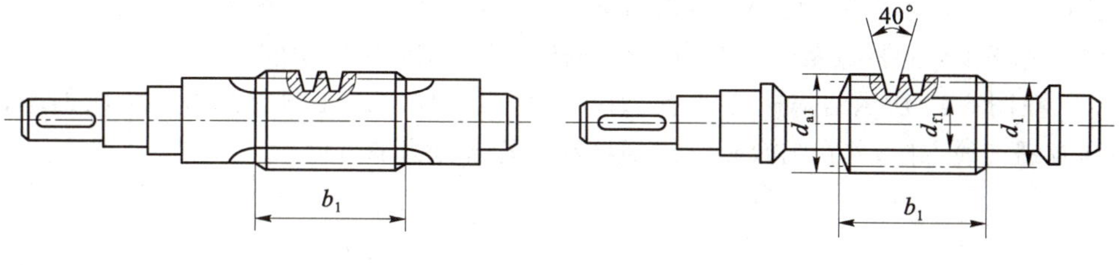


(a) 铣制蜗杆　　(b) 车制蜗杆

图 6-44　蜗杆的结构形式

蜗轮的结构形式取决于所用的材料和尺寸大小。对于尺寸很小的青铜蜗轮或者铸铁蜗轮，采用整体式［见图 6-45(a)］；对尺寸较大的青铜蜗轮，为了节省贵重的有色金属，通常采用齿圈式结构，即齿圈用青铜制造，轮芯用钢或铸铁制造，二者之间的连接可采用过盈连接［见图 6-45(b)］、螺栓连接［见图 6-45(c)］，或者将二者拼铸在一起［见图 6-45(d)］。

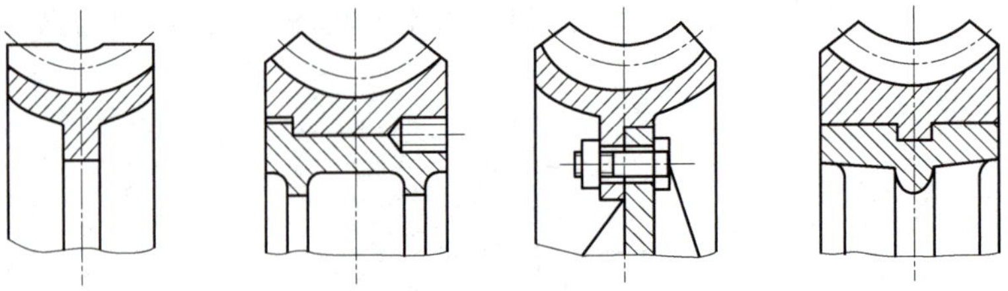

(a)整体式蜗轮　(b)过盈连接蜗轮　(c)螺栓连接蜗轮　(d)拼铸蜗轮

图 6-45　蜗轮的结构形式

## 思考与练习题

6-1　渐开线齿轮具有哪些啮合特点？

6-2　什么是节圆？什么是分度圆？二者有什么区别？

6-3　渐开线齿轮的基本参数是什么？

6-4　标准齿轮传动的实际中心距大于标准中心距时，分度圆半径、节圆半径、基圆半径、分度圆压力角、顶隙等参数哪些发生了变化？哪些不变？

6-5　已知一对直齿圆柱齿轮的传动比 $i_{12}=1.5$，中心距 $a=100$ mm，模数 $m=2$ mm。试计算这对齿轮的几何尺寸。

6-6　相比直齿圆柱齿轮，平行轴斜齿圆柱齿轮有哪些特点？

6-7　齿轮的轮齿切制方法有哪些？各有什么特点？

6-8　模数和齿数相同的变位齿轮与标准齿轮相比，哪些参数发生了变化？哪些参数没有变化？

6-9　一对标准圆柱齿轮传动，大、小齿轮的齿面接触疲劳强度是否相等？齿根弯曲疲劳强度是否相等？为什么？

6-10　什么是斜齿轮、锥齿轮的当量齿轮？写出其当量齿数的计算公式。为什么要提出当量齿轮的概念？

6-11　一双级斜齿轮传动，齿轮 1 转向和螺旋方向如图 6-46 所示，为了使轴Ⅱ上两齿轮的轴向力方向相反，试确定各齿轮的螺旋线方向，并在啮合处画出齿轮各分力的方向。

6-12　蜗杆传动的特点是什么？为什么蜗杆传动要比齿轮传动效率低得多？

6-13　在图 6-47 所示的蜗杆传动中，蜗杆均为主动件。试在图中标出未注明的蜗杆或蜗轮的转向及螺旋线方向，并在啮合处画出蜗杆和蜗轮各分力的方向。

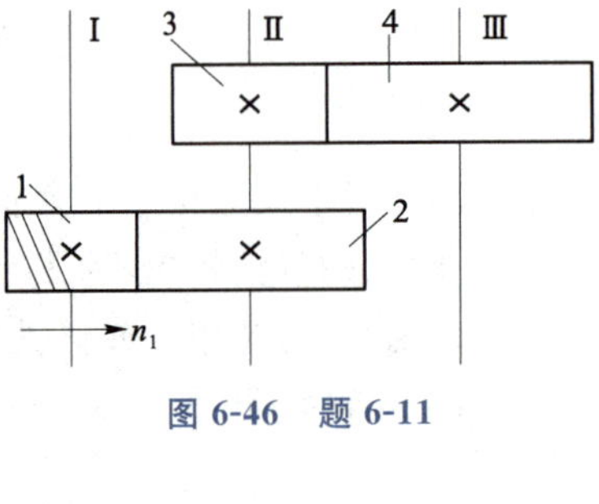


图 6-46　题 6-11

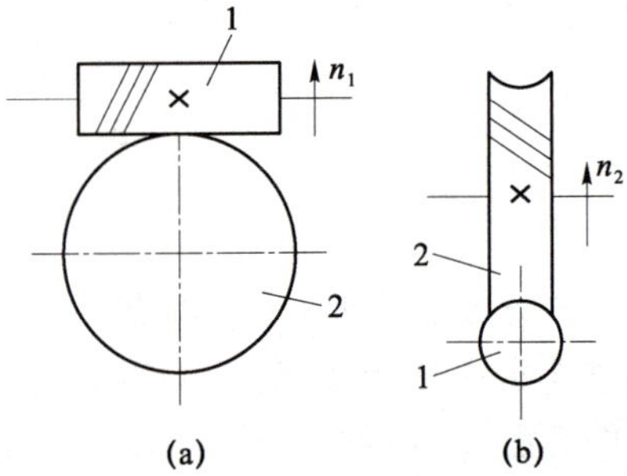


(a)　(b)

图 6-47　题 6-13

本章习题参考答案

# 第 7 章　轮系和减速器

## 7.1　概　述

齿轮机构是应用非常广泛的传动机构之一。如果用普通的一对齿轮传动实现大传动比传动，那么不仅机构外廓尺寸庞大，而且因大、小齿轮的直径相差悬殊，导致小齿轮易磨损，大齿轮的工作能力不能充分发挥。为了在一台机器上获得很大的传动比，或是获得不同转速，常常采用一系列的齿轮组成传动机构，这种由齿轮组成的传动机构称为轮系。

按轮系运转时各齿轮轴线的位置是否固定，可将轮系分为定轴轮系和周转轮系两种基本类型。

轮系的分类

### 7.1.1　定轴轮系

在轮系运转过程中，若各齿轮几何轴线的位置相对于机架是固定不动的，这种轮系称为定轴轮系，如图 7-1 所示。

周转轮系

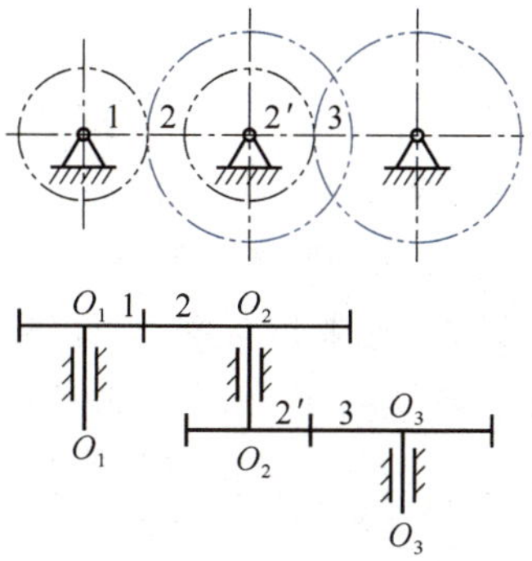


图 7-1　定轴轮系

中国古代水转翻车

### 7.1.2　周转轮系

在轮系运转过程中，若其中至少有一个齿轮的几何轴线位置相对于机架不固定，而是绕着其他齿轮的固定几何轴线回转，这种轮系称为周转轮系，如图 7-2 所示。周转轮系又分为差动轮系[见图 7-2(a)]和行星轮系[见图 7-2(b)]两种。

水运仪象台——轮系的应用

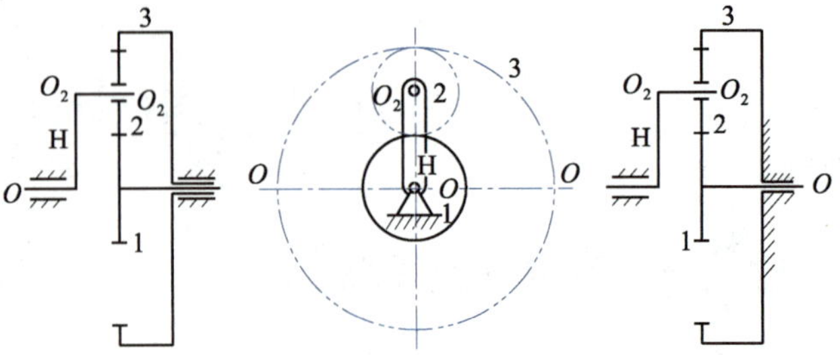


(a)差动轮系　　(b)行星轮系

图 7-2　周转轮系

定轴轮系的传动比

## 7.2 定轴轮系的传动比

轮系中，首、末两齿轮的角速度(或转速)之比称为轮系的传动比。计算轮系的传动比时，既要确定传动比的大小，又要确定首、末两齿轮的转向关系。

图 7-1 所示的定轴轮系由两对齿轮组成。设已知各齿轮的齿数，求传动比 $i_{13}$。

根据一对齿轮啮合的传动比公式，可写出该轮系中相互啮合的各对齿轮的传动比如下：

$$i_{12}=\frac{n_1}{n_2}=-\frac{z_2}{z_1}$$

$$i_{2'3}=\frac{n_{2'}}{n_3}=-\frac{z_3}{z_{2'}}$$

其传动比数值前冠以“－”号，表示两齿轮的转向相反。

在图 7-1 所示的定轴轮系中，齿轮 2 与齿轮 2′为同一构件，因此 $n_2=n_{2'}$。将以上各式两边连乘，得

$$i_{13}=i_{12}i_{2'3}=+\frac{z_2z_3}{z_1z_{2'}}$$

式中的“＋”号表示齿轮 1 与齿轮 3 的转向相同。

上式说明，定轴轮系的传动比等于该轮系中各对齿轮传动比的连乘积，也等于各对啮合齿轮中从动轮齿数的连乘积与主动轮齿数的连乘积之比。

综上所述，定轴轮系中首轮 1 与末轮 $N$ 间的传动比大小为

$$i_{1N}=\frac{n_1}{n_N}=(-1)^m\frac{\text{两轴间所有从动轮齿数的乘积}}{\text{两轴间所有主动轮齿数的乘积}} \tag{7-1}$$

式中，$m$ 为轮系中首轮 1 与末轮 $N$ 间外啮合齿轮的对数。

注意：当首轮 1 与末轮 $N$ 轴线不平行时，不能用正、负号表示其转向关系，而只能在图中用箭头表示(见图 7-3)。图 7-3 所示轮系的传动比为

$$i_{14}=\frac{n_1}{n_4}=\frac{z_2z_3z_4}{z_1z_{2'}z_{3'}}$$

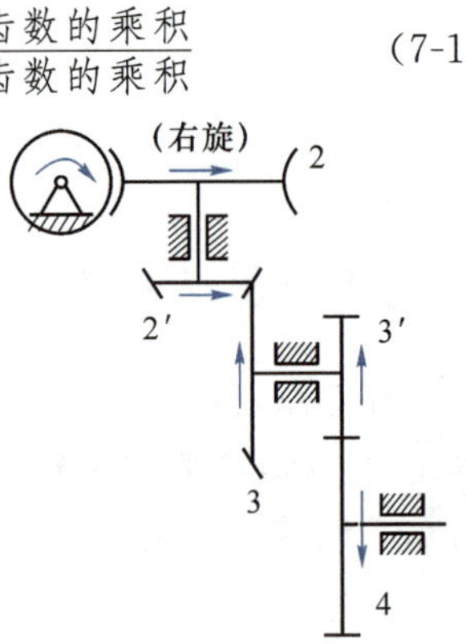


图 7-3　定轴轮系传动比的计算

## 7.3 周转轮系及其传动比

周轮轮系的传动比

### 7.3.1 周转轮系的组成

图 7-2 所示为一常见的周转轮系，它由齿轮 1、2、3 和构件 H 组成。其中齿轮 2 一方面绕其自身的几何轴线 $O_2O_2$ 回转(自转)，而轴线 $O_2O_2$ 又随构件 H 绕固定几何轴线 $OO$ 回转(公转)，齿轮 2 称为行星轮。构件 H 称为行星架(又称系杆或转臂)，用以支承行星轮 2。齿轮 1、齿轮 3 分别与行星轮 2 相啮合，且绕固定几何轴线 $OO$ 转动，称为中心轮(或太阳轮)。

周转轮系中，中心轮 1、中心轮 3 和行星架 H 均绕固定几何轴线 $OO$ 转动，称为基本构件。周转轮系中各基本构件的轴线必须重合，否则轮系不能运动。

### 7.3.2 周转轮系的传动比

由于周转轮系中行星轮的运动不是绕固定几何轴线回转的简单运动，因此其传动比不能直接采用求解定轴轮系传动比的方法计算。求解周转轮系传动比的方法较多，这里介绍工程上常用的转化轮系法。

通过在整个周转轮系上加上一个与行星架 H 旋转方向相反的大小相同的角速度 $n_H$，把周转轮系转化成假想的定轴轮系(见图 7-4)，并称其为原周转轮系的转化轮系。对这一转化后的轮系，可以使用定轴轮系的传动比计算公式(7-1)。因此，周转轮系的转化轮系的传动比可以写成：

$$i_{1N}^{H}=\frac{n_1-n_H}{n_N-n_H}=\pm\frac{\text{两轴间所有从动轮齿数的乘积}}{\text{两轴间所有主动轮齿数的乘积}} \tag{7-2}$$

应用式(7-2)时必须注意以下几点。

(1) 公式只适用于齿轮 1、齿轮 $N$ 和行星架 H 的回转轴线互相平行的情况。

(2) 齿数比前的“±”号表示在转化轮系中，齿轮 1、齿轮 $N$ 之间相对于行星架 H 的转向关系。可由画箭头的方法确定(见图 7-4)。此处“±”号是周转轮系传动比计算的一个重要问题，若将其遗漏或判错，都将影响计算结果的正确性。

(3) $n_1$、$n_N$、$n_H$ 均为代数值，在计算中必须同时代入其正、负号，求得的结果也为代数值，即同时求得了构件转速的大小和转向。

(4) $i_{1N}^{H}$与 $i_{1N}$是完全不同的两个概念。$i_{1N}^{H}=\frac{n_1^H}{n_N^H}=\frac{n_1-n_H}{n_N-n_H}$，是转化轮系中齿轮 1、齿轮 $N$ 相对于行星架 H 的相对转速的传动比；而 $i_{1N}$是周转轮系中齿轮 1、齿轮 $N$ 绝对转速的传动比。

(5) 对于图 7-5 所示由锥齿轮组成的周转轮系，式(7-2)只适用于其基本构件(1、3、H)之间传动比的计算，而不适用于行星轮 2。因为行星轮 2 和行星架 H 的轴线不平行，其转速 $n_2$、$n_H$ 不能按代数量进行加减。

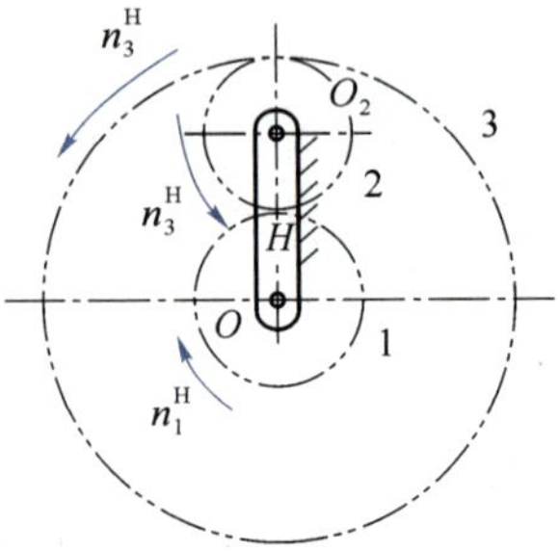


图 7-4　原周转轮系的转化轮系

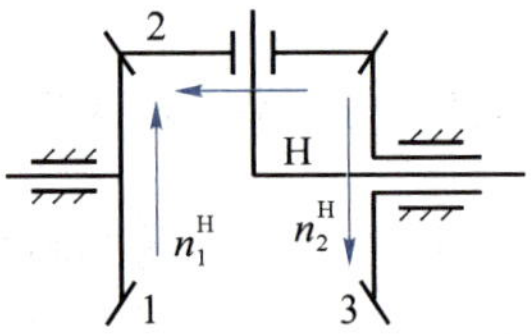


图 7-5　锥齿轮组成的周转轮系

**例 7-1**　在如图 7-6 所示的行星轮系中，已知各齿轮齿数 $z_1=100$、$z_2=101$、$z_{2'}=100$、$z_3=99$。试求传动比 $i_{H1}$。

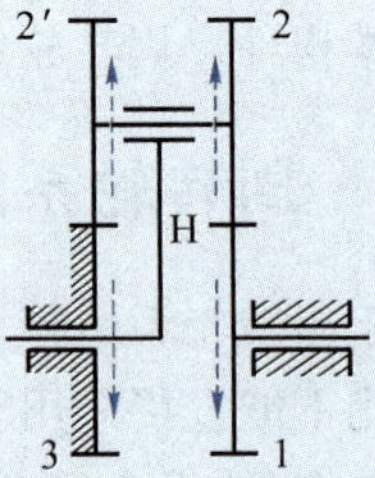


图 7-6　行星轮系

**解**　由式(7-2)有

$$i_{13}^{H}=\frac{n_1-n_H}{n_3-n_H}=+\frac{z_2z_3}{z_1z_{2'}}$$

在此轮系中，由于齿轮 3 固定不动，即 $n_3=0$。

$$\frac{n_1-n_H}{0-n_H}=\frac{101\times 99}{100\times 100}$$

得

$$1-\frac{n_1}{n_H}=\frac{101\times 99}{100\times 100}$$

$$\frac{n_1}{n_H}=1-\frac{101\times 99}{100\times 100},\quad i_{1H}=\frac{n_1}{n_H}=\frac{1}{10\,000}$$

所以

$$i_{H1}=\frac{n_H}{n_1}=10\,000$$

传动比 $i_{H1}$ 为正，表示行星架 H 与齿轮 1 的转向相同。

**例 7-2**　在图 7-7 所示的差动轮系中，已知各齿轮齿数，$n_1=200$ r/min；$n_3=50$ r/min。试求当 $n_1$、$n_3$ 转向相同时和 $n_1$、$n_3$ 转向相反时，行星架转速 $n_H$ 的大小和转向。

**解**　由式(7-2)有

$$i_{13}^{H}=\frac{n_1-n_H}{n_3-n_H}=-\frac{z_2z_3}{z_1z_{2'}}=-\frac{25\times 60}{15\times 20}=-5$$

即

$$n_H=\frac{n_1+5n_3}{6}$$

(1) 当 $n_1$、$n_3$ 转向相同时，即将 $n_1=+200$ r/min；$n_3=+50$ r/min 代入上式，有

$$n_H=\frac{200+5\times 50}{6}\text{ r/min}=75\text{ r/min}$$

求得的 $n_H$ 为"+"，表示 $n_H$ 与 $n_1$、$n_3$ 转向相同。

(2) 当 $n_1$、$n_3$ 转向相反时，若令 $n_1$ 为正，则 $n_3$ 应以负值代入，于是有

$$n_H=\frac{200-5\times 50}{6}\text{ r/min}=-8.33\text{ r/min}$$

求得的 $n_H$ 为"−"，表示 $n_H$ 与 $n_1$ 转向相反，而与 $n_3$ 转向相同。

**例 7-3** 在图 7-8 所示的复合轮系中，已知各轮齿数，$n_1=300$ r/min。试求行星架 H 的转速 $n_H$ 的大小和转向。

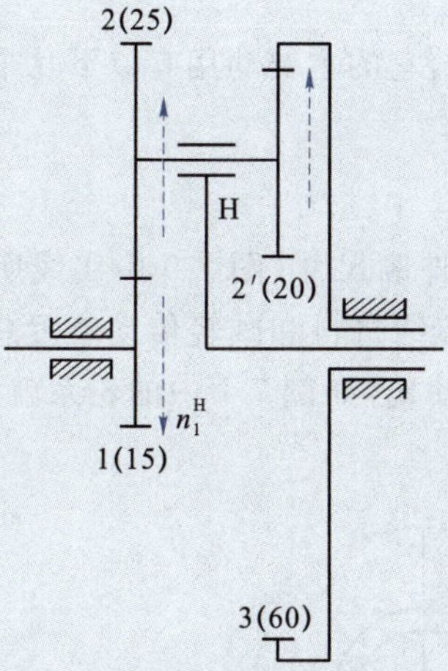


图 7-7 差动轮系

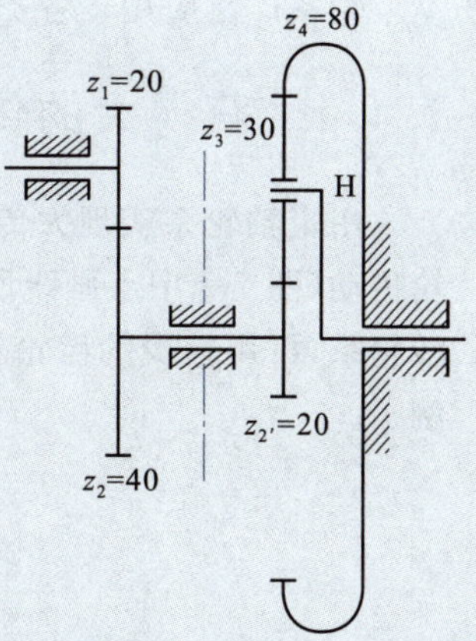


图 7-8 复合轮系

**解** 不难看出该轮系既不是一个定轴轮系，也不是一个单一的周转轮系。它是由齿轮 1、齿轮 2 所组成的定轴轮系和由齿轮 2′、齿轮 3、齿轮 4 与行星架 H 所组成的周转轮系共同构成的一个复合轮系。

复合轮系的传动比

由于复合轮系不可能转化成一个定轴轮系，因此计算复合轮系的传动比时，首先应分析清楚该轮系的结构，即它是由几个定轴轮系和（或）几个单一周转轮系组成的，再利用式(7-1)及式(7-2)分别列出各个定轴轮系和单一周转轮系传动比的计算关系式，然后联立求解，从而求解出该复合轮系的传动比。

对于图 7-8 所示复合轮系，其定轴轮系部分：

$$i_{12}=\frac{n_1}{n_2}=-\frac{z_2}{z_1}=-\frac{40}{20}=-2$$

得

$$n_2=\frac{n_1}{i_{12}}=\frac{+300}{-2}\ \text{r/min}=-150\ \text{r/min}$$

其周转轮系部分：

$$i_{2'4}^{H}=\frac{n_{2'}-n_H}{n_4-n_H}=-\frac{z_4}{z_{2'}}=-\frac{80}{20}=-4$$

因为齿轮 2 与齿轮 2′为同一构件，所以 $n_{2'}=n_2=-150$ r/min，而齿轮 4 固定不动，所以 $n_4=0$，将以上数值代入上式，有

$$\frac{-150-n_H}{0-n_H}=-4$$

最后解得 $n_H=-30$ r/min。$n_H$ 为“−”，表示行星架 H 的转向与齿轮 1 的转向相反。

## 7.4 轮系的功用

轮系广泛应用于各类机械和仪表中，它的主要功用有以下几个方面。

### 7.4.1 获得大的传动比

用定轴轮系实现大传动比，其传动外廓尺寸（图7-9中实线所示）较一对齿轮传动（图7-9中点画线所示）小，可以节约材料和减轻传动装置总质量；采用周转轮系，可用较少的齿轮获得很大的传动比，如例7-1中的轮系就是一个很好的例子。

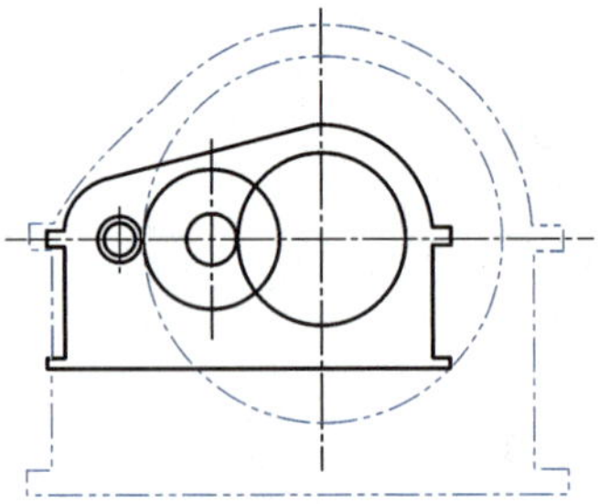

图7-9 单级齿轮传动与轮系的尺寸对比

### 7.4.2 实现变速、变向传动

在主动轴转速和转向不变的情况下，利用轮系可使从动轴获得不同的转速和转向。例如，汽车变速箱可以使行驶中的汽车方便地实现变速和倒车（变向）。在图7-10所示汽车变速箱中，牙嵌离合器的一半A和齿轮1固连在输入轴Ⅰ上，其另一半B则和滑移双联齿轮（4-6）用花键与输出轴Ⅱ相连。齿轮2、齿轮3、齿轮5、齿轮7固连在轴Ⅲ上。齿轮8固连在轴Ⅳ上。按照不同的传动路线，输出轴可以获得4挡转速。

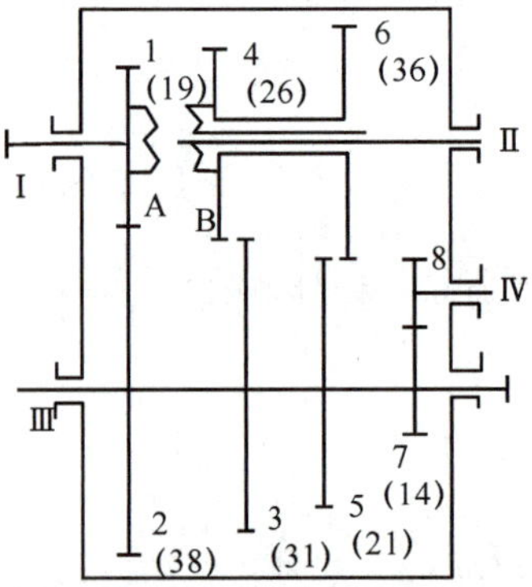


图7-10 汽车变速箱

### 7.4.3 实现运动的合成和分解

差动轮系具有两个自由度，因此可利用差动轮系将两个运动合成为一个运动，例 7-2 就是一个例子。

又如图 7-5 所示的轮系，若 $z_1 = z_3$，则

$$i_{13}^{H} = \frac{n_1^{H}}{n_3^{H}} = \frac{n_1 - n_H}{n_3 - n_H} = -\frac{z_3}{z_1} = -1$$

解得

$$2n_H = n_1 + n_3$$

该轮系是应用较广的差动轮系中的一种，它可以将两个输入运动合成为一个运动输出，即实现运动的合成。这种合成作用在机床、计算机构和补偿装置中都得到应用。

反之，差动轮系还可以实现运动的分解，即将一个输入运动按可变的比例分解成两个输出运动。图 7-11 所示的汽车后桥差速器就是一个典型例子。左、右两个后轮分别和锥齿轮 1、锥齿轮 3 连接。锥齿轮 4 空套在左轮轴上，两个行星轮 2 和 2′装在固连于轮 4 侧面的行星架 H 上。1、2、3、H 组成的差动轮系与图 7-5 所示的轮系完全相同。

变速器

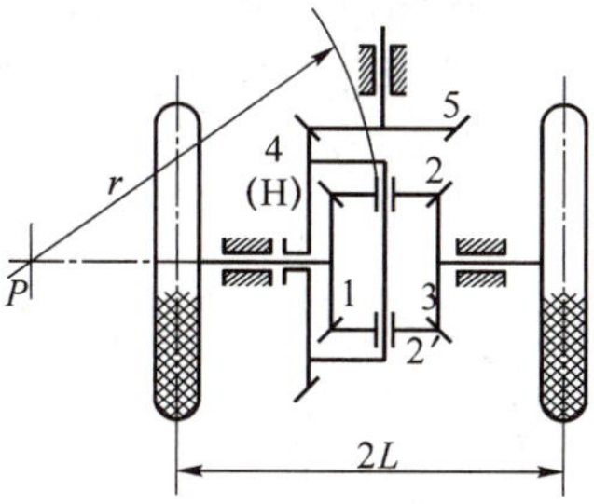


图 7-11 汽车后桥差速器

汽车后桥差速器

在汽车后桥上安装此差速器的目的是减小轮胎与路面之间的磨损，因为汽车在不同的行驶状况下（直行、左转弯、右转弯），两后轮应以不同的转速回转，该差动轮系就起到了根据轮胎与路面不打滑的条件自行分配两后轮转速的作用。

### 7.4.4 实现结构紧凑的大功率传动

图 7-12 所示为某涡轮螺旋桨发动机主减速器传动简图，由于采用内啮合，而且输入轴和输出轴同轴线，因此其是径向尺寸十分紧凑的结构且能传递很大的功率。

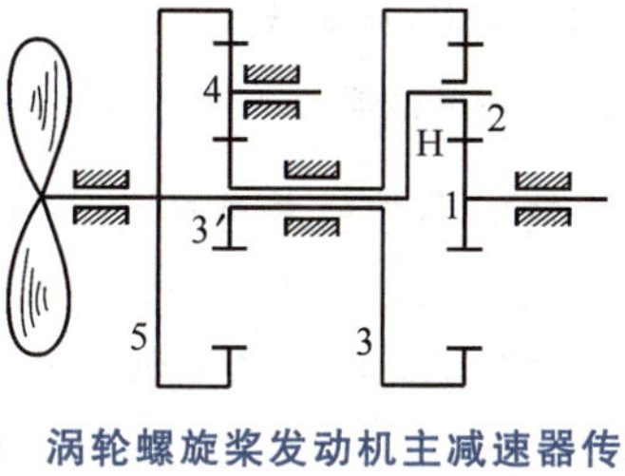


图 7-12 涡轮螺旋桨发动机主减速器传动简图

动力由中心轮1输入，经行星架H和内齿轮3分两路向左部传递，最后在行星架H与内齿轮5的接合处汇合，输往螺旋桨。由于功率分流传递，并采用了多个行星轮和中介轮（4个行星轮2，6个中介轮4，图上只画出其中之一）共同承担载荷，因此整个装置体积小、质量轻，并实现了大功率传动。

## 7.5 减　速　器

将具有减速功能的轮系封闭在刚性壳体内而组成的独立传动部件称为减速器（也称减速箱或减速机）。减速器通常布置在机械的原动机和工作机之间，用来降低转速并增大转矩。减速器按传动原理可分为普通减速器和行星减速器两大类。减速器全部为定轴轮系传动的称为普通减速器；减速器主要是行星轮系传动的称为行星减速器。行星减速器具有结构紧凑、体积小、质量轻、传动比大、传动平稳、抗冲击和抗振动能力强等特点。工程中减速器获得了较为普遍的应用，并有系列产品生产。设计时可根据机械设计手册或产品目录选用减速器。

在没有特殊说明的情况下，下文中的减速器均指普通减速器。

减速器的类型很多，一般按齿轮传动的类型可分为圆柱齿轮减速器、锥齿轮减速器、蜗杆减速器、圆锥-圆柱齿轮减速器、蜗杆-圆柱齿轮减速器等。

此外，按传动的级数可分为单级、双级及多级减速器。图7-13所示为常用减速器的类型。

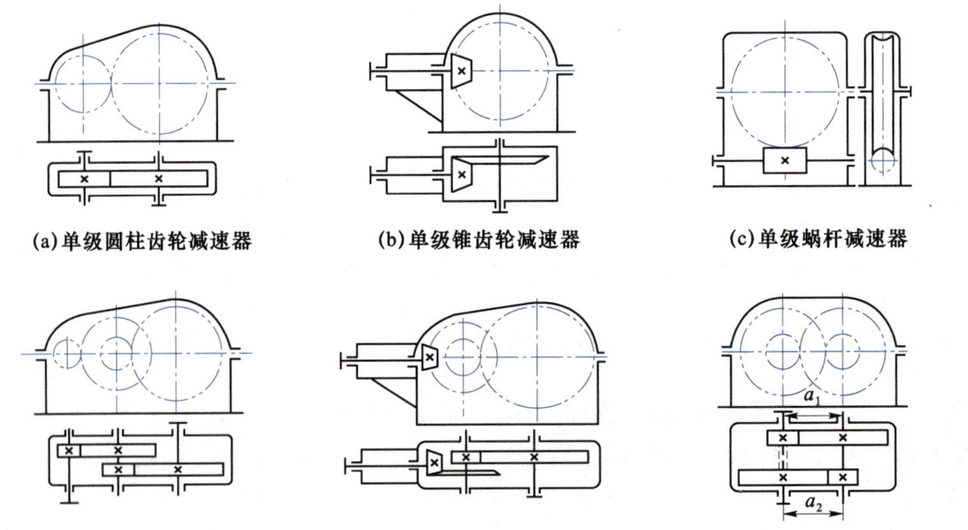


(a)单级圆柱齿轮减速器　(b)单级锥齿轮减速器　(c)单级蜗杆减速器

(d)展开式双级圆柱齿轮减速器　(e)双级圆锥-圆柱齿轮减速器　(f)同轴式双级圆柱齿轮减速器

图7-13　常用减速器的类型

各种类型减速器的主要技术参数已经标准化，并成为定型的系列产品，由专门工厂成批生产，可以根据工作要求（如传动比、工作条件、转速、载荷以及在机械传动装置总体布局中的位置等）选用。当选用不到适合的标准减速器时，可自行设计制造。

## 思考与练习题

7-1 在什么情况下要考虑采用轮系？轮系有哪些功用？试举例说明。

7-2 定轴轮系与周转轮系有什么区别？行星轮系与差动轮系的区别是什么？

7-3 什么是转化轮系？引入转化轮系的目的是什么？

7-4 如何确定轮系的转向关系？

7-5 如何把复合轮系分解为简单轮系？

7-6 在图 7-14 所示的滚齿机工作台传动装置中，各轮的齿数如图中括弧内所示。若被切齿轮为 64 齿，求传动比 $i_{75}$。

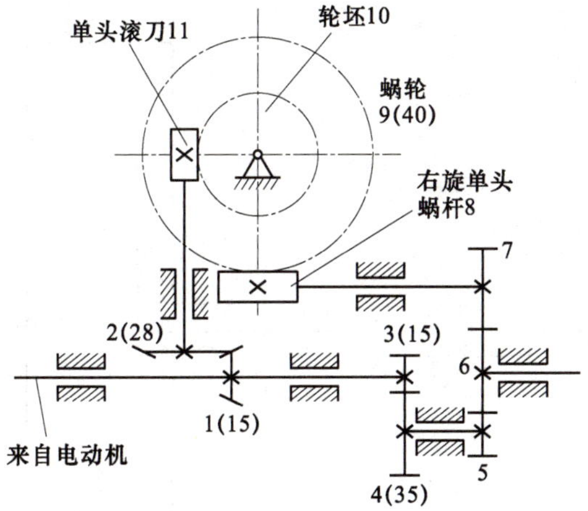


图 7-14 题 7-6

7-7 图 7-15 所示轮系中，轮 1 转向 $n_1$ 如图所示。各轮齿数分别为：$z_1=20$，$z_2=40$，$z_3=15$，$z_4=60$，$z_5=z_6=18$，$z_7=1$（左旋蜗杆），$z_8=40$，$z_9=20$。若 $n_1=1\ 000$ r/min，齿轮 9 的模数 $m=3$ mm，试求齿条 10 的速度 $v_{10}$。

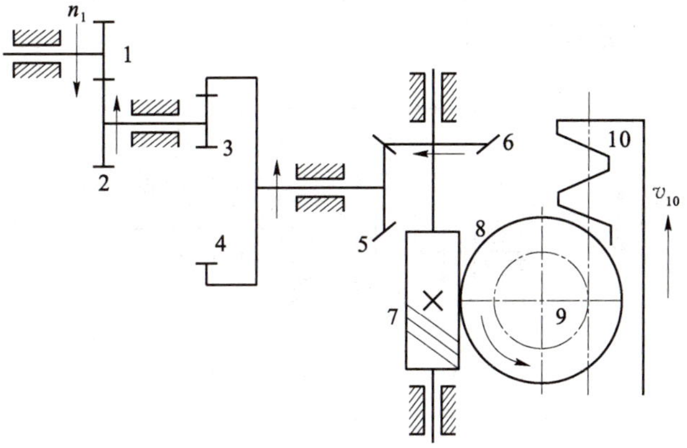


图 7-15 题 7-7

7-8 图 7-16 所示为 Y38 滚齿机差动机构的简图，其中行星轮 2 空套在转臂（轴Ⅱ）上，轴Ⅱ和轴Ⅲ的轴线重合。当铣斜齿圆柱齿轮时，分齿运动从轴Ⅰ输入，附加转动从轴Ⅱ输入，因此轴Ⅲ的转速（传至工作台）是两个运动的合成。已知 $z_1=z_2=z_3$ 及输入转速 $n_Ⅰ$、$n_Ⅱ$，试求输出转速 $n_Ⅲ$。

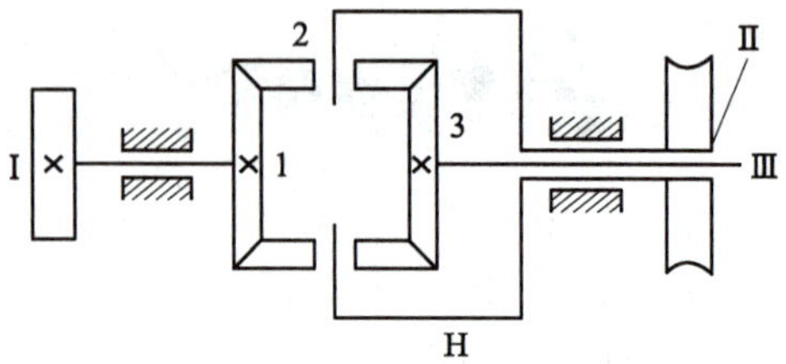


图 7-16　题 7-8

7-9　如图 7-17 所示，已知 $z_1=30$，$z_2=20$，$z_3=120$，$z_4=2$，$z_5=50$，$z_6=20$（$m=3$ mm），$n_1=1\,450$ r/min，求齿条 7 的线速度 $v$ 的大小和方向。

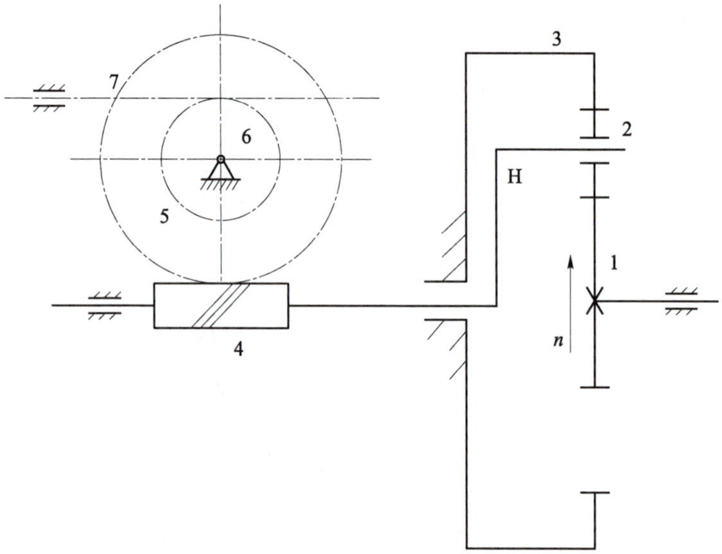


图 7-17　题 7-9

7-10　图 7-18 所示为由锥齿轮组成的周转轮系。已知 $z_1=z_2=17$，$z_{2'}=30$，$z_3=45$，若轮 1 转速 $n_1=200$ r/min，试求系杆转速 $n_H$。

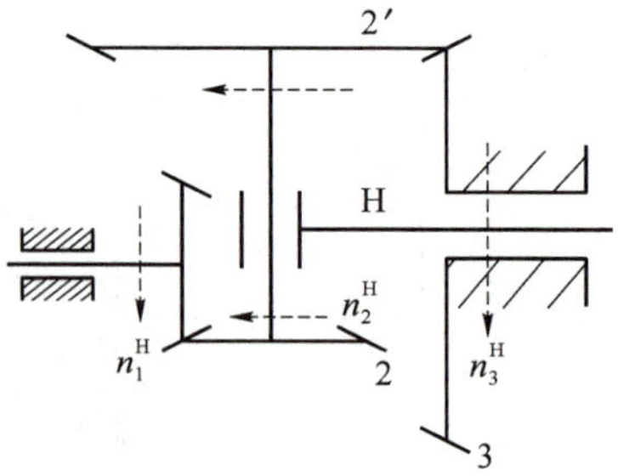


图 7-18　题 7-10

本章习题参考答案

# 第 8 章　间歇运动机构及组合机构

## 8.1　棘轮机构

棘轮机构的典型结构形式如图 8-1 所示，它由摇杆 1、棘爪 2、棘轮 3、止动爪 4 和机架组成。弹簧 5 用来使止动爪 4 和棘轮 3 保持接触。棘轮 3 固装在传动轴上，而摇杆 1 空套在传动轴上。当摇杆 1 逆时针摆动时，棘爪 2 推动棘轮 3 转过某一角度。当摇杆 1 顺时针转动时，止动爪 4 阻止棘轮 3 顺时针转动，棘爪 2 在棘轮 3 的齿背上滑过，棘轮静止不动。因此，当摇杆连续往复摆动时，棘轮便得到单向的间歇运动。棘轮的齿也可以做在棘轮的内缘（见图 8-2）或端面上。

间歇运动机构

棘轮机构

世界上最古老的齿轮——战国时期的棘轮装置

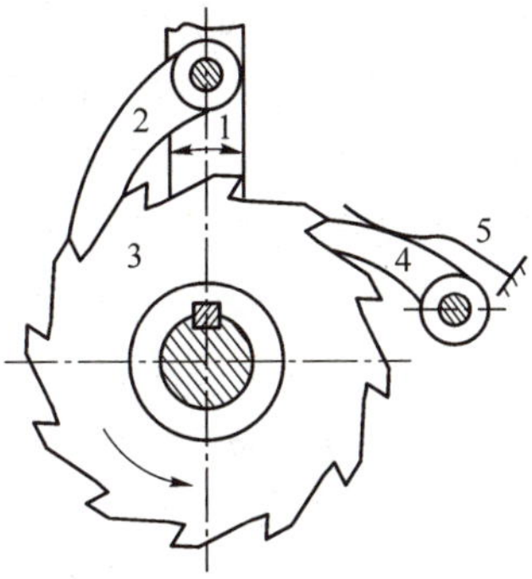

图 8-1　棘轮机构

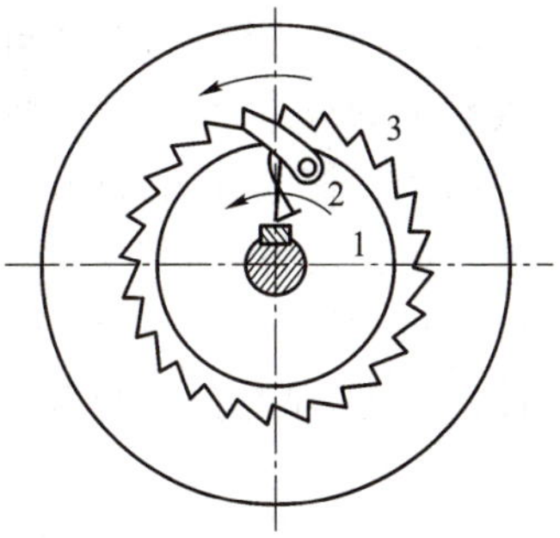

图 8-2　内接棘轮机构

棘轮机构结构简单、制造方便、运动可靠，而且棘轮轴每次转过角度的大小可以在较大的范围内调节，这些都是它的优点。其缺点是工作时有较大的冲击和噪声，而且运动精度较差。因此，棘轮机构常用于速度较低和载荷不大的场合。

若工作时需要棘轮做不同转向的间歇运动，则可如图 8-3 所示，把棘轮的齿制成矩形，而棘爪制成可翻转的。当棘爪处在图示位置 $B$ 时，棘轮可获得逆时针单向间歇运动；当把棘爪绕其轴销 $A$ 翻转到虚线所示位置 $B'$ 时，棘轮即可获得顺时针单向间歇运动。图 8-4 所示为另一种做不同转向间歇运动的棘轮机构。当棘爪按图示位置放置时，棘轮可得到逆时针方向的单向间歇运动。当将棘爪提起，并绕本身轴线旋转 180°后再放下时，棘爪

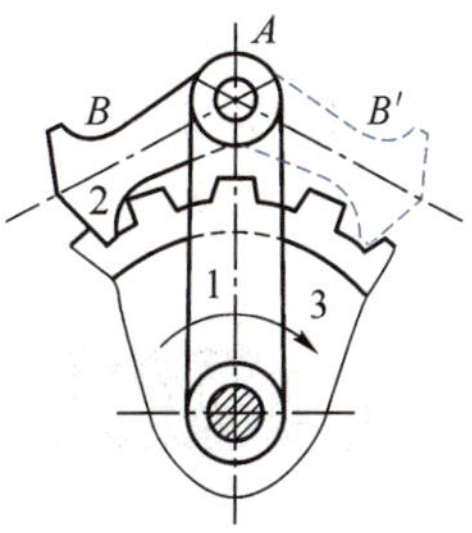

图 8-3　双向棘轮机构 1

的直边与棘轮轮齿的左侧齿廓相接触，从而可使棘轮获得顺时针方向的单向间歇运动。

在棘轮机构中，棘轮多为从动件，由棘爪推动其运动。棘轮还常用作防止机械逆转的制动器。这种棘轮制动器广泛用于卷扬机、提升机，以及运输和牵引设备中。图 8-5 所示为提升机中的棘轮制动器。重物被提升后，由于棘轮受到棘爪的制动作用，卷筒不会在重力 $Q$ 的作用下反转。

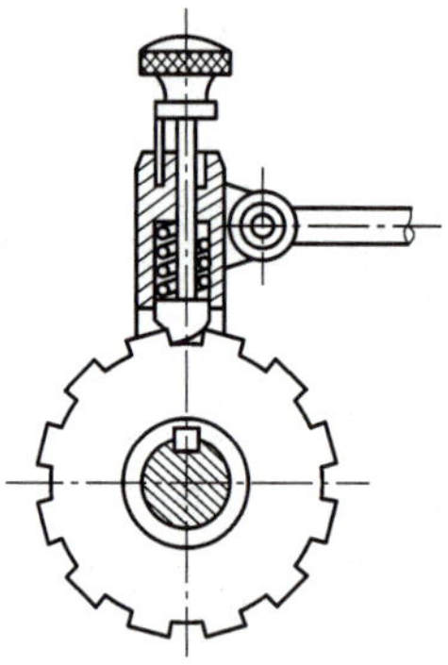

图 8-4　双向棘轮机构 2

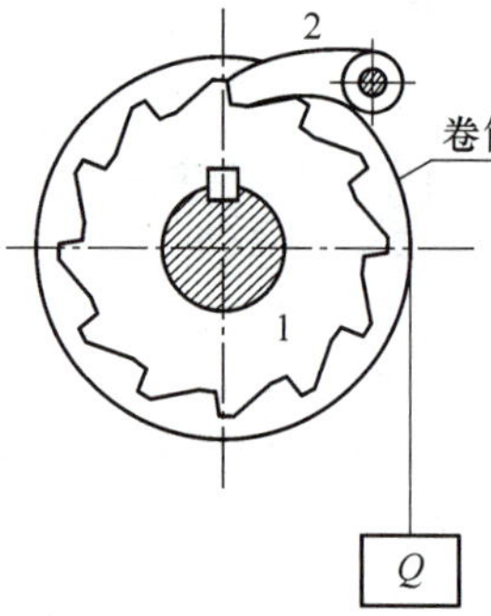


图 8-5　棘轮制动器

除了上述齿啮式棘轮机构以外，还有摩擦式棘轮机构，如图 8-6 所示。其中图 8-6(a)为外接式，图 8-6(b)是内接式。通过凸块 2 与从动轮 3 间的摩擦力推动从动轮间歇转动，它克服了齿啮式棘轮机构冲击噪声大、棘轮每次转过角度的大小不能无级调节的缺点，但其运动准确性较差。图 8-7 所示的单向离合器，实际上就是一种内接摩擦式棘轮机构，其由星轮 1、套筒 2、弹簧顶杆 3 及滚柱 4 等组成。若星轮 1 为主动件，当其逆时针回转时，滚柱 4 借摩擦力滚向楔形空隙的小端，并将套筒 2 楔紧，使其随星轮 1 一同回转；当星轮 1 顺时针回转时，滚柱 4 滚向楔形空隙的大端，将套筒 2 松开，这时套筒 2 静止不动。

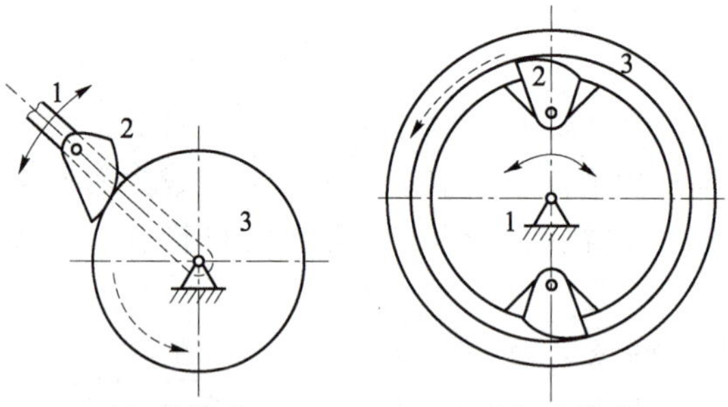


(a) 外接式　　(b) 内接式

图 8-6　摩擦式棘轮机构

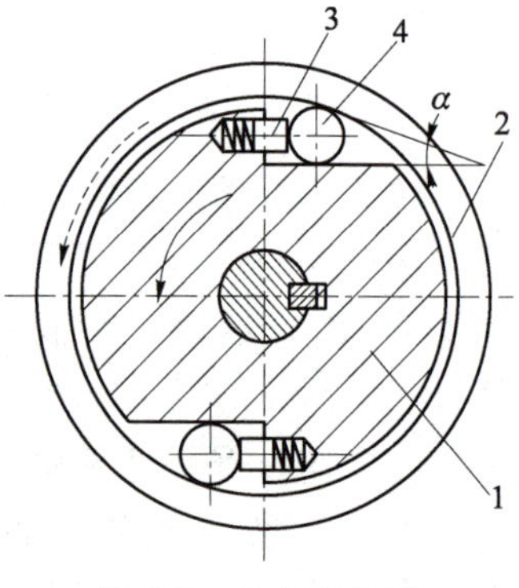


图 8-7　单向离合器

槽轮机构

## 8.2 槽轮机构

槽轮机构的典型结构如图 8-8 所示，它由主动拨盘 1、从动槽轮 2 和机架组成。主动拨盘 1 以等角速度 $\omega_1$ 做连续回转，当拨盘上的圆销 A 未进入槽轮的径向槽时，槽轮的内凹锁止弧$\widehat{nn}$被主动拨盘 1 的外凸锁止弧$\widehat{mm}$卡住，槽轮不动。图 8-8 所示为圆销 A 刚进入槽轮径向槽时的位置，此时内凹锁止弧$\widehat{nn}$也刚被松开。此后，槽轮受圆销 A 的驱使而转动。当圆销 A 在另一边离开径向槽时，内凹锁止弧$\widehat{nn}$又被卡住，槽轮又静止不动。直至圆销 A 再次进入槽轮的另一个径向槽时，重复上述运动过程。因此，槽轮机构是一种单向间歇运动机构。

槽轮机构结构紧凑，制造较简单，传动效率较高，并能较平稳地进行间歇转位，因此获得了广泛的应用。图 8-9 所示为槽轮机构在电影放映机中用作间歇抓片机构的情况。

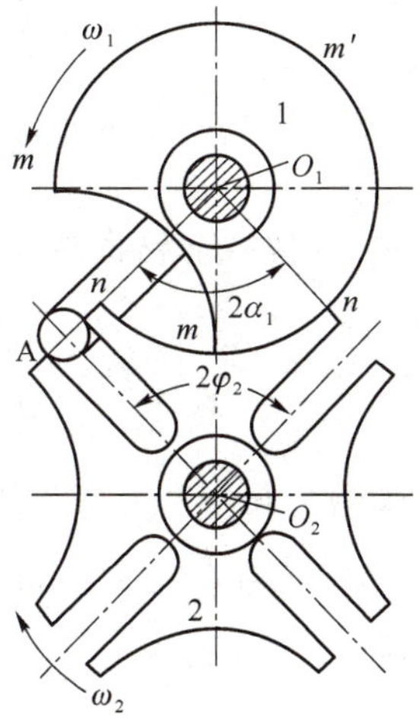


图 8-8 槽轮机构

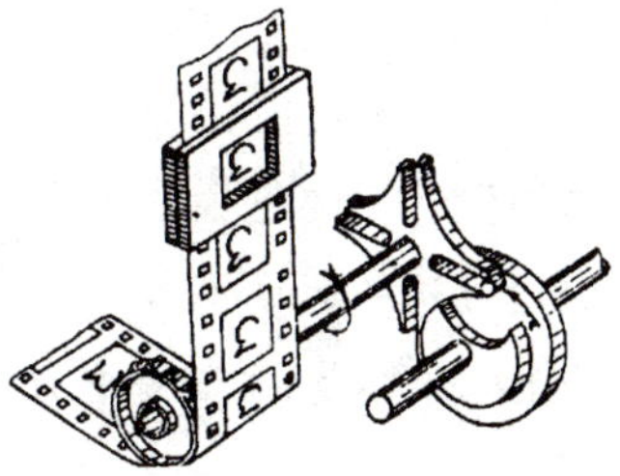

图 8-9 槽轮机构在电影放映机中用作间歇抓片机构

以上介绍的是外槽轮机构，槽轮与拨盘的转向相反。要使槽轮与拨盘的转向相同，可采用图 8-10 所示的内槽轮机构。传递相交轴之间的运动可采用图 8-11 所示的球面槽轮机构。

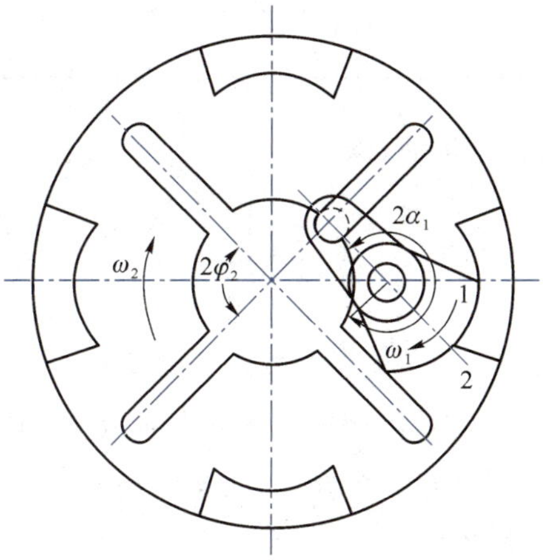


图 8-10 内槽轮机构

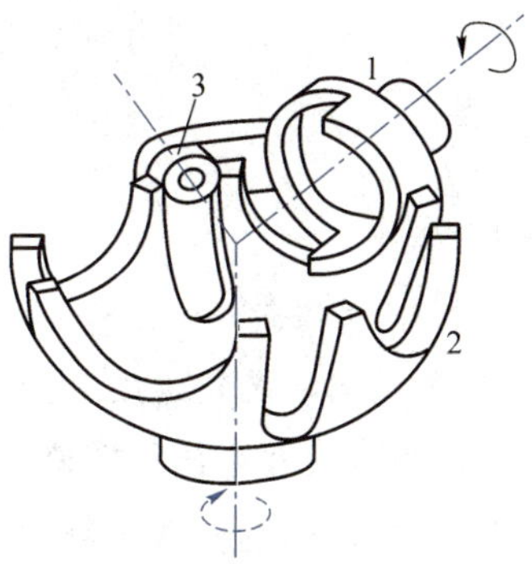


图 8-11 球面槽轮机构

在槽轮机构中，当主动拨盘回转一周时，槽轮的运动时间 $t'$ 与主动拨盘转一周的总时间 $t$ 之比，称为槽轮机构的运动系数，并以 $k$ 表示，即

$$k=\frac{t'}{t} \tag{8-1}$$

因为主动拨盘一般为等速回转，所以时间之比可以用拨盘转角之比表示。对于图 8-8 所示的单圆销外槽轮机构，时间 $t'$ 与 $t$ 所对应的拨盘转角分别为 $2\alpha_1$ 与 $2\pi$。为了避免圆销 A 和径向槽发生刚性冲击，圆销开始进入或脱出径向槽的瞬时，其线速度方向应沿着径向槽的中心线。由图可知，$2\alpha_1=\pi-2\varphi_2$。其中 $2\varphi_2$ 为槽轮的槽间角。设槽轮有 $z$ 个均布槽，则 $2\varphi_2=2\pi/z$，将上述关系代入式(8-1)得外槽轮机构的运动系数为

$$k=\frac{2\alpha_1}{2\pi}=\frac{z-2}{2z} \tag{8-2}$$

若在拨盘 1 上均匀地分布 $n$ 个圆销，当拨盘转动一周时，槽轮将被拨动 $n$ 次，则运动系数是单销的 $n$ 倍，即

$$k=\frac{n(z-2)}{2z} \tag{8-3}$$

槽轮机构的设计主要是根据工作要求，确定槽轮的槽数和拨盘上的圆销数，并且必须使槽轮机构的运动系数 $k>0$。根据式(8-3)知，槽轮的槽数不得小于 3，即 $z\geqslant3$。又槽轮的运动系数是必须小于或等于 1，即

$$\frac{n(z-2)}{2z}\leqslant1 \tag{8-4}$$

由式(8-4)可得槽数与圆销数的关系见表 8-1。

**表 8-1　槽数与圆销数的关系**

| 槽数 $z$ | 3 | 4 | 5,6 | ≥7 |
|---|---|---|---|---|
| 圆销数 $n$ | 1~6 | 1~4 | 1~3 | 1~2 |

对于图 8-10 所示的单销内槽轮机构，其运动系数为

$$k=\frac{2\alpha_1}{2\pi}=\frac{\pi+2\varphi_2}{2\pi}=\frac{\pi+2\pi/z}{2\pi}=\frac{1}{2}+\frac{1}{z} \tag{8-5}$$

显然 $k>0.5$。

图 8-12 为槽数 $z=3,4,6$ 时外槽轮机构的角速度和角加速度变化曲线。可以看出，槽轮运动的角速度和角加速度的最大值随槽数 $z$ 的减小而增大。此外，当圆销开始进入和退出径向槽时，由于角加速度有突变，因此在这两个瞬时有柔性冲击，而且槽轮的槽数 $z$ 越少，柔性冲击越大。

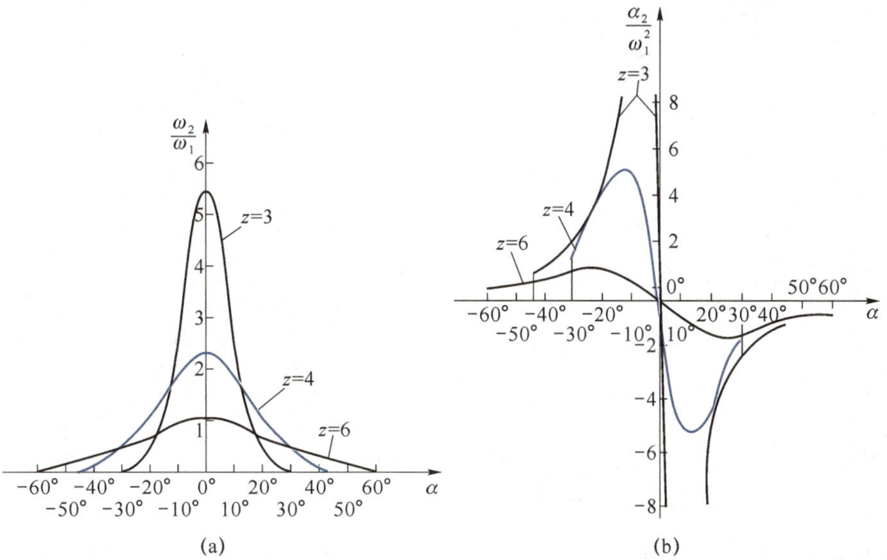


图 8-12 外槽轮机构的角速度和角加速度变化曲线

## 8.3 不完全齿轮机构

不完全齿轮机构类型

不完全齿轮机构也是一种间歇传动机构。在主动轮上只做出一个齿或部分齿,而在从动轮上做出与主动轮轮齿相啮合的齿槽。当主动轮上的齿与从动轮上的齿相啮合时,将推动从动轮转动;而当主动轮上的齿与从动轮上的齿脱离啮合时,从动轮停止转动,并用锁止弧将其锁住,以防止从动轮游动。例如,在图 8-13(a)所示的不完全齿轮机构中,主动轮 1 上只有 1 个齿,而从动轮 2 上有 8 个齿,因此主动轮转 1 周时,从动轮转 1/8 周。又如,在图 8-13(b)所示的不完全齿轮机构中,主动轮 1 上有 4 个齿,从动轮 2 的圆周上具有 4 个运动段和 4 个停歇段,在每段有齿圆弧上有 4 个齿与主动轮的轮齿啮合。因此,当主动轮连续转动时,从动轮将间歇转动,每次转过 1/4 周。

从上面的例子可知,不完全齿轮机构的主动轮是一个只有一部分齿的不完全齿轮,而从动轮是由正常齿和厚齿组成的一个特殊齿轮。

在不完全齿轮机构的传动过程中,从动轮开始运动和终止运动时都会发生刚性冲击现象。为了改善不完全齿轮机构的这一缺点,可以在两轮上加装一对瞬心线附加杆(见图8-14),以便使从动轮在开始运动时,由静止状态按某种预定的运动规律逐渐加速到正常运动速度;而在终止运动时,又借助于另一对附加杆的作用,使从动轮的速度又按某种预定的运动规律逐渐减速到静止,从而可以减轻冲击。不过,由于不完全齿轮机构在从动轮开始运动时的冲击一般比其终止运动时的冲击严重,因此通常在开始运动处加装一对附加杆。

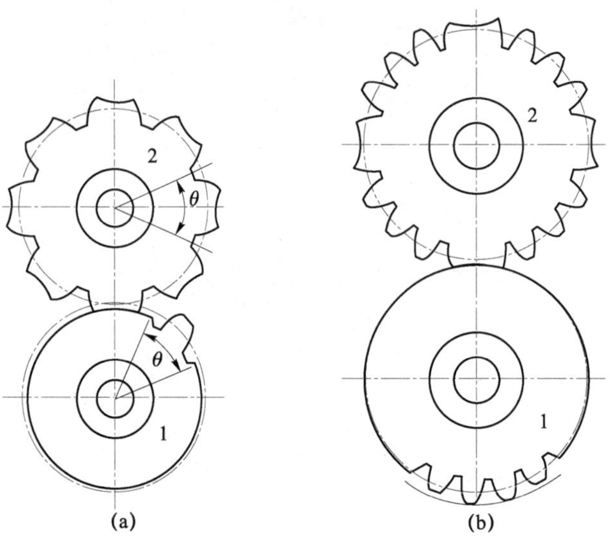


图 8-13　不完全齿轮机构

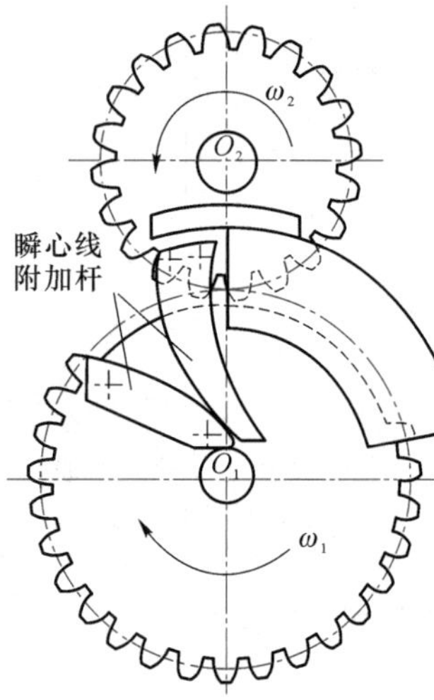


图 8-14　加装一对瞬心线附加杆

在不完全齿轮机构中，为了避免在启动时轮齿发生干涉，以及在停止时保证从动轮定位准确，主动轮首、末两齿的齿顶高要适当降低，如图 8-13(b)所示。

不完全齿轮机构多用在一些有特殊运动要求的专用机械中。图 8-15 所示为蜂窝煤饼压制机工作台的转位机构。工作台用 5 个工位来完成煤粉的填装、压制、退煤等动作，因此工作台需间歇转动，每次转动 1/5 转。为此，在工作台上装有一大齿圈 7，用中间齿轮 6 传动，而主动轮 3 为不完全齿轮，它与齿轮 6 组成不完全齿轮机构。为了减轻工作台间歇启动时的冲击，在主动轮 3 和齿轮 6 上加装了一对瞬心线附加杆 4 和 5。同时分别装设了凸形和凹形圆弧板，以起锁止弧的作用。

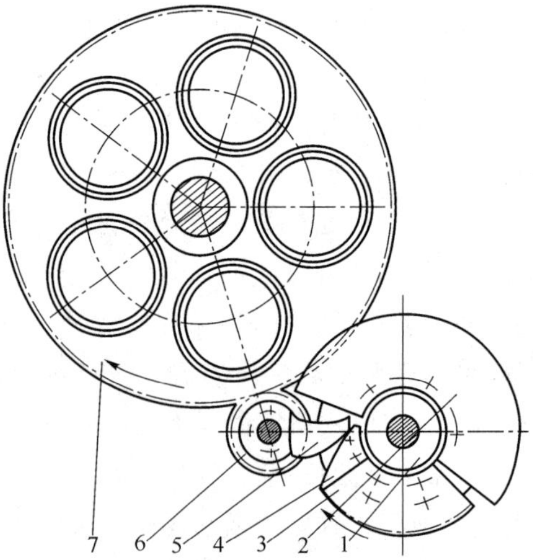


图 8-15　蜂窝煤饼压制机工作台的转位机构

实际应用中不仅有前述外啮合圆柱不完全齿轮机构，内啮合齿轮机构和锥齿轮机构均可做成不完全齿轮机构的形式。如图 8-16 所示，内啮合不完全齿轮机构在行星轮系中的应用就是其中之一。齿轮 5（太阳轮）固结在主动轴 4 上，并带动行星轮 7(2)运动，其中$z_7=z_5$，而$z_2=1$。沿固定内齿轮 1(太阳轮)滚转的行星轮 2 使固定在从动轴 6 上的转臂 3 具有周期性的停歇运动。

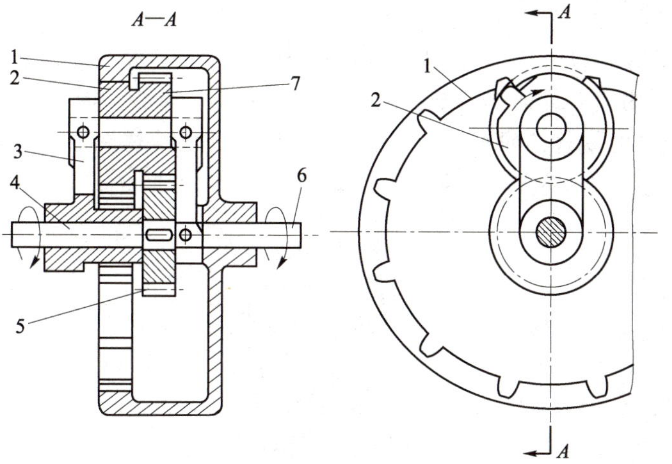


图 8-16　内啮合不完全齿轮机构

## 8.4 凸轮式间歇运动机构

前面介绍的几种间歇运动机构(棘轮机构、槽轮机构、不完全齿轮机构)，由于其本身的运动特点，都不适用于载荷较大的高速传动。凸轮式间歇运动机构中，从动盘的运动规律完全取决于凸轮轮廓曲线的形状。可以通过选择适当的运动规律来减小动载荷，避免刚性冲击和柔性冲击，以适应高速运转的需要。此外，它还具有定位精确可靠、结构较紧凑等优点。其缺点是加工精度要求高，对装配、调整要求严格。在高速自动机械中，凸轮式间歇运动机构是非常理想的一种间歇转位机构。

目前应用较多的凸轮式间歇运动机构有如下 3 种形式。

### 1. 圆柱凸轮式间歇运动机构

图 8-17 所示为圆柱凸轮间歇运动机构。这种机构用于两交错轴间的分度传动。为了实现可靠定位，在停歇阶段从动盘 2 上相邻两个柱销 3 必须同时贴在凸轮 1 直线轮廓的两侧。凸轮曲线的设计可按摆动推杆圆柱凸轮的设计方法进行。设计时，通常取凸轮的槽数为 1，从动盘的柱销数一般取 $z_2 \geq 6$。

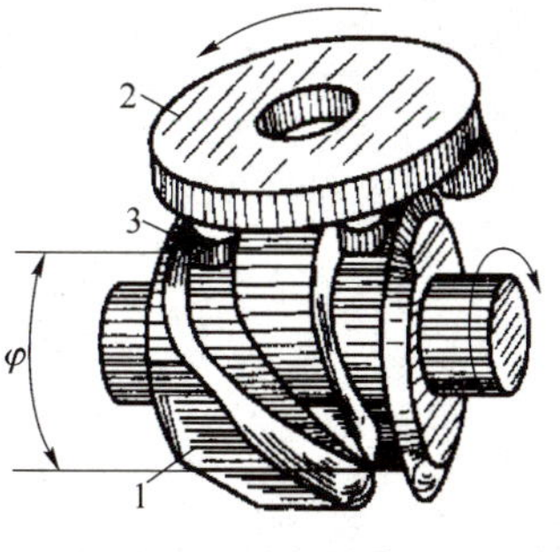


图 8-17　圆柱凸轮式间歇运动机构

这种机构在轻载的情况下（如在香烟、火柴包装，拉链嵌齿等机械中），间歇运动的频率每分钟高达1 500次左右。

### 2. 蜗杆凸轮式间歇运动机构

图8-18所示为蜗杆凸轮式间歇运动机构，其主动件1为圆弧面蜗杆式的凸轮，从动盘2为具有周向均布柱销的圆盘。当主动件1转动时，推动从动盘做间歇转动。设计时蜗杆凸轮通常也采用单头，从动盘上的柱销数一般取为 $z_2 \geqslant 6$。可用调整中心距的办法，消除滚子表面和凸轮轮廓之间的间隙，以提高传动精度。

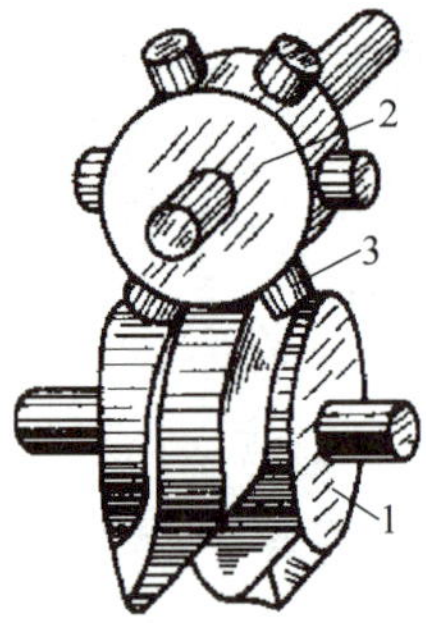


图8-18　蜗杆凸轮式间歇运动机构

这种机构可在高速下承受较大的载荷，在要求高速、高精度的分度转位机械（如高速冲床、多色印刷机、包装机等）中，其应用日益广泛。它能实现每分钟1 200次左右的间歇动作，而分度精度可达30″。

### 3. 共轭凸轮式间歇运动机构

如图8-19所示，共轭凸轮式间歇运动机构由装在主动轴上的一对共轭平面凸轮1和1′，以及装在从动轴上的从动盘2组成，在从动盘的两端面上各均匀分布有滚子3和3′。两个共轭凸轮分别与从动盘两侧的滚子接触，在一个运动周期中，两个凸轮相继推动从动盘转动，并保持机构的几何封闭。这种机构具有较好的动力特性，较高的分度精度（15″～30″）及较低的加工成本，因而在自动分度机构、机床的换刀机构、机械手的工作机构、X光医疗诊断台等中得到广泛应用。

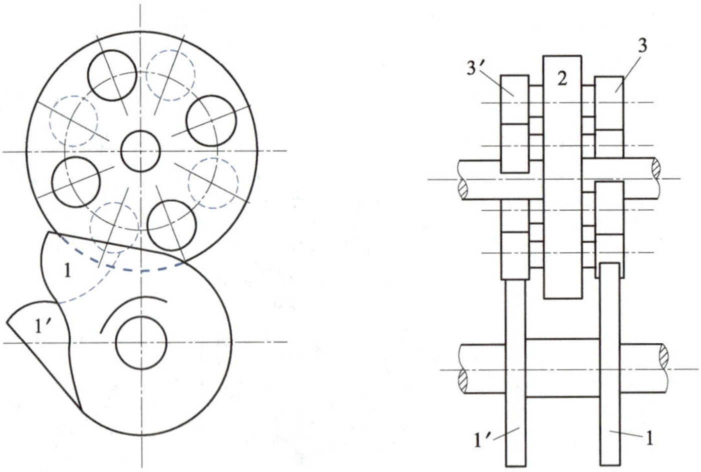


图8-19　共轭凸轮式间歇运动机构

## 8.5 组合机构

由于现代机械工程对机械运动形式、运动规律和动力性能等多样性和复杂性的需求，以及各种基本机构性能的局限性，仅采用基本机构往往不能很好地满足设计要求。因而常把几个基本机构组合起来应用，这就构成了组合机构。利用组合机构，不仅能满足多种设计要求，而且能综合发挥各种基本机构的特点，因此其应用越来越广泛。

本节介绍的组合机构并不是几个基本机构的一般串联，而往往是一种封闭式的传动机构。所谓封闭式传动机构，就是指利用一个机构去约束或封闭另一个多自由度机构，使其不仅具有确定的运动，而且可使从动件具有更为多样化的运动形式或运动规律。在图 8-20 所示的齿轮-连杆组合机构中，如果两个齿轮不相啮合，则为一个具有两个自由度的五杆机构。现因两个齿轮啮合，将构件 1、构件 2 的运动封闭起来(增加了一个约束)，使机构不仅具有确定的运动，而且其连杆 4 上点 $M$ 能描绘出更加丰富的连杆曲线(见图 8-20)。

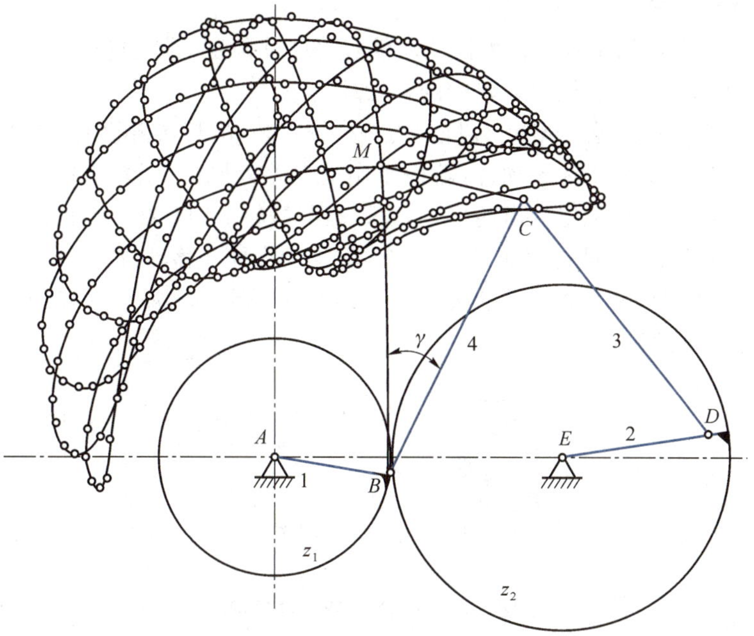


**图 8-20 齿轮-连杆组合机构中连杆 4 上点 $M$ 的曲线**

组合机构可以是各种基本机构的组合，下面分别作一简略介绍。

### 1. 联动凸轮组合机构

在许多设备中，为了实现预定的运动轨迹，常采用由两个凸轮机构组成的联动凸轮组合机构。图 8-21 所示为用于某种小型电影放映机中的联动凸轮抓片机构。在此机构中，主动轴上固装有圆柱凸轮 1 和盘形凸轮 2。当主动轴转动时，两凸轮协调配合，使构件 3 一方面上下运动，一方面又绕着其垂直轴线摆动，其结果使抓片爪按轨迹 $K$ 运动，从而达到抓片的目的。

组合机构的基本特征和设计方法

小型抓片机构

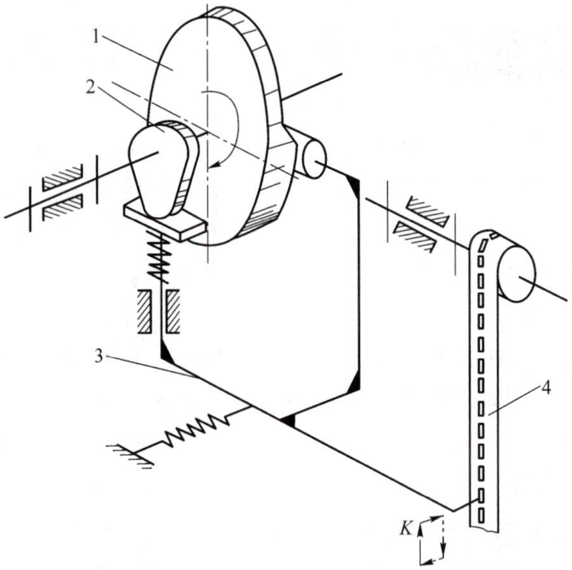


图 8-21　某种小型电影放映机中的联动凸轮抓片机构

## 2. 凸轮-齿轮组合机构

应用凸轮-齿轮组合机构可使从动件实现多种预定的运动规律，如具有复杂运动规律的间歇运动、校正装置中的补偿运动等。

图 8-22 所示凸轮-齿轮组合机构为一种校正装置，其在齿轮加工机床中应用得较多。其中，蜗杆 1 为原动件，若由于制造误差等原因，蜗轮 2 的运动输出精度达不到要求，则可根据输出的误差，设计出与蜗轮 2 固装在一起的凸轮 2′的轮廓曲线。当凸轮 2′与蜗轮 2 一起转动时，将推动推杆 3 移动，推杆 3 上的齿条又推动齿轮 4 转动，最后通过差动机构 K 使蜗杆 1 得到一附加转动，从而使蜗轮 2 的输出运动得到校正。

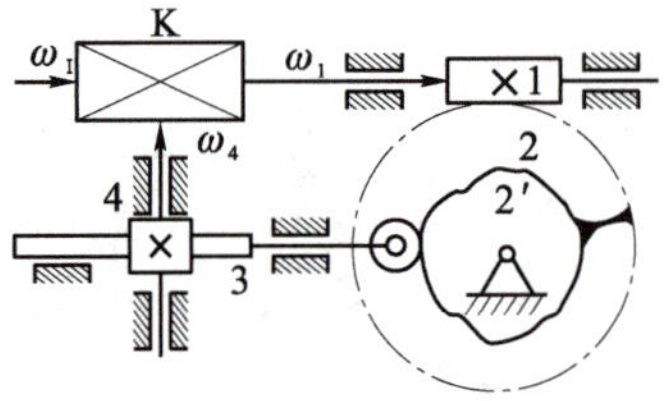


图 8-22　凸轮-齿轮组合机构

## 3. 凸轮-连杆组合机构

应用凸轮-连杆组合机构可以实现多种预定的运动规律和运动轨迹。

图 8-23 所示为用于封罐机上的凸轮-连杆组合机构。当原动件 1 转动时，固定凸轮控制从动件 2 的端点 $C$ 沿接合缝 5 运动，从而达到将罐头筒封口的工作要求。改换凸轮轮廓曲线，可以达到对不同筒形罐头封口的目的。

图 8-24 所示为饼干、香烟等包装机的推包机构中采用的凸轮-连杆组合机构。其推包头 T 可按点画线所示轨迹运动，从而达到推包的目的。

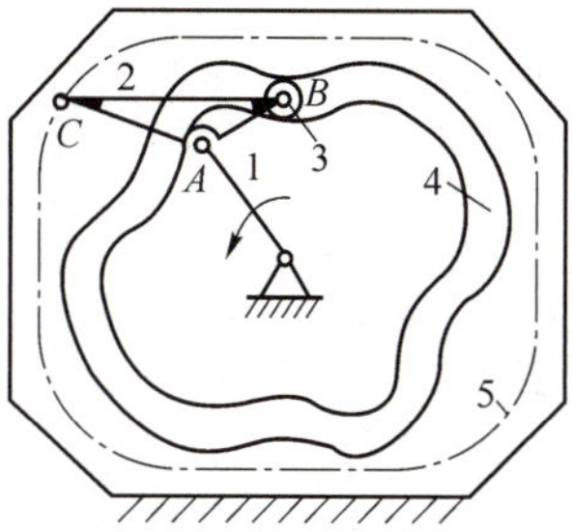


图 8-23 封罐机上的凸轮-连杆组合机构

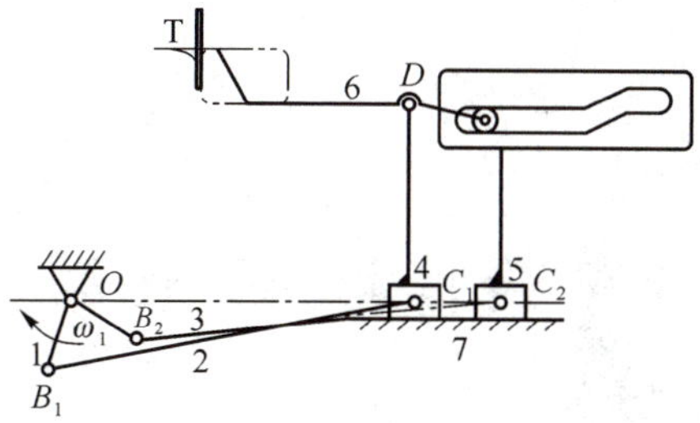


图 8-24 包装机的推包机构

4. 齿轮-连杆组合机构

应用齿轮-连杆组合机构可以实现多种运动规律和不同运动轨迹的要求。

图 8-25 所示为一典型的齿轮-连杆组合机构。四杆机构$ABCD$的曲柄$AB$上装有一对齿轮 2′和 5。行星轮 2′与连杆 2 固连，而太阳轮 5 空套在主动曲柄 1 的轴上。当主动曲柄 1 以 $\omega_1$ 等速回转时，从动轮 5 做非匀速转动。

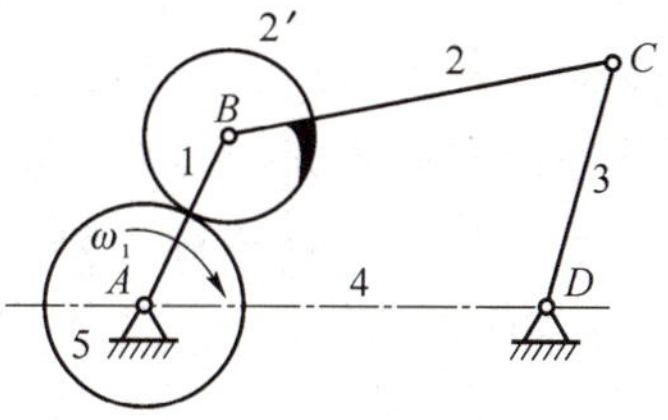


图 8-25 齿轮-连杆组合机构

应用齿轮-连杆组合机构的连杆曲线来实现预定的轨迹，多采用图 8-20 所示的齿轮-五杆机构。改变构件 1 和构件 2 的相对相位角、传动比以及各杆的相对尺寸等，就可以得到不同的连杆曲线，其连杆曲线的丰富程度远非四杆机构的连杆曲线所能达到的。

## 思考与练习题

8-1 棘轮机构除了常用来实现间歇运动的功能外，还常用来实现什么功能？

8-2 为什么槽轮机构的运动系数 $k$ 不能大于 1？

8-3 某自动机的工作台要求有 6 个工位，转台停歇时进行工艺动作，其中最长的一个工序用时为 30 s。现拟采用一槽轮机构来完成间歇转位工作，试确定槽轮机构主动轮的转速。

8-4 为什么不完全齿轮机构主动轮首、末两轮齿的齿高一般需要削减？加上瞬心线附加杆后，是否仍需削减其齿高？为什么？

8-5 棘轮机构、槽轮机构、不完全齿轮机构及凸轮式间歇运动机构均能使执行构件获得间歇运动，试从工作特点、运动及动力性能分析它们各自的适用场合。

本章习题参考答案

# 第 9 章 带传动和链传动

## 9.1 带传动的类型和特点

带传动的类型

带传动由主动带轮 1、从动带轮 2 和张紧在两轮上的环形带 3 组成，如图 9-1 所示。带传动分为摩擦型带传动和啮合型带传动两大类。摩擦型带传动依靠带和带轮间的摩擦力传递运动和动力[见图 9-1(a)]，啮合型带传动依靠带内表面上的齿与带轮外缘上轮齿间的啮合传递运动和动力[见图 9-1(b)]，啮合型带传动也称为同步带传动。与其他传动相比，带传动具有以下优点：结构简单；价格低廉；中心距变化范围广；由于带具有较好的弹性，能缓冲吸振，因而传动平稳，无噪声；摩擦型带传动还有过载保护的作用。

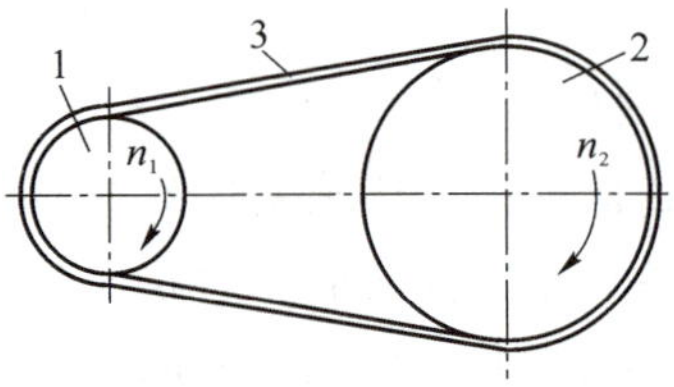


(a) 摩擦型带传动

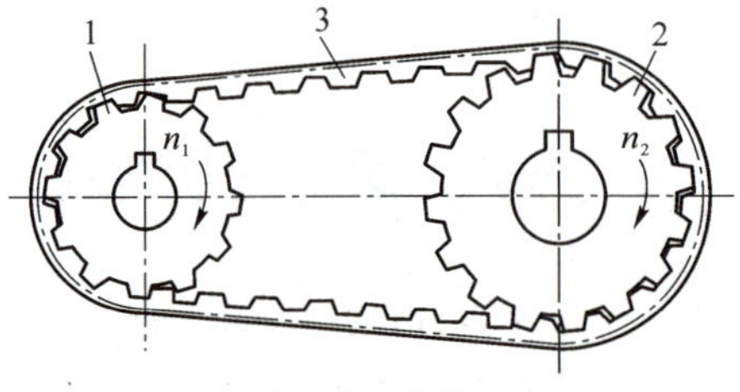


(b) 啮合型带传动

图 9-1　带传动

摩擦型带传动中的带按横剖面形状可分为平带、V 带、多楔带和圆带等，如图 9-2 所示。

平带的横剖面为扁平形[见图 9-2(a)]，其工作面是与轮面相接触的内表面，结构简单。近年来平带传动的应用逐渐减少，主要应用在中心距较大或高速的情况下。

V 带的横剖面多为等腰梯形[见图 9-2(b)]，其工作面是与轮槽相接触的两侧面，V 带与轮槽底部不接触。根据槽面摩擦原理，在同样的张紧力下，V 带传动较平带传动能产生更大的摩擦力，因此 V 带传动可传递更大的功率。V 带多已标准化，目前 V 带传动的应用最为广泛。但 V 带的厚度较大，绕在带轮上后，会产生较大的弯曲应力。

多楔带是以扁平部分为基体，内侧有几条等距的纵向楔[见图 9-2(c)]，相当于多条 V 带组合而成，其工作面为楔侧面。这种带兼有平带弯曲应力小和 V 带摩擦力大的优点，并解决了多根 V 带长短不齐而导致各根 V 带受力不均的问题。多楔带传动主要用于传递功率大又要求结构紧凑的场合。

圆带的横剖面为圆形[见图 9-2(d)]，结构简单，但牵引力小，常用于仪器、家用机械和办公机械中。

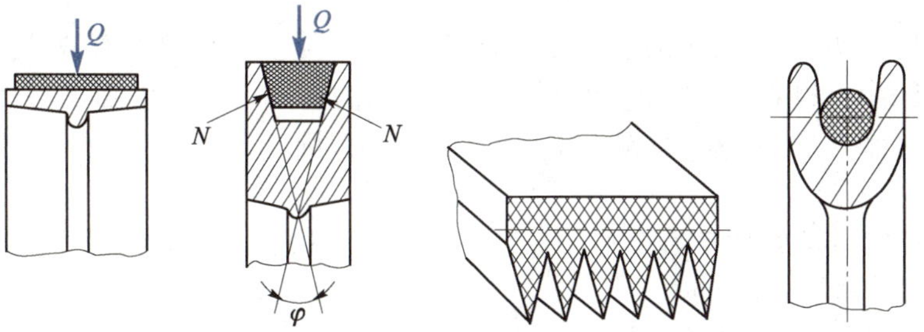


(a) 平带　(b) V带　(c) 多楔带　(d) 圆带

图 9-2　摩擦型带传动的带的横剖面形状

摩擦型带传动的带和带轮之间存在弹性滑动，因而传动比不准确。同步带传动由于有传动比准确且传动比大、结构紧凑、承载能力高、效率高等优点，因而应用日益广泛。但带和带轮的结构和工艺复杂，价格较高，对制造和安装的要求高。下面主要讨论摩擦型带传动。

## 9.2　带传动的工作能力分析

### 9.2.1　带传动中的力分析

带传动是利用摩擦力来传递运动和动力的，因此在安装时应将带张紧，使带保持一定的初拉力 $F_0$，从而使带和带轮的接触面上产生必要的正压力。不工作时，带两边的拉力相等，都等于 $F_0$，如图 9-3(a)所示。

带传动工作时，设主动轮 1 以转速 $n_1$ 旋转，带和带轮间就产生了摩擦力，主动轮作用在带上的摩擦力方向与主动轮的圆周速度方向相同，带就由此摩擦力驱动。在从动轮 2 与带之间，带是主动件，带作用在从动轮上的摩擦力方向与带的运动速度方向一致，从动轮 2 就由此摩擦力驱动以转速 $n_2$ 旋转。这时两边带的拉力也相应地发生变化：绕进主动轮一边的带被拉紧，称为紧边，紧边拉力由 $F_0$ 增大到 $F_1$；绕进从动轮一边的带被放松，称为松边，松边拉力由 $F_0$ 减小到 $F_2$ [见图 9-3(b)]。如果认为带的总长度在工作时保持不变，则紧边带的变形量的增加量与松边带的变形量的减少量应相等，相应的紧边拉力的增加量 $F_1-F_0$ 应与松边拉力的减少量 $F_0-F_2$ 相等，即

$$F_1-F_0=F_0-F_2$$

带传动的受力分析

学习的传动带：张驰有度，行稳致远

或
$$F_0=\frac{1}{2}(F_1+F_2) \tag{9-1}$$

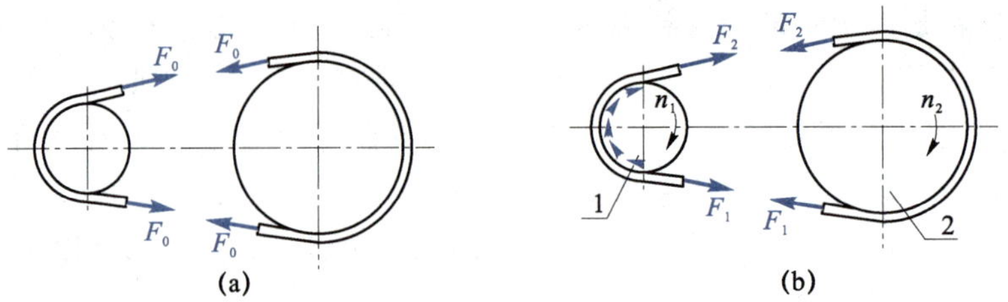


图 9-3　带传动的传动带受力分析

在带传动中，带两边的拉力之差为有效拉力，即带所传递的有效拉力 $F$。从图 9-3(b)中可以看出，带传动中的有效拉力 $F$ 为带和带轮接触面上各点摩擦力的总和。以 $F_f$ 表示整个接触面上的总的摩擦力，则
$$F=F_f=F_1-F_2 \tag{9-2}$$

带所能传递的功率为
$$P=\frac{Fv}{1\,000} \tag{9-3}$$
式中，$v$ 为带的速度，m/s；$P$ 的单位为 kW。

将式(9-2)代入式(9-1)，可得
$$\begin{cases} F_1=F_0+\dfrac{F}{2} \\ F_2=F_0-\dfrac{F}{2} \end{cases} \tag{9-4}$$

从式(9-4)可知，带两边拉力 $F_1$ 和 $F_2$ 的大小，取决于初拉力 $F_0$ 及有效拉力 $F$，而有效拉力 $F$ 又与带传动传递的功率 $P$ 及带的速度 $v$ 有关。当其他条件不变时，有效拉力 $F$(接触面上的总的摩擦力 $F_f$)有一个极限值 $F_c$。如果这时进一步加大带传动的工作载荷，就会超过带所能传递的最大有效拉力 $F_c$，在带和带轮之间就会出现显著的相对滑动，这种现象称为打滑。打滑出现后，从动轮的转速急剧降低，带传动就不能正常工作，即传动失效。

可以证明，带在出现打滑趋势而未打滑的临界状态，紧边拉力 $F_1$ 和松边拉力 $F_2$ 之间满足柔韧体摩擦的欧拉公式，即
$$F_1=F_2\mathrm{e}^{f\theta} \tag{9-5}$$
式中，e 为自然对数的底数(e=2.718…)；$f$ 为摩擦因数，对于 V 带则应用当量摩擦因数 $f_v$；$\theta$ 为带与带轮接触弧所对的圆心角(图 9-4 中，取 $\theta=\min\{\theta_1,\theta_2\}$)，称为包角(rad)。

将式(9-5)与式(9-4)联立求解后，可得出带传动所能传递的最大有效拉力为
$$F_c=2F_0\,\frac{\mathrm{e}^{f\theta}-1}{\mathrm{e}^{f\theta}+1} \tag{9-6}$$

从式(9-6)可知，最大有效拉力 $F_c$与初拉力 $F_0$、包角 $\theta$、摩擦因数 $f$ 有关，增大任意一项均能增大 $F_c$。

## 9.2.2　带的应力分析

带传动工作时，带中的应力有以下 3 种。

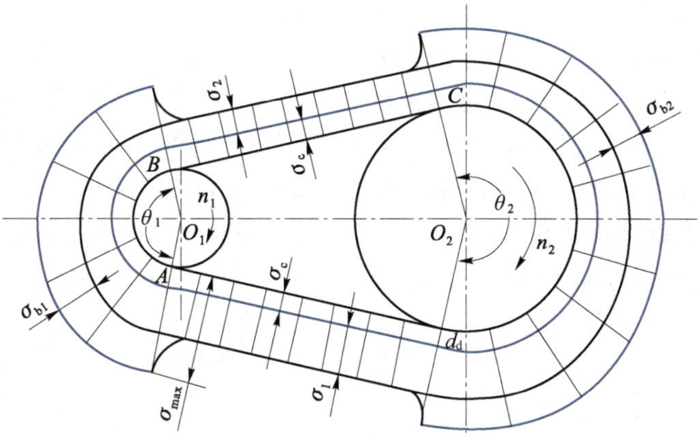


图9-4 带工作时的应力分布示意图

1. 拉应力

$$
\begin{cases}
\sigma_1=\dfrac{F_1}{A} & \text{紧边拉应力} \\
\sigma_1=\dfrac{F_2}{A} & \text{松边拉应力}
\end{cases}
\tag{9-7}
$$

式中,$A$ 为带的横截面面积,$mm^2$;应力单位为 MPa。

2. 弯曲应力

带绕在带轮上要产生弯曲变形,带中的弯曲应力为

$$\sigma_b \approx \frac{Eh}{d_d} \tag{9-8}$$

式中,$h$ 为带的高度,mm;$d_d$ 为带轮的基准直径,mm;$E$ 为带的弹性模量,MPa。

3. 离心拉应力

当带以速度 $v$ 沿带轮轮缘做圆周运动时,带本身的质量将引起离心力。离心力的作用使带产生离心拉力 $F_c$,在带的横截面上产生离心拉应力,其大小为

$$\sigma_c=\frac{qv^2}{A} \tag{9-9}$$

式中,$q$ 为带单位长度的质量,kg/m;$v$ 为带的线速度,m/s;应力单位为 MPa。

图 9-4 表示带工作时的应力分布示意图。带的最大应力发生在带的紧边开始绕上小带轮处,其值为

$$\sigma_{max} \approx \sigma_1+\sigma_{b1}+\sigma_c \tag{9-10}$$

由图 9-4 可见,带是在动应力状态下工作的,因此带的疲劳破坏必然是带传动的一种失效形式。

### 9.2.3 带的弹性滑动和打滑

带是弹性体,受到拉力后会产生弹性变形。拉力不同,弹性变形不同。如图 9-5所示,当紧边在点 $A_1$ 绕上主动轮时,其所受的拉力为 $F_1$,此时带的线速度和主动轮的圆周速度 $v_1$ 相等。在带由点 $A_1$ 转到点 $B_1$ 的过程中,带所受的拉力由 $F_1$ 逐渐降低到 $F_2$,带的弹性变形也就随之逐渐减小,因而带沿带轮的运动是一面绕进、一面向后收缩,带的速度便逐渐减小到 $v_2$。这就说明带在绕经主动轮

缘的过程中，在带与主动轮缘之间发生了相对滑动。带在 $B_1A_2$ 一段拉力均为 $F_2$，没有变化，所以弹性变形没有变化，因而带的线速度 $v_2$ 也不变。当带从 $A_2$ 刚刚绕上从动轮时，从动轮的圆周速度和带的线速度 $v_2$ 相等。在带绕过从动轮的过程中，拉力由 $F_2$ 逐渐增大到 $F_1$，弹性变形随之逐渐增加，因而带沿带轮的运动是一面绕进、一面向前伸长，带的速度便从从动轮的圆周速度 $v_2$ 逐渐增大到 $v_1$，即带与从动轮间也发生相对滑动。带在 $B_2A_1$ 一段拉力均为 $F_1$，没有变化，所以弹性变形没有变化，因而带的线速度 $v_1$ 也不变。带绕上主动轮，又重复上述过程。

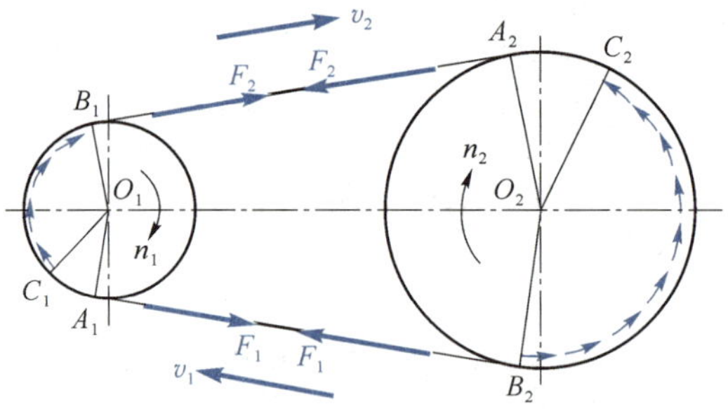


图 9-5　带传动的弹性滑动

这种由带的弹性变形引起的带与带轮间的滑动为带传动的弹性滑动，这是带传动正常工作时固有的特性。弹性滑动的存在必然使得摩擦型带传动的传动比存在误差，弹性滑动的程度用滑动率 ε 表示，其值为

$$\varepsilon=\frac{v_1-v_2}{v_1}\times 100\% \tag{9-11}$$

带传动的传动比为

$$i_{12}=\frac{n_1}{n_2}=\frac{D_{p2}}{D_{p1}(1-\varepsilon)} \tag{9-12}$$

在正常情况下，带的弹性滑动并不是发生在相对于包角的全部接触弧上。当有效拉力较小时，弹性滑动只发生在带由主动轮、从动轮上离开以前的那一部分接触弧上，如 $\overset{\frown}{C_1B_1}$ 和 $\overset{\frown}{C_2B_2}$，并把它们称为滑动弧，所对的中心角叫作滑动角；而未发生弹性滑动的接触弧称为静弧，所对的中心角叫作静角。随着工作载荷的增大，弹性滑动的区段也将扩大。当弹性滑动区段扩大到整个接触弧时，带传动的有效拉力达到最大值。若工作载荷再进一步增大，则带与带轮间将发生显著的相对滑动，即产生打滑。打滑使得带传动失效，这种情况应当避免。但若机器出现瞬间过载，则打滑会对机器起到一种保护作用。

## 9.3 普通 V 带的标准及其传动设计

普通 V 带传力的设计计算

### 9.3.1 V 带的标准

V 带有普通 V 带、窄 V 带、联组 V 带、齿形 V 带、大楔角 V 带、宽 V 带等多种类型，其中普通 V 带应用得最广。以下将着重讨论普通 V 带。

普通 V 带已经标准化，其截面尺寸分为 Y、Z、A、B、C、D、E 七种，它们都是无接头的环形带。其结构如图 9-6 所示，由顶胶 1、抗拉体 2、底胶 3 和底布 4 等部分组成。抗拉体有帘布和绳芯两种结构，绳芯结构柔韧性较好，适用于转速较高和带轮直径较小的传动。

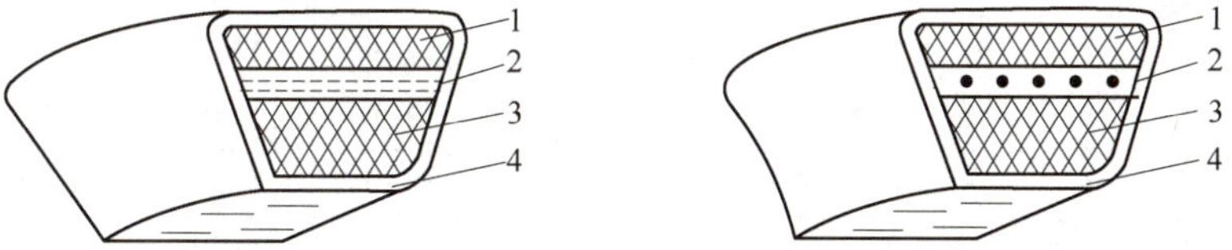


(a)帘布结构　　(b)绳芯结构

图 9-6　普通 V 带结构简图

当 V 带绕在带轮上产生弯曲时，顶胶会伸长，而底胶会缩短，只有两者之间的中性层长度不变，称为节面。带的节面宽度称为节宽，用 $b_p$ 表示。当带弯曲时，该宽度保持不变。

在 V 带轮上，与所配用 V 带的节宽 $b_p$ 相对应的带轮直径称为基准直径，用 $d_d$ 表示。V 带在规定的张紧力下，位于测量带轮基准直径上的周线长度（沿中性层量得的长度）称为带的基准长度，用 $L_d$ 表示。普通 V 带的截面尺寸见表 9-1，普通 V 带的基准长度系列和长度修正系数见表 9-2，普通 V 带轮的最小基准直径和基准直径系列见表 9-3。

表 9-1　普通 V 带的截面尺寸（摘自 GB/T 11544—2012）

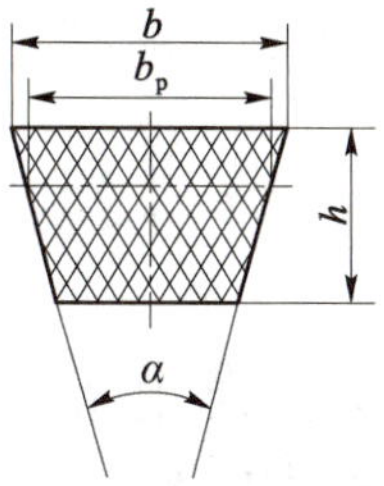


| 型号 | Y | Z | A | B | C | D | E |
|---|---|---|---|---|---|---|---|
| 节宽 $b_p$/mm | 5.3 | 8.5 | 11.0 | 14.0 | 19.0 | 27.0 | 32.0 |
| 顶宽 $b$/mm | 6.0 | 10.0 | 13.0 | 17.0 | 22.0 | 32.0 | 38.0 |
| 高度 $h$/mm | 4.0 | 6.0 | 8.0 | 11.0 | 14.0 | 19.0 | 23.0 |
| 楔角 $\alpha$ | 40° | | | | | | |
| 每米带长质量 $q$/(kg/m) | 0.023 | 0.060 | 0.105 | 0.170 | 0.300 | 0.630 | 0.970 |

表 9-2　普通 V 带的基准长度系列和长度修正系数（摘自 GB/T 13575.1—2022）

| Y | | Z | | A | | B | | C | | D | | E | |
|---|---|---|---|---|---|---|---|---|---|---|---|---|---|
| $L_d$/mm | $K_L$ | $L_d$/mm | $K_L$ | $L_d$/mm | $K_L$ | $L_d$/mm | $K_L$ | $L_d$/mm | $K_L$ | $L_d$/mm | $K_L$ | $L_d$/mm | $K_L$ |
| 200 | 0.81 | 405 | 0.87 | 630 | 0.81 | 930 | 0.83 | 1 565 | 0.82 | 2 740 | 0.82 | 4 660 | 0.91 |
| 224 | 0.82 | 475 | 0.90 | 700 | 0.83 | 1 000 | 0.84 | 1 760 | 0.85 | 3 100 | 0.86 | 5 040 | 0.92 |
| 250 | 0.84 | 530 | 0.93 | 790 | 0.85 | 1 100 | 0.86 | 1 950 | 0.87 | 3 330 | 0.87 | 5 420 | 0.94 |
| 280 | 0.87 | 625 | 0.96 | 890 | 0.87 | 1 210 | 0.87 | 2 195 | 0.90 | 3 730 | 0.90 | 6 100 | 0.96 |
| 315 | 0.89 | 700 | 0.99 | 990 | 0.89 | 1 370 | 0.90 | 2 420 | 0.92 | 4 080 | 0.91 | 6 850 | 0.99 |
| 355 | 0.92 | 780 | 1.00 | 1 100 | 0.91 | 1 560 | 0.92 | 2 715 | 0.94 | 4 620 | 0.94 | 7 650 | 1.01 |
| 400 | 0.96 | 920 | 1.04 | 1 250 | 0.93 | 1 760 | 0.94 | 2 880 | 0.95 | 5 400 | 0.97 | 9 150 | 1.05 |
| 450 | 1.00 | 1 080 | 1.07 | 1 430 | 0.96 | 1 950 | 0.97 | 3 080 | 0.97 | 6 100 | 0.99 | 12 230 | 1.11 |
| 500 | 1.02 | 1 330 | 1.13 | 1 550 | 0.98 | 2 180 | 0.99 | 3 520 | 0.99 | 6 840 | 1.02 | 13 750 | 1.15 |
| | | 1 420 | 1.14 | 1 640 | 0.99 | 2 300 | 1.01 | 4 060 | 1.02 | 7 620 | 1.05 | 15 280 | 1.17 |

续表

| Y | | Z | | A | | B | | C | | D | | E | |
|---|---|---|---|---|---|---|---|---|---|---|---|---|---|
| $L_d$/mm | $K_L$ | $L_d$/mm | $K_L$ | $L_d$/mm | $K_L$ | $L_d$/mm | $K_L$ | $L_d$/mm | $K_L$ | $L_d$/mm | $K_L$ | $L_d$/mm | $K_L$ |
| | | 1 540 | 1.54 | 1 750 | 1.00 | 2 500 | 1.03 | 4 600 | 1.05 | 9 140 | 1.08 | 16 800 | 1.19 |
| | | | | 1 940 | 1.02 | 2 700 | 1.04 | 5 380 | 1.08 | 10 700 | 1.13 | | |
| | | | | 2 050 | 1.04 | 2 870 | 1.05 | 6 100 | 1.11 | 12 200 | 1.16 | | |
| | | | | 2 200 | 1.06 | 3 200 | 1.07 | 6 815 | 1.14 | 13 700 | 1.19 | | |
| | | | | 2 300 | 1.07 | 3 600 | 1.09 | 7 600 | 1.17 | 15 200 | 1.21 | | |
| | | | | 2 480 | 1.09 | 4 060 | 1.13 | 9 100 | 1.21 | | | | |
| | | | | 2 700 | 1.10 | 4 430 | 1.15 | 10 700 | 1.24 | | | | |
| | | | | | | 4 820 | 1.17 | | | | | | |
| | | | | | | 5 370 | 1.20 | | | | | | |
| | | | | | | 6 070 | 1.24 | | | | | | |

**表 9-3 普通V带轮的最小基准直径及基准直径系列** 单位：mm

| 槽型 | Y | Z | A | B | C | D | E |
|---|---|---|---|---|---|---|---|
| $d_{d\,min}$ | 20 | 50 | 75 | 125 | 200 | 355 | 500 |
| 基准直径系列 | 20 22.4 25 28 31.5 35.5 40 45 50 56 63 71 75 80 85 90 95 100<br>106 112 118 125 132 140 150 160 170 180 200 212 224 236 250 265<br>280 300 315 335 355 375 400 425 450 475 500 530 560 600 630 … | | | | | | |

## 9.3.2 V带传动设计

### 1. V带传动的设计准则

根据前面的分析，V带传动的主要失效形式是带与带轮间的打滑和带的疲劳破坏。因此，V带传动的设计准则是：在保证带传动不打滑的条件下，带具有一定的疲劳强度和使用寿命。

### 2. 单根V带的许用功率

V带传动在既不打滑又具有一定疲劳强度和使用寿命的要求下，单根V带的基本额定功率 $P_1$ 见表9-4，该表是在传动比 $i=1$，包角 $\theta=180°$，特定带长，载荷平稳的条件下通过实验和计算得到的。

**表 9-4 单根V带的基本额定功率 $P_1$（摘自 GB/T 13575.1—2022）** 单位：kW

| 带型 | 小带轮基准直径 $d_{d1}$/mm | 小带轮转速 $n_1$/(r/min) | | | | | | |
|---|---|---|---|---|---|---|---|---|
| | | 400 | 700 | 800 | 950<br>（Z型为960） | 1 200 | 1 450 | 2 800 |
| Z | 50 | 0.06 | 0.09 | 0.10 | 0.12 | 0.14 | 0.16 | 0.26 |
| | 63 | 0.08 | 0.13 | 0.15 | 0.18 | 0.22 | 0.25 | 0.41 |
| | 71 | 0.09 | 0.17 | 0.20 | 0.23 | 0.27 | 0.30 | 0.50 |
| | 80 | 0.14 | 0.20 | 0.22 | 0.26 | 0.30 | 0.35 | 0.56 |

续表

| 带型 | 小带轮基准直径 $d_{d1}$/mm | 小带轮转速 $n_1$/(r/min) | | | | | | |
|---|---|---|---|---|---|---|---|---|
| | | 400 | 700 | 800 | 950<br>(Z 型为 960) | 1 200 | 1 450 | 2 800 |
| A | 75 | 0.38 | 0.58 | 0.64 | 0.73 | 0.86 | 0.98 | 1.47 |
| | 90 | 0.53 | 0.84 | 1.93 | 1.06 | 1.27 | 1.47 | 2.30 |
| | 100 | 0.64 | 1.01 | 1.12 | 1.28 | 1.54 | 1.78 | 2.83 |
| | 112 | 0.76 | 1.21 | 1.34 | 1.54 | 1.86 | 2.15 | 3.44 |
| | 125 | 0.89 | 1.42 | 1.58 | 1.82 | 2.20 | 2.55 | 4.08 |
| B | 125 | 1.13 | 1.75 | 1.93 | 2.19 | 2.59 | 2.94 | 4.17 |
| | 140 | 1.40 | 2.18 | 2.41 | 2.75 | 3.27 | 3.73 | 5.38 |
| | 160 | 1.74 | 2.74 | 3.04 | 3.48 | 4.15 | 4.75 | 6.88 |
| | 180 | 2.08 | 3.29 | 3.66 | 4.19 | 5.01 | 5.74 | 8.23 |
| | 200 | 2.42 | 3.84 | 4.27 | 4.89 | 5.84 | 6.70 | 9.41 |
| C | 200 | 3.39 | 5.19 | 5.72 | 6.46 | 7.53 | 8.41 | 9.60 |
| | 224 | 4.14 | 6.40 | 7.07 | 7.99 | 9.36 | 10.48 | 11.82 |
| | 250 | 4.93 | 7.67 | 8.49 | 9.62 | 11.26 | 12.61 | 13.65 |
| | 280 | 5.84 | 9.12 | 10.09 | 11.43 | 13.37 | 14.93 | 14.94 |
| | 315 | 6.87 | 10.76 | 11.90 | 13.47 | 15.70 | 17.42 | 15.23 |
| | 400 | 9.32 | 14.55 | 16.05 | 18.06 | 20.74 | 22.46 | — |

注:①Z 型为 960,其余为 950。

②表中未列出 Y 型、D 型和 E 型带的 $P_1$ 值。

当实际工作条件与上述特定条件不同时,应对 $P_1$ 值加以修正。修正后即得到实际工作条件下,单根普通 V 带所能传递的功率,称为许用功率,用$[P_1]$表示,即

$$[P_1]=(P_1+\Delta P_1)K_\theta K_L \tag{9-13}$$

式中,$\Delta P_1$ 为在传动比 $i\neq 1$ 的情况下单根 V 带由传动比引起的功率增量,kW,见表 9-5;$K_L$ 为长度修正系数,是考虑带长不等于特定带长的情况下对带传动的传动能力的影响,见表 9-2;$K_\theta$ 为包角修正系数,是考虑小带轮包角 $\theta_1\neq 180°$的情况下对带传动的传动能力的影响,见表 9-6。

**表 9-5 单根 V 带由传动比引起的功率增量 $\Delta P_1$(GB/T 13575.1—2022)** 单位:kW

| 带型 | 传动比 $i$ | 小带轮转速 $n_1$/(r/min) | | | | | | |
|---|---|---|---|---|---|---|---|---|
| | | 400 | 700 | 800 | 950 | 1 200 | 1 450 | 2 800 |
| Z | 1.35~1.50 | 0.00 | 0.01 | 0.01 | 0.02 | 0.02 | 0.02 | 0.04 |
| | 1.51~1.99 | 0.01 | 0.01 | 0.02 | 0.02 | 0.02 | 0.02 | 0.04 |
| | ≥2 | 0.01 | 0.02 | 0.02 | 0.02 | 0.03 | 0.03 | 0.04 |
| A | 1.35~1.51 | 0.04 | 0.07 | 0.08 | 0.09 | 0.11 | 0.14 | 0.27 |
| | 1.52~1.99 | 0.04 | 0.08 | 0.09 | 0.10 | 0.13 | 0.16 | 0.31 |
| | ≥2 | 0.05 | 0.09 | 0.10 | 0.12 | 0.15 | 0.18 | 0.34 |

续表

| 带型 | 传动比 $i$ | 小带轮转速 $n_1$/(r/min) | | | | | | |
|---|---|---|---|---|---|---|---|---|
| | | 400 | 700 | 800 | 950 | 1 200 | 1 450 | 2 800 |
| B | 1.35～1.51 | 0.10 | 0.18 | 0.20 | 0.24 | 0.30 | 0.37 | 0.71 |
| | 1.52～1.99 | 0.12 | 0.20 | 0.23 | 0.27 | 0.35 | 0.42 | 0.81 |
| | ≥2 | 0.13 | 0.23 | 0.26 | 0.31 | 0.39 | 0.47 | 0.91 |
| C | 1.35～1.51 | 0.28 | 0.49 | 0.56 | 0.66 | 0.84 | 1.01 | 1.95 |
| | 1.52～1.99 | 0.32 | 0.56 | 0.64 | 0.76 | 0.96 | 1.16 | 2.23 |
| | ≥2 | 0.36 | 0.63 | 0.72 | 0.85 | 1.08 | 1.30 | 2.51 |

**表 9-6　包角修正系数 $K_\theta$**

| 小带轮包角 $\theta_1$ | 180° | 174° | 169° | 163° | 157° | 151° | 145° | 139° | 133° | 127° | 120° | 113° | 99° | 91° | 83° |
|---|---|---|---|---|---|---|---|---|---|---|---|---|---|---|---|
| $K_\theta$ | 1.00 | 0.99 | 0.97 | 0.96 | 0.94 | 0.93 | 0.91 | 0.89 | 0.87 | 0.85 | 0.82 | 0.80 | 0.73 | 0.70 | 0.65 |

根据带传动的几何关系，可求得带传动的包角 $\theta$ 和带长 $L$ 约为

$$\begin{cases}\theta_1 \approx 180° - \dfrac{d_{d2}-d_{d1}}{C} \times 57.3° \\ \theta_1 \approx 180° + \dfrac{d_{d2}-d_{d1}}{C} \times 57.3°\end{cases} \tag{9-14}$$

$$L \approx 2C + \frac{\pi}{2}(d_{d1}+d_{d2}) + \frac{(d_{d2}-d_{d1})^2}{4a} \tag{9-15}$$

式中，$C$ 为带传动的中心距，mm；$d_{d1}$、$d_{d2}$ 分别为小带轮、大带轮的基准直径，mm。

### 3. V 带传动设计的方法及步骤

设计 V 带传动给定的原始数据一般为传递的功率 $P$、转速 $n_1$ 和 $n_2$（或传动比 $i_{12}$），传动位置要求和工作条件等。设计的内容包括带的带型、长度、根数、传动中心距、带轮直径及结构尺寸等。V 带传动设计的方法及步骤如下。

1）确定设计功率 $P_d$

设计功率 $P_d$是带传动传递的功率 $P$ 乘上一个考虑工作载荷变化及工作时间长短的工况系数，即

$$P_d = K_A P \tag{9-16}$$

式中，$P$ 为带传动传递的功率，kW；$K_A$ 为工况系数，见表 9-7。

**表 9-7　工况系数 $K_A$**

| 工况 | | 原动机 | | | | | |
|---|---|---|---|---|---|---|---|
| | | 空、轻载启动 | | | 重载启动 | | |
| 载荷性质 | 机器举例 | 每天工作小时数/h | | | | | |
| | | <10 | 10～16 | >16 | <10 | 10～16 | >16 |
| 载荷平稳 | 液体搅拌机、鼓风机、轻负载输送机 | 1.0 | 1.1 | 1.2 | 1.1 | 1.2 | 1.3 |

续表

| 工况 | | 原动机 | | | | | |
|---|---|---|---|---|---|---|---|
| | | 空、轻载启动 | | | 重载启动 | | |
| 载荷变动小 | 带式输送机(砂、煤、谷物)、发电机、金属切削机床、旋转筛锯木机、印刷机 | 1.1 | 1.2 | 1.3 | 1.2 | 1.3 | 1.4 |
| 载荷变动较大 | 制砖机、斗式提升机、往复式水泵和压缩机、起重机、磨粉机、冲剪机床、橡胶机械、振动筛、纺织机械、重载输送机 | 1.2 | 1.3 | 1.4 | 1.4 | 1.5 | 1.6 |
| 载荷变动很大 | 破碎机(旋转式、颚式等)、磨碎机(球磨、棒磨) | 1.3 | 1.4 | 1.5 | 1.5 | 1.6 | 1.8 |

注:①空、轻载启动——电动机,四缸及以上的内燃机,装有离心式离合器、液力联轴器的动力机。

②重载启动——电动机(联机交流启动、直流复励或串励),四缸以下内燃机。

2) 带型的选择

根据带传动的设计功率 $P_d$ 和小带轮的转速 $n_1$ 由图 9-7 选定带型,其中 $d_d$ 为小带轮基准直径。

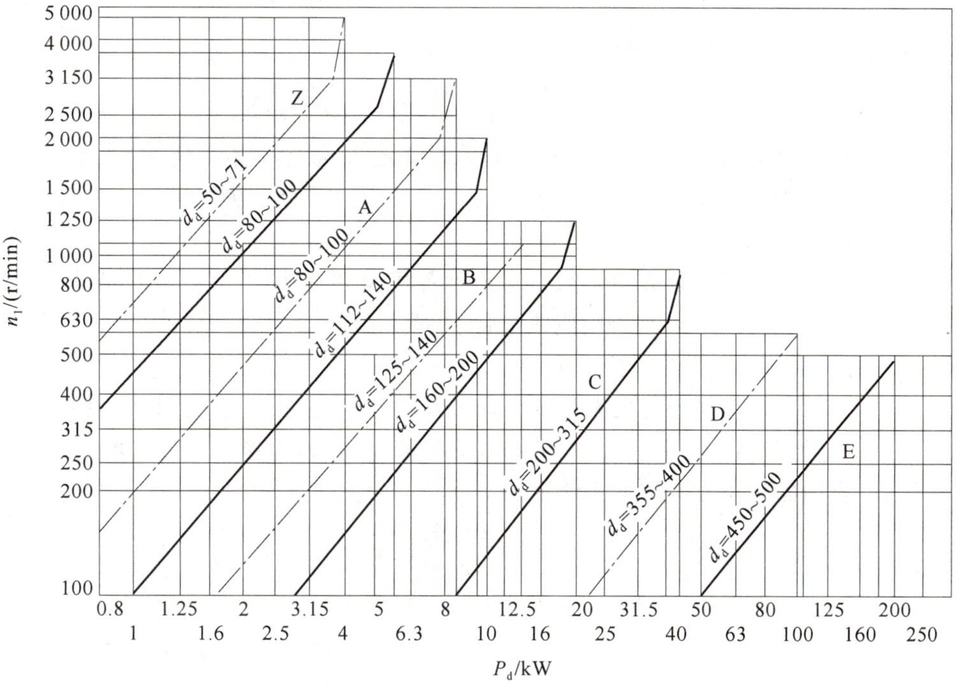


图 9-7 普通 V 带选型图

3) 确定带轮的基准直径 $d_{d1}$、$d_{d2}$

根据 V 带的带型和表 9-3 中推荐的小带轮基准直径的范围,并参照表 9-3 中所给出的 V 带轮基准直径系列,选取小带轮基准直径 $d_{d1} \geqslant d_{d\,min}$。大带轮的基准直径 $d_{d2}=i_{12}d_{d1}(1-\varepsilon)$,并按照表 9-3 中所给出的 V 带轮基准直径系列加以标准化。

4）验算带速

带速 $v$(m/s)的计算公式为

$$v=\frac{\pi d_{d1}n_1}{60\times 1\ 000} \tag{9-17}$$

由式(9-3)可知，带速过低，在传递同样功率下，要求有效拉力 $F$ 越大，使得带的根数过多；带速过高，则带的离心拉应力越大，从而降低传动能力。带速一般应在 5～30 m/s 之内，否则应调整带轮直径或转速。

5）确定中心距 $C$ 和带的基准长度 $L_d$

如果中心距未限定，可根据传动的结构需要初步确定中心距 $C_0$，一般取

$$0.7(d_{d1}+d_{d2})<C_0<2(d_{d1}+d_{d2})$$

选定 $C_0$ 后，可根据式(9-15)计算所需带的长度 $L$，由表 9-2 选取与 $L$ 相近的基准长度 $L_d$。然后由下式计算带传动的实际中心距 $C$：

$$C\approx C_0+\frac{L_d-L}{2} \tag{9-18}$$

6）验算小带轮包角

小带轮包角由式(9-14)计算，为了使带传动具有一定的工作能力，一般应使 $\theta_1\geqslant 120^\circ$。若 $\theta_1$ 过小，可通过增大中心距的方法调节。

7）确定带的根数

V 带的根数可按下式计算：

$$Z=\frac{P_d}{[P_1]}=\frac{P_d}{(P_1+\Delta P_1)K_\theta K_L} \tag{9-19}$$

式中，$P_d$ 为设计功率，kW；$P_1$ 为单根普通 V 带的基本额定功率，kW，见表 9-4；$\Delta P_1$ 为由传动比引起的功率增量，kW，见表 9-5；$K_L$ 为长度修正系数，见表 9-2；$K_\theta$ 为包角修正系数，见表 9-6。

V 带的根数 $Z$ 取整数。考虑到各根 V 带受力的不均匀性，带的根数 $Z$ 不宜过多(通常 $Z<10$)，否则应改选带型，重新计算。

8）确定带的初拉力 $F_0$

保持适当的初拉力是带传动工作的首要条件，初拉力过小，摩擦力小，容易发生打滑；初拉力过大，则带的寿命降低，轴和轴的受力增大。单根普通 V 带最合适的初拉力可按下式计算：

$$F_0=\frac{500P_d}{Zv}\left(\frac{2.5}{K_\theta}-1\right)+mv^2 \tag{9-20}$$

9）带传动作用在轴上的力(简称压轴力) $F_r$

计算带传动作用在轴上的力 $F_r$，目的是为设计带轮及其轴和轴承提供依据。若不考虑带两端的拉力差，则压轴力可近似地按带两边的初拉力 $F_0$ 的合力计算(见图 9-8)，即

$$F_r=2ZF_0\sin\frac{\theta_1}{2} \tag{9-21}$$

10）V 带轮设计

由于铸铁与带之间的摩擦系数较大，因此带轮的材料一般选铸铁，常用牌号为 HT150 或 HT200；转速较高时宜选铸钢；小功率时可选铸铝或塑料。

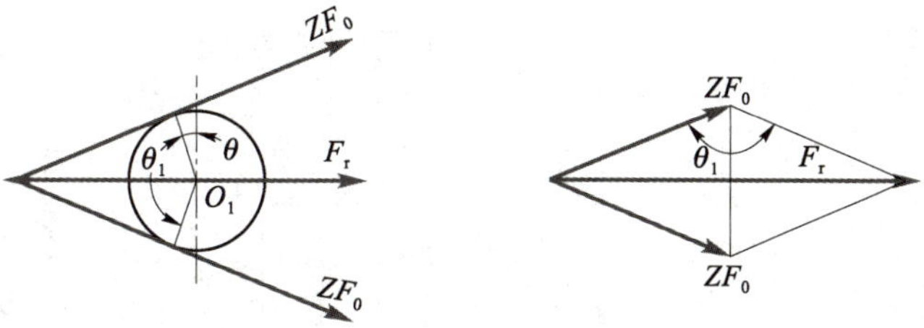


图 9-8 带作用在轴上的力

带轮的结构,轮缘尺寸是根据带的型号由表 9-8 确定的;结构形式根据带轮的基准直径大小分别选实心式[见图 9-9(a)]、腹板式[见图 9-9(b)]、孔板式[见图 9-9(c)]和轮辐式[见图 9-9(d)]。当带轮基准直径 $D\leqslant(2.5\sim3)d$($d$ 为与其相配的轴段直径)时,可采用实心式结构;当$D\leqslant300$ mm时,可采用腹板式或孔板式结构;当 $D>300$ mm 时,可采用轮辐式结构。其他结构尺寸参照图 9-9 中的计算公式确定。

表 9-8 普通 V 带轮轮缘尺寸(摘自 GB/T 13575.1—2022)

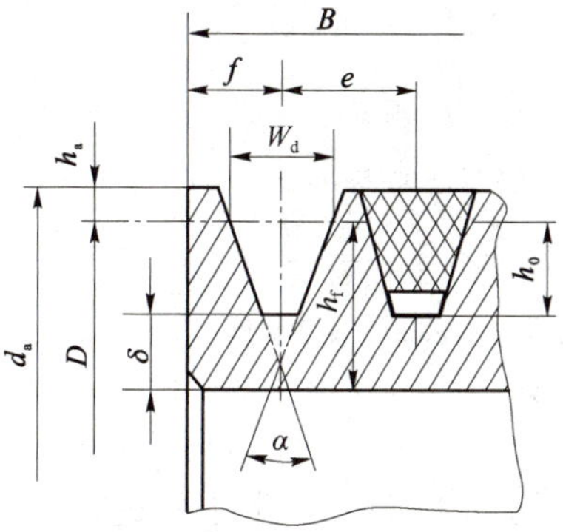


| 截型 | | | Y | Z | A | B | C | D | E |
|---|---|---|---|---|---|---|---|---|---|
| $h_{f\min}$ | | | 4.7 | 7.0 | 8.7 | 10.8 | 14.3 | 19.9 | 23.4 |
| $h_{a\min}$ | | | 1.6 | 2.0 | 2.75 | 3.5 | 4.8 | 8.1 | 9.6 |
| $e$ | | | 8 | 12 | 15 | 19 | 25.5 | 37 | 44.5 |
| $f_{\min}$ | | | 6 | 7 | 9 | 11.5 | 16 | 23 | 28 |
| $W_d$ | | | 5.3 | 8.5 | 11.0 | 14.0 | 19.0 | 27.0 | 32.0 |
| $\delta$ | | | 5 | 5.5 | 6 | 7.5 | 10 | 12 | 15 |
| $B$ | | | $B=(z-1)e+2f$,$z$ 为带根数 | | | | | | |
| $\alpha$ | 32° | $D$ | ≤60 | | | | | | |
| | 34° | | | ≤80 | ≤118 | ≤190 | ≤315 | | |
| | 36° | | >60 | | | | | ≤475 | ≤600 |
| | 38° | | | >80 | >118 | >190 | >315 | >475 | >600 |

## 4. 带传动的张紧

各种材质的 V 带都不是完全的弹性体,在拉力的作用下,经过一段时间的运转后,就会因塑性变形而松弛,使初拉力 $F_0$ 降低。为了保证带传动的工作能力,应定期检查初拉力的大小,发现不足时,必须重新张紧。常见的张紧方法有以下几种。

1) 定期张紧

采用定期改变中心距的方法来调节带的初拉力,使带重新张紧。在水平或倾斜不大的传动中,一般采用图 9-10(a)所示的方法,将装有带轮的电动机安装在有滑道的基板 1 上。要调节带的拉力时,松开基板上各螺栓的螺母 2,旋动调节螺钉 3,将电动机调节到所需的位置,重新拧紧螺母 2。在垂直或接近垂直的传动中,可采用图 9-10(b)所示的方法,将装有带轮的电动机安装在可调的摆架上。

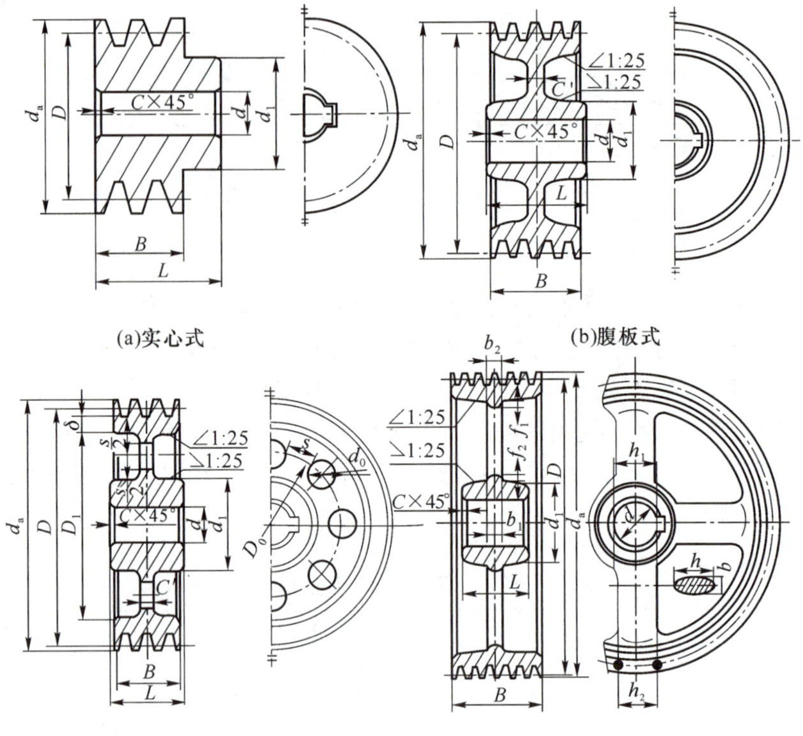


(a)实心式　(b)腹板式

(c)孔板式　(d)轮辐式

$d_1=(1.8\sim2)d, h_2=0.8h_1, D_0=0.5(D_1+d_1), b_1=0.4h_1, b_2=0.8b_1,$

$d_0=(0.2\sim0.3)(D_1-d_1), S=C', L=(1.5\sim2)d$（当 $B<1.5d$ 时，$L=B$）；

$C'=\left(\frac{1}{7}\sim\frac{1}{4}\right)B, f_1=0.2h, f_2=0.2h_2, h_1=290\sqrt[3]{p/(nZ_a)}$

式中，$p$ 为传递的功率，kW；$n$ 为带轮的转速，r/min；$Z_a$ 为轮辐数

**图 9-9　V 带轮结构**

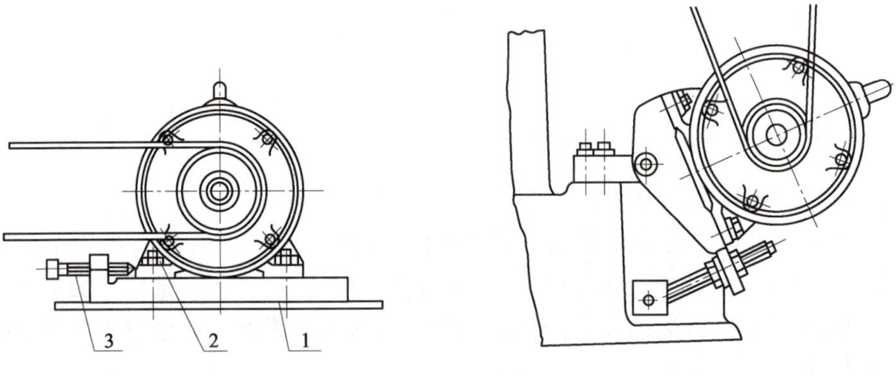


(a)　(b)

**图 9-10　定期改变中心距**

张紧轮

2）自动张紧

将装有带轮的电动机安装在浮动的摆架上（见图 9-11），利用电动机的自重，使带轮随同电动机绕固定轴摆动，以自动保持张紧力。

3）张紧轮张紧

当中心距不能调节时，可采用张紧轮将带张紧（见图 9-12）。V 带张紧轮一

般应布置在松边内侧，使带只受单向弯曲应力，同时张紧轮还应尽量靠近大带轮，以免过分影响带在小带轮上的包角。

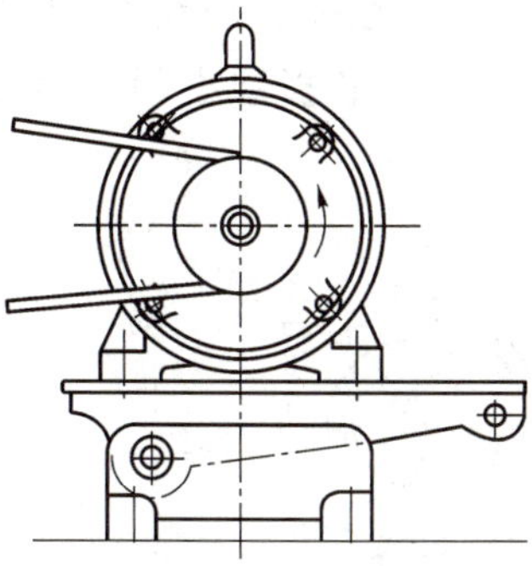

图 9-11 自动张紧

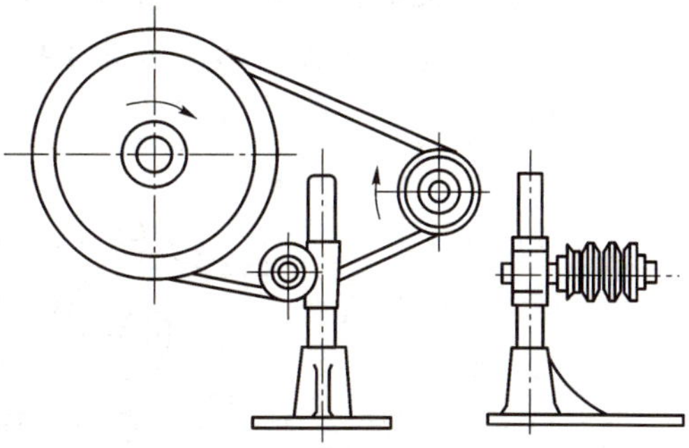

图 9-12 张紧轮张紧

## 9.4 链 传 动

链传动一般指滚子链传动，由主动链轮 1、从动链轮 2 和链条 3 组成(见图 9-13)，通过链条(中间挠性件)的链节与链轮轮齿的啮合来传递两平行轴之间的运动和动力。

链传动的基本知识

链传动广泛用于矿山机械、运输机械以及两轴相距较远而不宜采用齿轮传动的场合。此外，在恶劣的工作条件(如高温、低速重载、多尘土等工作环境)下，链传动更能显示出它的优越性。与带传动相比，链传动没有弹性滑动和打滑，能保证准确的平均传动比，需要的张紧力小，结构紧凑。链传动的主要缺点是：只能用于两平行轴之间的传动，并且不能用于载荷变化大或急速反转的场合；不能保证恒定的瞬时传动比；链节容易磨损，使链条伸长，从而容易产生跳链甚至脱链；工作中有冲击、噪声，并且随速度增大而增大。因此，链传动一般用于低速传动。

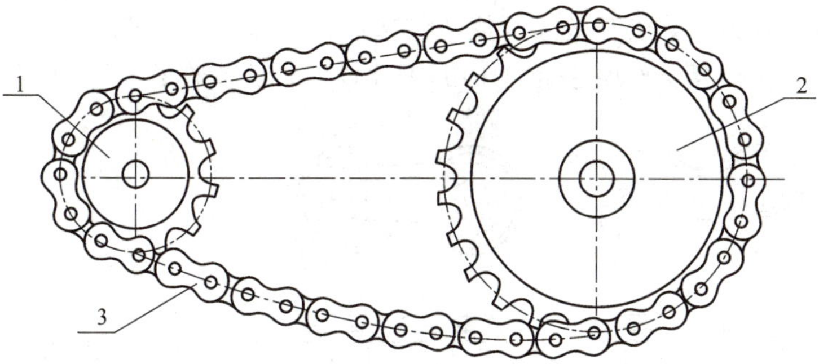


图 9-13 链传动示意图

### 9.4.1 滚子链的结构特点

如图 9-14 所示，滚子链由滚子 1、套筒 2、销轴 3、内链板 4 和外链板 5 组成。内链板与套筒之间、外链板与销轴之间分别采用过盈连接；套筒和销轴之间、套筒和滚子之间、内链板和外链板之间均有间隙，可以相对运动。套筒和销轴组成的铰链可实现相邻链节之间的弯曲。滚子活套在套筒上，工作时，滚子与链轮的齿廓之间是滚动摩擦，这样不仅使摩擦、磨损减小，并且可使磨损均匀。

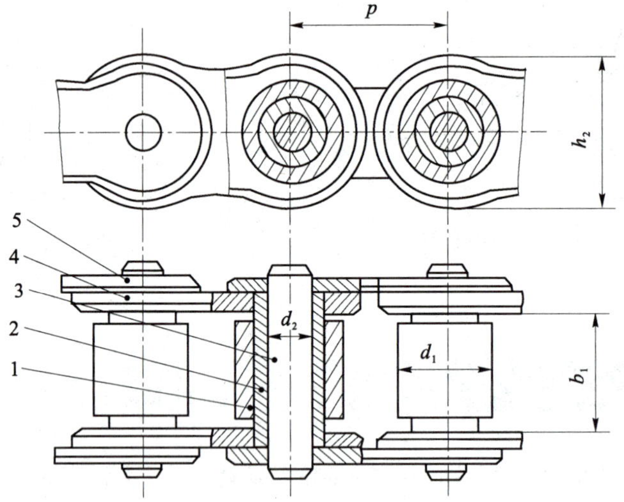


图 9-14 滚子链的结构

内、外链板均采用 8 字形，以使其在各个横截面具有接近相等的抗拉强度，同时减小了链的质量和运动时的惯性力。

当传递的载荷较大时，可采用双排链（见图 9-15）或多排链。多排链的排数越多，承载能力越大，但由于不可避免地存在误差，各排链所受载荷不均匀，因此排数不宜过多。

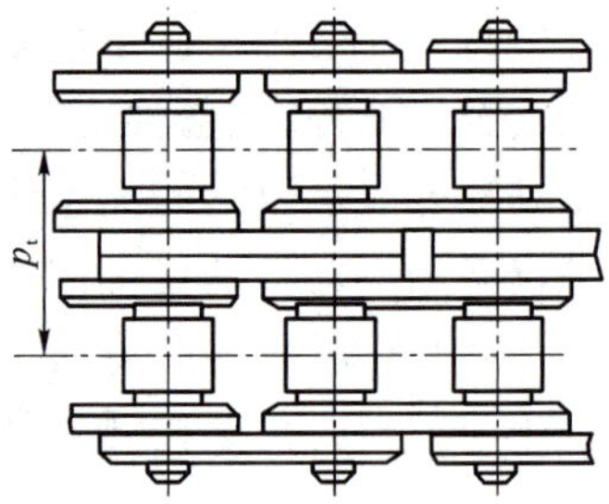


图 9-15 双排链

链条长度以链节数表示。链节数通常取偶数，以便链条连成封闭环形。接头处可采用开口销[见图 9-16(a)]或弹簧片[见图 9-16(b)]固定。若链节数为奇数，则需要采用过渡链节[见图9-16(c)]。由于过渡链节的链板要受附加弯矩的作用，因此设计时链节数尽量不要采用奇数。

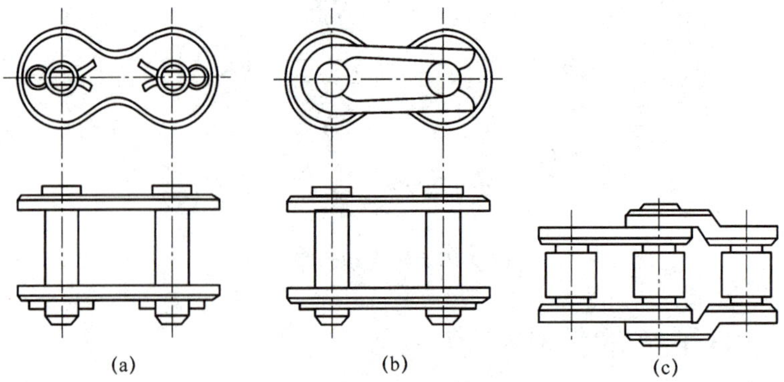


图 9-16 滚子链的接头形式

滚子链是标准件，有 A、B 两个系列，我国主要采用 A 系列，其结构和基本参数见表 9-9。滚子链的主要参数为链的节距 $p$（见图 9-14），它是指链条上相邻两滚子中心轴线之间的距离，链号数乘以 $\frac{25.4}{16}$ mm 为节距值。

表 9-9 滚子链的规格和主要参数（摘自 GB/T 1243—2006）

| 链号 | 节距 $p$ | 排距 $p_t$ | 滚子直径 $d_1$ | 内节内宽 $b_1$ | 销轴直径 $d_2$ | 内链板高度 $h_2$ | 抗拉强度（单排）$F_u$ |
|---|---|---|---|---|---|---|---|
| | mm | | | | | | N |
| 08A | 12.70 | 14.38 | 7.92 | 7.85 | 3.98 | 12.07 | 13 900 |
| 10A | 15.875 | 18.11 | 10.16 | 9.40 | 5.09 | 15.09 | 21 800 |
| 12A | 19.05 | 22.78 | 11.91 | 12.57 | 5.96 | 18.08 | 31 300 |
| 16A | 25.40 | 29.29 | 15.88 | 15.75 | 7.97 | 24.13 | 55 600 |
| 20A | 31.75 | 35.76 | 19.05 | 18.90 | 9.54 | 30.18 | 87 000 |
| 24A | 38.10 | 45.44 | 22.23 | 25.22 | 11.11 | 36.20 | 125 000 |
| 28A | 44.45 | 48.87 | 25.40 | 25.22 | 12.71 | 42.24 | 170 000 |
| 32A | 50.80 | 58.55 | 28.58 | 31.55 | 14.29 | 48.26 | 223 000 |
| 36A | 57.15 | 65.84 | 35.71 | 35.48 | 17.46 | 54.31 | 281 000 |
| 40A | 63.50 | 71.55 | 39.68 | 37.85 | 19.85 | 60.33 | 347 000 |
| 48A | 76.20 | 87.83 | 47.63 | 47.35 | 23.81 | 72.39 | 500 400 |

滚子链的标记为

链号 —— 排数 —— 链节数 —— 标准编号

例如，08A—1—88 GB/T 1243—2006 表示 A 系列、8 号链、节距 12.70 mm、单排、88 节的滚子链。

## 9.4.2 链轮的齿形和参数

链轮是链传动的主要零件，链的齿形已标准化（GB/T 1243—2006）。链轮的设计主要是确定其结构及尺寸、选择材料和热处理方法。

链轮的基本参数是配用链条的节距 $p$、滚子直径 $d_1$、排距 $p_t$ 及链轮齿数 $z$ 等。链轮的端面齿形如图 9-17 所示，包围在链轮上的链的滚子中心所在的圆称为分度圆。由于链轮轮齿用相应的标准刀具加工，因此链轮的端面齿形不必在工作图上画出，只要注明“齿形按 GB/T 1243—2006 规定加工”即可。链轮剖面齿廓应在工作图中画出，如图 9-18 所示，几何尺寸计算查设计手册。

链轮的主要尺寸计算公式为

$$\begin{cases} d=\dfrac{p}{\sin(180°/z)} \\ d_{a\max}=d+1.25p-d_1 \\ d_{a\min}=d+\left(1-\dfrac{1.6}{z}\right)p-d_1 \\ d_f=d-d_1 \end{cases} \tag{9-22}$$

式中，$d$ 为分度圆直径，mm；$d_{a\max}$、$d_{a\min}$ 分别为齿顶圆的最大、最小直径，mm；$d_f$ 为齿根圆直径，mm；$p$ 为链的节距，mm；$d_1$ 为链条的滚子直径，mm，见表 9-9。

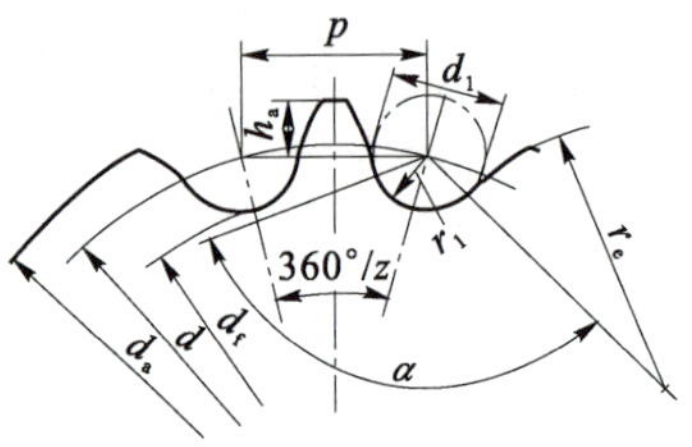

图 9-17　链轮的端面齿形

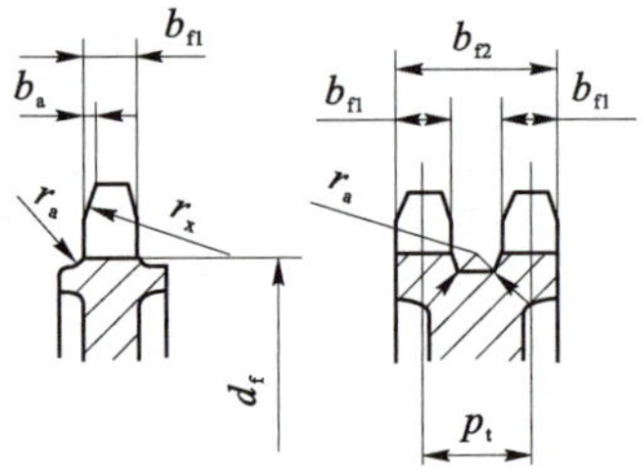

图 9-18　链轮的剖面齿廓

## 9.4.3　链轮的结构和材料

链轮的结构与链轮的直径有关。小直径的链轮可制成整体式[见图 9-19(a)]；中等直径的链轮可制成孔板式[见图 9-19(b)]；大直径的链轮可采用齿圈可更换的组合结构[见图 9-19(c)]或焊接结构[见图 9-19(d)]。

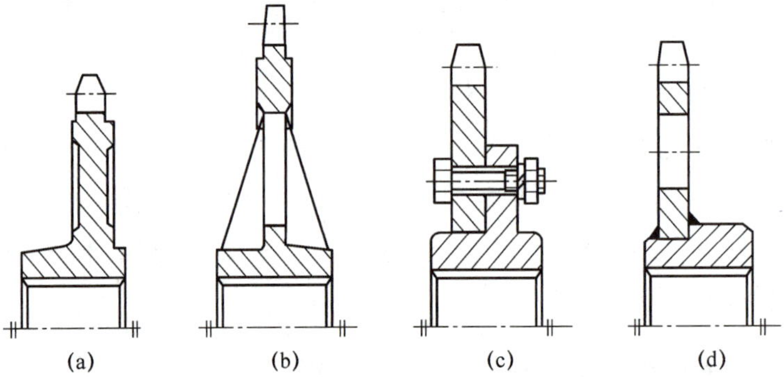

图 9-19　链轮结构

链轮的材料应保证轮齿具有足够的耐磨性和强度，一般用钢材制造，并进行淬火，以提高耐磨性。另外，与齿轮传动类似，由于小链轮轮齿的工作次数比大链轮的多，所受的冲击较严重，因此小链轮应采用更好的材料制造。

## 9.4.4　链传动的运动分析

链传动的
工作情况分析

在链传动中，链条包在链轮上如同包在两个正多边形的轮子上，如图 9-20 所示，正多边形的边长等于链条的节距 $p$。由于链轮每转一周，随之转过的链长为 $zp$，因此链的平均速度为

$$v=\frac{z_1 n_1 p}{60\times1\,000}=\frac{z_2 n_2 p}{60\times1\,000} \tag{9-23}$$

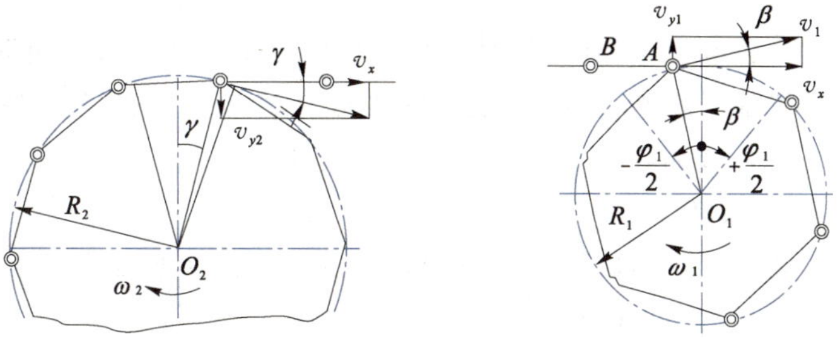


**图 9-20　链传动的速度分析**

若主动链轮以等角速度 $\omega_1$ 转动，则该链节的铰链销轴 A 的轴心做等速圆周运动，其圆周速度 $v_1=R_1\omega_1$。由图可知，$v_1$ 可分解为沿着链条前进方向的速度 $v_x$ 和垂直分速度 $v_y$，其值分别为

$$\begin{cases} v_x=R_1\omega_1\cos\beta \\ v_y=R_1\omega_1\sin\beta \end{cases} \tag{9-24}$$

链传动的速度分析

其中，$\beta$ 是在 $\pm\varphi_1/2$ 之间呈周期性变化的（$\varphi_1=360°/z_1$）。可见，沿着链条前进方向的速度和垂直分速度都是周期性变化的。链轮的节距越大，齿数越少，链速的变化越大。沿着链条前进方向的速度变化导致从动轮角速度变化，产生角加速度（且加速度有突变，属柔性冲击），引起动载荷；垂直分速度变化（且速度有突变，属刚性冲击）导致链条上下抖动。

同样，在从动链轮上，相位角 $\gamma$ 也不断地在 $\pm180°/z_2$ 的范围内变化，沿着链条前进方向的速度和垂直分速度也都以与主动轮上类似的规律呈周期性变化。由于两链轮上沿着链条前进方向的速度是相同的，因此可得链传动的瞬时传动比为

$$i=\frac{\omega_1}{\omega_2}=\frac{R_2\cos\gamma}{R_1\cos\beta} \tag{9-25}$$

由式(9-25)可知，由于 $\beta$ 和 $\gamma$ 是呈周期性变化的，因此链传动的瞬时传动比也是呈周期性变化的。当主动链轮以等角速度回转时，从动链轮的角速度将周期性地变动。链传动的这种运动特征，是由围绕链轮上的链条形成了正多边形这一特点造成的，称为链传动的多边形效应。

## 9.4.5　链传动的设计计算

### 1. 链传动的主要失效形式

1）链条的疲劳破坏

与带传动类似，链传动中两边链条的拉力也不相等，在动应力的作用下，经过一定的循环次数后，链板将会发生疲劳断裂，滚子和套筒表面也会在接触动应力的作用下产生疲劳点蚀。

2）链条铰链的磨损

由于组成铰链的销轴与套筒间承受较大的压力，同时传动时相对摆动，因此导致铰链磨损。磨损后的链条实际节距变长，链条的总长必将伸长，从而使链条松边的垂度变大，链条的抖动变得剧烈，容易产生跳链或脱链。

3）链条铰链的胶合

当速度过高且润滑不当时，销轴与套筒接触面上压力增大且瞬时温度过高，接触面上的润滑油膜将被破坏，导致某些接触点熔焊在一起，然后又被撕裂，形成胶合破坏。胶合破坏限定了链传动的极限转速。

4）链条静力拉断

低速的链条过载，并且超过了链条静力强度，链条就会被拉断。

## 2. 链传动的设计计算

链传动的设计包括：确定两链轮的齿数，选择链号，确定中心距，计算链节数，确定润滑方式，计算链条工作拉力及压轴力。

链传动的设计一般按以下步骤进行。

1）选择链轮齿数

小链轮齿数对链传动的平稳性和使用寿命有较大的影响，齿数少可减小外廓尺寸，但圆周力增大，多边形效应显著，传动的不均匀性和动载荷增大，链条铰链磨损加剧，因此规定小链轮最少齿数 $z_{min} \geqslant 17$。一般情况下，$z_1$ 可根据链速的大小由表 9-10 中选取。

表 9-10 小链轮齿数 $z_1$ 的选择

| 链速 $v$/(m/s) | <3 | 3～8 | >8 |
|---|---|---|---|
| 齿数 $z_1$ | ≥17 | ≥21 | ≥25 |

大链轮齿数为 $z_2 = i_{12} z_1$。由于销轴与套筒磨损后，实际的链节距会有一个增长量 $\Delta p$，节圆就会相对分度圆有一个外移量 $\Delta d$，如图 9-21 所示，二者之间有如下关系：

$$\Delta d = \Delta p / \sin\left(\frac{180^\circ}{z}\right) \tag{9-26}$$

由此可知，$\Delta p$ 一定时，齿数越多，节圆外移量 $\Delta d$ 越大，也就越容易发生跳齿和脱链现象。因此，大链轮齿数不宜过多，通常限定最大齿数 $z_{max} \leqslant 114$。

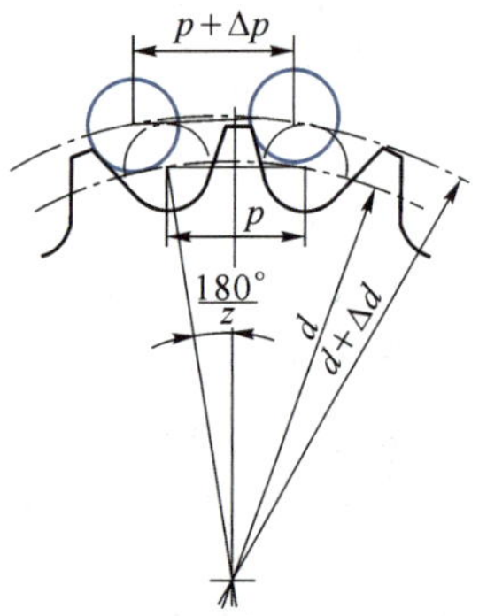

图 9-21 链节距的增长量和节圆的外移量的关系

由于链节数常取偶数，为了使磨损均匀，两链轮的齿数最好取奇数。大链轮的啮合次数少，磨损较慢，因此大链轮齿数也可采用偶数齿。链轮的优先选用齿数为 17、19、21、23、25、38、57、76、95、114。

2）确定链号

图 9-22 为 A 系列滚子链在标准实验条件下的额定功率曲线图。标准实验条件为：两链轮共面，链轮轴水平安装，单排链，$z_1 = 25$，链节数 $L_p = 120$ 节，载荷平稳，能连续 15 000 h 满负荷运转，按推荐的润滑方式润滑。若链传动的参数及运转条件与标准实验条件不符，则传递的功率应予以修正。单排链的设计功率为

$$P_d = \frac{K_A K_z P}{K_P} \leqslant P_1 \tag{9-27}$$

式中，$P$ 为链传动传递的功率，kW；$P_1$ 为单排链在标准实验条件下的额定功率，kW；$K_A$ 为工况系数，见表 9-11；$K_z$ 为主动链轮齿数系数，见表 9-12；$K_P$ 为多排链系数，单排链 $K_P=1$，双排链 $K_P=1.75$，三排链 $K_P=2.5$。

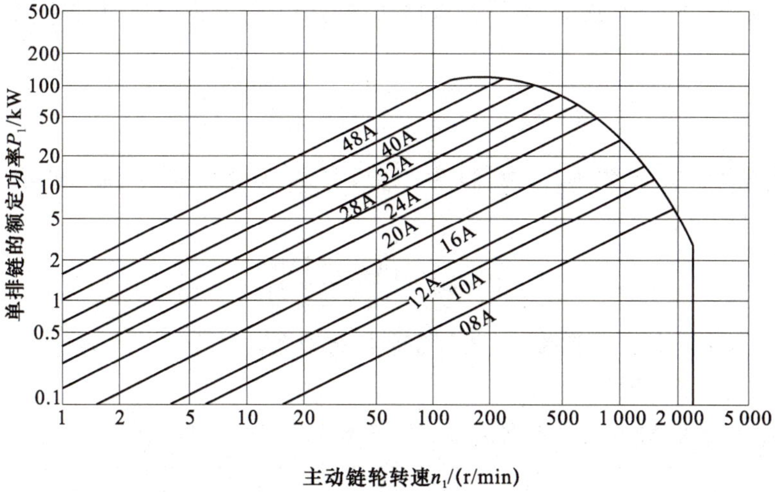


图 9-22 A 系列滚子链在标准实验条件下的额定功率曲线

表 9-11 工况系数 $K_A$

| 工 况 | 输入动力种类 | | |
|---|---|---|---|
| | 内燃机-液力传动 | 电动机或汽轮机 | 内燃机-机械传动 |
| 平稳载荷 | 1.0 | 1.0 | 1.2 |
| 中等冲击 | 1.2 | 1.3 | 1.4 |
| 严重冲击 | 1.4 | 1.5 | 1.7 |

表 9-12 主动链轮齿数系数 $K_z$

| $z_1$ | 17 | 18 | 19 | 20 | 21 | 22 | 23 | 24 | 25 | 26 | 27 | 28 | 29 | 30 | 31 |
|---|---|---|---|---|---|---|---|---|---|---|---|---|---|---|---|
| $K_z$ | 1.53 | 1.43 | 1.35 | 1.28 | 1.2 | 1.15 | 1.1 | 1.05 | 1.0 | 0.96 | 0.91 | 0.88 | 0.84 | 0.81 | 0.78 |
| $z_1$ | 33 | 35 | 37 | 39 | 41 | 43 | 45 | 47 | 49 | 51 | 53 | 55 | 57 | 59 | 60 |
| $K_z$ | 0.73 | 0.68 | 0.64 | 0.60 | 0.57 | 0.54 | 0.51 | 0.49 | 0.485 | 0.455 | 0.44 | 0.42 | 0.40 | 0.38 | 0.375 |

根据设计功率 $P_d$ 和主动链轮转速 $n_1$，由图 9-22 选择合适的链号。

3）确定链传动的中心距，计算链长

链传动的中心距过小，则链在小链轮上的包角也小，同时啮合的齿数少，承载能力减小。另外，中心距过小，链节数就少，每个链节啮合的次数就多，更加剧了链条的磨损。若中心距过大，则易使链抖动。因此链传动的中心距一般取 $C_0=(30\sim50)p$，最大不要超过 $80p$。

链条长度以链节数 $L_p$ 表示。根据初选的中心距 $C_0$ 可以计算出所需要的链节数 $L_p$ 为

$$L_p=\frac{2C_0}{p}+\frac{z_1+z_2}{2}+\left(\frac{z_2-z_1}{2\pi}\right)^2\frac{p}{C_0} \tag{9-28}$$

计算出的链节数 $L_p$ 应圆整为整数，且为偶数。链传动的实际中心距 $C$(mm)可由下式计算：

$$C=C_0+\frac{p(L_p-L_p')}{2} \tag{9-29}$$

式中，$L_p'$ 为计算出的链节数；$L_p$ 为圆整后的链节数。

4）选择润滑方式

链传动的润滑方式可根据链号和链速 $v$ 在图 9-23 中选取。

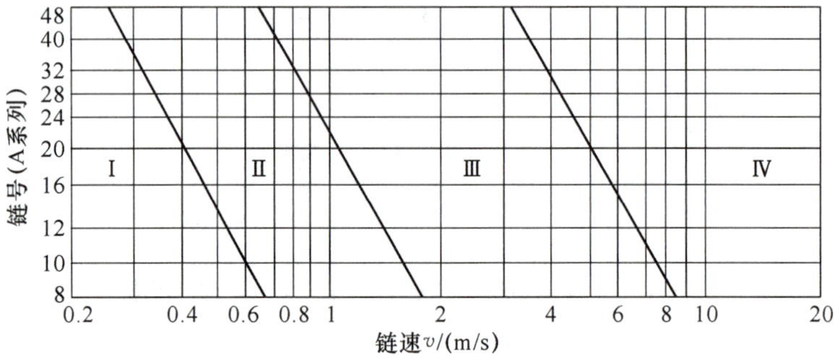


I—人工定期润滑；II—滴油润滑；III—浸油或飞溅润滑；IV—压力喷油润滑

**图 9-23　推荐润滑方式**

5）计算压轴力

由于链传动是啮合传动，不像带传动那样需要很大的张紧力，因此作用在轴上的压力不大，一般取压轴力 $Q_s\approx1.2F$，$F$ 为链条的工作拉力。

### 3. 链传动的张紧

链传动张紧的目的主要是避免链条松边的垂度过大而导致啮合不良和链条的抖动，同时增大链条与链轮的啮合包角。

链传动张紧的方法很多。一般设计成中心距可调，利用改变中心距来调节链条的张紧程度。当中心距不可调时，可设置张紧轮，如图 9-24 所示。张紧轮可以是链轮，也可以是滚轮。可以采用自动张紧[见图 9-24(a)、(b)]和定期张紧[见图 9-24(c)、(d)]。另外，对于中心距较大的链传动，还可用压板和托板张紧[见图9-24(e)]。

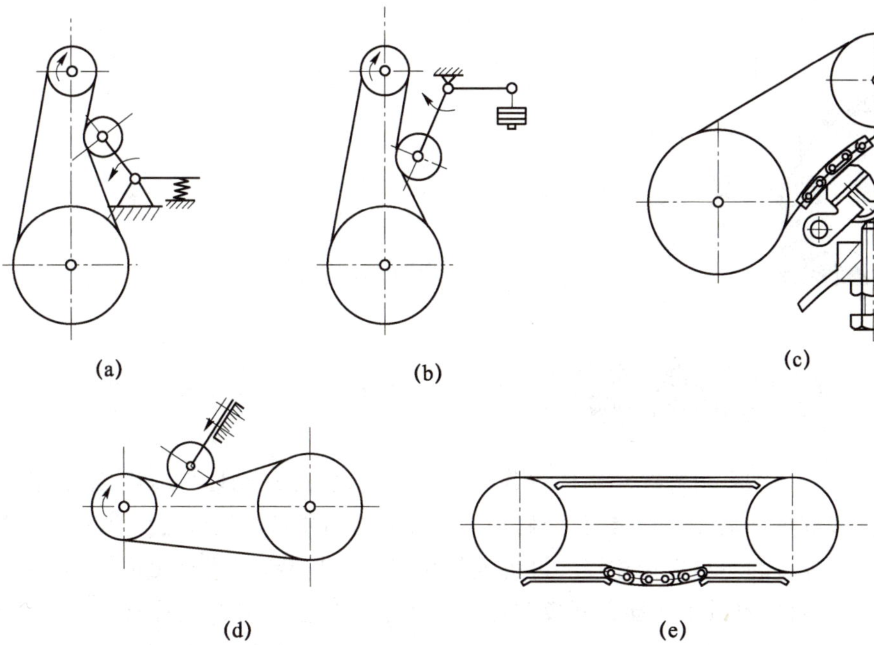


图 9-24 链传动的张紧

## 思考与练习题

9-1 什么是带传动的弹性滑动和打滑？二者有什么区别？分别对带传动有什么影响？

9-2 为什么说带传动适合高速传动，但速度又不能过高？限制高速的因素是什么？

9-3 在 V 带传动设计中，为什么要限制小带轮的最小基准直径？

9-4 带传动的失效形式是什么？其设计准则如何？计算的主要内容是什么？

9-5 什么是链传动的多边形效应？它对传动有什么影响？影响多边形效应的因素有哪些？

9-6 链轮齿数过大或过小对链传动有什么影响？

9-7 链传动和带传动相比较，各有何优缺点？分别适用于什么场合？

9-8 滚子链由哪几种零件组成？哪些零件之间为过盈配合？哪些零件之间为间隙配合？

9-9 链传动有哪些失效形式？通常发生在什么工况下？

9-10 链传动发生脱链和跳齿的主要原因有哪些？若只考虑链条铰链的磨损，跳齿和脱链通常会发生在哪个链轮上？为什么？

9-11 链传动有哪些润滑方式？设计时应如何选用？

本章习题参考答案

# 第10章 机械连接

## 10.1 概述

机械是由许多零部件用各种不同的连接方法(此处指静连接)组合而成的,以满足制造、结构、装配、维修和运输等方面的要求。机械连接又可分为两类:可拆连接和不可拆接连接。可拆连接可经多次拆装,拆装时无须损伤连接中的任何零件,且其工作能力不遭破坏。属于这类连接的有螺纹连接、键连接、销连接及型面连接等。不可拆连接是在拆开连接时,至少会损坏连接中的一个零件,如铆接、焊接、胶接等均属这类连接。

过盈配合连接利用零件间的过盈配合来达到连接的目的,靠配合面之间的摩擦来传递载荷,其配合面大多为圆柱面,如轴类零件和轮毂之间的连接等。这种连接结构简单,对中性好,承载能力强,承受动载荷和冲击的性能好,又可避免零件由于加工键槽等原因而被削弱;但配合面加工精度要求高,装配不方便。过盈配合连接一般采用压入法或温差法将其装配在一起。这种连接可做成不可拆连接或可拆连接,它视配合表面之间的过盈量大小及装配方法而定。

## 10.2 螺纹连接

螺纹连接

螺纹连接是机械中应用极为广泛的一种可拆连接。它具有结构简单、装拆方便、连接可靠、互换性强等特点。在现代机械中具有螺纹结构的零件约占零件总数的一半以上。

各种螺纹及其连接件大多数有可参考的国家标准。

大国工匠管延安——60万颗螺丝零失误

### 10.2.1 机械制造中常用的连接螺纹

在机械制造中,连接螺纹大多用三角形螺纹,它有普通螺纹和管螺纹两类。前者多用于紧固连接,后者用于紧密连接。图10-1为常用的连接螺纹。

普通螺纹是牙型角60°的三角形米制圆柱螺纹,以大径为公称直径。表10-1为普通螺纹的基本参数和尺寸。

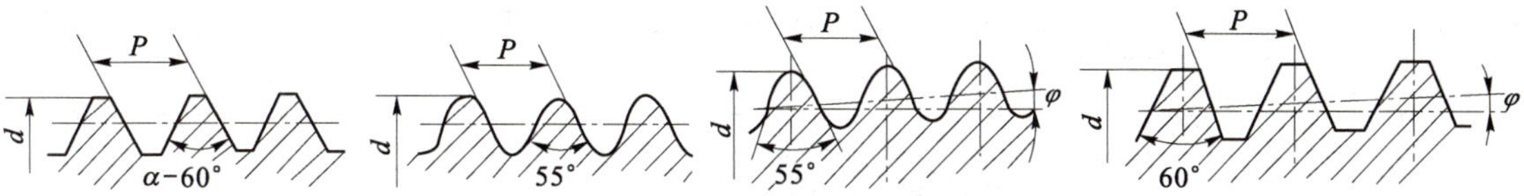


(a)普通螺纹 (b)管螺纹 (c) 55°圆锥管螺纹 (d) 60°管螺纹

图 10-1 常用的连接螺纹

表 10-1 普通螺纹的基本参数和尺寸(摘自 GB/T 196—2003)

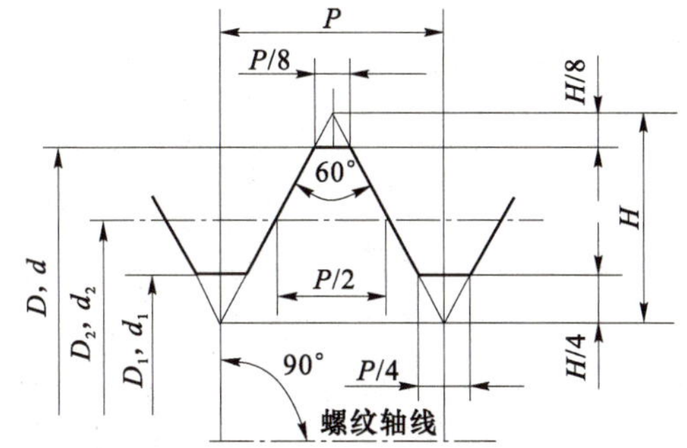


$D,d$——内、外螺纹大径

$D_2,d_2$——内、外螺纹中径

$D_1,d_1$——内、外螺纹小径

$P$——螺距

$H$——原始三角形高度,$H=0.866\ P$

$d_2=d-0.649\,5\ P$

$d_1=d-1.082\,5\ P$

标记示例:M16(粗牙普通螺纹,直径 16 mm,螺距 2 mm)

M16×1.5(细牙普通螺纹,直径 16 mm,螺距 1.5 mm)

单位:mm

| 公称直径(大径)$D,d$ | 粗牙 | | | 细牙 |
|---|---|---|---|---|
| | 螺距 $P$ | 中径 $D_2,d_2$ | 小径 $D_1,d_1$ | 螺距 $P$ |
| 6 | 1 | 5.350 | 4.917 | 0.75 |
| 8 | 1.25 | 7.188 | 6.647 | 1,0.75 |
| 10 | 1.5 | 9.026 | 8.376 | 1.25,1,0.75 |
| 12 | 1.75 | 10.863 | 10.106 | 1.5,1.25,1 |
| 16 | 2 | 14.701 | 13.835 | 1.5,1 |
| 20 | 2.5 | 18.376 | 17.294 | 2,1.5,1 |
| 24 | 3 | 22.051 | 20.752 | 2,1.5,1 |
| 30 | 3.5 | 27.727 | 26.211 | 3,2,1.5,1 |

同一公称直径可以有多种螺距,其中螺距最大的称为粗牙螺纹,其余都为细牙螺纹。粗牙螺纹应用得最广。细牙螺纹的升角小,小径大,因而自锁性能好,强度高,但不耐磨,多次装拆后易滑扣,常用于薄壁零件或承受冲击、振动和变载的零件,也常用于微调机构的调整零件。

管螺纹的牙型角有 55°和 60°两种,可以是圆柱或圆锥螺纹,有米制和英制之分。英制管螺纹的公称直径是管子孔径;米制管螺纹的公称直径是螺纹大径。圆柱管螺纹广泛应用于水、煤气、润滑管路系统中,若要求连接密封,常需在螺旋副间填充密封物。圆锥管螺纹不用填料就能保证紧密性而且旋合迅速,适用于密封要求较高(如高温、高压系统等)的管路连接中。

## 10.2.2 螺纹连接的基本类型和螺纹连接件

### 1. 螺纹连接的基本类型

螺纹连接的基本类型有普通螺栓连接、铰制孔用螺栓连接、螺钉连接、双头螺柱连接和紧定螺钉连接,如表 10-2 所示。

**表 10-2 螺纹连接的基本类型、特点与应用**

| 类型 | 结构图 | 特点与应用 |
| --- | --- | --- |
| 普通螺栓连接 | 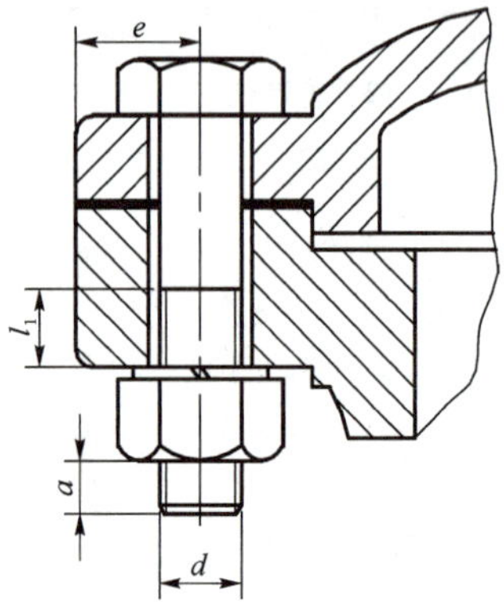 | 结构简单,装拆方便,对通孔加工精度要求低,应用最广泛 |
| 铰制孔用螺栓连接 | 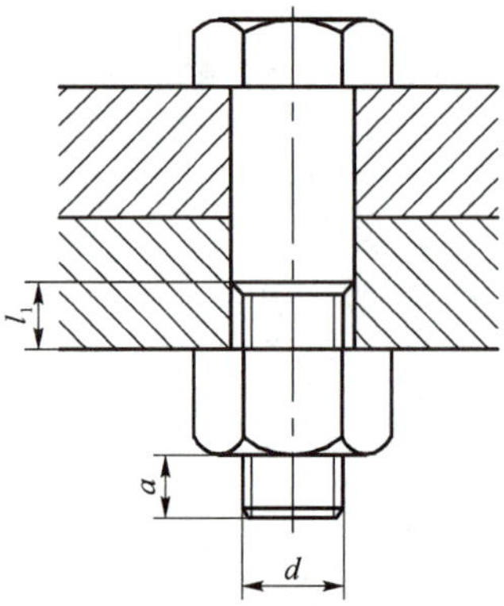 | 孔与螺栓杆之间没有间隙,采用基孔制过渡配合;用螺栓杆承受横向载荷或者固定被连接件的相对位置 |
| 螺钉连接 | 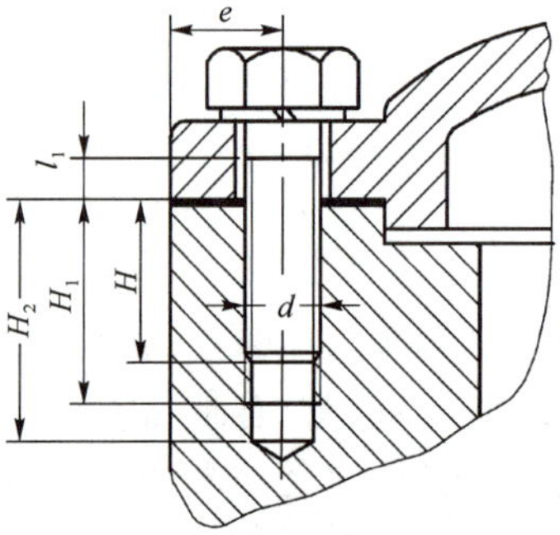 | 不用螺母,直接将螺钉的螺纹部分拧入被连接件之一的螺纹孔中构成连接,其连接结构简单;用于被连接件之一较厚不便加工通孔的场合,但若经常装拆,则易使螺纹孔产生过度磨损而导致连接失效 |
| 双头螺柱连接 | 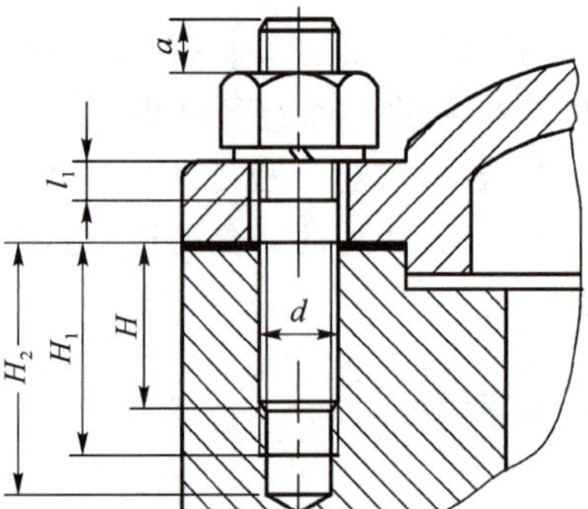 | 螺柱的一端旋紧在一被连接件的螺纹孔中;另一端则穿过另一被连接件的孔,通常用于被连接件之一太厚不便穿孔、结构要求紧凑或者经常装拆的场合 |

续表

| 类型 | 结构图 | 特点与应用 |
|---|---|---|
| 紧定螺钉连接 | 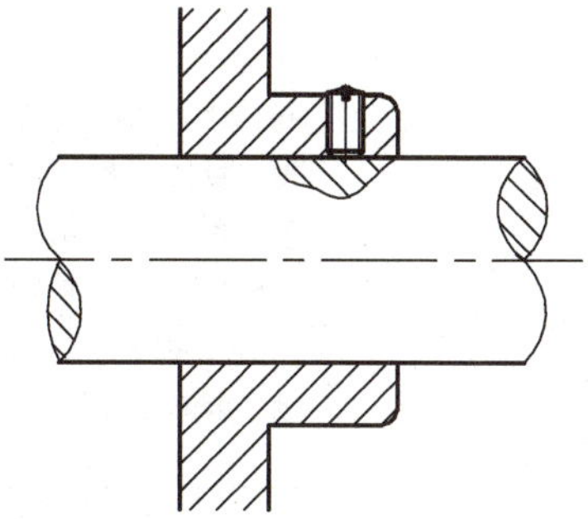 | 螺钉的末端顶住零件的表面或者顶入该零件的凹坑中，将零件固定；它可以传递不大的载荷 |

## 2. 标准螺纹连接件

螺纹连接件的结构形式和尺寸已经标准化，设计时查有关标准选用即可。常用螺纹连接件的类型、结构特点及应用如表 10-3 所示。

表 10-3　常用螺纹连接件的类型、结构特点及应用

| 类型 | 图例 | 结构特点及应用 |
|---|---|---|
| 六角头螺栓 | 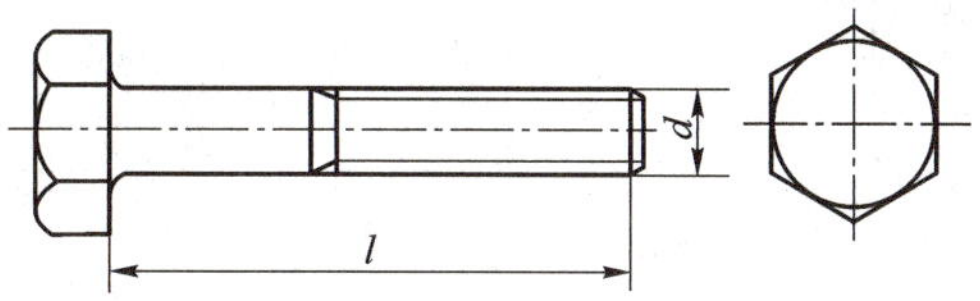 | 应用最广；螺杆可制成全螺纹或者部分螺纹，螺距有粗牙和细牙两种；螺栓头部有六角头和小六角头两种；其中小六角头螺栓材料利用率高、机械性能好，但由于头部尺寸较小，不宜用于装拆频繁、被连接件强度低的场合 |
| 双头螺柱 | 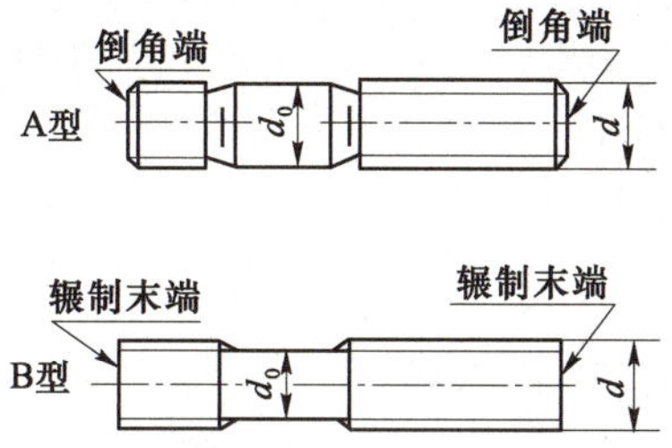 | 螺柱两头都有螺纹，两头的螺纹可以相同也可以不相同，螺柱可带退刀槽或者制成腰杆，也可以制成全螺纹的螺柱。螺柱的一端常用于旋入铸铁或者有色金属的螺纹孔中，旋入后不拆卸，另一端则用于安装螺母以固定其他零件 |
| 螺钉 | 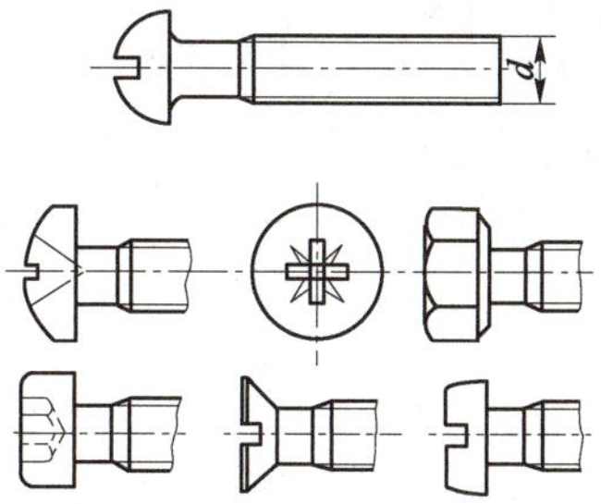 | 螺钉头部形状有圆头、扁圆头、六角头、圆柱头和沉头等；头部的起子槽有一字槽、十字槽和内六角孔等形式；十字槽螺钉头部强度高、对中性好，便于自动装配；内六角孔螺钉可承受较大的扳手扭矩，连接强度高，可替代六角头螺栓，用于要求结构紧凑的场合 |

续表

| 类型 | 图例 | 结构特点及应用 |
|---|---|---|
| 紧定螺钉 | 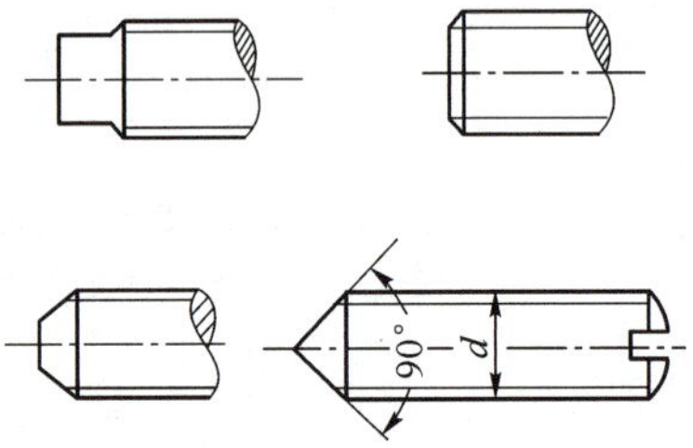 | 紧定螺钉常用的末端形式有锥端、平端和圆柱端；锥端适用于被紧定零件的表面硬度较低或者不经常拆卸的场合；平端接触面积大，不会损伤零件表面，常用于顶紧硬度较大的平面或者经常装拆的场合；圆柱端压入轴上的凹槽中，适用于紧定空心轴上的零件位置 |
| 自攻螺钉 | 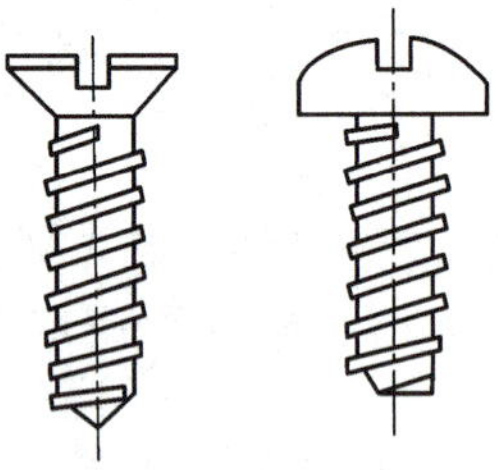 | 螺钉头部形状有圆头、六角头、圆柱头、沉头等；头部的起子槽有一字槽、十字槽等形式；末端形状有锥端和平端两种；多用于连接金属薄板、轻合金或者塑料零件，螺钉在连接时可以直接攻出螺纹 |
| 六角螺母 | 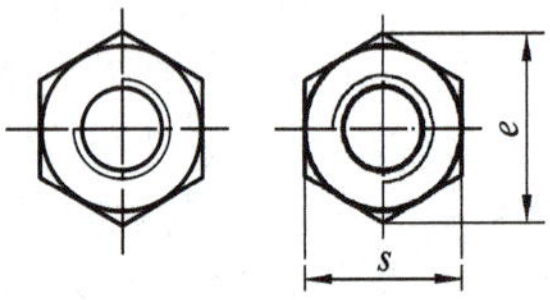 | 根据螺母厚度不同，可分为标准型和薄型两种；薄螺母常用于受剪力的螺栓上或者空间尺寸受限制的场合 |
| 圆螺母 | 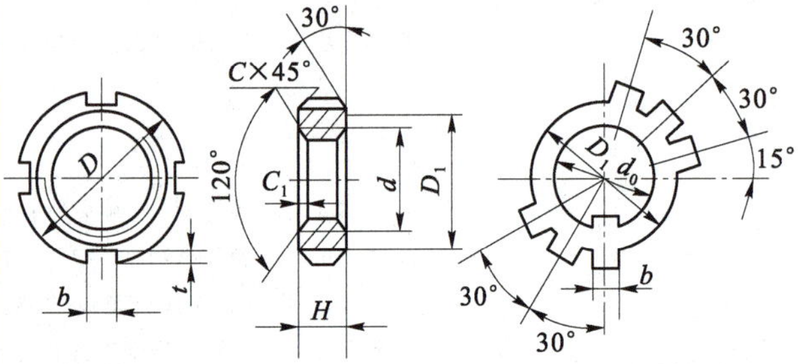 | 圆螺母常与止退垫圈配用，装配时将垫圈内舌插入轴上的槽内，将垫圈的外舌嵌入圆螺母的槽内，即可锁紧螺母，起到防松作用；常用于滚动轴承的轴向固定 |
| 垫圈 | 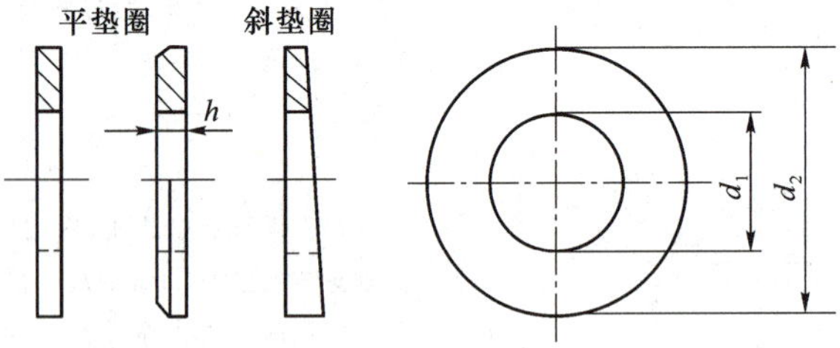 | 保护被连接件的表面不被擦伤，增大螺母与被连接件间的接触面积；斜垫圈用于倾斜的支承面 |

## 10.2.3 螺纹连接的预紧

为了保证螺纹连接的可靠性或被连接件的气密性，在安装时必须把螺母或螺钉拧紧，在螺杆中产生一定的轴向预紧力 $F_P$。预紧力应有适当的大小，预紧力太小达不到预紧的目的，预紧力太大又易使螺纹连接件失效。

如图10-2所示，在拧紧螺母时，需要克服螺纹副相对扭转的阻力矩 $T_1$ 和螺母与支承面之间的摩擦阻力矩 $T_2$，即拧紧力矩 $T=T_1+T_2$。

对于M10～M64的粗牙普通螺栓，若螺纹连接的预紧力为 $F_P$，螺栓直径为 $d$，则拧紧力矩 $T$（单位为N·mm）可以按近似式(10-1)计算：

$$T=0.2F_Pd \tag{10-1}$$

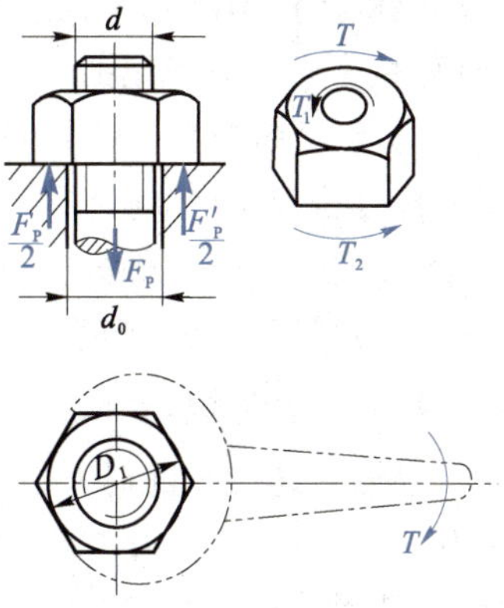

图10-2 螺纹连接的预紧

预紧力的大小根据螺栓所受载荷的性质、连接的刚度等具体工作条件而确定。对于一般连接用的钢制普通螺栓连接，其预紧力 $F_P$（单位为N）按式(10-2)计算：

$$F_P=(0.5\sim0.7)\sigma_sA \tag{10-2}$$

式中，$\sigma_s$ 为螺栓材料的屈服极限，MPa；$A$ 为螺栓危险截面的面积，$A=\pi d^2/4$，$mm^2$。

预紧力的控制方法有多种。对于一般的普通螺栓连接，预紧力凭装配经验控制；对于较重要的普通螺栓连接，可用测力矩扳手（见图10-3）或者定力矩扳手（见图10-4）控制预紧力大小；对于预紧力控制有精确要求的螺栓连接，可采用测量螺栓伸长变形量的方法控制预紧力大小；而对于高强度螺栓连接，可以采用测量螺母转角的方法控制预紧力大小。

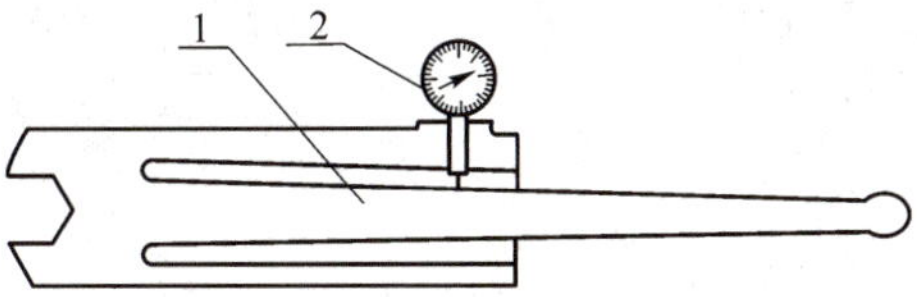

1—弹性元件；2—力矩读数

图10-3 测力矩扳手

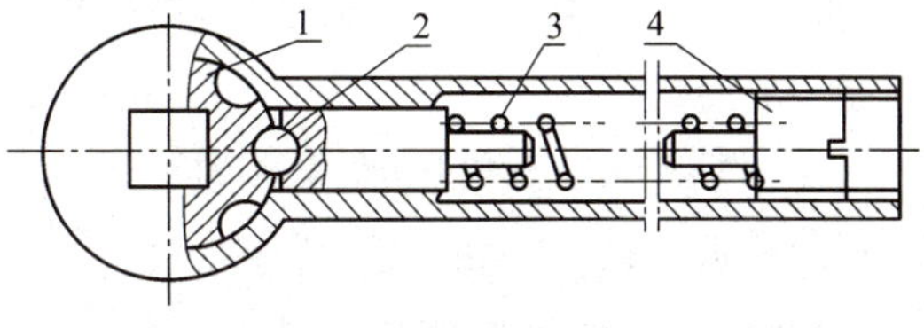

1—扳手卡盘；2—圆柱销；3—弹簧；4—螺钉

图10-4 定力矩扳手

## 10.2.4 螺纹连接的计算

螺纹连接的计算

由于螺纹连接件（螺钉、螺栓和双头螺柱）已经标准化，各部分结构尺寸是根据等强度原则及经验确定的，因此，螺纹连接的设计只需根据强度理论进行计算，确定螺纹连接件的螺纹直径即可，其他部分尺寸可查标准选用。

螺栓连接、螺钉连接和双头螺柱连接的失效形式与计算方法基本相同，因此本节对螺栓连接计算的讨论，其结论对螺钉连接和双头螺柱连接也基本适用。

螺栓连接的失效形式和设计准则如下。

螺栓连接中的单个螺栓受力分为轴向载荷（受拉螺栓）和横向载荷（受剪螺栓）两种。受拉力作用的普通螺栓连接，其主要失效形式是螺纹部分的塑性变形或断裂，经常装拆时也会因磨损而发生滑扣，其设计准则是保证螺栓的静力或者疲劳拉伸强度；受剪切作用的铰制孔用螺栓连接，其主要失效形式是螺杆被剪断，螺杆或者被连接件的孔壁被压溃，其设计准则为保证螺栓和被连接件具有足够的剪切强度和挤压强度。

1. 受横向载荷的紧螺栓连接

紧螺栓连接装配时，螺母需要拧紧，在拧紧力矩的作用下，螺栓除受变形预紧力 $F_P$ 产生的拉伸应力外，还受螺纹摩擦力矩产生的扭转剪应力。如图 10-5(a) 所示，紧螺栓连接受横向工作载荷。普通螺栓与螺栓孔之间有间隙，它是靠接合面间的摩擦力来承受工作载荷的，工作时，只有接合面间的摩擦力足够大，才能保证被连接件不会发生相对滑动，即

$$F_P f z i \geqslant K_s F \tag{10-3}$$

式中，$z$ 为连接螺栓数目；$f$ 为接合面间的摩擦系数，对于钢和铸铁，$f=0.15\sim0.2$；$i$ 为摩擦接合数；$F$ 为横向载荷，N；$K_s$ 为可靠性系数或称防滑系数，通常 $K_s=1.1\sim1.3$。

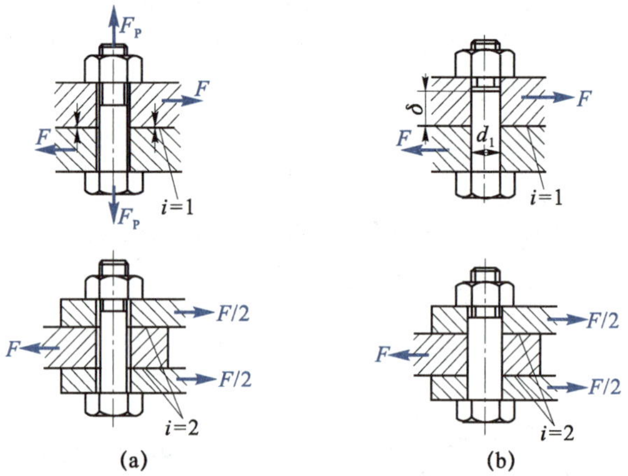


图 10-5 受横向载荷的螺栓连接

因此，由式(10-3)可以得到螺栓的预紧力 $F_P$。

紧螺栓连接受预紧力 $F_P$ 的作用，其强度条件为

$$\sigma_{ca}=\frac{1.3F_P}{\frac{\pi}{4}d_1^2}\leqslant[\sigma] \tag{10-4}$$

式中，$d_1$ 为螺栓小径，mm；$[\sigma]$为螺栓材料的许用应力，MPa，其计算方法见 10.2.5 节。系数 1.3 是考虑到拧紧螺栓时，螺栓上的扭矩对螺栓强度的影响而引入的。

由式(10-4)，可以计算得出螺栓的小径为

$$d_1=\sqrt{\frac{4\times1.3F_P}{\pi[\sigma]}} \tag{10-5}$$

普通螺栓靠摩擦力来承受横向工作载荷，因此需要很大的预紧力，为了防止

螺栓被拉断，需要较大的螺栓直径，这将增大连接的结构尺寸。因此，对横向工作载荷较大的螺栓连接，要采用一些辅助结构，如图 10-6 所示，用键、套筒和销等抗剪切件来承受横向载荷，这时，螺栓仅起一般连接作用，不受横向载荷，连接的强度应按键、套筒和销的强度条件进行计算。

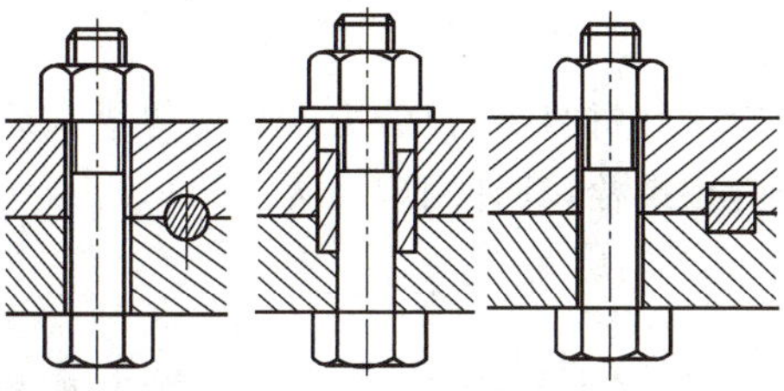

图 10-6 承受横向载荷的减载装置

如图 10-5(b)所示，受剪螺栓通常是铰制孔用螺栓，螺栓与螺栓孔多采用过盈配合或过渡配合。当连接承受横向载荷时，在连接的结合处螺栓横截面受剪切，螺栓杆和被连接件孔壁接触表面受挤压，螺栓螺杆与孔壁接触表面的挤压强度条件和螺杆的剪切强度条件分别为

$$\sigma_{bs}=\frac{F}{zd_s\delta}\leqslant[\sigma_{bs}] \tag{10-6}$$

$$\tau=\frac{F}{zi\pi d_s^2/4}\leqslant[\tau] \tag{10-7}$$

式中，$F$ 为横向载荷，N；$z$ 为螺栓数目；$i$ 为螺栓受剪面的数目；$d_s$ 为螺栓杆在剪切面处的直径，mm；$\delta$ 为螺栓杆与孔壁间接触受压的最小轴向长度，mm；$[\tau]$为螺栓材料许用剪应力，MPa，其计算方法见 10.2.5 节；$[\sigma_{bs}]$为螺杆或者被连接件材料的许用挤压应力，MPa，其计算方法见 10.2.5 节，计算时取两者中的小值。

### 2. 受轴向载荷的紧螺栓连接

图 10-7 所示的压力容器盖螺栓连接，是受轴向载荷紧螺栓连接的典型实例，其外载荷与螺栓轴线一致。

设压力容器内的流体压力为 $p$，螺栓数目为 $z$，则缸体周围每个螺栓承受的轴向工作载荷为

$$F=\frac{p\,\frac{\pi}{4}D^2}{z}$$

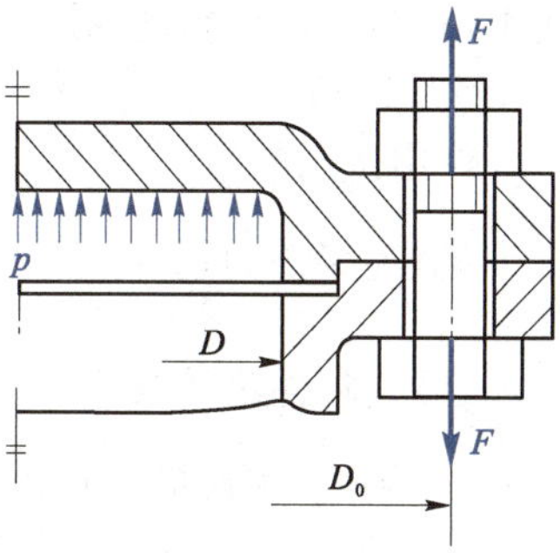


图 10-7 压力容器盖螺栓连接

连接拧紧后，螺栓受预紧力 $F_P$ 而伸长，被连接件受到压缩，其压紧力也为 $F_P$。当压力容器工作时，工作载荷使螺栓伸长量增加，被连接件因螺栓的伸长而略有放松，其压紧力减小为 $F_P'$，称为残余预紧力。此时，螺栓所受的轴向总载荷 $F_Q$ 为残余预紧力和工作载荷之和，即

$$F_Q=F_P'+F \tag{10-8}$$

为了保证连接的紧密性，防止连接接合面间出现间隙，残余预紧力 $F_P'$必须大于零。$F_P'$的大小可按连接的工作条件根据经验选定。当工作载荷 $F$ 无变化时，可取 $F_P'=(0.2\sim0.6)F$；当 $F$ 有变化时，可取 $F_P'=(0.6\sim1.0)F$；对于特别重

要的紧密连接，可取 $F'_P=(1.5\sim1.8)F$。这种连接在求出作用在单个螺栓上的总载荷 $F_Q$ 后，可用式(10-5)确定螺栓小径，此时该式中的 $F_P$ 应以 $F_Q$ 代替。

## 10.2.5 螺栓连接设计的几个问题

### 1. 螺栓材料的许用应力

螺栓材料的许用应力与材料(螺栓的力学性能等级)、载荷性质、装配情况及结构尺寸有关。对于受拉螺栓，其许用应力为

$$[\sigma]=\frac{\sigma_s}{s} \tag{10-9}$$

式中，$\sigma_s$ 为螺栓材料的屈服强度，MPa；$s$ 为安全系数，松螺栓连接，$s=1.2\sim1.7$，紧螺栓连接，控制预紧力时，$s=1.2\sim1.5$，不控制预紧力时，$s$ 按表 10-4 选取。

表 10-4　紧螺栓连接的安全系数 $s$(不控制预紧力)

| 材料 | 静载荷 | 动载荷 | | |
|---|---|---|---|---|
| | M6～M16 | M16～M30 | M6～M16 | M16～M30 |
| 碳钢 | 4～3 | 3～2 | 10～6.5 | 6.5 |
| 合金钢 | 5～4 | 4～2.5 | 7.5～5 | 5 |

由表 10-4 可知，不控制预紧力的紧螺栓连接的许用拉应力与螺栓直径有关。在设计时，螺栓直径通常是未知的，一般需要试算。

铰制孔用螺栓连接的许用切应力和许用挤压应力按以下公式确定。

许用切应力

$$[\tau]=\frac{\sigma_s}{s_\tau} \tag{10-10}$$

式中，$\sigma_s$ 为螺栓材料的屈服强度，MPa；$s_\tau$ 为安全系数，静载荷时 $s_\tau=2.5$，变载荷时 $s_\tau=3.5\sim5$。

许用挤压应力

$$\begin{cases}\text{被连接件为钢时} & [\sigma_{bs}]=\dfrac{\sigma_s}{1.25}\\ \text{被连接件为铸铁时} & [\sigma_{bs}]=\dfrac{\sigma_b}{(2\sim2.5)}\end{cases} \tag{10-11}$$

式中，$\sigma_s$ 为钢制被连接件的屈服强度，MPa；$\sigma_b$ 为铸铁被连接件的强度极限，MPa；动载荷时，应将计算出的 $[\sigma_{bs}]$ 值降低 20%～30%。

### 2. 关于螺栓组连接的概念

螺栓连接通常是成组使用的，称为螺栓组。在进行螺栓组的设计计算时，首先要确定螺栓的数目和布置(各螺栓之间的距离大小既要保证连接的可靠性又要考虑装拆方便，留有足够的扳手空间)，再进行螺栓受力分析，从螺栓组中找出受力最大的螺栓，计算该螺栓所受的载荷，螺栓组的强度计算实际上是计算螺栓组中受力最大的单个螺栓的强度。

### 3. 螺纹连接的防松问题

用于连接的普通螺纹，满足自锁条件，螺母和螺钉头支承面上的摩擦力也有

防松作用，一般在静载荷和工作温度变化不大时，螺纹连接不会自行松脱。但在冲击、振动和动载荷作用下，螺纹间的摩擦力可能瞬时消失，连接有可能松脱。当温度变化较大时，由于热变形等原因，也可能发生螺纹的松脱现象。为了保证连接的可靠性和安全性，必须在设计时考虑螺纹连接的防松问题。特别是在交通、化工和高压密闭容器等设备装置中，螺纹连接的松动可能会造成重大事故。为了保证螺纹连接的安全可靠，许多情况下螺栓连接都采取一些必要的防松措施。

螺纹连接防松的本质是防止螺纹副的相对运动。按照工作原理来分，螺纹防松有摩擦防松[见图 10-8(a)对顶螺母、图 10-8(b)弹簧垫圈]、机械防松[见图 10-8(c)槽形螺母和开口销、图 10-8(d)止动垫片、图 10-8(e)螺母和带翅垫片]、破坏性防松[见图 10-8(f)]以及黏合法防松等多种方法。

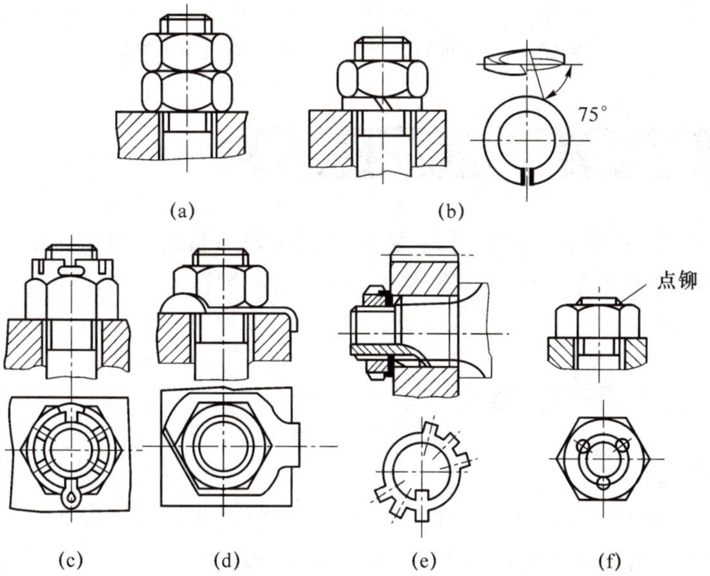


图 10-8 螺纹防松方法

## 4. 提高螺栓连接强度的方法

要提高螺栓连接的强度，主要应提高螺栓的强度，特别是螺栓的疲劳强度。其主要方法有以下两个。

(1) 减少或避免附加应力。被连接件、螺母或螺栓头部的支撑面粗糙[见图 10-9(a)]、被连接件因刚度不够而弯曲[见图 10-9(b)]、钩头螺栓[见图 10-9(c)]以及装配不良等都会使螺栓中产生附加弯曲应力。

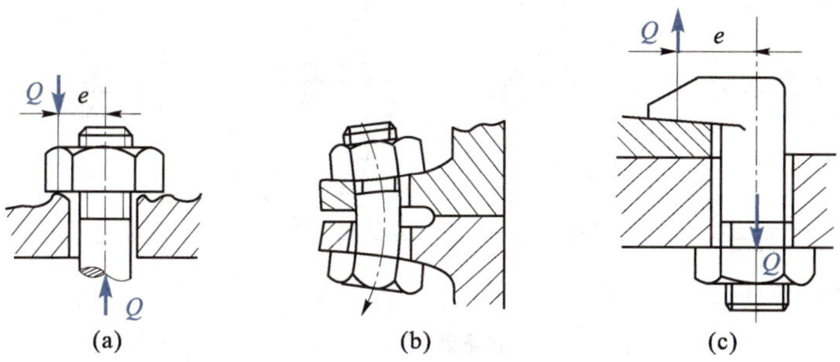


图 10-9 螺栓装配不良

对此，应从结构或工艺上采取措施，如规定螺纹紧固件与连接件支撑面的加工精度和要求；在粗糙表面上切削加工出凸台[见图 10-10(a)]或沉头座[见图 10-10(b)]；采用球面垫圈[见图10-10(c)]或斜垫圈[见图 10-10(d)]等。

(2) 减少应力集中。螺栓上的螺纹（特别是螺纹的收尾）、螺栓头和螺栓杆的过渡处以及螺栓横截面面积发生变化的部位都会产生应力集中。为减少应力集中，可采用较大的圆角[见图 10-10(e)]和卸载结构[见图 10-10(f)]等措施。

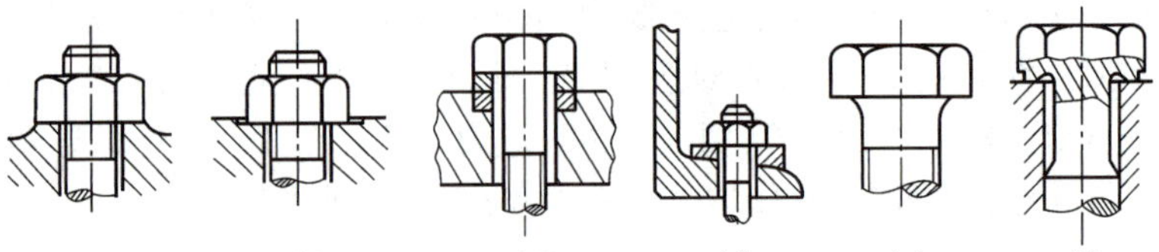

(a)　(b)　(c)　(d)　(e)　(f)

图 10-10　避免附加应力和减少应力集中的措施

## 10.3 键连接、销连接及型面连接

键连接的功能、分类、结构形式及应用

键连接由键、轴和轮毂组成，它主要用以实现轴和轮毂的周向固定和传递转矩。键连接的主要类型有平键连接、半圆键连接、楔键连接和切向键连接。这些零件均已标准化。

### 10.3.1 键连接的类型

#### 1. 平键连接

如图 10-11(a)所示，平键的两个侧面是工作面，平键的上表面与轮毂槽底之间留有间隙。这种键的定心性好，装拆方便，应用广泛。常用的平键有普通平键和导向平键。

普通平键按其结构可分为圆头（称为 A 型）、方头（称为 B 型）和单圆头（称为 C 型）3 种。图 10-11(b)为 A 型平键，A 型平键在键槽中固定良好，但轴上键槽引起的应力集中较大。图 10-11(c)为 B 型平键，B 型平键克服了 A 型平键的缺点，当键尺寸较大时，宜用紧定螺钉将键固定在键槽中，以防松动。图 10-11(d)为 C 型平键，C 型平键主要用于轴端与轮毂的连接。

图 10-11(e)为导向平键，该键较长，键用螺钉固定在键槽中，键与轮毂之间采用间隙配合，轴上零件可沿键轴向滑移。

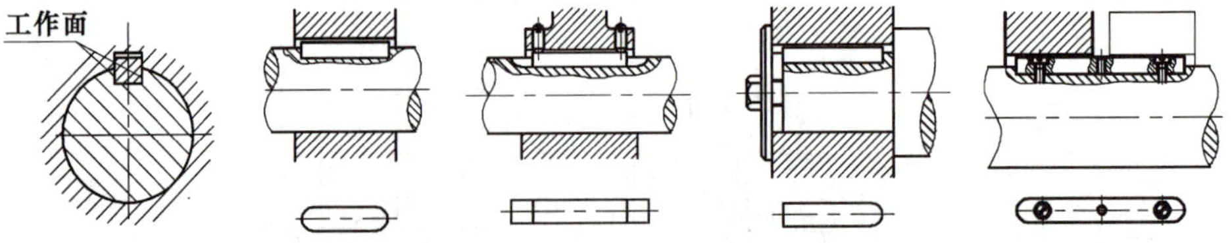


(a) 平键连接　(b) A型平键　(c) B型平键　(d) C型平键　(e) 导向平键

图 10-11　平键连接

### 2. 半圆键连接

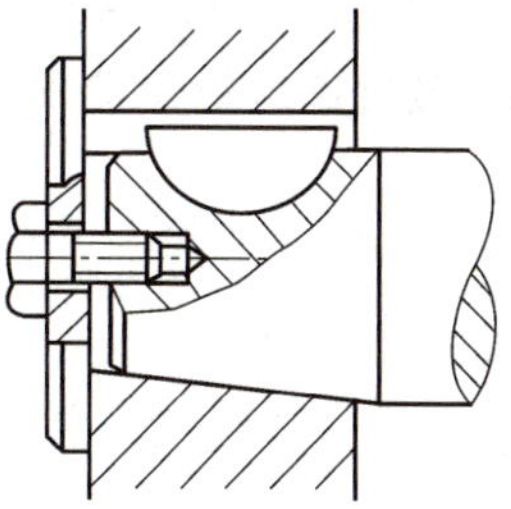

图 10-12 半圆键连接

图 10-12 所示为半圆键连接，半圆键的工作面也是键的两个侧面。轴上键槽用与半圆键尺寸相同的键槽铣刀铣出，半圆键可在槽中绕其几何中心摆动，以适应毂槽底面的倾斜。这种键连接的特点是工艺性好，装配方便，尤其适用于锥形轴端与轮毂的连接；但键槽较深，对轴的强度削弱较大，一般用于轻载静连接。

### 3. 楔键连接和切向键连接

图 10-13 所示为楔键连接，楔键的上、下表面为工作面。楔键的上表面和与它相配合的轮毂键槽底面均有 1∶100 的斜度。装配时将楔键打入，使楔键楔紧在轴和轮毂的键槽中，楔键的上、下表面受挤压，工作时靠这个挤压产生的摩擦力传递转矩。如图10-13所示，楔键分为普通楔键和钩头楔键两种，钩头楔键的钩头是为了便于拆卸。

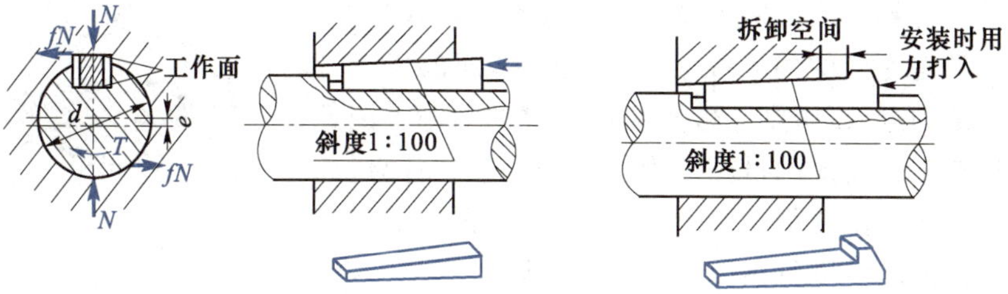


(a) (b)

图 10-13 楔键连接

楔键连接的主要缺点是键楔紧后，轴和轮毂的配合产生偏心和偏斜，因此楔键连接一般用于定心精度要求不高和低转速的场合。

图 10-14 所示为切向键连接。切向键是由一对楔键组成的，装配时将切向键沿轴的切线方向楔紧在轴与轮毂之间。切向键的上、下表面为工作面，工作面上的压力沿轴的切线方向作用，能传递很大的转矩。用一对切向键时，只能单向传递转矩，要双向传递转矩，必须采用两对互成 120°分布的切向键[见图 10-14(b)]。由于切向键对轴的强度削弱较大，因此常用于直径大于 100 mm 的轴上。

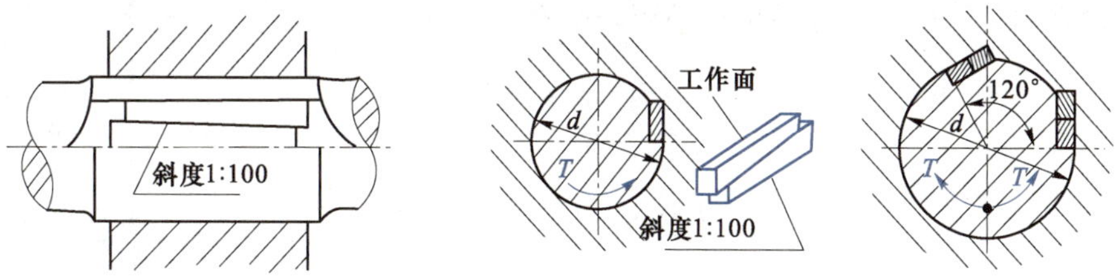


(a) (b)

图 10-14 切向键连接

## 10.3.2 平键连接的尺寸选择和强度校核

键的选择和强度计算

设计键连接时，先根据工作要求选择键的类型，再根据装键处轴径 $d$ 从标准

（见表10-5）中查取键的宽度 $b$ 和高度 $h$，并参照轮毂长度从标准中选取键的长度 $L$，最后进行键连接的强度校核。

表 10-5　普通平键和键槽的尺寸［参看图 10-11(a)］　　单位：mm

| 轴的直径 | 键的尺寸 | | | 键槽 | | 轴的直径 | 键的尺寸 | | | 键槽 | |
|---|---|---|---|---|---|---|---|---|---|---|---|
| | $b$ | $h$ | $L$ | 轴 $t_1$ | 毂 $t_2$ | | $b$ | $h$ | $L$ | 轴 $t_1$ | 毂 $t_2$ |
| >8～10 | 3 | 3 | 6～36 | 1.8 | 1.4 | >38～44 | 12 | 8 | 28～140 | 5.0 | 3.3 |
| >10～12 | 4 | 4 | 8～45 | 2.5 | 1.8 | >44～50 | 14 | 9 | 36～160 | 5.5 | 3.8 |
| >12～17 | 5 | 5 | 10～56 | 3.0 | 2.3 | >50～58 | 16 | 10 | 45～180 | 6.0 | 4.3 |
| >17～22 | 6 | 6 | 14～70 | 3.5 | 2.8 | >58～65 | 18 | 11 | 50～200 | 7.0 | 4.4 |
| >22～30 | 8 | 7 | 18～90 | 4.0 | 3.3 | >65～75 | 20 | 12 | 56～220 | 7.5 | 4.9 |
| >30～38 | 10 | 8 | 22～110 | 5.0 | 3.3 | >75～85 | 22 | 14 | 63～250 | 9.0 | 5.4 |
| $L$ 系列 | 6、8、10、12、14、16、18、20、22、25、28、32、36、40、45、50、56、63、70、80、90、100、110、125、140、160、180、200、250… | | | | | | | | | | |

键的材料一般采用抗拉强度不低于 600 MPa 的碳素钢。平键连接的主要失效形式是工作面的压溃，除非有严重的过载，否则一般不会出现键的剪断。因此，通常只按工作面上的挤压应力进行强度校核计算。导向平键连接的主要失效形式是过度磨损，因此，一般按工作面上的压强进行条件性强度校核计算。

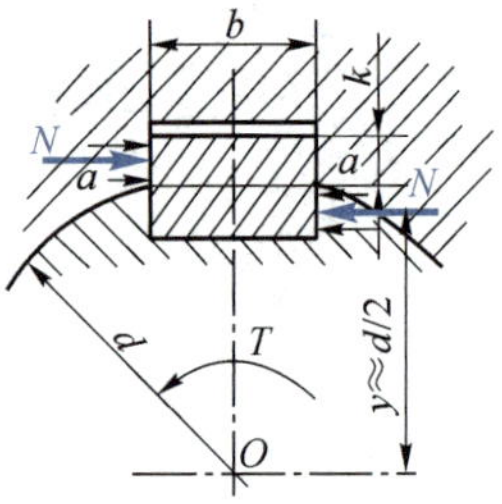

图 10-15　平键连接的受力

如图 10-15 所示，假定载荷在键的工作面上均匀分布，并假设 $k\approx h/2$，则普通平键连接的挤压强度条件为

$$\sigma_p=\frac{2T/d}{L_c k}=\frac{4T}{dhL_c}\leqslant[\sigma_p] \tag{10-12}$$

对导向平键连接应限制压强 $p$ 以避免过度磨损，即

$$p=\frac{2T/d}{L_c k}=\frac{4T}{dhL_c}\leqslant[p] \tag{10-13}$$

式(10-12)和式(10-13)中，$T$ 为传递的转矩，N·mm；$d$ 为轴径，mm；$h$ 为键的高度，mm；$L_c$ 为键的计算长度（对 A 型平键，$L_c=L-b$），mm；$[\sigma_p]$和$[p]$分别为连接的许用挤压应力和许用压强，MPa，见表 10-6。

表 10-6　键连接的许用挤压应力和许用压强　　单位：MPa

| 许用值 | 轮毂材料 | 载荷性质 | | |
|---|---|---|---|---|
| | | 静载荷 | 轻微冲击 | 冲击 |
| $[\sigma_p]$ | 钢 | 125～150 | 100～120 | 60～90 |
| | 铸铁 | 70～80 | 50～60 | 30～45 |
| $[p]$ | 钢 | 50 | 40 | 30 |

在设计使用中若单个键的强度不够，则可采用双键按 180°对称布置。考虑载荷分布不均匀性，在强度校核中应按 1.5 个键进行计算。

## 10.3.3 花键连接

如图 10-16 所示，花键连接由周向均布多个键齿的花键轴与带有相应键齿槽的轮毂孔相配而成。花键齿的侧面为工作面，工作时有多个键齿同时传递转矩，因此花键连接的承载能力比平键连接高得多。花键连接的导向性好，齿根处的应力集中较小，适用于传递载荷大、定心精度要求高或者经常需要滑移的连接。

花键连接

花键按齿形可分为矩形花键[见图 10-16(a)]和渐开线花键[见图 10-16(b)]。花键可用于静连接和动连接。花键已经标准化，如矩形花键的齿数 $z$、小径 $d$、大径 $D$、键宽 $B$ 等可以根据轴径查标准选定，其强度计算方法与平键相似。花键的加工需要专用设备。

(a) (b)

图 10-16 花键连接

## 10.3.4 销连接

销连接主要用于固定零件之间的相对位置，并能传递较小的载荷，它还可以用于过载保护。按形状的不同，销可分为圆柱销、圆锥销和槽销等。

圆柱销如图 10-17(a)所示，靠过盈配合固定在销孔中，如果多次装拆，其定位精度会降低。圆锥销和销孔均有 1 ∶ 50 的锥度[见图 10-17(b)]，因此安装方便，定位精度高，多次装拆不影响定位精度。图 10-17(c)所示为端部带螺纹的圆锥销，它可用于盲孔或装拆困难的场合。图 10-17(d)所示为开尾圆锥销，它适用于有冲击、振动的场合。图 10-17(e)所示为槽销，槽销上有 3 条纵向沟槽，槽销压入销孔后，它的凹槽产生收缩变形，借助材料的弹性而固定在销孔中。销多用于传递载荷，对于振动载荷的连接也适用。销孔无须铰制，加工方便，可多次装拆。图 10-17(f)是圆管形弹簧圆柱销，在销打入销孔后，销由于弹性变形而挤紧在销孔中，可以承受冲击和动载荷。

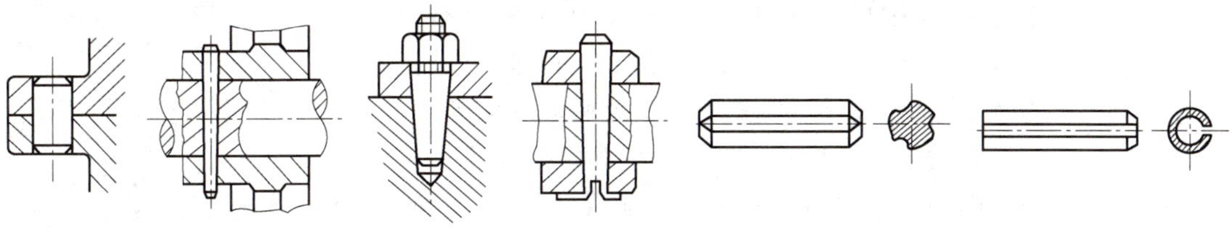

(a) (b) (c) (d) (e) (f)

图 10-17 销连接

### 10.3.5 型面连接

如图10-18所示，型面连接是由非圆剖面的轴与相应的轮毂孔构成的可拆连接。型面连接应力集中小，能传递大扭矩，装拆方便，但是加工工艺复杂，需要专用设备。

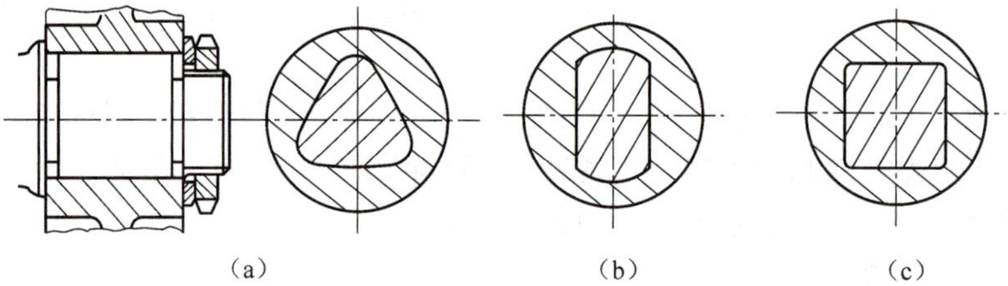


图10-18 型面连接

## 10.4 铆接、焊接和胶接

### 10.4.1 铆接

如图10-19所示，铆钉连接（简称铆接）是将铆钉穿过被连接件的预制孔，经铆合后形成的不可拆卸连接。铆接的工艺简单、耐冲击、连接牢固可靠，但结构较笨重，被连接件上有钉孔使其强度削弱，铆接时噪声很大。目前，铆接主要用于桥梁、造船、重型机械及飞机制造等部门。

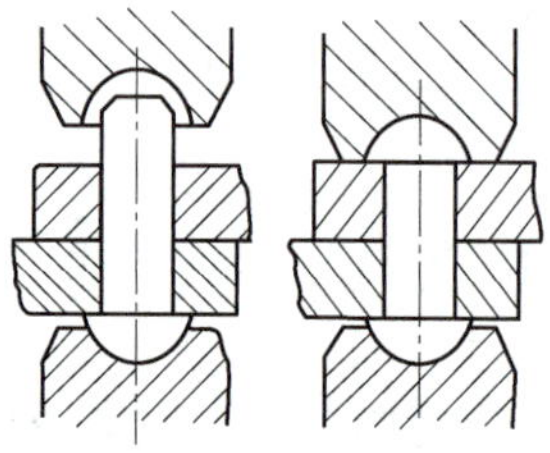

图10-19 铆钉连接

### 10.4.2 焊接

焊接是利用局部加热方法使两个金属元件在连接处熔融而构成的不可拆卸连接。常用的焊接方法有电弧焊、气焊和电渣焊等，其中电弧焊应用得最为广泛。

电弧焊是利用电焊机的低压电流通过焊条（一个电极）与被焊接件（另一个电极）形成的电路，在两极之间产生电弧来熔化被连接件的部分金属和焊条，使熔化金属混合并填充接缝而形成焊缝。

常用的焊缝形式有对接焊缝和填角焊缝。

图10-20(a)所示为对接焊缝，它用来连接同一平面内的焊件，焊缝传力较均匀。当被焊接件厚度不大时，用平头型对接焊缝，如图10-20(b)所示；当被连接件厚度较大时，为了保证焊透，需要预制各种形式的坡口，如图10-20(c)～(g)所示。

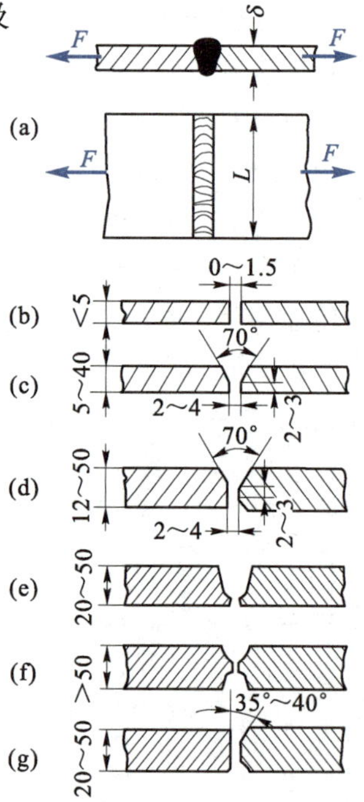


图10-20 对接焊缝与各种形式的坡口

如图10-21所示，填角焊缝主要用来连接不在同一平面上的被焊接件，焊缝剖面通常是等腰直角三角形。垂直于载荷方向的焊缝称为横向焊接，如图10-21(a)所示；平行于载荷方向的焊缝称为纵向焊缝，如图10-21(b)所示；兼有横向、纵向或者斜向的焊缝称为混合焊缝，如图10-21(c)所示。

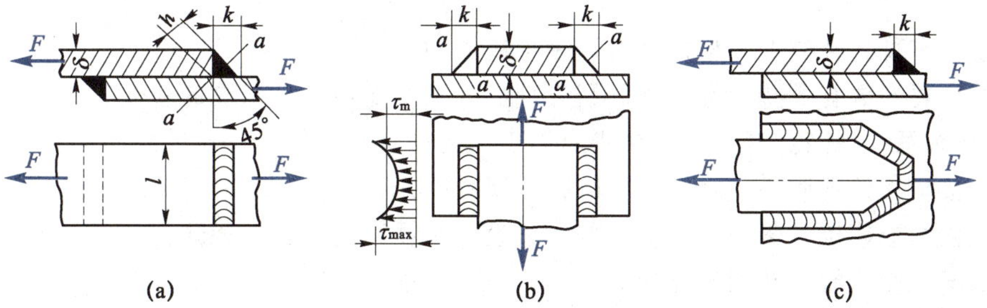


图10-21 各种填角焊缝形式

焊接一般用于低碳钢、低碳合金钢和中碳钢。一般地，低碳钢无淬硬倾向，对焊接热过程不敏感，焊接性好。焊条的材料一般应选取与被焊接件相同或接近的材料。焊接强度高、工艺简单、质量轻，在单件生产、新产品试制及零件结构复杂的情况下，采用焊接替代铸造，可以提高生产效率，减少成本。但焊接后常常存在残余应力和变形，不能承受严重的冲击和振动；此外轻金属的焊接技术还有待进一步完善，因此焊接还不能完全替代铆接。

## 10.4.3 胶接

胶接是利用直接涂在被连接件表面上的胶黏剂凝固黏结而形成的连接。常用的胶黏剂有酚醛乙烯、聚氨酯、环氧树脂等。

如图10-22所示，胶接接头的基本形式有对接、正接和搭接。胶接接头设计时应尽可能使黏结层受剪或者受压，避免受拉。

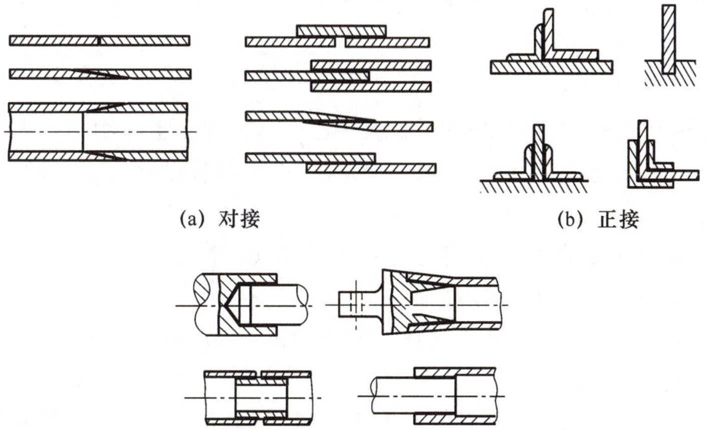


图10-22 胶接接头的基本形式

胶接工艺简单、便于不同材料及极薄金属间的连接，胶接的质量轻、耐腐蚀、密封性能好；但是，胶接接头一般不宜在高温及冲击、振动条件下工作，胶黏剂对胶接表面的清洁度有较高要求，黏合速度慢，胶接的可靠性和稳定性易受环境影响。

## 思考与练习题

10-1 螺纹主要有哪几种类型？根据什么选用螺纹类型？

10-2 螺纹的主要参数有哪些？螺距和导程有什么区别？如何判断螺纹的线数和旋向？

10-3 螺栓、双头螺柱、螺钉、紧定螺钉分别应用于什么场合？

10-4 螺纹连接防松的本质是什么？螺纹防松主要有哪几种方法？

10-5 受拉螺栓的松连接和紧连接有何区别？其设计和计算公式是否相同？

10-6 什么情况下使用铰制孔用螺栓？

10-7 在受拉螺栓连接强度计算中，总载荷是否等于预紧力与拉伸工作载荷之和？

10-8 影响螺栓连接强度的主要因素有哪些？可以采用哪些措施提高螺栓的连接强度？

10-9 什么是铆钉连接？

10-10 机械制造中常见的焊接方式有几种？都有哪些焊缝形式？焊接接头有哪些形式？

10-11 胶接接头主要有哪几种形式？常用的胶黏剂有哪些？

10-12 什么是过盈连接？

10-13 铆接、焊接和胶接各有什么特点？分别适用于什么场合？

10-14 常用的连接有哪些类型？它们各有哪些优缺点？各适用于什么场合？

10-15 分析普通螺纹、管螺纹的特点，并举例说明它们的应用。

10-16 为什么大多数螺纹连接必须预紧？预紧后，螺栓和被连接件各受到什么载荷？

10-17 普通螺栓连接和铰制孔螺栓连接在结构、承载原理上各有什么特点？

10-18 在螺纹连接中，为什么要采用防松装置？

10-19 键连接有哪些类型？

10-20 平键连接与楔键连接在结构和使用性能上有什么不同？

10-21 花键连接与平键连接相比有哪些优缺点？

10-22 销的基本类型及其功用有哪些？

10-23 型面连接有何特点？

10-24 一齿轮装在轴上，采用A型普通平键连接。齿轮、轴、键均用45钢，轴径 $d=80$ mm，轮毂长度 $L=150$ mm，传递转矩 $T=2\,000$ N·m，工作中有轻微冲击。试确定平键尺寸和标记，并验算其连接强度。

10-25 图10-23所示刚性联轴器用螺栓连接，螺栓性能等级为8.8（屈服强度 $\sigma_s=640$ MPa），联轴器材料为铸铁（HT250），传递载荷 $T=1\,500$ N·m。

(1) 采用4个M16的铰制孔用螺栓，螺栓光杆处的直径 $d_s=17$ mm，受压的最小轴向长度 $\delta=14$ mm，试校核其连接强度；

(2) 若采用M16的普通螺栓连接，当接合面间摩擦系数 $f=0.15$，安装时不控制预紧力，试确定所需螺栓数目（取偶数）。

10-26 一钢制液压油缸，缸内油压 $p=4$ MPa，油缸内径 $D=160$ mm（见图10-7），沿凸缘圆周均布8个螺栓，螺栓性能等级为8.8（屈服强度 $\sigma_s=640$ MPa），装配时控制预紧力。试确定螺栓直径。

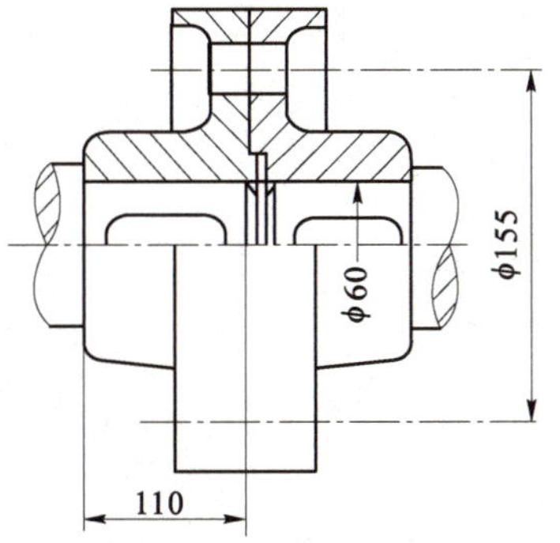


图 10-23　题 10-25

10-27　试为图 10-23 所示联轴器选择平键连接的尺寸并校核其强度。

10-28　一钢制齿轮与轴采用静连接，轴径 $d=100$ mm，齿轮轮毂宽度为 180 mm，工作时有轻微冲击。试确定普通平键连接尺寸，并计算其能传递的最大转矩。

本章习题参考答案

# 第 11 章　轴　　承

## 11.1　概　　述

轴承用来支承轴及轴上零件、保持轴的旋转精度和减少转轴与支承之间的摩擦和磨损。轴承一般分为两大类:滚动轴承和滑动轴承。

轴承按其所能承受载荷方向的不同,又可分为向心轴承(承受径向载荷)、推力轴承(承受轴向载荷)和向心推力轴承(同时承受径向载荷和轴向载荷)。

由于工作条件、润滑状态、表面形态等的不同,两滑动摩擦表面之间可以处于各种不同的摩擦状态,其大致分为如下 4 种。

### 1. 干摩擦状态

当两相对运动表面之间无任何介质时,两表面直接接触。这种摩擦状态称为干摩擦状态。此时,摩擦系数大,两摩擦表面的磨损快,摩擦功率损耗也较大,如图 11-1(a)所示。

### 2. 边界摩擦状态

在一般环境下,干摩擦是很少出现的,两摩擦表面上通常吸附有一层极薄的润滑介质薄膜,其厚度一般为 0.1～0.2 μm,两摩擦表面被薄膜隔开。但在载荷作用下,有部分表面上的凸峰会刺破薄膜而形成直接接触,因此这种状态下摩擦系数和磨损都比较大。这种摩擦状态称为边界摩擦状态,如图 11-1(b)所示。

### 3. 液体摩擦状态

当两表面之间存在液体介质,同时液体介质的厚度足以将两表面完全隔开时,两表面之间的摩擦完全来自液体介质内部,摩擦系数很小,磨损几乎为零。这种摩擦状态称为液体摩擦状态,如图 11-1(c)所示。

### 4. 混合摩擦状态

当两表面之间液体介质的厚度较小时,两摩擦表面之间一些地方形成液体

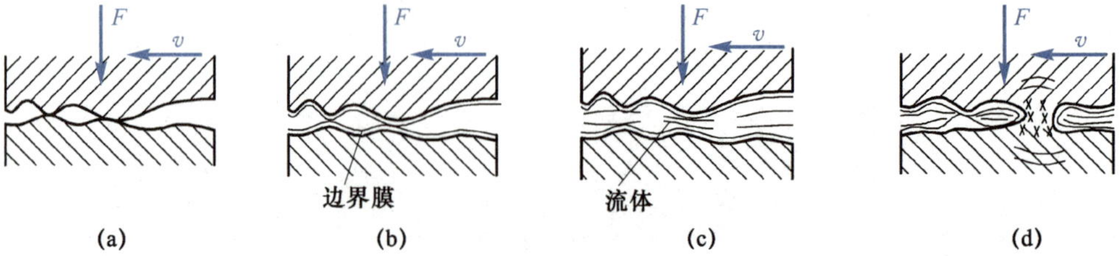


图 11-1　摩擦状态

摩擦，而在另一地方形成边界摩擦。这种摩擦状态称为混合摩擦状态，如图 11-1(d)所示。

边界摩擦状态和混合摩擦状态统称为非液体摩擦状态。大多数普通机器中的滑动轴承和滑动导轨中的摩擦都处于这种状态。

## 11.2 滑动轴承的结构和材料

### 11.2.1 滑动轴承的结构

滑动轴承的主要结构形式

滑动轴承由于是面接触，在接触面之间有油膜，因此具有承载能力大、抗振性能好、工作平稳、噪声小等特点。若采用液体摩擦滑动轴承，则可长期保持较高的旋转精度。因此，在高速、高精度、重载和结构上要求剖分的场合(如汽轮机、内燃机、高速高精度磨床、压缩机、轧钢机、化工机械及锻压机械等)，滑动轴承仍占有重要地位，是滚动轴承不能完全替代的。另外，由于它结构简单、制造容易、成本低，因此也广泛应用于各种简单机械中。

科技创新引领国产化飞跃

#### 1. 径向滑动轴承的结构

常见的径向滑动轴承的结构有整体式、剖分式和调心式。图 11-2 所示是整体式径向滑动轴承，它由轴承座和整体轴瓦组成。轴承座上面设有安装润滑油杯的螺纹孔，在轴瓦上开有油孔和油槽。整体式滑动轴承具有结构简单、成本低、刚度大等优点，但在装拆时需要轴承或轴进行较大的轴向移动，所以装拆不便。而且当轴颈与轴瓦磨损后，无法调整其间的间隙。因此，这种结构常用于轻载、不需经常装拆且不重要的场合。此类轴承已标准化，其标准号为 JB/T 2560—2007。

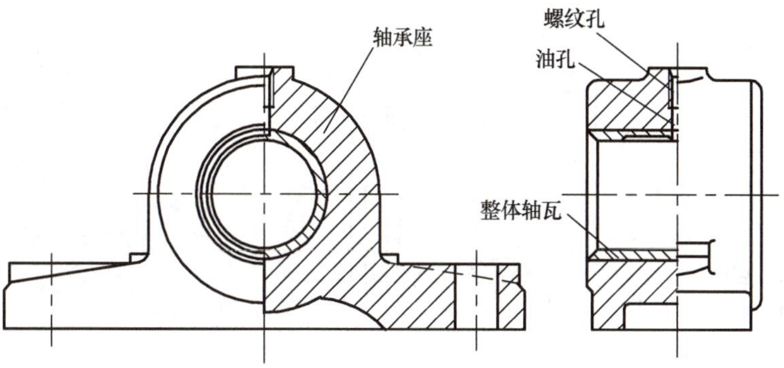


图 11-2　整体式径向滑动轴承

图 11-3 所示是一种普通的剖分式径向滑动轴承，它由轴承座、轴承盖、连接螺栓和剖分式轴瓦等组成。为防止轴承座与轴承盖间相对横向错动，接合面要做成阶梯形或设止动销钉。这种结构装拆方便，且在接合面之间可放置垫片，通过调整垫片的厚薄，可以调整轴瓦和轴颈间的间隙，以补偿磨损造成的间隙增大。此类轴承也已标准化，其标准号为 JB/T 2561—2007。

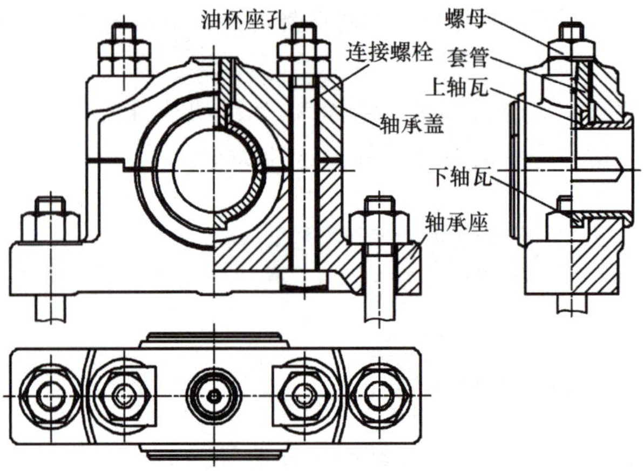


图 11-3 剖分式径向滑动轴承

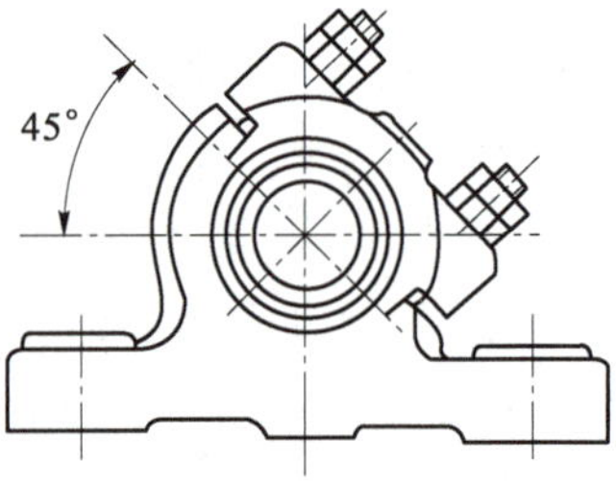


图 11-4 斜开径向轴承

当载荷垂直向下或略有偏斜时，轴承剖分面常为水平方向。当载荷方向有较大偏斜时，轴承的剖分面也斜着布置（通常倾斜 45°），使剖分平面垂直于或接近垂直于载荷方向，如图 11-4 所示。

径向滑动轴承的类型很多，如轴承间隙可调节的滑动轴承（见图 11-5）、轴瓦外表面为球面的调心轴承（见图 11-6）等。

轴瓦是滑动轴承中的重要零件。径向滑动轴承的轴瓦内孔为圆柱形。若载荷方向向下，则下轴瓦为承载区，上轴瓦为非承载区。润滑油应由非承载区引入，因此在顶部开进油孔。在轴瓦内表面，以进油口为中心沿纵向、斜向或横向开有油沟，以利于润滑油均布在整个轴颈上。油沟的形式很多，如图 11-7 所示。一般油沟离端面保持一定距离，防止润滑油从端部大量流失。

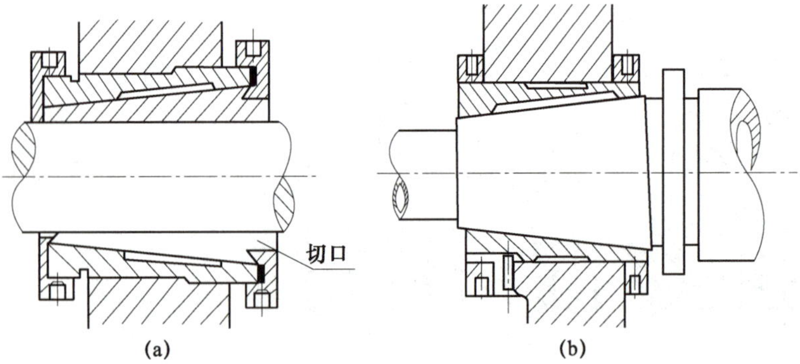


图 11-5 间隙可调节的滑动轴承

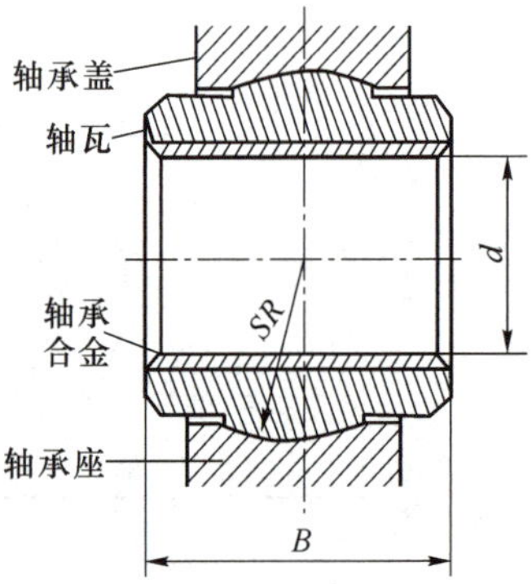


图 11-6 调心轴承

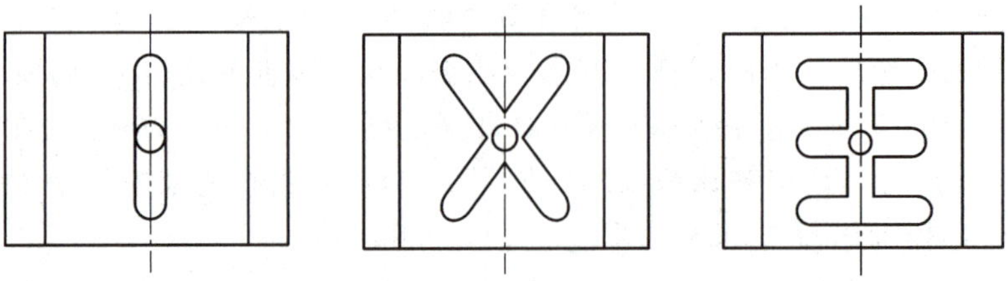

图 11-7 轴瓦上的油沟

轴瓦宽度与轴颈直径之比 $B/d$ 称为宽径比，它是径向滑动轴承的重要参数之一。对于液体摩擦的滑动轴承，常取 $B/d=0.5\sim1$，对于非液体摩擦的滑动轴承，常取 $B/d=0.8\sim1.5$，有时可以更大些。

2. 推力滑动轴承的结构

轴上的轴向力应采用推力轴承承受。止推面可以利用轴的端面，或在轴的中段做出轴肩或装上止推轴环，如图 11-8 所示。

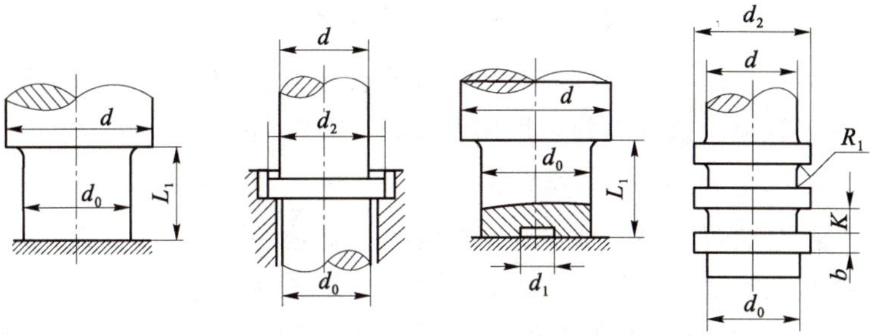


图 11-8 固定瓦推力滑动轴承

## 11.2.2 轴瓦和轴承衬材料

根据轴承的工作情况，要求轴瓦材料具备以下性能：①摩擦系数小；②导热性好，热膨胀系数小；③耐磨、耐蚀、抗胶合能力强；④要有足够的机械强度和可塑性。

能同时满足上述要求的材料是难找的，但应根据具体情况满足主要实用要求。较常见的是做成双层金属的轴瓦，以便性能上取长补短。在工艺上可以用浇铸或压合方法，将薄层材料黏附在轴瓦基体上。黏附上去的薄层材料通常称为轴承衬。

常用的轴瓦和轴承衬材料有下列几种。

1. 青铜

青铜的强度高，承载能力大，耐磨性与导热性都优于轴承合金。它可以在较高的温度(250 ℃)下工作。但它可塑性差，不易跑合，与之相配的轴颈必须淬硬。青铜可以单独做成轴瓦。为了节省有色金属，也可将青铜浇铸在钢或铸铁轴瓦内壁上。用作轴瓦材料的青铜，主要有锡磷青铜、锡锌铅青铜和铝铁青铜。一般情况下，它们分别用于中速重载、中速中载和低速重载的轴承上。

2. 轴承合金

轴承合金(又称白合金、巴氏合金)有锡锑轴承合金和铅锑轴承合金两大类。锡锑轴承合金的摩擦系数小，抗胶合性能良好，对油的吸附性强，耐蚀性好，易跑合，是优良的轴承材料，常用于高速、重载的轴承上。但它的价格贵且机械强度较差，因此只能作为轴承衬材料而浇铸在钢、铸铁[见图 11-9(a)、(b)]或青铜轴瓦上[见图 11-9(c)]。用青铜作为轴瓦基体是因为其导热性良好。这种轴承合金在 110 ℃开始软化，为了安全，在设计运行时常将温度控制得比 110 ℃低 30～40 ℃。

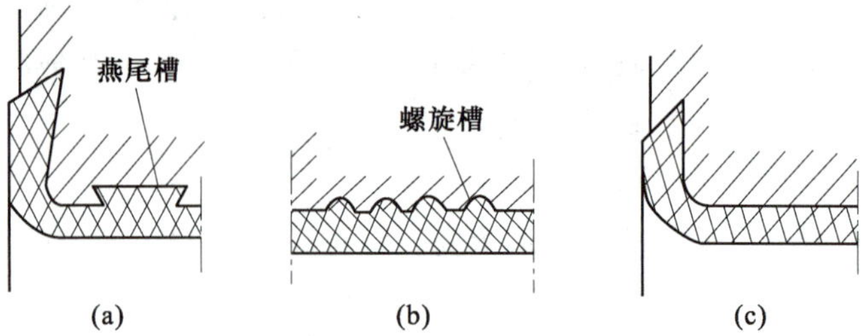


图 11-9 轴承合金的浇铸方法

铅锑轴承合金的各方面性能与锡锑轴承合金相近，但这种材料较脆，不宜承受较大的冲击载荷。这种材料一般用于中速、中载的轴承上。

### 3. 具有特殊性能的轴承材料

用粉末冶金法（经制粉、成型、烧结等工艺）做成的轴承，具有多孔性组织，孔隙内可以储存润滑油，常称为含油轴承。运转时，轴瓦温度升高，由于油的膨胀系数比金属大，因而自动进入滑动表面以润滑轴承。含油轴承加一次油可以使用较长时间，常用于加油不方便的场合。

在不重要的或低速轻载的轴承中，也常采用灰铸铁或耐磨铸铁作为轴瓦材料。

橡胶轴承具有较大的弹性，能减轻振动使运转平稳，可以用水润滑，常用于潜水泵、砂石清洗机、钻机等有泥沙的场合。

塑料轴承具有摩擦系数低，可塑性、跑合性良好，耐磨、耐蚀，可以用水、油及化学溶液润滑等优点。但它的导热性差，膨胀系数较大，容易变形。为改善此缺陷，可将薄层塑料作为轴承衬材料黏附在金属轴瓦上使用。

表 11-1 中给出了常用轴瓦材料的性能。

表 11-1 常用轴瓦材料的性能

| 类别 | 轴瓦材料 | [p] /MPa | [v] /(m/s) | [pv] /(MPa·m/s) | 轴颈最小硬度 /HBS | 最高工作温度 /℃ | 应用场合 |
|---|---|---|---|---|---|---|---|
| 锡锑轴承合金 | ZChSnSb11-6<br>ZChSnSb8-4 | 24.5<br>19.6 | 80<br>60 | 19.6<br>14.7 | 150 | 150 | 用于高速、重载下工作的重要轴承；动载荷下易疲劳，价格高 |
| 铅锑轴承合金 | ZChPbSb16-16-2<br>ZChPbSb15-15-3 | 14.7<br>4.9 | 12<br>6 | 9.8<br>4.9 | 150 | 150 | 用于中速、中等载荷的轴承；不宜受显著的冲击载荷，可作为锡锑轴承合金的代用品 |
| 锡青铜 | ZCuSn10P1<br>ZCuSn5Pb5Zn5 | 14.7<br>7.9 | 10<br>3 | 14.7<br>12 | 300～400 | 280 | 用于中速、中等载荷及受动载荷的轴承 |
| 铅黄铜 | ZCuPb30 | 20.6～27.5 | 12 | 29.4 | 300 | 250～280 | 用于高速、重载轴承，能承受动载荷和冲击载荷 |
| 黄铜 | ZCuZn16Si4<br>ZCuZn25Al16Fe3Mn3 | 11.8<br>9.8 | 2<br>1 | 9.8<br>9.8 | 200 | 200 | 用于低速、中等载荷的轴承 |

续表

| 类别 | 轴瓦材料 | [p] /MPa | [v] /(m/s) | [pv] /(MPa·m/s) | 轴颈最小硬度 /HBS | 最高工作温度 /℃ | 应用场合 |
|---|---|---|---|---|---|---|---|
| 灰铸铁 | HT150<br>HT200<br>HT250 | 4<br>2<br>0.1 | 0.5<br>1<br>2 | — | — | — | 宜用于低速、轻载、不重要的轴承 |
| 塑料 | 酚醛树脂 | 39.2 | 12 | 0.5 | — | 110 | 抗胶合性好，强度、抗振性良好，能耐水、酸、碱，导热性差，重载时需用水或油充分润滑 |
| | 尼龙 | 6.9 | 5 | 0.1 | — | 95 | 最为常用，摩擦系数低，耐磨性好，金属瓦上覆以尼龙薄层，能受中等载荷 |

## 11.3 非液体摩擦滑动轴承的设计

非液体摩擦滑动轴承的主要失效形式为磨损和胶合。因此，其设计准则是防止轴承在预期的工作寿命内发生过度磨损和胶合破坏。但因磨损和胶合过程相当复杂，影响因素又很多，目前只能做条件性验算，其设计过程为首先根据轴承的工作情况确定轴承类型、材料和尺寸，再对其性能做条件性验算。实践证明，如果能限制压强 $p\leqslant[p]$、压强与轴颈线速度的乘积 $pv\leqslant[pv]$ 和滑动速度 $v\leqslant[v]$，那么轴承是能够很好地工作的。

设计的已知条件为轴颈直径、转速、载荷大小和性质及工作状况等。

### 11.3.1 非液体摩擦径向轴承

#### 1. 轴承的压强 $p$

限制轴承的压强 $p$，为防止轴瓦的过度磨损，就应控制其单位面积的压力，即

$$p=\frac{F}{Bd}\leqslant[p] \tag{11-1}$$

式中，$F$ 为轴承径向载荷，N；$B$ 为轴瓦宽度，mm；$d$ 为轴颈直径，mm；$[p]$为轴瓦材料的许用压强，MPa(见表 11-1)。

#### 2. 轴承的 $pv$ 值

$pv$ 值简略地表征轴承的发热因素，它与摩擦功率损耗成正比。$pv$ 值越高，轴承温升越高，容易引起边界油膜的破裂。$pv$ 值的验算式为

$$pv=\frac{F}{Bd}\frac{\pi dn}{60\times 1\,000}=\frac{Fn}{19\,100B}\leqslant[pv] \tag{11-2}$$

式中，$n$ 为轴的转速，r/min；$[pv]$为轴瓦材料的许用值，MPa·m/s(见表 11-1)。

#### 3. 轴承的滑动速度

当载荷比较小时，$p$ 和 $pv$ 值的验算均合格的轴承，由于滑动速度过高，也会

发生因磨损过快而报废，因此还应保证

$$v \leqslant [v] \tag{11-3}$$

式中，$[v]$为轴瓦材料的许用值，m/s（见表 11-1）。

动压油膜的形成过程

### 11.3.2 非液体摩擦推力轴承

对于非液体摩擦推力轴承，应满足：

$$p=\frac{F}{\frac{\pi}{4}(d_2^2-d_1^2)} \leqslant [p] \tag{11-4}$$

$$pv_m \leqslant [pv] \tag{11-5}$$

式中，止推环的平均速度 $v_m=\frac{\pi d_m n}{60\times 1\,000}$，平均直径 $d_m=\frac{d_1+d_2}{2}$。

止推轴承的许用压强为：未淬火钢对铸铁$[p]=2.0\sim2.5$ MPa，对青铜$[p]=4\sim6$ MPa，对巴氏合金$[p]=5\sim6$ MPa；淬火钢对青铜$[p]=7.5\sim8$ MPa，对巴氏合金$[p]=8\sim9$ MPa，对淬火钢$[p]=12\sim15$ MPa。

$[pv]=1\sim2.5$ MPa·m/s。

## 11.4 动压轴承和静压轴承

### 11.4.1 动压轴承的工作原理

两个做相对运动物体的摩擦表面，可借助因相对速度而产生的黏性流体膜将两摩擦表面完全隔开，由液体膜产生的压力来平衡外载荷，称为液体动力润滑。

动压油膜的形成过程可以通过图 11-10 描述。图 11-10(a)表示轴处于静止状态，轴颈位于轴承孔最下方的位置，两表面形成楔形间隙；图 11-10(b)是当轴开始转动时，由于油的黏性而被带进楔形间隙。随着转速的增大，轴颈表面的圆周速度增大，带入楔形间隙内的油量也逐渐加多，由于油具有一定的黏度和不可压缩性，从而在楔形间隙内产生一定的压力，形成一个压力区[见图 11-10(c)]。随着压力的继续增高，楔形间隙中压力逐渐加大，当压力能够克服外载荷 $F$ 时，轴就会浮起，这时轴承处于流体动力润滑状态，油膜产生的压力与外载荷 $F$ 平衡[见图 11-10(d)]。

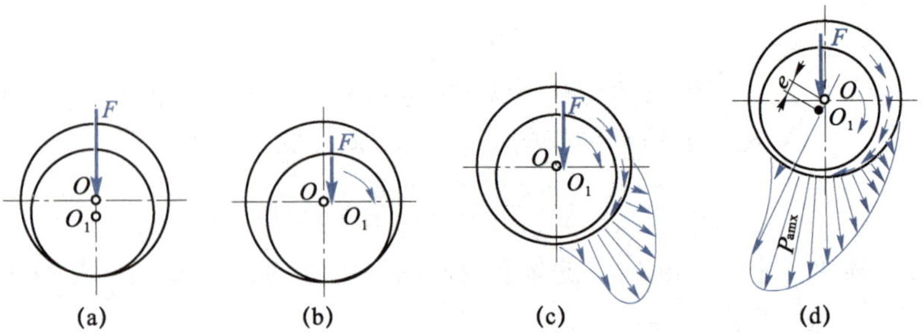


图 11-10　动压油膜的形成过程

液体动压轴承内的摩擦阻力仅为液体的内部摩擦阻力，因此其摩擦系数达到最小值。综上所述，形成液体动压油膜需要具备以下条件：

(1) 轴颈和轴瓦工作表面间必须有一个收敛的楔形间隙；

(2) 轴颈和轴瓦工作表面间必须有一定的相对速度，且它们的运动方向必须使润滑剂从大口流入，从小口流出；

(3) 有一定黏度的润滑剂，且供应充分。

## 11.4.2 静压轴承的工作原理

静压轴承是依靠一套给油装置，将高压油压入轴承的间隙中，强制形成油膜，保证轴承在液体摩擦状态下工作。油膜的形成与相对滑动速度无关，承载能力主要取决于油泵的给油压力，因此静压轴承在高速、低速、轻载、重载下都能胜任工作。在启动、停止和正常运转时期内，轴与轴承之间均无直接接触，理论上轴瓦没有磨损，寿命长，可以长时期保持精度。正由于任何时期内轴承间隙中均有一层压力油膜，因此对轴和轴瓦的制造精度可适当放低，对轴瓦材料的要求也较低。如果设计良好，可以达到很高的旋转精度。但静压轴承需要附加一套繁杂的给油装置，因此其应用不如动压轴承普遍，一般用于低速、重载或要求高精度的机械装备中，如精密机床、重型机器等。

静压轴承在轴瓦内表面上开有几个(通常是 4 个)对称的油腔，各油腔的尺寸一般是相同的。每个油腔四周都有适当宽度的封油面，称为油台，而油腔之间用回油槽隔开，如图 11-11 所示。应当注意：在外油路中必须配有节流器。工作时，若无外载荷(不计轴的自重)作用，轴颈浮在轴承的中心位置，各油腔内压力相等，即油泵压力 $p_s$ 通过节流器降压变为 $p$，且 $p$ 既等于上油腔压力又等于下油腔压力。当轴颈受载荷 $W$ 后，轴颈向下产生位移，此时下油腔四周油台与轴颈之间的间隙减小，流出的油量也随之减少，根据管道内各截面上流量相等的连续性原理，流经节流器的流量也减少，在节流器中产生的压降也减小，供油压力 $p_s$ 是不变的，因而下油腔压力必然增大。在上油腔处则反之，间隙增大，回油畅通而 $p_1$ 降低，上下油腔产生的压力差与外载荷平衡。

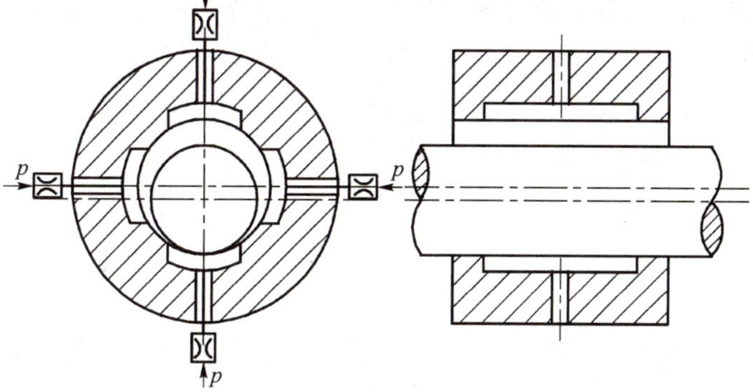


图 11-11 静压轴承

## 11.5 滚动轴承的结构、类型和代号

滚动轴承的基本知识

与滑动轴承相比，滚动轴承应用更为广泛，其摩擦阻力小，功耗少，易启动。滚动轴承多为标准件，由专业工厂大量生产。正因为如此，在机械设计中，主要是根据滚动轴承的使用条件和工作状况来选择合适的轴承类型和型号，并做好轴承的组合设计。

### 11.5.1 滚动轴承的结构

滚动轴承一般由内圈、外圈、滚动体和保持架组成（见图 11-12），保持架的作用是把滚动体沿滚道均匀地隔开。通常，内圈随轴颈转动，外圈装在机座或零件的轴承孔内固定不动。内圈和外圈都制有滚道，当内圈和外圈相对旋转时，滚动体将沿滚道滚动。

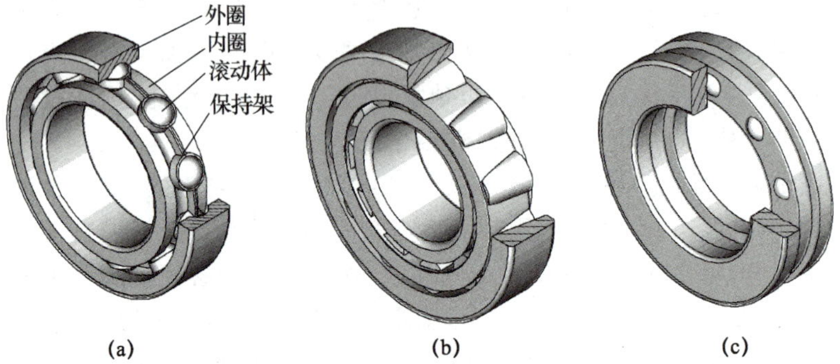


图 11-12 滚动轴承的结构

滚动体与内圈和外圈的材料应具有高的硬度和接触疲劳强度、良好的耐磨性和冲击韧性。一般用含铬合金钢制造，经热处理后硬度可达 61～65 HRC，工作表面必须经磨削和抛光。保持架一般用低碳钢板冲压制成，高速轴承多采用有色金属或塑料保持架。

图 11-13 给出了常用的滚动体形状，滚子又分为长圆柱滚子、短圆柱滚子、圆锥滚子、鼓形滚子、螺旋滚子和滚针等。按滚动体形状，滚动轴承可分为球轴承和滚子轴承。

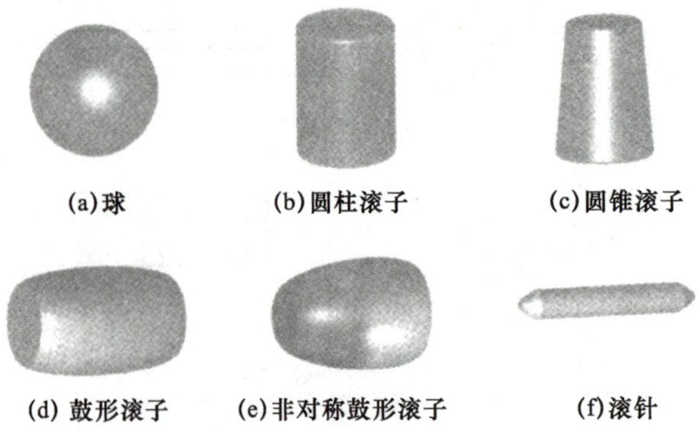


图 11-13 常用的滚动体形状

## 11.5.2 滚动轴承的主要类型及性能

国家标准中将滚动轴承分为 13 种基本类型，表 11-2 列出了其中常见的 8 种。

滚动轴承的主要类型、结构与特点

表 11-2 常见滚动轴承的名称及代号、结构简图承载方向、极限转速、特性与应用

| 名称及代号 | 结构简图承载方向 | 极限转速 | 特性与应用 |
| --- | --- | --- | --- |
| 调心球轴承<br>10000 | 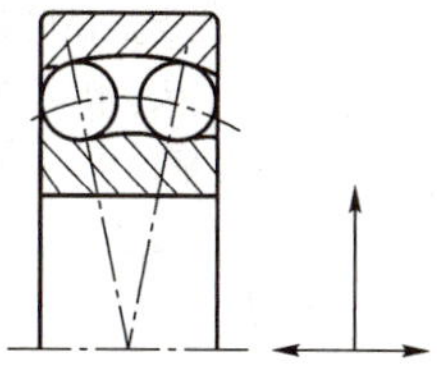 | 中 | 主要承受径向载荷，可承受少量的双向轴向载荷；外圈滚道为球面，具有自动调心性能；适用于多支点轴、弯曲刚度小的轴以及难以精确对中的支承 |
| 调心滚子轴承<br>20000 | 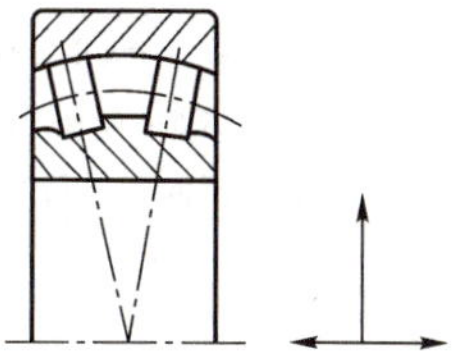 | 中 | 主要承受径向载荷，其承载能力比调心球轴承约大一倍，也能承受少量的双向轴向载荷；外圈滚道为球面，具有调心性能，适用于多支点轴、弯曲刚度小的轴及难以精确对中的支承 |
| 圆锥滚子轴承<br>30000 | 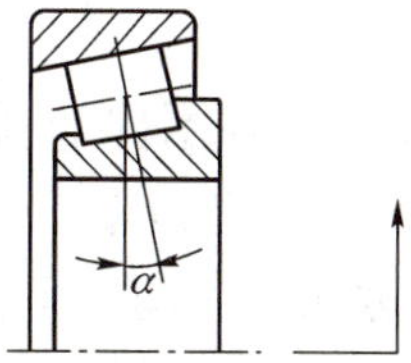 | 中 | 能承受较大的径向载荷和单向的轴向载荷，极限转速较低；内外圈可分离，轴承游隙可在安装时调整；通常成对使用，对称安装；适用于转速不太高，轴的刚性较好的场合 |
| 推力球轴承<br>50000 | 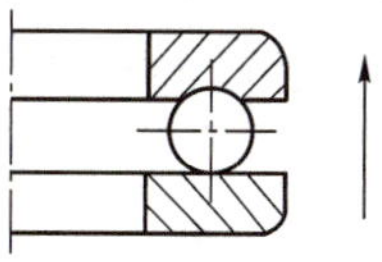 | 低 | 推力球轴承的套圈与滚动体可分离，单向推力球轴承只能承受单向轴向载荷，两个圈的内孔不一样大，内孔较小的与轴配合，内孔较大的与机座固定；高速时，由于离心力大，寿命较低；常用于轴向载荷大、转速不高的场合 |
| 深沟球轴承<br>60000 | 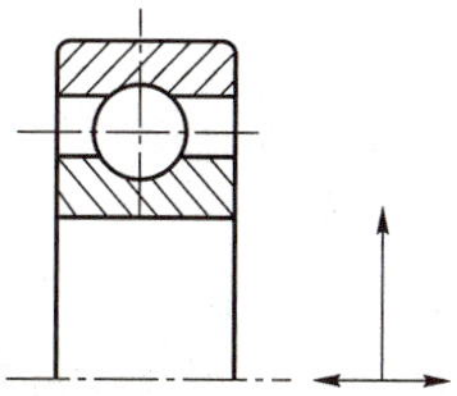 | 高 | 主要承受径向载荷，也可同时承受少量双向轴向载荷，工作时内外圈轴线允许偏斜；摩擦阻力小，极限转速高，结构简单，价格便宜，应用最广泛；但承受冲击载荷能力较差，适用于高速场合；在高速时可代替推力球轴承 |

续表

| 名称及代号 | 结构简图承载方向 | 极限转速 | 特性与应用 |
|---|---|---|---|
| 角接触球轴承<br>70000C<br>70000AC<br>70000B | 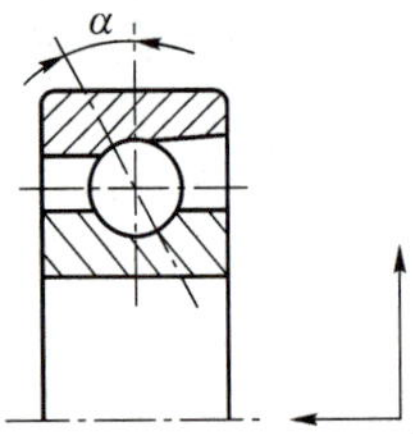 | 高 | 能同时承受径向载荷与单向的轴向载荷，公称接触角 α 有 15°、25°、40°三种，α 越大，轴向承载能力也越大；成对使用，对称安装，极限转速较高；适用于转速较高，同时承受径向和轴向载荷的场合 |
| 圆柱滚子轴承<br>N0000 | 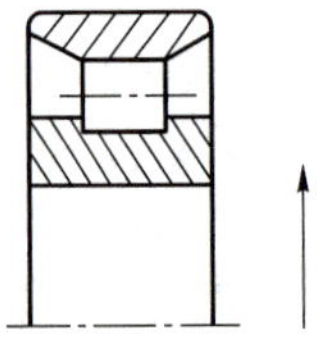 | 高 | 只能承受径向载荷；承载能力比同尺寸的球轴承大，承受冲击载荷能力大，极限转速高；对轴的偏斜敏感，允许偏斜较小，用于刚性较大的轴上，并要求支承座孔能够很好地对中 |
| 滚针轴承<br>NA0000 | 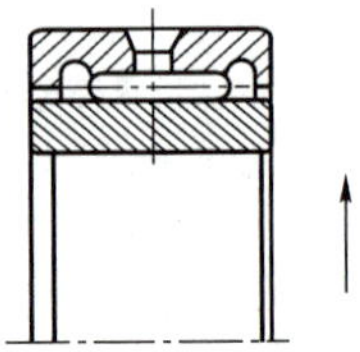 | 低 | 滚动体数量较多，一般没有保持架；径向尺寸紧凑且承载能力很大，价格低廉；不能承受轴向载荷，摩擦系数较大，不允许有偏斜；常用于径向尺寸受限制而径向载荷又较大的装置中 |

## 11.5.3 滚动轴承代号

滚动轴承代号

滚动轴承的类型较多，而每一类型又有多种不同的结构、尺寸和公差等级，为便于组织生产和选用，有必要对其用统一代号表示。GB/T 272—2017《滚动轴承 代号方法》规定了轴承代号的表示方法。滚动轴承代号由基本代号、前置代号和后置代号构成，用数字和字母表示，其构成见表 11-3。

表 11-3 滚动轴承代号的构成

<table>
<tr><th>前置代号</th><th colspan="4">基本代号</th><th>后置代号</th></tr>
<tr><td rowspan="3">成套轴承分部件代号</td><td>×</td><td>×</td><td>×</td><td>××</td><td rowspan="3">内部结构、公差及等级材料等</td></tr>
<tr><td rowspan="2">类型代号</td><td colspan="2">尺寸系列代号</td><td rowspan="2">内径代号</td></tr>
<tr><td>宽度(或高度)系列代号</td><td>直径系列代号</td></tr>
</table>

注：×为数字。

(1) 基本代号。基本代号用来表示轴承的内径、直径系列、宽度系列和类型，其中直径系列和宽度系列统称为尺寸系列。

① 内径代号。轴承的内径用基本代号右起第一、二位数字表示。对于轴承内径为 20～480 mm 的轴承，以内径 $d$ 除以 5 的商数为内径代号，若商为个位

数，则在商数左边加 0；对于轴承内径为 10 mm、12 mm、15 mm、17 mm 的轴承，分别用 00、01、02、03 作为内径代号；对内径小于 10 mm 或大于 500 mm 的轴承的表示方法，可参阅 GB/T 272—2017。

② 直径系列代号。轴承的直径系列（结构相同、内径相同的轴承在外径和宽度方面的变系列）用基本代号右起第三位数字表示，如 0 系列、1 系列、2 系列、3 系列等。直径系列之间的尺寸对比如图 11-14 所示。

③ 宽度系列代号。轴承的宽度系列（结构相同、内径和直径系列都相同的轴承，在宽度方的变化系列）用基本代号右起第四位数字表示，如 0 系列、1 系列、2 系列、3 系列等。当轴承的宽度系列为 0 系列时，在轴承代号中通常省略（在调心滚子轴承和圆锥滚子轴承中不可省略）。宽度系列之间的尺寸对比如图 11-15 所示。

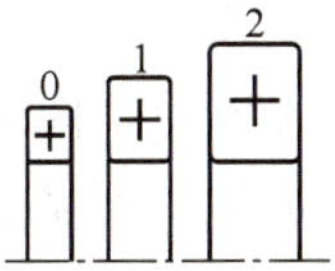


图 11-14 直径系列的对比

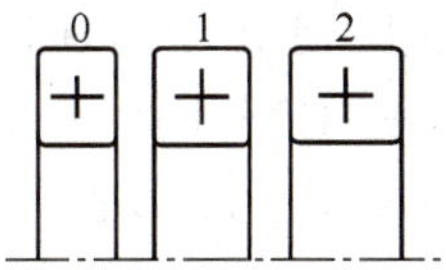


图 11-15 宽度系列的对比

④ 类型代号。轴承类型用基本代号右起第五位的数字或字母表示，见表 11-2。

(2) 前置代号和后置代号。轴承的前置代号用于表示轴承的分部件，用字母表示。轴承的后置代号用字母和数字表示轴承的结构、公差等级及材料等的特殊要求，内容较多。下面仅介绍后置代号中的公差等级代号。

公差等级代号用以表示轴承制造的精度等级，分为 0 级、6x 级、6 级、5 级、4 级和 2 级，共 6 个级别，分别用/P0、/P6x、/P6、/P5、/P4、/P2 表示，精度按以上次序由低到高，0 级在轴承代号中省略不标出。

**例 11-1** 试说明轴承代号 6202 和 31310/P4 的含义。

**解** 6202 表示内径 $d=15$ mm，深沟球轴承，宽度系列为 0 系列，直径系列为 2 系列，0 级公差等级。

31310/P4 表示内径 $d=50$ mm，圆锥滚子轴承，宽度系列为 1 系列，直径系列为 3 系列，4 级公差等级。

## 11.6 滚动轴承的选择

选用轴承时，应首先选择轴承类型，然后再确定轴承尺寸。

### 11.6.1 滚动轴承类型的选择

滚动轴承类型的选择，主要应考虑以下 3 方面的影响因素。

### 1. 轴承承受的载荷

轴承类型的选择主要取决于载荷的大小、方向和性质。

（1）由于球轴承元件之间是点接触，而滚子轴承元件之间是线接触，在同样的载荷下球轴承的接触应力要比滚子轴承大，因此当载荷轻而平稳时，宜选球轴承；当载荷大、有冲击时，宜选用滚子轴承。

（2）当轴承载荷的方向为纯径向时，应选用深沟球轴承、圆柱滚子轴承或滚针轴承；当载荷方向为纯轴向时，应选用推力球轴承。

（3）当轴承同时承受径向载荷和轴向载荷，且轴向载荷较小时，可选用深沟球轴承；当轴向载荷较大时，可选用角接触球轴承和圆锥滚子轴承。

### 2. 轴承的转速

（1）由于球轴承比滚子轴承的滚动阻力小，因此在尺寸、精度相同时，球轴承比滚子轴承的极限转速高，在高速时应优先选用球轴承。

（2）在轴承内径相同的情况下，不同的滚动体尺寸对应不同的轴承尺寸系列。滚动体的尺寸越大，在高速转动时产生的离心力也越大，对轴承的强度和寿命影响也随之增大，因此滚动体小的轴承更适合在高速转动下工作。

（3）推力轴承的滚道对滚动体的约束能力很小，在较高转速时滚动体很容易脱离滚道位置而失效，因此推力轴承的极限转速都很低。

### 3. 轴承的调心性能

当轴的跨距较大、弯曲刚度较小或由于加工安装等原因造成轴两端的轴承有较大不同心时，应采用具有自动调心性能的调心球轴承或调心滚子轴承。

此外，轴承类型的选择还应考虑轴承的装拆、调整、轴承游隙的控制等是否方便，这些将在轴承的组合设计中作进一步讨论。

滚动轴承的寿命及当量动载荷

## 11.6.2 滚动轴承尺寸的选择

### 1. 滚动轴承的失效形式、基本额定寿命及基本额定动载荷

1）滚动轴承的失效形式

滚动轴承在工作过程中，滚动体和内外圈不断接触，滚动体与滚道受动应力作用，可近似地看作脉动循环。在载荷的反复作用下，首先在表面下一定深度处产生疲劳裂纹，继而扩展到接触表面，形成疲劳点蚀，致使轴承不能正常工作。通常疲劳点蚀是滚动轴承的主要失效形式。

当轴承转速很低或间歇摆动时，一般不会产生疲劳损坏。而很大的静载荷或冲击载荷会使轴承滚道和滚动体接触处产生塑性变形，使滚道表面形成变形凹坑，从而使轴承在运转中产生剧烈振动和噪声，无法正常工作。

此外，使用、维护和保养不当或密封润滑不良也能引起轴承早期磨损、胶合、内外圈和保持架破损等失效形式。

2）基本额定寿命

轴承的套圈或滚动体的材料首次出现疲劳点蚀前，一个套圈相对于另一个套圈的转数称为轴承的寿命。轴承的寿命还可以用在恒定转速下的运转小时数

表示。

对于一组同一型号的轴承，由于材料和工艺等很多随机因素的影响，即使在相同条件下运转，寿命也不一样，有的甚至相差几十倍。因此对一个具体轴承，很难预知其确切的寿命。为了保证轴承工作的可靠性，在国家标准中规定以基本额定寿命为计算依据。轴承的基本额定寿命是指一批轴承，在同样工作条件下，其中10%的轴承产生疲劳点蚀，而90%的轴承不产生疲劳点蚀时转过的总转数，以 $L_{10}$ 表示。

3)基本额定动载荷

轴承的基本额定寿命与所受的载荷有关，工作载荷越大，轴承的基本额定寿命就越短。为了表达各种型号轴承的承载特性，规定轴承基本额定寿命 $L_{10}$ 为 $10^6$ r(转)时，轴承所能承受的最大载荷为轴承的基本额定动载荷，用字母 $C$ 表示。显然，轴承在基本额定动载荷作用下，工作 $10^6$ r 而不发生疲劳点蚀的可靠度为90%。不同型号的轴承有不同的基本额定动载荷，它表征了不同型号轴承的承载特性。

## 2. 轴承的寿命计算

大量试验表明：对于相同型号的轴承，在不同载荷 $P_1, P_2, P_3, \cdots$ 作用下，若轴承的额定寿命分别为 $L_1, L_2, L_3, \cdots(10^6 \text{r})$，则它们之间有如下关系：

$$L_1 P_1^{\varepsilon} = L_2 P_2^{\varepsilon} = L_3 P_3^{\varepsilon} = \cdots = 常数$$

上式可写为

$$LP^{\varepsilon} = 10^6 C^{\varepsilon}$$

或

$$L_{10} = \left(\frac{C}{P}\right)^{\varepsilon} \quad 10^6 \text{r} \tag{11-6}$$

式中，$\varepsilon$ 为寿命指数，对球轴承 $\varepsilon=3$，滚子轴承 $\varepsilon=\frac{10}{3}$。

实际计算时，用小时表示轴承寿命比较方便，即

$$L_h = L_{10}\frac{10^6}{60n} \text{ h} \tag{11-7}$$

式中，$n$ 为轴承的转速，r/min。

考虑到轴承工作温度高于100 ℃时，轴承的基本额定动载荷 $C$ 有所降低，所以引进温度系数 $f_t$，对 $C$ 值予以修正，$f_t$ 可查表11-4。考虑到很多机械在工作中有冲击、振动而使轴承寿命降低，所以引进载荷系数 $f_P$，对载荷 $F$ 值予以修正，$f_P$ 可查表11-5。

**表11-4 温度系数 $f_t$**

| 轴承工作温度/℃ | 100 | 125 | 150 | 200 | 250 | 300 |
|---|---|---|---|---|---|---|
| 温度系数 $f_t$ | 1 | 0.95 | 0.90 | 0.80 | 0.70 | 0.60 |

**表11-5 载荷系数 $f_P$**

| 载荷性质 | $f_P$ | 应用举例 |
|---|---|---|
| 无冲击或轻微冲击 | 1.0～1.2 | 电动机、通风机、水泵等 |

续表

| 载荷性质 | $f_P$ | 应用举例 |
|---|---|---|
| 中等冲击 | 1.2～1.8 | 车辆、减速器、起重机，造纸机、机床等 |
| 强烈冲击 | 1.8～3.0 | 破碎机、轧钢机、钻探机、振动筛等 |

修正后的寿命计算式可写为

$$L_{10}=\left(\frac{f_t C}{f_P P}\right)^{\varepsilon} \quad 10^6\,\mathrm{r} \tag{11-8}$$

### 3. 当量动载荷

滚动轴承的额定动载荷是在一定条件下确定的，对向心轴承是指承受纯径向载荷；对推力轴承是指承受纯轴向载荷。如果作用在轴承上的实际载荷与上述条件不一样，必须将实际载荷换算为和上述条件相同的载荷后，才能和额定动载荷进行比较。换算后的载荷是一种等效载荷，称为当量动载荷 $P$，可用下式计算：

$$P=XF_r+YF_a \tag{11-9}$$

式中，$F_r$ 为轴承所受的径向载荷，N；$F_a$ 为轴承所受的轴向载荷，N；$X$ 为径向载荷系数；$Y$ 为轴向载荷系数。$X$、$Y$ 值可查表 11-6。

**表 11-6 滚动轴承的载荷系数 *X*、*Y***

| 轴承类型 | | $F_a/C_0$ | $e$ | $F_a/F_r>e$ | | $F_a/F_r\leqslant e$ | |
|---|---|---|---|---|---|---|---|
| | | | | X | Y | X | Y |
| 深沟球轴承 | 60000 | 0.014 | 0.19 | 0.56 | 2.30 | 1 | 0 |
| | | 0.028 | 0.22 | | 1.99 | | |
| | | 0.056 | 0.26 | | 1.71 | | |
| | | 0.084 | 0.28 | | 1.55 | | |
| | | 0.11 | 0.30 | | 1.45 | | |
| | | 0.17 | 0.34 | | 1.31 | | |
| | | 0.28 | 0.38 | | 1.15 | | |
| | | 0.42 | 0.42 | | 1.04 | | |
| | | 0.56 | 0.44 | | 1.00 | | |
| 角接触球轴承 | 70000C ($\alpha=15°$) | 0.015 | 0.38 | 0.44 | 1.47 | 1 | 0 |
| | | 0.029 | 0.40 | | 1.40 | | |
| | | 0.058 | 0.43 | | 1.30 | | |
| | | 0.087 | 0.46 | | 1.23 | | |
| | | 0.12 | 0.47 | | 1.19 | | |
| | | 0.17 | 0.50 | | 1.12 | | |
| | | 0.29 | 0.55 | | 1.02 | | |
| | | 0.44 | 0.56 | | 1.00 | | |
| | | 0.58 | 0.56 | | 1.00 | | |
| | 70000AC ($\alpha=25°$) | — | 0.68 | 0.41 | 0.87 | 1 | 0 |
| | 70000B($\alpha=40°$) | — | 1.14 | 0.35 | 0.57 | 1 | 0 |
| 圆锥滚子轴承 30000 | | — | 1.5tan | 0.4 | 0.4arctan | 1 | 0 |

4. 滚动轴承的静载荷

对于在工作载荷下基本不旋转或缓慢旋转或缓慢摆动的轴承，其失效形式不是疲劳点蚀，而是因滚动接触面上的接触应力过大而产生的过大的塑性变形。

在 GB/T 4662—2012 中，对每一种规格的滚动轴承都规定了一个不应超过的载荷界限——基本额定静载荷，用 $C_0$ 表示。按轴承静承载能力选择轴承的公式为

$$C_0 \geqslant S_0 P_0 \tag{11-10}$$

式中，$S_0$ 为静强度安全系数，可由设计手册查取；$P_0$ 为当量静载荷，N，其计算公式同式(11-9)，载荷系数可查轴承手册。

## 11.7 滚动轴承的组合设计

滚动轴承的组合设计

进行滚动轴承的组合设计，首先要保证轴和轴上零件在机器中具有正确可靠的工作位置，其次要保证滚动轴承不致因轴受热膨胀而被卡死。滚动轴承的组合设计就是要解决轴承的轴向位置固定、轴承与其他零件的配合、间隙调整、装拆和润滑密封等一系列问题。

### 11.7.1 滚动轴承的组合支承方式

滚动轴承的典型组合支承方式可以分为以下 3 类。

1. 双支点各单向固定

如图 11-16(a)所示，轴的两个支点中每一个支点都能限制轴的单向移动，两个支点合起来就限制了轴的双向移动，它适用于工作温度变化不大的短轴。考虑到轴因受热而伸长，在轴承盖与外圈端面之间应留出热补偿间隙[见图 11-16(b)]。

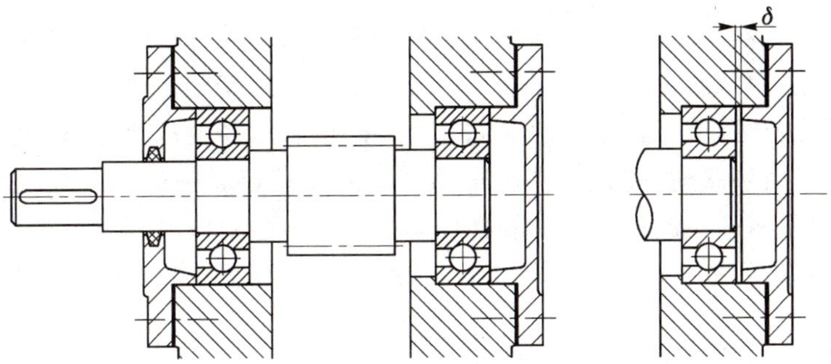


(a) (b)

图 11-16 双支点各单向固定

2. 一支点双向固定，另一支点游动

这种组合结构适用于温度变化较大的长轴，如图 11-17 所示，在两个支点中一个支点能限制轴的双向移动，另一个支点可作轴向移动。可作轴向移动的支承称为游动支承，它不承受轴向载荷。图 11-17(a)右轴承外圈未完全固定，可以有一定的游动量；图 11-17(b)采用圆柱滚子轴承，其滚子和轴承的外圈之间可以

发生轴向游动。

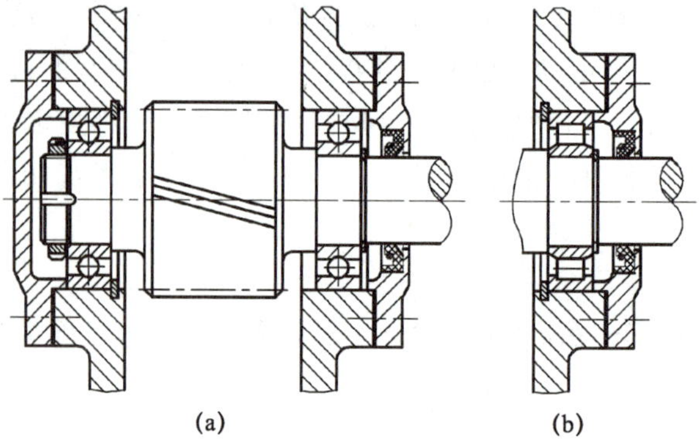


图 11-17　单支点双向固定

3. 双支点游动

这种组合结构中左、右两端的轴承均可让轴自由游动，均为游动支点，此种支承方式一般只用在人字齿轮传动这种特定的情况下，如图 11-18 所示。

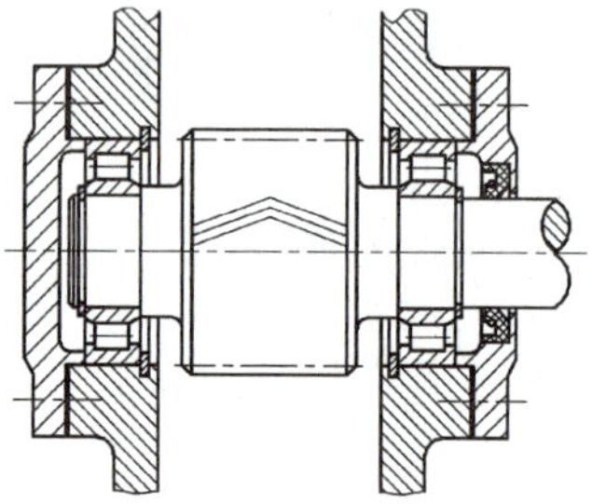

图 11-18　双支点游动

## 11.7.2　滚动轴承的配合

由于滚动轴承是标准件，选择配合时把它作为基准件。因此，轴承内圈与轴的配合采用基孔制，轴承外圈与轴承座孔的配合采用基轴制。

选择配合时，应考虑载荷的方向、大小和性质，以及轴承类型、转速和使用条件等因素。当外载荷方向不变时，转动套圈应比固定套圈的配合紧一些。一般情况下，内圈随轴一起转动、外圈固定不转，所以内圈常取具有过盈的过渡配合；外圈常取较松的过渡配合。当轴承作游动支承时，外圈应取保证有间隙的配合。

## 11.7.3　滚动轴承的装拆和调整

设计轴承组合时，应考虑怎样有利于轴承装拆，以便在装拆过程中不致损坏轴承和其他零件。滚动轴承的装拆常用压力法和温差法。温差法是将轴承放进烘箱或热油中，使轴承的内圈受热膨胀，然后就可以将轴承顺利地装在轴上。

图 11-19 和图 11-20 分别是轴承内圈和外圈压装，通过压轴承内圈或外圈，将轴承压装到轴上或轮毂孔中。

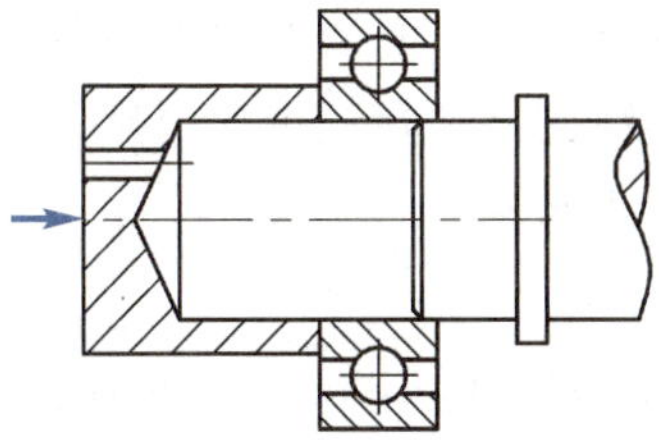

图 11-19 轴承内圈压装

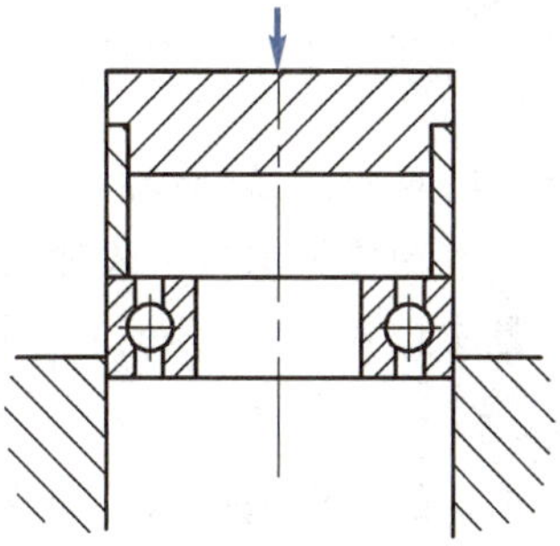

图 11-20 轴承外圈压装

图 11-21 为用轴承拆卸器拆卸轴承。在设计中应预留拆卸空间。另外应注意:从轴上拆卸时,应卡住轴承的内圈,如图 11-21 所示。从座孔中拆卸轴承时,应用反向爪拆卸轴承的外圈。

当轴不太重时,可以用压力法拆卸轴承,如图 11-22 所示。注意:采用该方法时,不可只垫轴承的外圈,以免损坏轴承。

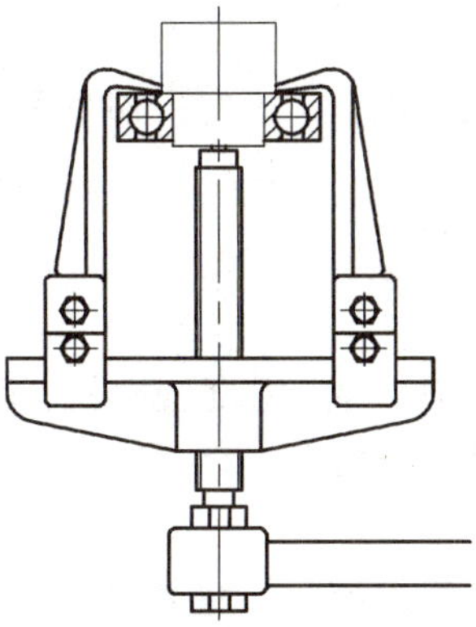

图 11-21 用轴承拆卸器拆卸轴承

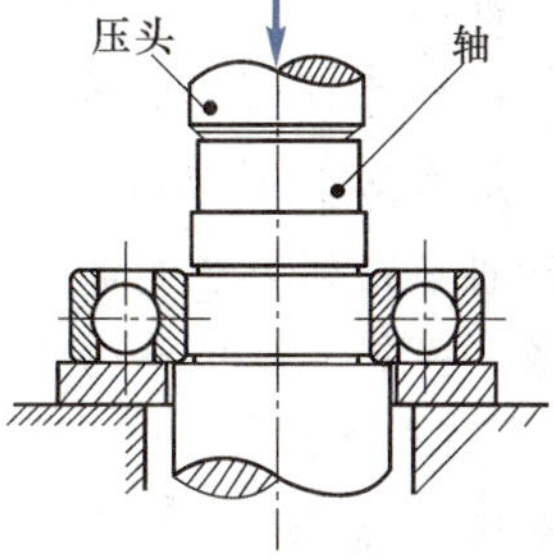


图 11-22 用压力法拆卸轴承

轴承安装后,需进行仔细调整。一方面是为了保证轴承中的正常游隙,另一方面是为了使调整轴上的传动零件(齿轮)处于正确的啮合位置。例如,为了使小锥齿轮与大锥齿轮的锥顶共点,锥齿轮轴需作轴向调整,其调整方法如图 11-23 所示,用改变套杯与机架间垫片 1 的厚度的方法使锥齿轮轴左右移动。端盖与套杯间的另一组垫片 2 用来调整轴承的游隙。

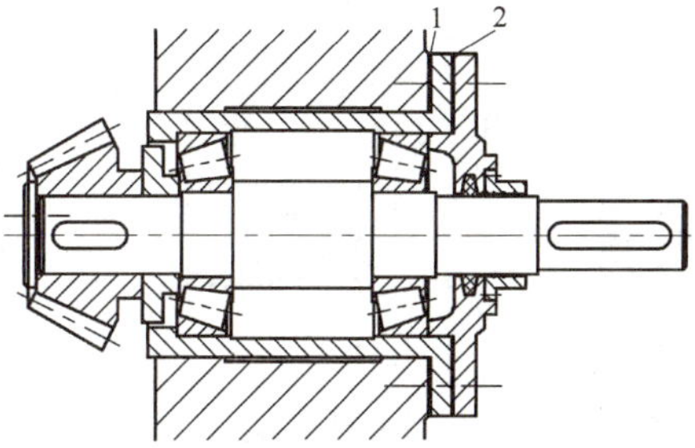


图 11-23 轴承的调整

### 11.7.4 滚动轴承的润滑和密封

润滑和密封对滚动轴承的使用寿命有重要意义。润滑的主要目的是减小摩擦与磨损。滚动接触部位形成油膜时，还有吸收振动、降低工作温度等作用。密封的目的是防止灰尘、水分等进入轴承，并阻止润滑剂的流失。

1. 滚动轴承的润滑

滚动轴承的润滑剂可以是润滑脂、润滑油或固体润滑剂。一般情况下，轴承采用润滑脂润滑，但在轴承附近已经具有润滑油源时(如变速箱内本来就有润滑齿轮的机油)，也可采用润滑油润滑。具体选择可按速度因数 $dn$ 值确定。$d$ 代表轴承内径(mm)；$n$ 代表轴承转速(r/min)，$dn$ 值间接地反映了轴颈的圆周速度，当 $dn<(1.5\sim2)\times10^5$ mm·r/min 时，一般滚动轴承可采用润滑脂润滑，超过这一范围宜采用润滑油润滑。

脂润滑的优点是润滑脂不易流失，便于密封和维护，且一次充填润滑脂可运转较长时间。油润滑的优点是比脂润滑的摩擦阻力小，并能散热，主要用于高速或工作温度较高的轴承。

润滑油的黏度可按轴承的速度因数 $dn$ 和工作温度 $t$ 确定。油量不宜过多，若采用浸油润滑，则油面高度不超过最低滚动体的中心，以免产生过大的搅油损耗和热量。高速轴承通常采用滴油或喷雾方法润滑。

2. 滚动轴承的密封

滚动轴承密封方法的选择与润滑的种类、工作环境、温度、密封表面的圆周速度有关。密封方法可分为接触式密封、非接触式密封和组合式密封三大类。

1) 接触式密封

毡圈密封[见图 11-24(a)]用于 $v<5$ m/s 的脂润滑和低速油润滑，工作温度小于 60 ℃，密封作用小。唇形密封圈密封[见图 11-24(b)]用于 $v<10$ m/s 的油润滑或脂润滑，工作温度为 −40～100 ℃，工作可靠。

2) 非接触式密封

油沟密封[见图 11-24(c)]除在轴承盖孔中开有数条油沟外，还留有 0.1～0.3 mm 的半径间隙，使用时应在油沟中填满润滑脂，用于脂润滑或低速油润滑。迷宫密封[见图 11-24(d)]的缝隙一般为 0.2～0.5 mm，缝隙中填入润滑脂，密封性好，可用于 $v<30$ m/s 的油润滑或脂润滑。

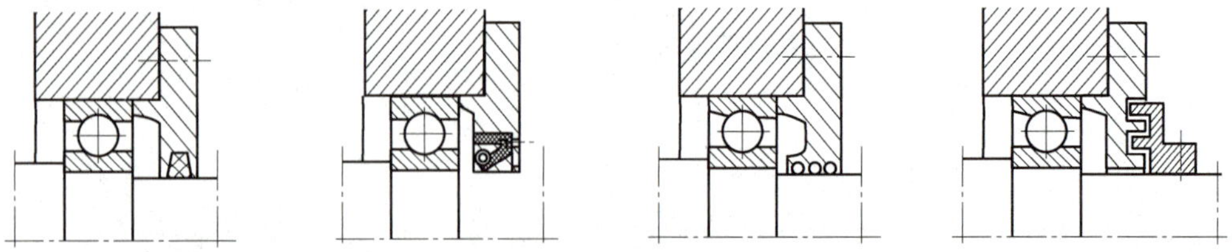

(a)毡圈密封 (b)唇形密封圈密封 (c)油沟密封 (d)迷宫密封

图 11-24 轴承的密封形式

3）组合式密封

组合式密封为上述两种密封形式的组合（见图 11-23 右端的密封），密封效果好。

## 11.8 滑动轴承和滚动轴承的比较

滑动轴承和滚动轴承各有特点，设计时，应根据具体条件选择既满足工作要求又较为经济的轴承。现将两种轴承的特点列于表 11-7 进行对比，以便选用时参考。

表 11-7　滚动轴承与滑动轴承的对比

| 比较项目 | 滑动轴承 | | 滚动轴承 |
|---|---|---|---|
| | 液体摩擦轴承 | 非液体摩擦轴承 | |
| 轴承来源 | 自行设计、加工 | | 可购买标准件，设计和使用方便 |
| 启动时的摩擦力矩 | 较大（对动压轴承）<br>较小（对静压轴承） | 较大 | 很小 |
| 工作时的摩擦系数及效率 | $f=0.001\sim0.008$<br>$\eta\approx0.995\sim0.999$ 或更高 | $f\approx0.008\sim1.10$<br>$\eta\approx0.95\sim0.97$ | $f\approx0.0008\sim0.005$<br>$\eta\approx0.99\sim0.999$ |
| 适用的工作转速 | 中速或高速 | 低速 | 低速或中速，高速时对轴承要特别设计 |
| 工作时的噪声 | 轴承本身无噪声，但静压轴承的供油系统有噪声 | 无噪声 | 低精度轴承或高速度轴承的噪声较大，高精度轴承的噪声较小 |
| 旋转精度 | 一般较低，但大刚度静压轴承则较高 | 一般或更低 | 较高 |
| 承受冲击、振动的能力 | 强（有油膜缓冲） | 较强（承压面积大） | 弱（承压面小） |
| 外廓尺寸 | 径向小，轴向大 | | 径向大，轴向小 |
| 安装 | 要求精度高 | 容易 | 要求精度高，只能轴向装入 |
| 润滑 | 润滑装置复杂，用油量大，需经常照料 | 除不需复杂的润滑装置外，其余同左 | 润滑简单 |

## 思考与练习题

11-1　滑动轴承的摩擦状况有哪几种？它们有何本质差别？

11-2　径向滑动轴承的主要结构形式有哪几种？各有何特点？

11-3　非液体摩擦滑动轴承的主要失效形式是______。

A. 点蚀　　B. 胶合　　C. 磨损　　D. 塑性变形

11-4　常用轴瓦材料有哪些？适用于何处？为什么有的轴瓦上浇铸一层减摩金属作轴承衬使用？

11-5　形成滑动轴承动压油膜润滑要具备什么条件？

11-6　液体滑动轴承的动压油膜是在一个收敛的楔形空间、充分供油和一定______条件下形成的。

A. 相对速度　　B. 外载　　C. 外界油压　　D. 温度

11-7　校核铸件清理滚筒上的一对滑动轴承，已知装载量加自重为 18 000 N，转速为 40 r/min，两端轴颈的直径为 120 mm，轴瓦材料为表 11-1 锡青铜 ZCuSn10P1，用润滑脂润滑。

11-8　验算一非液体摩擦的滑动轴承，已知轴转速 $n=65$ r/min，轴直径 $d=85$ mm，轴承宽度 $B=85$ mm，径向载荷 $F_r=70$ kN，轴的材料为 45 钢，试选择该滑动轴承的材料。

11-9　一起重用滑动轴承，轴颈直径 $d=70$ mm，轴瓦工作宽度 $B=70$ mm，径向载荷 $F_r=30\ 000$ N，轴的转速 $n=200$ r/min，试选择合适的轴瓦的材料。

11-10　已知一支承起重机卷筒的非液体摩擦的滑动轴承所受的径向载荷 $F_r=25\ 000$ N，轴颈直径 $d=90$ mm，宽径比 $B/d=1$，轴颈转速 $n=8$ r/min，试选择该滑动轴承的材料。

11-11　滚动轴承的主要类型有哪几种？各有何特点？试画出它们的结构简图。

11-12　说明下列型号轴承的类型、尺寸、系列、结构特点及精度等级：32210E，52411/P5，61805，7312AC，NU2204E。

11-13　选择滚动轴承应考虑哪些因素？试举出一两个实例说明。

11-14　滚动轴承的主要失效形式是什么？应怎样采取相应的设计准则？

11-15　试按滚动轴承寿命计算公式分析：

(1) 转速一定的 7207C 轴承，其额定动载荷从 $C$ 增为 $2C$ 时，寿命是否增加 1 倍？

(2) 转速一定的 7207C 轴承，其当量动载荷从 $P$ 增为 $2P$ 时，寿命是否由 $L_h$ 下降为 $L_h/2$？

(3) 当量动载荷一定的 7207C 轴承，当工作转速由 $n$ 增为 $2n$ 时，其寿命有何变化？

本章习题参考答案

# 第 12 章　轴和联轴器

## 12.1 轴的分类和材料

### 12.1.1　轴的分类

轴是机器中的重要零件之一，用来支持旋转零件，如齿轮、带轮等。根据承受载荷的不同，轴可分为转轴、传动轴和心轴 3 种。转轴既承受转矩又承受弯矩，如图 12-1 所示的减速箱输入轴。传动轴主要承受转矩，不承受或承受很小的弯矩，如汽车的传动轴(见图12-2)通过两个万向联轴器与发动机转轴和汽车后桥相连，传递转矩。心轴只承受弯矩而不传递转矩。心轴又可分为固定心轴(见图 12-3)和转动心轴(见图 12-4)。

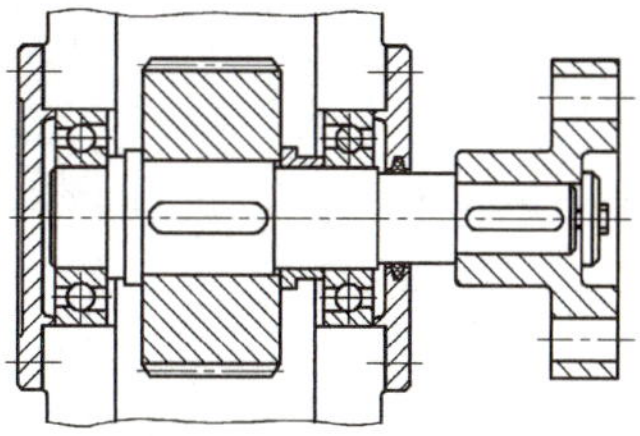

图 12-1　减速箱输入轴

轴的基本知识

中国航天器的轴和联轴器技术

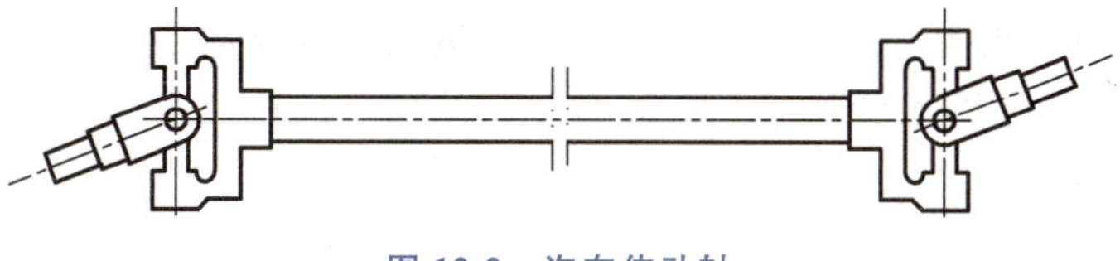

图 12-2　汽车传动轴

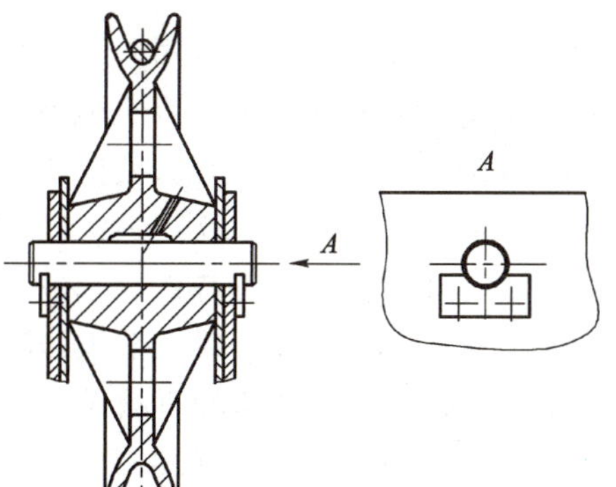


图 12-3　固定心轴

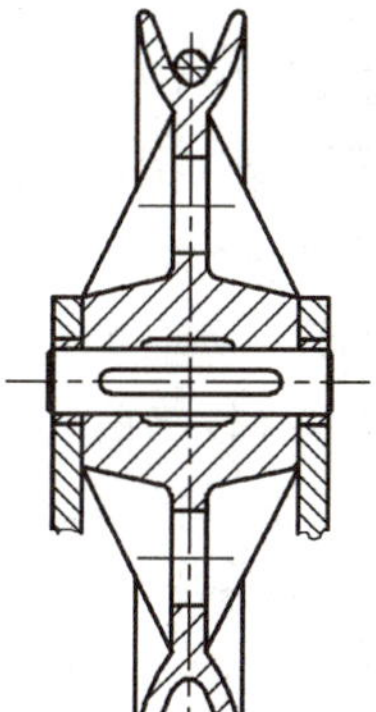

图 12-4　转动心轴

按轴线的形状，轴可分为直轴(见图 12-1～图 12-4)、曲轴(见图 12-5)和挠性轴（见图 12-6）。曲轴常用于往复式机械中，如内燃机等。挠性轴常用于振捣器和医疗设备中。其中，挠性钢丝轴通常是由几层紧贴在一起的钢丝层构成的，可以把转矩和运动灵活地传到任何位置。另外，为减轻轴的质量，还可以将轴制成空心的形式，如图 12-7 所示。

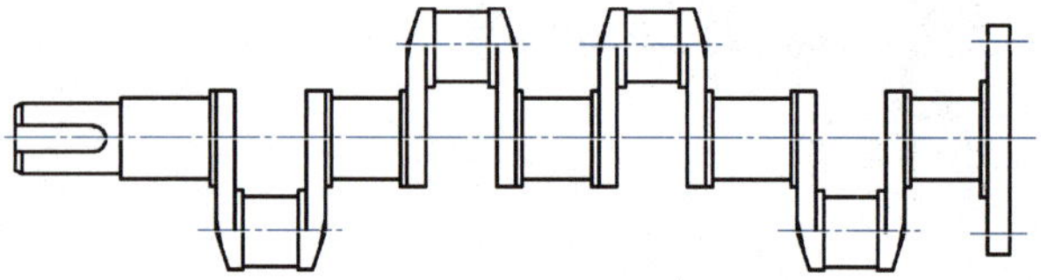
图 12-5 曲轴

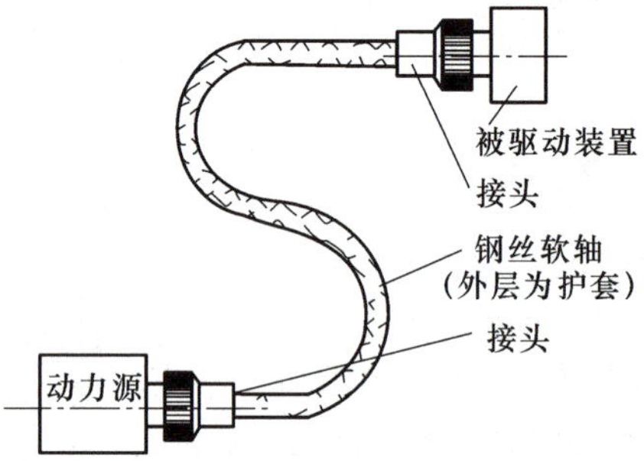

图 12-6 挠性轴

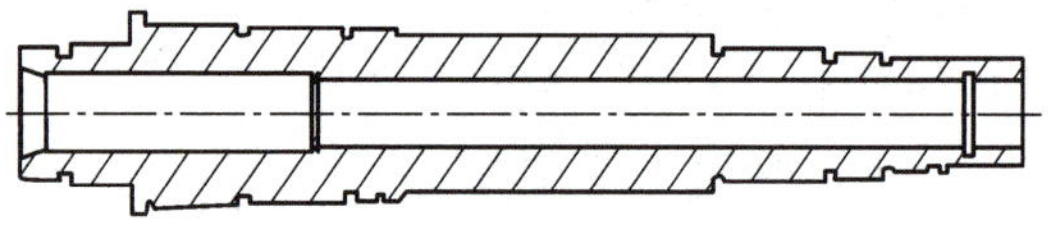
图 12-7 空心轴

轴的设计主要是根据工作要求并考虑制造工艺等因素，选用合适的材料，进行结构设计，经过强度和刚度计算，定出轴的结构形状和尺寸。高速时还要考虑振动的稳定性。

## 12.1.2 轴的材料

在轴的设计中，首先要选择合适的材料。轴的材料常采用碳素钢和合金钢。

碳素钢有 35、45、50 等优质中碳钢。它们具有较高的综合机械性能，因此应用较多，特别是 45 钢应用得最为广泛。为了改善碳素钢的机械性能，应进行正火或调质处理。不重要或受力较小的轴，可采用 Q237、Q275 等普通碳素钢。

合金钢具有较高的机械性能，但价格较贵，多用于有特殊要求的轴。例如，采用滑动轴承支座的高速轴，常用 20Cr、20CrMnTi 等低碳合金钢，经渗碳淬火后可提高轴颈耐磨性；汽轮发电机的转子轴在高温、高速和重载条件下工作，必须具有良好的高温机械性能，常采用 27Cr2Mo1V、38CrMoAl 等合金结构钢。值得注意的是，钢材的种类和热处理对其弹性模量的影响甚小，因此如果采用合金钢或通过热处理来提高轴的刚度，并无实效。此外，合金钢对应力集中的敏感性较高，因此设计合金钢轴时，更应从结构上避免或减小应力集中，并减小其表面粗糙度值。

轴的毛坯一般用圆钢或锻件，有时也可采用铸钢或球墨铸铁。例如，用球墨铸铁制造曲轴、凸轮轴，具有成本低廉、吸振性较好，对应力集中的敏感性较低，强度较好等优点。因此，球墨铸铁更适合制造结构形状复杂的轴。

表 12-1 列出了轴的常用材料及其主要机械性能。

**表 12-1　轴的常用材料及其主要机械性能**

| 材料及热处理 | 毛坯直径/mm | 硬度/HB | 强度极限 $\sigma_b$/MPa | 屈服极限 $\sigma_s$/MPa | 弯曲疲劳极限 $\sigma_{-1}$/MPa | 应用说明 |
|---|---|---|---|---|---|---|
| Q235 | | | 440 | 240 | 200 | 用于不重要或载荷不大的轴 |
| 35 正火 | ≤100 | 149～187 | 520 | 270 | 250 | 塑性好和强度适中可用于一般曲轴、转轴等 |
| 45 正火 | ≤100 | 170～217 | 600 | 300 | 275 | 用于较重要的轴，应用最为广泛 |
| 45 调质 | ≤200 | 217～255 | 650 | 360 | 300 | |
| 40Cr 调质 | 25 | | 1 000 | 800 | 500 | 用于载荷较大，而无很大冲击的重要的轴 |
| | ≤100 | 241～286 | 750 | 550 | 350 | |
| | >100～300 | 241～266 | 700 | 550 | 340 | |
| 40MnB 调质 | 25 | | 1 000 | 800 | 485 | 性能接近于 40Cr，用于重要的轴 |
| | ≤200 | 241～286 | 750 | 500 | 335 | |
| 35CrMo 调质 | ≤100 | 207～269 | 750 | 550 | 390 | 用于受重载荷的轴 |
| 20Cr 渗碳淬火回火 | 15 | 表面 56～62 HRC | 850 | 550 | 375 | 用于要求强度、韧性及耐磨性均较高的轴 |
| | — | | 650 | 400 | 280 | |
| QT400-100 | — | 156～197 | 400 | 300 | 145 | 结构复杂的轴 |
| QT600-2 | — | 197～269 | 600 | 200 | 215 | 结构复杂的轴 |

## 12.2 轴的结构设计

轴的结构设计的任务是定出轴的合理外形和全部结构尺寸。

轴的结构设计应遵循的一般原则是：轴的受力合理，有利于满足轴的强度条件；轴和轴上的零件要可靠地固定在准确的工作位置上；轴应便于加工；轴上的零件要便于装拆和调整；尽量减小应力集中等。

### 1. 拟订轴上零件的装配方案

为了方便轴上零件的装拆，常将轴做成阶梯形。对于一般剖分式箱体中的轴，它的直径从轴端逐渐向中间增大。如图 12-8 所示，可依次将带轮、轴承端盖、左端滚动轴承、套筒和齿轮从轴的左端装拆，另一滚动轴承从右端装拆。

拟订轴上零件的装配方案

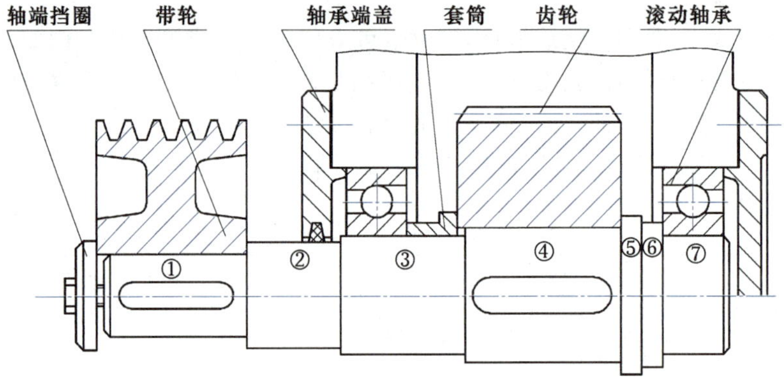


图 12-8 轴的结构

### 2. 初步确定轴的最小直径和各段长度

初步确定轴的直径时，往往还不知道支座反力的作用点，不能确定弯矩的大小和分布情况，因而也就不能按轴所受的弯矩来确定其直径。这时，仅能按扭转强度来初步估算轴的直径[详见式(12-2)]。但应注意，这样求出的直径只能作为受扭矩的那一段轴的最小直径 $d_{min}$。轴的最小直径也可由设计者凭经验用类比的方法确定。

求得 $d_{min}$后，还应将此轴径按标准直径进行圆整，然后再按所拟订的装配方案，从 $d_{min}$处起逐步确定各段轴的直径及长度。轴的各段长度是根据轴上各零件与轴配合部分的轴向尺寸及位置关系初步确定的。

### 3. 轴上零件的轴向定位和固定

阶梯轴上截面变化处叫作轴肩，利用轴肩和轴环进行轴向定位，其结构简单、可靠，并能承受较大轴向力。在图 12-8 中，①、②之间的轴肩使带轮定位；轴环⑤使齿轮在轴上定位；⑥、⑦之间的轴肩使右端滚动轴承定位。

有些零件依靠套筒定位。图 12-8 中，左端滚动轴承采用套筒定位。套筒定位结构简单、可靠，但不适合高转速的情况。

### 4. 轴上零件的周向固定

轴上零件周向固定的目的是使其能同轴一起转动并传递转矩。轴上零件的周向固定，大多采用键、花键或过盈配合等连接形式。

用何种周向固定，要根据载荷的大小、性质、轮毂与轴的对中要求和重要性等因素来确定。例如，以传递动力为目的时，可用键连接；以传递精确运动为目的时，可用圆锥面或过盈配合；紧定螺钉或销连接仅用在传递扭矩小且不重要的场合。

### 5. 轴的结构工艺性

轴的形状，从满足强度和节省材料考虑，最好是等强度的抛物线回转体。但这种形状的轴既不便于加工，也不便于轴上零件的固定；从加工考虑，最好是直径不变的光轴，但光轴不利于轴上零件的装拆和定位。由于阶梯轴接近于等强度，而且便于加工和轴上零件的定位和装拆，因此实际上轴的形状多呈阶梯形。为了能选用合适的圆钢和减少切削加工量，阶梯轴各轴段的直径不宜相差太大，一般取 5～10 mm。

为了便于切削加工，一根轴上的圆角应尽可能取相同的半径，退刀槽取相同的宽度，倒角尺寸相同；一根轴上各键槽应开在轴的同一母线上（见图 12-9），以减少换刀的次数；需要磨削的轴段，应留有砂轮越程槽[见图 12-10(a)]，以便磨削时砂轮可以磨到轴肩的端部；需切削螺纹的轴段，应留有退刀槽，以保证螺纹牙均能达到预期的高度[见图 12-10(b)]。为了便于加工和检验，轴的直径应取圆整值；与滚动轴承相配合的轴颈直径应符合滚动轴承内径标准；有螺纹的轴段直径应符合螺纹标准直径。为了便于装配，轴端应加工出倒角（一般为 45°），以免装配时把轴上零件的孔壁擦伤[见图 12-10(c)]；过盈配合零件装入端常加工出导向锥面[见图 12-10(d)]，以使零件能较顺利地压入。

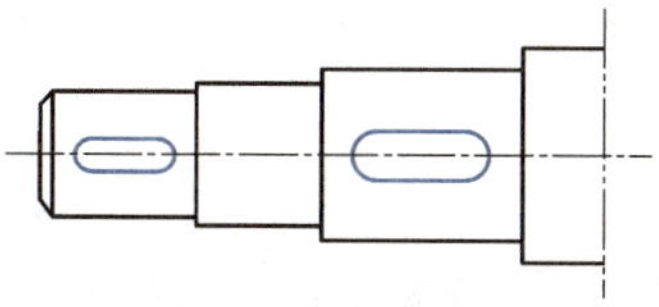

图 12-9 键槽应在轴的同一母线上

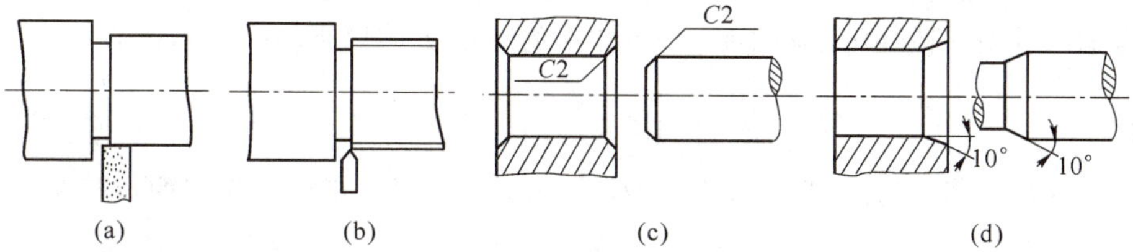


图 12-10 越程槽、退刀槽、倒角和锥面

## 12.3 轴 的 计 算

### 12.3.1 轴的强度计算

#### 1. 按类比法估算

采用经验公式来估算轴的直径。例如，在一般减速器中，高速输入轴的直径可按与其相连的电动机轴的直径 $D$ 估算，$d=(0.8\sim1.2)D$；各级低速轴的轴径可按同级齿轮中心距 $a$ 估算，$d=(0.3\sim0.4)a$。

#### 2. 按扭转强度计算

对于传递转矩的圆截面轴，其强度条件为

$$\tau=\frac{T}{W_T}=\frac{9.55\times10^6 P}{0.2d^3 n}\leqslant[\tau] \tag{12-1}$$

式中，$\tau$ 为转矩 $T$(N·mm)在轴上产生的扭剪应力；$[\tau]$为材料的许用剪切应力，MPa；$W_T$ 为抗扭截面系数，$mm^3$，对于圆截轴 $W_T=\frac{\pi d^3}{16}\approx0.2d^3$；$P$ 为轴所传递的功率，kW；$n$ 为轴的转速，r/min；$d$ 为轴的直径，mm。

由式(12-1)得轴径的计算公式为

$$d_{min}=\sqrt[3]{\frac{9.55\times10^6 P}{0.3[\tau]n}} \tag{12-2}$$

3. 按弯扭合成强度计算

对于一般钢制的轴，可用第三强度理论求出危险截面的当量应力 $\sigma_e$，其强度条件为

$$\sigma_e=\sqrt{\sigma_b^2+4\tau^2}\leqslant[\sigma_b] \tag{12-3}$$

式中，$\sigma_b$ 为危险截面上弯矩 $M$ 产生的弯曲应力。对于直径为 $d$ 的圆轴：

$$\sigma_b=\frac{M}{W}=\frac{M}{\pi d^3/32}\approx\frac{M}{0.1d^3}$$

$$\tau=\frac{T}{W_T}=\frac{T}{2W}$$

其中，$W$、$W_T$ 分别为轴的抗弯、抗扭截面系数。将 $\sigma_b$ 和 $\tau$ 代入式(12-3)，得

$$\sigma_e=\sqrt{\left(\frac{M}{W}\right)^2+4\left(\frac{T}{2W}\right)^2}=\frac{1}{W}\sqrt{M^2+T^2}\leqslant[\sigma_b] \tag{12-4}$$

由于一般转轴的 $\sigma_b$ 为对称循环动应力，而 $\tau$ 的循环特性往往与 $\sigma_b$ 不同，为了考虑两者循环特性不同的影响，对上式中的转矩 $T$ 乘以折合系数 $\alpha$，即

$$\sigma_e=\frac{M_e}{W}=\frac{1}{0.1d^3}\sqrt{M^2+(\alpha T)^2}\leqslant[\sigma_{-1b}] \tag{12-5}$$

式中，$M_e$ 为当量弯矩，$M_e=\sqrt{M^2+(\alpha T)^2}$；$\alpha$ 为根据转矩性质而定的校正系数。对不变的转矩 $\alpha\approx0.3$；当转矩脉动变化时，$\alpha\approx0.6$；对于频繁正反转的轴，$\tau$ 可看作对称循环动应力，$\alpha=1$。若转矩的变化规律不清楚，则一般按脉动循环处理。

## 12.3.2 轴的刚度计算

轴受弯矩作用会产生弯曲变形（见图 12-11），受转矩作用会产生扭转变形（见图 12-12）。如果轴的刚度不够，就会影响轴的正常工作。例如，电机转子轴的挠度过大，会改变转子与定子的间隙而影响电机的性能。又如，机床主轴的刚度不够，将影响加工精度。

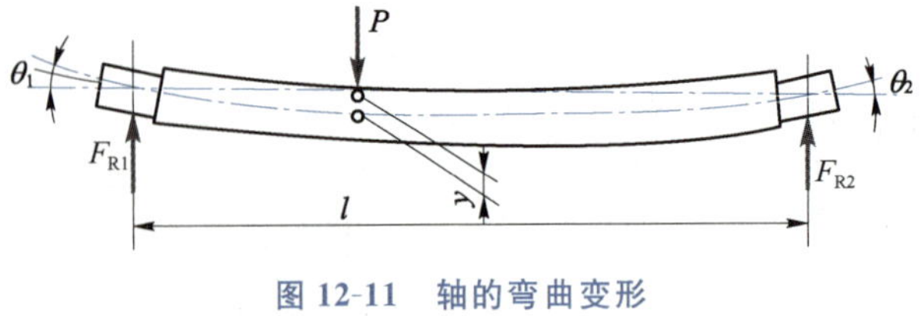


图 12-11 轴的弯曲变形

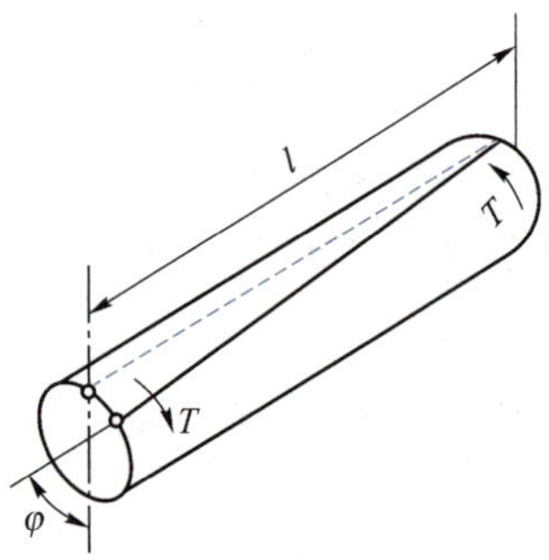


图 12-12 轴的扭转变形

因此，为了使轴不致因刚度不够而失效，设计时必须根据轴的工作条件限制其变形量，即

$$\begin{cases}\text{挠度} & y\leqslant[y]\\ \text{偏转角} & \theta\leqslant[\theta]\\ \text{扭转角} & \varphi\leqslant[\varphi]\end{cases} \tag{12-6}$$

式中，$[y]$、$[\theta]$和$[\varphi]$分别为许用挠度、许用偏转角和许用扭转角。

计算轴在弯矩作用下所产生的挠度 $y$ 和偏转角 $\theta$ 的方法很多。在材料力学中已介绍过两种：①按挠曲线的近似微分方程式积分求解；②变形能法。对于等直径轴，用前一种方法较简便；对于阶梯轴，用后一种方法较适宜。

等直径的轴受转矩 $T$ 作用时，其扭转角 $\varphi$(单位为 rad)可按材料力学中的扭转变形公式求出，即

$$\varphi=\frac{Tl}{GI_{\mathrm{p}}} \tag{12-7}$$

式中，$T$ 为转矩，N·mm；$l$ 为轴受转矩作用的长度，mm；$G$ 为材料的切变模量，MPa；$d$ 为轴径，mm；$I_{\mathrm{p}}$ 为轴截面的极惯性矩，$\mathrm{mm}^4$，可用以下公式求出：

$$I_{\mathrm{p}}=\frac{\pi d^4}{32}$$

对阶梯轴，其扭转角 $\varphi$ 的计算式为

$$\varphi=\frac{1}{G}\sum_{i=1}^{n}\frac{T_i l_i}{I_{\mathrm{p}i}} \tag{12-8}$$

式中，$T_i$、$l_i$ 和 $I_{\mathrm{p}i}$ 分别代表阶梯轴第 $i$ 段上所传递的转矩、长度和极惯性矩，单位同式(12-7)。

### 12.3.3 轴的振动计算

轴的振动是指轴与轴上的零件在平衡位置附近的往复运动。轴的振动有弯曲振动(横向振动)、扭转振动(角振动)和纵向振动 3 种。这里仅讨论轴的弯曲振动计算的概念。轴是一个弹性体，且由于制造误差，轴及轴上安装的各种零件会产生对中不良的问题，因而当轴旋转时，会产生以惯性力为表征的周期性干扰力，从而引起轴的弯曲振动。当这种弯曲振动频率与轴及轴上零件的自振频率接近或相同时，就会出现共振现象，轴的变形会迅速增大，严重时会造成机器破坏，必须避免。

产生共振时轴的转速称为临界转速 $n_{\mathrm{c}}$。临界转速可以有多个，按其数值由小到大，分别称为一阶、二阶、三阶……N 阶临界转速等。

所谓轴的振动计算，就是计算轴的各阶临界转速，目的是使轴的工作转速避开临界转速，避免出现共振现象。

工作转速 $n$ 低于一阶临界转速 $n_{\mathrm{c1}}$ 的轴称为刚性轴，应使其满足 $n<(0.75\sim0.8)n_{\mathrm{c1}}$；若 $n$ 超过 $n_{\mathrm{c1}}$，这种轴称为挠性轴，挠性轴应满足 $1.4n_{\mathrm{c}k}<n<0.7n_{\mathrm{c}(k+1)}$。其中$n_{\mathrm{c}k}$为第 $k$ 阶临界转速。满足上述条件的轴，就具有了弯曲振动的稳定性。

## 12.4 联轴器、离合器和制动器

联轴器和离合器是用来连接两轴(或轴与轴上的回转零件)，使它们一起旋转并传递扭矩的部件。制动器是对机器的运动件施加阻力或阻力矩，以实现迅速减速或停止运动。

联轴器的种类和特性(一)

### 12.4.1 联轴器

#### 1. 联轴器的分类

由于制造、安装误差或工作时零件的变形等原因，一般无法保证被连接的两轴严格对中，通常会出现两轴间的轴向位移 $x$[见图 12-13(a)]、径向位移 $y$[见图 12-13(b)]、角位移 $\alpha$[见图12-13(c)]或这些位移组合的综合位移[见图 12-13(d)]。如果联轴器不具有补偿这些相对位移的能力，就会产生附加动载荷，甚至引起强烈振动。

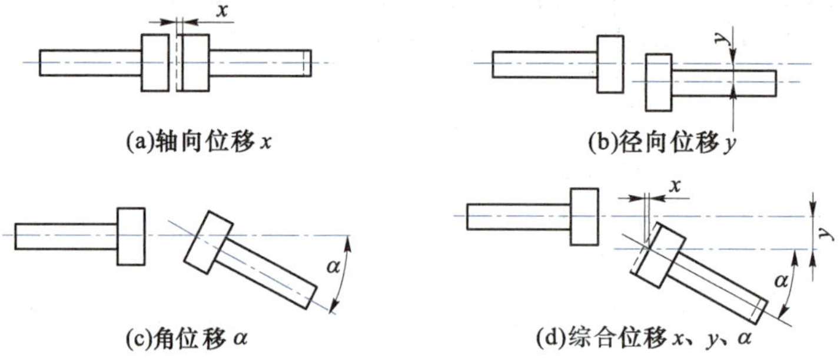


图 12-13 两轴间的各种相对位移

根据联轴器对各种相对位移有无补偿能力(能否在发生相对位移条件下保持连接的功能)，联轴器可分为刚性联轴器(无补偿能力)和挠性联轴器(有补偿能力)两大类。挠性联轴器又可按是否具有弹性元件分为无弹性元件的挠性联轴器和有弹性元件的挠性联轴器两个类别。

#### 2. 刚性联轴器

这类联轴器有套筒式、夹壳式和凸缘式等。这里只介绍较为常用的凸缘联轴器。

凸缘联轴器是把两个带有凸缘的半联轴器用键分别与两轴连接，然后用螺栓把两个半联轴器连成一体，以传递运动和转矩(见图 12-14)。这种联轴器有两种主要的结构形式：图 12-14(a)所示的凸缘联轴器，是靠铰制孔用螺栓来实现两轴对中和靠螺栓杆承受挤压与剪切来传递转矩；图 12-14(b)所示的凸缘联轴器，是靠一个半联轴器上的凸肩与另一个半联轴器上的凹槽相配合而对中。

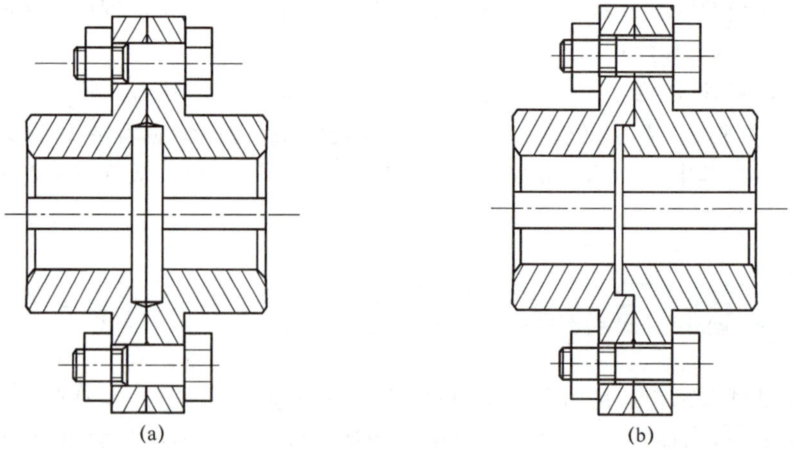


图 12-14 凸缘联轴器

凸缘联轴器对两轴对中性的要求很高，当两轴有相对位移存在时，就会在机件内引起附加载荷，使工作情况恶化，这是它的主要缺点。但由于它构造简单、成本低、可传递较大转矩，因此当转速低、无冲击、轴的刚性大、对中性较好时常采用凸缘联轴器。

联轴器的种类和特性（二）

### 3. 挠性联轴器

1）无弹性元件的挠性联轴器

这类联轴器因为具有挠性，所以可补偿两轴的相对位移。但因为它是无弹性元件，所以不能缓冲减振。常用的有以下几种。

（1）十字滑块联轴器。如图 12-15 所示，十字滑块联轴器由两个在端面上开有凹槽的半联轴器和一个两面带有凸牙的中间盘组成。因为凸牙可在凹槽中滑动，所以可补偿安装及运转时两轴间的相对位移。

图 12-15 十字滑块联轴器

因为半联轴器与中间盘组成移动副，不能发生相对转动，所以主动轴与从动轴的角速度应相等。但在两轴间有相对位移的情况下，中间盘就会产生很大的离心力，从而增大动载荷及磨损。因此选用时应注意其工作转速不得大于规定值。

（2）十字轴式万向联轴器。如图 12-16(a)所示，它由两个叉形接头 1、3，一个中间连接件 2 和轴销 4（包括销套及铆钉）、5 组成；轴销 4 与 5 互相垂直配置并分别把两个叉形接头与中间连接件 2 连接起来。这样，就构成了一个可动连接。

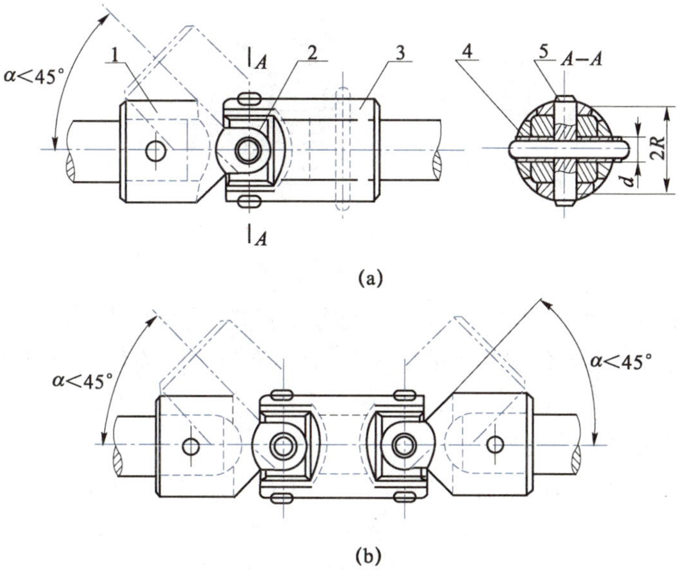


图 12-16 十字轴式万向联轴器

这种联轴器可以允许两轴间有较大的夹角（夹角 $\alpha$ 最大可达 35°～45°），而且在机器运转时，夹角发生改变仍可正常传动；但当 $\alpha$ 过大时，传动效率会显著降低。这种联轴器的缺点是：当主动轴的角速度 $\omega_1$ 为常数时，从动轴的角速度 $\omega_3$ 并不是常数，而是在一定范围内（$\omega_1\cos\alpha \leqslant \omega_3 \leqslant \omega_1/\cos\alpha$）变化，因而在传动中将产生附加动载荷。为了改善这种情况，常将十字轴式万向联轴器成对使用[见图 12-16(b)]，但应注意安装时必须保证 $O_1$ 轴、$O_3$ 轴与中间轴之间的夹角相等，并且中间轴两端的叉形接头应在同一平面内（见图 12-17）。只有这种双万向联轴器才可以得到 $\omega_3=\omega_1$。

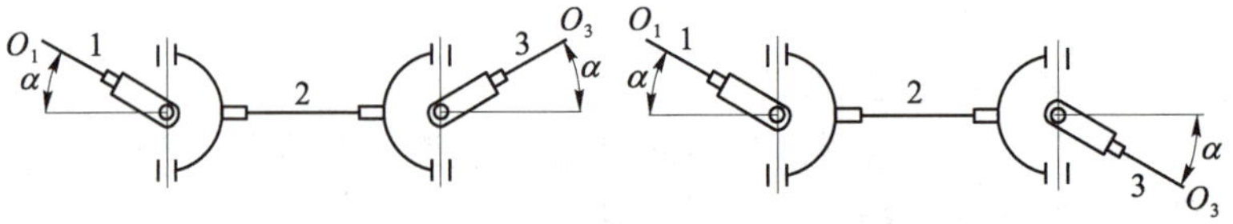


图 12-17　成对使用十字轴式万向联轴器

这类联轴器各元件的材料，除铆钉用 20 钢外，其余多用合金钢，以获得较高的耐磨性及较小的尺寸。

这类联轴器结构紧凑，维护方便，广泛应用于汽车、多头钻床等机器的传动系统中。小型十字轴式万向联轴器已标准化，设计时可按标准选用。

(3) 齿式联轴器。如图 12-18 所示，这种联轴器由两个带有内齿及凸缘的外套筒和两个带有外齿的内套筒组成。两个内套筒分别用键与两轴连接，两个外套筒用螺栓连成一体，依靠内外齿相啮合来传递转矩。由于外齿的齿顶制成椭球面，且保证与内齿啮合后具有适当的顶隙和侧隙，因此在传动时，套筒可有轴向位移、径向位移及角位移。为了减少磨损，应对齿面进行润滑。

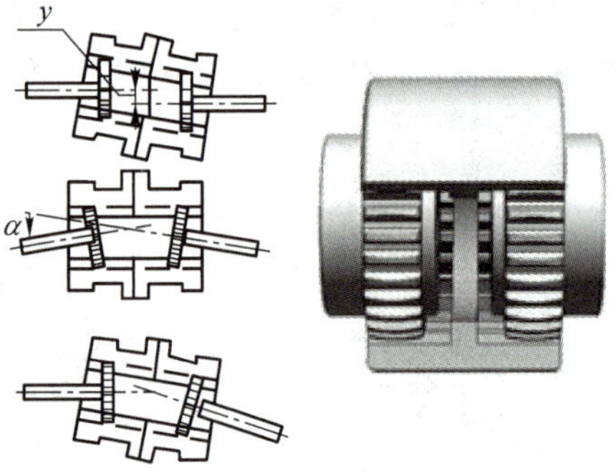


图 12-18　齿式联轴器

齿式联轴器中，所用齿轮的齿廓曲线为渐开线，啮合角为 20°，齿数一般为 30～80。这类联轴器能传递很大的转矩，并允许有较大的偏移量，安装精度要求不高；但质量较大，成本较高，在重型机械中广泛应用。

2) 有弹性元件的挠性联轴器

如前所述，这类联轴器因装有弹性元件，不仅可以补偿两轴间的相对位移，而且具有缓冲减振的能力。弹性元件能储存的能量越多，联轴器的缓冲能力越强；弹性元件的弹性滞后性能与弹性变形时零件间的摩擦功越大，联轴器的减振能力越好。这类联轴器目前应用得很广，品种也越来越多。

联轴器的种类和特性（三）

制造弹性元件的材料有非金属和金属两种。非金属有橡胶、塑料等，其特点为质量小，价格便宜，有良好的弹性滞后性能，因而减振能力强。金属材料制成的弹性元件（主要为各种弹簧）的强度高、尺寸小而寿命较长。

(1) 弹性套柱销联轴器。这种联轴器（见图 12-19）的构造与凸缘联轴器相似，只是用套有弹性套的柱销代替了连接螺栓。

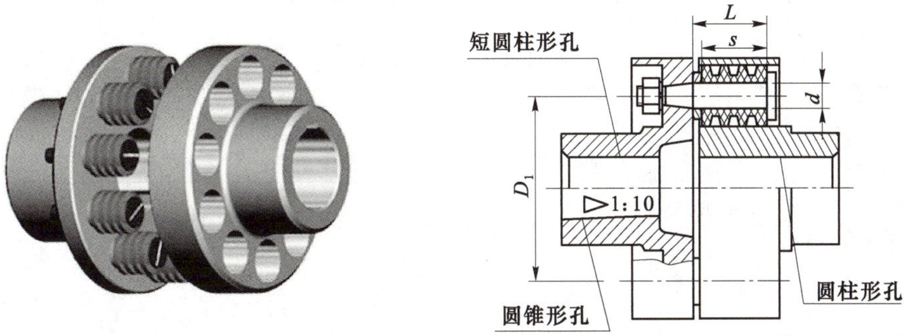


图 12-19 弹性套柱销联轴器

因为通过蛹状的弹性套传递转矩，所以可缓冲减振。弹性套的材料常用耐油橡胶，并做成截面形状如图 12-19 中网纹部分所示，以提高其弹性。这种联轴器制造容易，装拆方便，成本较低，但弹性套易磨损，寿命较短。它适用于连接载荷平稳、需正反转或启动频繁的传递中小转矩的轴。

(2) 弹性柱销联轴器。这种联轴器的结构如图 12-20 所示，工作时转矩是通过主动轴上的键、半联轴器、弹性柱销、另一半联轴器及键而传到从动轴上去的。为了防止柱销脱落，在半联轴器的外侧用螺钉固定了挡板。

这种联轴器与弹性套柱销联轴器很相似，但传递转矩的能力很强，结构更为简单，安装、制造方便，耐久性好，弹性柱销有一定的缓冲和吸振能力。

(3) 梅花形弹性联轴器。这种联轴器如图 12-21 所示，其半联轴器与轴的配合孔可做成圆柱形或圆锥形。装配联轴器时将梅花形弹性件的花瓣部分夹紧在两半联轴器端面凸齿交错插进所形成的齿侧空间，以便在联轴器工作时起到缓冲减振的作用。弹性件可根据使用要求选用不同硬度的聚氨酯橡胶、铸型尼龙等材料制造。

图 12-20 弹性柱销联轴器

图 12-21 梅花形弹性联轴器

3) 联轴器的选择

联轴器已标准化。一般可先依据机器的工作条件选定合适的类型，然后按照计算转矩、轴的转速和轴端直径从标准中选择所需的型号和尺寸。必要时还应对其中的某些零件进行验算。

(1) 计算联轴器的计算转矩。由于机器启动时的动载荷和运转中可能出现的过载现象，因此应当按轴上的最大转矩作为计算转矩 $T_{ca}$。计算转矩按下式计算：

$$T_{ca}=K_A T \tag{12-9}$$

式中，$T$ 为名义转矩，N·m；$K_A$ 为工况系数，其值见表 12-2。

**表 12-2　工况系数 $K_A$**

| 原动机 | 工作机 | | | |
|---|---|---|---|---|
| | 电动机、汽轮机 | 单缸内燃机 | 双缸内燃机 | 四缸内燃机 |
| 转矩变化很小的机械，如发电机、小型通风机、小型离心泵 | 1.3 | 2.2 | 1.8 | 1.5 |
| 转矩变化较小的机械，如透平压缩机、木工机械、运输机 | 1.5 | 2.4 | 2.0 | 1.7 |
| 转矩变化中等的机械，如搅拌机、增压机、有飞轮的压缩机 | 1.7 | 2.6 | 2.2 | 1.9 |
| 转矩变化和冲击载荷中等的机械，如织布机、水泥搅拌机、拖拉机 | 1.9 | 2.8 | 2.4 | 2.1 |
| 转矩变化和冲击载荷较大的机械，如挖掘机碎石机、造纸机械 | 2.3 | 3.2 | 2.8 | 2.5 |
| 转矩变化和冲击载荷大的机械，如压延机、起重机、重型轧机 | 3.1 | 4.0 | 3.6 | 3.3 |

（2）确定联轴器的型号。根据计算转矩 $T_{ca}$ 及所选的联轴器类型，按照

$$T_{ca}\leqslant[T] \tag{12-10}$$

的条件从联轴器标准中选定联轴器型号。式中[$T$]为该型号联轴器的许用转矩。

（3）校核最大转速。被连接轴的转速 $n$ 不应超过所选联轴器允许的最高转速 $n_{max}$，即 $n\leqslant n_{max}$。

（4）协调轴孔直径。多数情况下，每种型号联轴器适用的轴的直径均有一个范围。标准中或者给出轴直径的最大值和最小值，或者给出适用直径的尺寸系列，被连接两轴的直径应当在此范围之内。一般情况下被连接两轴的直径是不同的，两个轴端的形状也可能是不同的，如主动轴轴端为圆柱形，所连接的从动轴轴端为圆锥形。

（5）规定部件相应的安装精度。根据所选联轴器允许轴的相对位移偏差，规定部件相应的安装精度。通常标准中只给出单项位移偏差的允许值。若有多项位移偏差存在，则必须根据联轴器的尺寸计算出相互影响的关系，以此作为规定部件安装精度的依据。

（6）进行必要的校核。如果有必要，应对联轴器的主要承载零件进行强度校核。使用有非金属弹性元件的联轴器时，还应注意联轴器所在部位的工作温度不要超过该弹性元件材料允许的最高温度。

离合器的类型及应用

## 12.4.2　离合器

离合器在机器运转中可将传动系统随时分离或接合。对离合器的基本要求有：接合平稳，分离迅速而彻底；调节和修理方便；外廓尺寸小；质量小；耐磨性好

和有足够的散热能力；操纵方便省力。

### 1. 离合器的分类

离合器的类型很多，按其工作原理可分为嵌入式和摩擦式两类；按离合控制方法，可分为操纵式和自动式两类。操纵式离合器有机械离合器、电磁离合器、液压离合器和气压离合器等；自动式离合器有超越离合器、离心离合器和安全离合器等。

### 2. 牙嵌离合器

牙嵌离合器由两个端面上有牙的半离合器组成(见图 12-22)。其中一个(图的左部)半离合器固定在主动轴上；另一个半离合器用导键(或花键)与从动轴连接，并可由操纵机构使其进行轴向移动，以实现离合器的分离与接合。牙嵌离合器是借助牙的相互嵌合来传递运动和转矩的。为使两半离合器能够对中，在主动轴端的半离合器上固定一个对中环，从动轴可在对中环内自由转动。

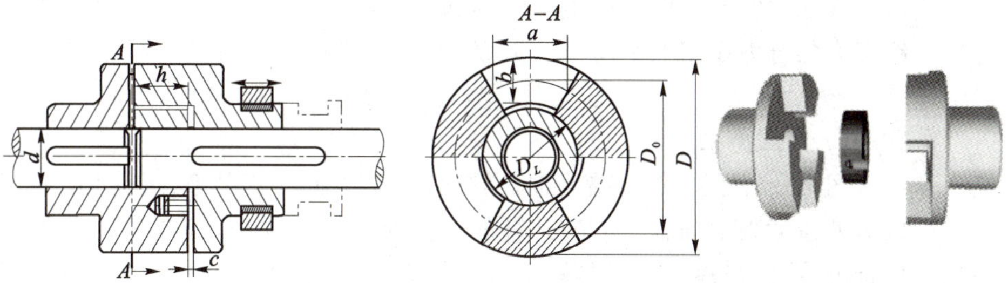


图 12-22 牙嵌离合器

牙嵌离合器常用的牙形如图 12-23 所示，三角形牙[见图 12-23(a)、(b)]用于传递小转矩的低速离合器；矩形牙[见图 12-23(c)]无轴向分力，但不便于接合与分离，磨损后无法补偿，所以应用较少；梯形牙[见图 12-23(d)]的强度高，能传递较大的转矩，能自动补偿牙的磨损与间隙，从而减少冲击，所以应用较广；锯齿形牙[见图 12-23(e)]的强度高，但只能传递单向转矩，用于特定的工作条件处；图 12-23(f)所示的牙形主要用于安全离合器；图 12-23(g)所示为牙形的纵截面图。牙数一般取为 3～60。

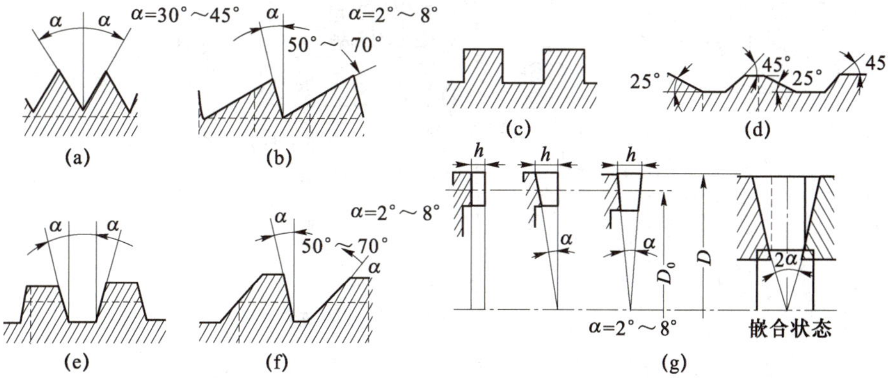


图 12-23 牙嵌离合器常用的牙形

牙嵌离合器的主要尺寸可从机械设计手册中选取，必要时应校核牙面的挤压强度和牙根的弯曲强度。

牙嵌离合器一般用于转矩不大，低速接合处。材料常用低碳钢表面渗碳，硬度为56～62 HRC；或采用中碳钢表面淬火，硬度为48～54 HRC；不重要的和静止状态接合的离合器，也允许用HT200制造。

圆盘摩擦离合器

### 3. 圆盘摩擦离合器

圆盘摩擦离合器是在主动摩擦盘转动时，由主动盘、从动盘的接触面间产生的摩擦力矩来传递转矩的，有单盘式和多盘式两种。

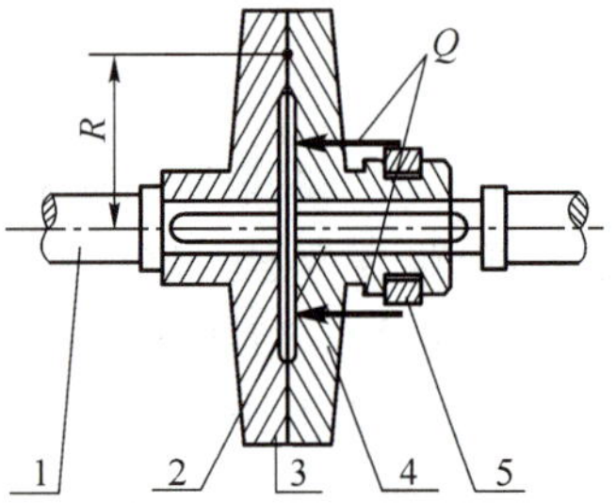

图 12-24　单盘摩擦离合器

图12-24为单盘摩擦离合器的简图。在主动轴1和从动轴2上，分别安装摩擦盘3和4，操纵环5可以使摩擦盘4沿轴2移动。接合时以力$F$将摩擦盘4压在摩擦盘3上，主动轴上的转矩由两盘接触面间产生的摩擦力矩传到从动轴上。设摩擦力的合力作用在平均半径$R$的圆周上，则可传递的最大转矩$T_{max}$为

$$T_{max}=FfR \tag{12-11}$$

式中，$f$为摩擦系数。

图12-25为多盘摩擦离合器，它有两组摩擦盘：一组外摩擦盘5[见图12-26(a)]以其外齿插入主动轴1上的外鼓轮2内缘的纵向槽中，而盘的孔壁不与任何零件接触，所以摩擦盘5可与轴1一起转动，并可在轴向力推动下沿轴向移动；另一组内摩擦盘6[见图12-26(b)]以其孔壁凹槽与从动轴3上的套筒4的凸齿配合，而盘的外缘不与任何零件接触，所以摩擦盘6可与轴3一起转动，也可在轴向力推动下沿轴向移动。另外，在套筒4上开有3个纵向槽，其中安置可绕销轴转动的曲臂压杆8；当滑环7向左移动时，曲臂压杆8通过压板9将所有内、外摩擦盘紧压在调节螺母10上，离合器即进入接合状态。调节螺母10可调节摩擦盘之间的压力。内摩擦盘也可做成碟形[见图12-26(c)]，当承压时，可被压平而与外盘贴紧；当松脱时，由于内盘的弹力作用可以迅速与外盘分离。

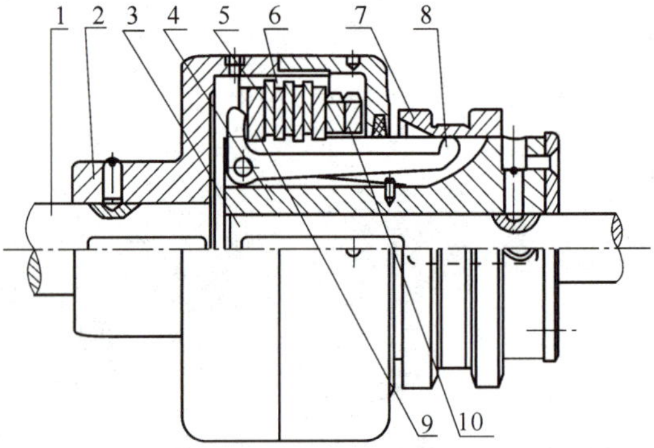

图 12-25　多盘摩擦离合器

摩擦离合器和牙嵌离合器相比，有下列优点：不论在何种速度时，两轴都可以接合或分离；接合过程平稳，冲击、振动较小；从动轴的加速时间和所传递的最大转矩可以调节；过载时可发生打滑，以保护重要零件不致损坏。其缺点为外廓尺寸较大；在接合、分离过程中要产生滑动摩擦，所以发热量较大，磨损也较大。

为了散热和减轻磨损，可以把摩擦离合器浸入润滑油中工作。根据是否浸入润滑油中工作，把摩擦离合器分为干式与油式两种。

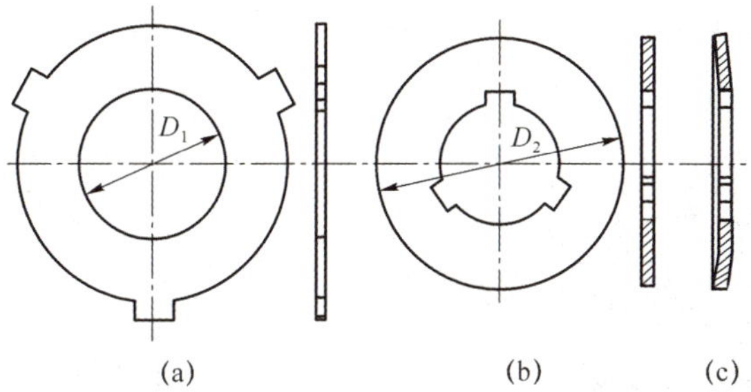


图 12-26 摩擦盘结构

### 4. 特殊功用离合器

1）定向离合器

定向离合器只能传递单向转矩，其结构可以是摩擦滚动元件式，也可以是棘轮棘爪式。

图 12-27 所示为一种滚柱式定向离合器，由爪轮 1、套筒 2、滚柱 3、弹簧顶杆 4 等组成。当爪轮 1 为主动轮并沿顺时针回转时，滚柱将被摩擦力驱动而滚向空隙的收缩部分，并楔紧在爪轮和套筒间，使套筒随爪轮一同回转，离合器进入接合状态。但当爪轮反向回转时，滚柱滚向空隙的宽敞部分，这时离合器处于分离状态。因而定向离合器只能传递单向的转矩，可在机械中用来防止逆转及完成单向传动。如果在套筒 2 随爪轮 1 旋转的同时，套筒又从另一运动系统获得旋向相同但转速较大的运动，那么离合器也将处于分离状态，即从动件的角速度超过主动件时，不能带动主动件回转。这种从动件超越主动件的特性可以应用于内燃机等的启动装置中。

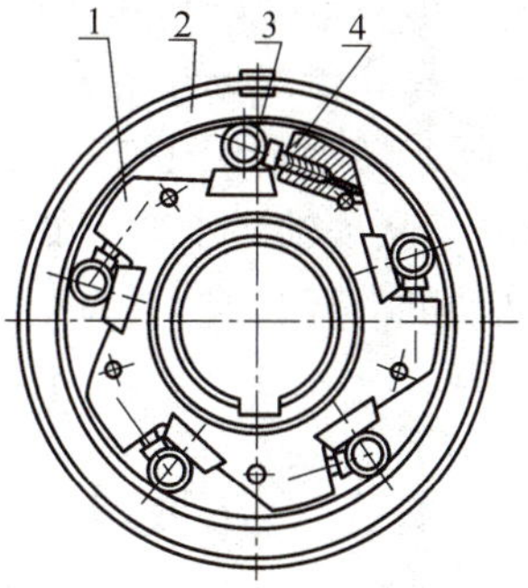


图 12-27 滚柱式定向离合器

2）离心离合器

离心离合器按其在静止状态时的离合情况可分为开式和闭式两种：开式只有当达到一定工作转速时，主、从动部分才进入接合；闭式在到达一定工作转速时，主、从动部分才分离。在启动频繁的机器中采用离心离合器，可使电动机在运转稳定后才接入负载。当电动机的启动电流较大或启动力矩很大时，采用开式离心离合器就可避免电动机过热，或防止传动机构受到很大的动载荷。采用闭式离心离合器可在机器转速过高时起保护作用。又因为这种离合器是靠摩擦力传递转矩的，所以转矩过大时也可通过打滑而起保护作用。

图 12-28(a)所示为开式离心离合器的工作原理图，在两个拉伸螺旋弹簧 3 的弹力作用下，主动部分的一对闸块 2 与从动部分的鼓轮 1 脱开；当转速达到某一数值后，离心力对支点 4 的力矩增加到超过弹簧拉力对支点 4 的力矩时，便使闸块绕支点 4 向外摆动与鼓轮 1 压紧，离合器进入接合状态。当接合面上产生的摩擦力矩足够大时，主、从动轴一起转动。图 12-28(b)为闭式离心离合器的工

作原理图，其作用与上述相反，在正常运转条件下，由于压缩螺旋弹簧3的弹力，两个闸块2与鼓轮1表面压紧，保持接合状态而一起转动；当转速超过某一数值后，离心力矩大于弹簧压力的力矩时，即可使闸块绕支点4摆动而与鼓轮脱离接触。

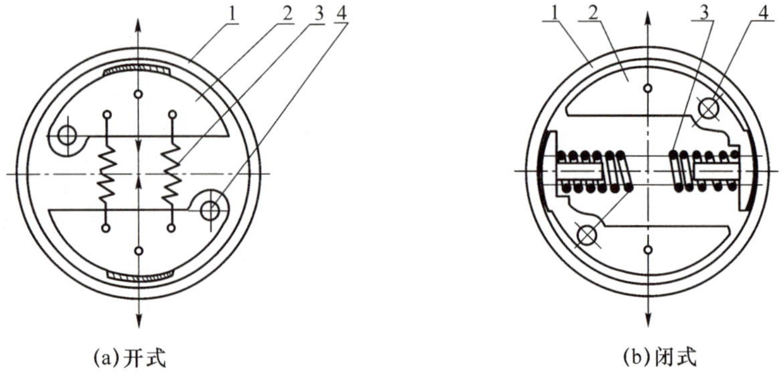


图 12-28　离心离合器的工作原理图

### 5. 离合器的选择

离合器的选择应根据工作条件和使用要求而定。一般而言，当要求主、从动轴同步转动且传递转矩较大时，可选用嵌入式离合器；当要求在高速下平稳接合而主、从动轴同步要求低时，宜选用摩擦式离合器；当有特殊要求时，可选用有特殊功能的离合器。在确定标准离合器的具体型号时，可参考联轴器的选用部分进行。

## 12.4.3　制动器

### 1. 块式制动器

图12-29所示为块式制动器，靠瓦块5与制动轮6之间的摩擦力来制动。该制动器为短行程交流电磁铁外块式制动器。弹簧4产生的闭锁力通过制动臂3作用于制动块上，使制动块压向制动轮达到常闭状态。工作时，由于电磁铁1线圈通电，电磁铁产生与闭锁力方向相反的吸力，由电磁线圈的吸力吸住衔铁，再通过一套杠杆使瓦块松开，机器便能自由运转。当需要制动时，则切断电流，电磁线圈释放衔铁2，依靠弹簧力并通过杠杆使瓦块5抱紧制动轮6。

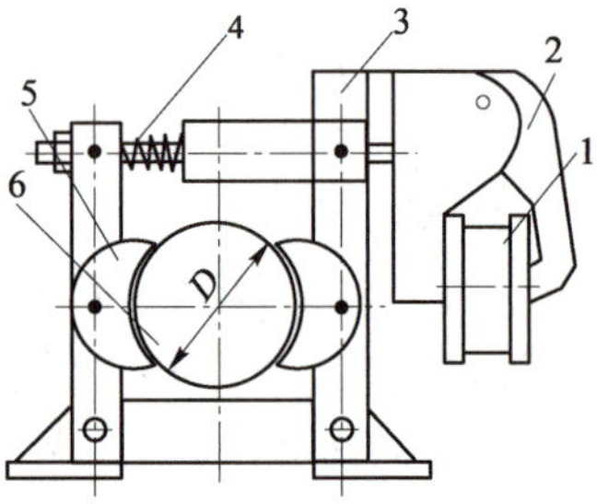


图 12-29　块式制动器

### 2. 带式制动器

带式制动器主要用挠性钢带包围制动轮。如图12-30所示，制动带包在制动轮上，当$F$向下作用时，制动带与制动轮之间产生摩擦力，从而实现合闸制动。制动带是钢带内表面镶嵌一层石棉制品与制动轮接触，以增加摩擦力。带式制动器结构简单，由于包角大因而制动力矩大，但其缺点是制动带磨损不均匀，容易断裂，而且对轴的作用力大。

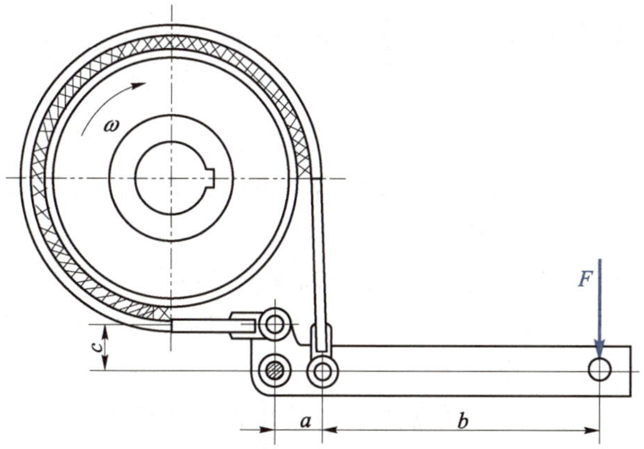


图 12-30 带式制动器

### 3. 盘式制动器

盘式制动器的工作表面为圆盘的两个侧面，其摩擦副由制动盘和制动块组成，如图12-31所示。右侧制动块 2 与缸体 3 固连，左侧制动块与活塞 5 固连。当有压力油进入油缸时，活塞 5 与缸体 3 相对运动，使两制动块 2 压紧制动盘 1，由此产生摩擦力而实现制动。泄去油压后，弹簧 4 使缸体 3 与活塞 5 反向移动，使制动块 2 与制动盘 1 脱离，实现松闸。盘式制动器的特点是结构紧凑、体积小、制动块可多对布置，制动力矩大。它适用于工程车辆、起重运输机械、摩托车及石油、矿山机械等。

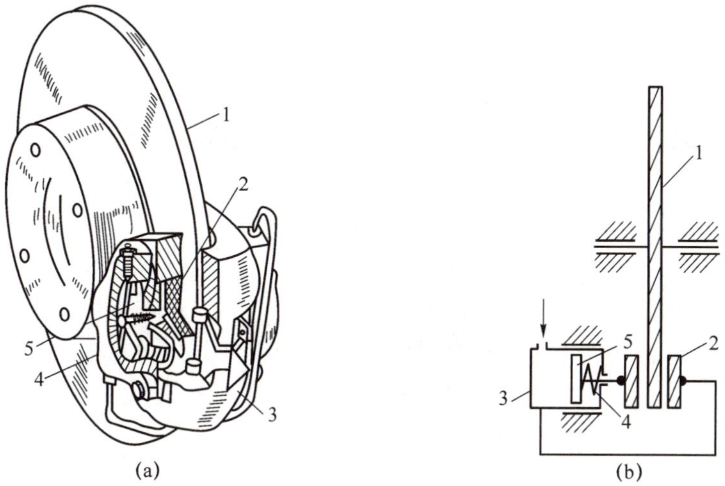


图 12-31 盘式制动器

### 4. 制动器的选择

制动器的选择与联轴器的选择所考虑的条件和内容大致相同，但在选择制动器的型号时制动力矩的计算较为复杂，可参考相关设计资料进行。

## 思考与练习题

12-1 轴有哪些类型？各有何特点？请各举2～3个实例。

12-2 转轴所受弯曲应力的性质如何？其所受扭转应力的性质又怎样考虑？

12-3 轴的常用材料有哪些？应如何选用？

12-4 在齿轮减速器中，为什么低速轴的直径要比高速轴粗得多？

12-5 转轴设计时为什么不能先按弯扭合成强度计算，再进行结构设计，而必须按初估直径、结构设计、弯扭合成强度验算3个步骤进行？

12-6 轴上零件的周向和轴向定位方式有哪些？各适用于什么场合？

12-7 已知一传动轴传递的功率为40 kW，转速 $n=1\ 000$ r/min，如果轴上的剪切应力不许超过40 MPa，求该轴的直径。

12-8 已知一传动轴直径 $d=35$ mm，转速 $n=1\ 450$ r/min，如果轴上的剪切应力不许超过55 MPa，问该轴能传递多少功率？

12-9 已知一转轴在直径 $d=55$ mm处，转矩 $T=15\times10^3$ N·m，弯矩 $M=7\times10^3$ N·m，轴的材料为45钢，调质处理，$[\sigma_{-1b}]=60$ MPa，问该轴能否满足强度要求？

12-10 联轴器、离合器和制动器的功用有何异同？各用在什么场合？

12-11 为什么有的联轴器要求严格对中，而有的联轴器则允许有较大的综合位移？

12-12 刚性联轴器和弹性联轴器有何差别？举例说明它们分别适用于什么场合。

12-13 万向联轴器有何特点？如何使轴线间有较大偏斜角 $\alpha$ 的两轴保持瞬时角速度不变？

12-14 选择联轴器的类型时要考虑哪些因素？应根据什么原则确定联轴器的型号？

12-15 试比较牙嵌离合器和摩擦离合器的特点和应用。

12-16 带式制动器与块式制动器有何不同？各适用于什么场合？

本章习题参考答案

# 第13章 弹 簧

## 13.1 概 述

### 13.1.1 弹簧的功用

弹簧是一种弹性元件，它利用材料的弹性和结构上的特点，使其在受到外载荷作用时吸收机械能，将其转化成弹性势能，或将势能转化成动能以完成机械功。由于它具有刚性小、弹性大、在载荷作用下容易产生弹性变形等特点，被广泛应用于各种机械、仪器及日常用品中。

弹簧

弹簧的主要功用有以下几点。

(1) 控制机构的运动，如制动器、离合器中的控制弹簧，内燃机汽缸的阀门弹簧等。

(2) 减振和缓冲，如汽车、火车车厢下的减振弹簧，以及各种缓冲器用的弹簧等。

(3) 储存及输出能量，如钟表弹簧、枪栓弹簧等。

(4) 测量力的大小，如测力器和弹簧秤中的弹簧等。

王德海：弹簧里的工匠精神

### 13.1.2 弹簧的类型

按照所承受载荷的不同，弹簧可以分为拉伸弹簧、压缩弹簧、扭转弹簧和弯曲弹簧；而按照形状的不同，弹簧又可分为螺旋弹簧、环形弹簧、碟形弹簧、板簧和盘簧等。表13-1中列出了弹簧的基本类型。

表13-1 弹簧的基本类型

| 按形状分 | 按承受的载荷分 | | | | |
|---|---|---|---|---|---|
| | 拉伸 | 压缩 | | 扭转 | 弯曲 |
| 螺旋形状 | 圆柱螺旋拉伸弹簧<br>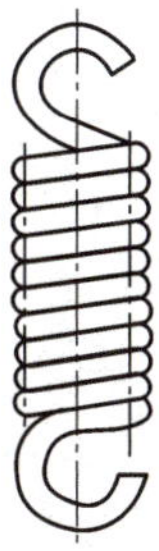 | 圆柱螺旋压缩弹簧<br> | 圆锥螺旋压缩弹簧<br> | 圆柱螺旋扭转弹簧<br>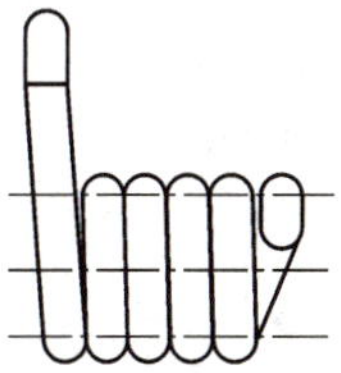 | 圆柱螺旋弯曲弹簧<br>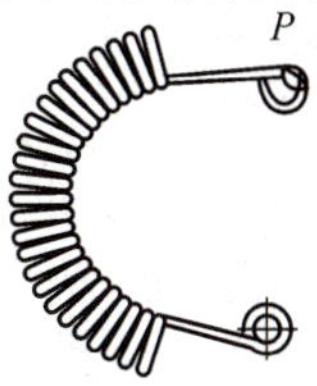 |

续表

| 按形状分 | 按承受的载荷分 | | | |
|---|---|---|---|---|
| | 拉伸 | 压缩 | 扭转 | 弯曲 |
| 其他形状 | | 环形弹簧 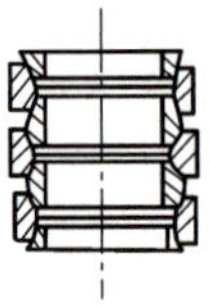 碟形弹簧 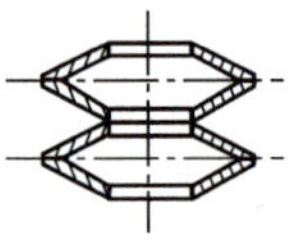 | 蜗卷形盘簧 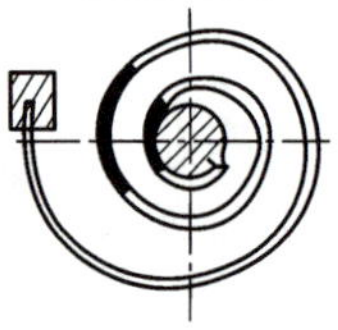 | 板簧 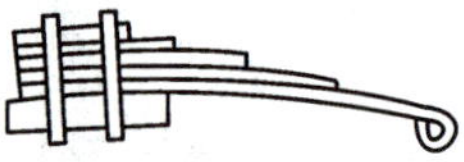 |

## 13.2 弹簧的材料和许用应力

### 13.2.1 弹簧的材料

弹簧的常用材料有：碳素弹簧钢、合金弹簧钢、不锈钢和铜合金材料及非金属材料。选择材料时，应根据弹簧的功用、载荷大小、载荷性质及循环特性、工作强度、周围介质以及重要程度进行。

### 13.2.2 弹簧的许用应力

弹簧的许用应力不仅与弹簧材料的种类有关，还与弹簧材料的质量、热处理方法、载荷性质、弹簧钢丝的尺寸等有关。根据动载荷的作用次数以及弹簧的重要程度将弹簧分为 3 类：Ⅰ类弹簧是指受动载荷作用次数在 $10^6$ 次以上或很重要的弹簧，如内燃机气门弹簧、电磁制动器弹簧等；Ⅱ类弹簧是指受动载荷作用次数在 $10^3$～$10^6$ 次及受冲击载荷的弹簧，如调速器弹簧、一般车辆弹簧等；Ⅲ类弹簧是指受静载荷或动载荷作用次数在 $10^3$ 次以下的弹簧，如一般安全阀弹簧、摩擦式安全离合器弹簧等。弹簧的类别不同，其许用切应力的大小也不同，弹簧常用材料的性能和许用应力见表 13-2。

表 13-2 弹簧常用材料的性能和许用应力

| 类别 | 代号 | 许用切应力 $[\tau]_T$ /MPa | | | 许用弯曲应力 $[\sigma]$/MPa | | 切变模量 $G$ /MPa | 弹性模量 $E$ /MPa | 推荐硬度 /HRC | 推荐使用温度 /℃ | 特性及用途 |
|---|---|---|---|---|---|---|---|---|---|---|---|
| | | Ⅰ类弹簧 | Ⅱ类弹簧 | Ⅲ类弹簧 | Ⅱ类弹簧 | Ⅲ类弹簧 | | | | | |
| 钢丝 | 碳素弹簧钢丝 B、C、D 级<br>重要用途弹簧钢丝 65Mn | $0.3\sigma_b$ | $0.4\sigma_b$ | $0.5\sigma_b$ | $0.5\sigma_b$ | $0.625\sigma_b$ | $0.5\leqslant d\leqslant4$, 83 000～80 000；$d>4$, 80 000 | $0.5\leqslant d\leqslant4$, 207 500～205 000；$d>4$, 200 000 | — | −40～120 | 强度高，加工性能好，适用于小尺寸弹簧 |

续表

| 类别 | 代号 | 许用切应力[$\tau$]$_T$/MPa | | | 许用弯曲应力[$\sigma$]/MPa | | 切变模量 $G$/MPa | 弹性模量 $E$/MPa | 推荐硬度/HRC | 推荐使用温度/℃ | 特性及用途 |
|---|---|---|---|---|---|---|---|---|---|---|---|
| | | Ⅰ类弹簧 | Ⅱ类弹簧 | Ⅲ类弹簧 | Ⅱ类弹簧 | Ⅲ类弹簧 | | | | | |
| 钢丝 | 60Si2Mn<br>60Si2MnA | 480 | 640 | 800 | 800 | 1 000 | 80 000 | 200 000 | 45～50 | −40～200 | 弹性好，回火稳定性好，易脱碳，适用于承受大载荷弹簧 |
| | 50CrVA | 450 | 600 | 750 | 750 | 940 | | | | −40～210 | 疲劳性能好，淬透性与回火稳定性好 |
| | 65Si2MnA | 570 | 760 | 950 | 950 | 1 190 | | | 47～52 | −40～250 | 强度高，耐高温，弹性与淬透性好 |
| 不锈钢丝 | 1Cr18Ni9<br>1Cr18Ni9Ti | 330 | 440 | 550 | 550 | 690 | 73 000 | 197 000 | | −250～290 | 耐腐蚀，耐高温，有良好工艺性，适用于小弹簧 |
| | 4Cr13 | 450 | 600 | 750 | 750 | 940 | 77 000 | 219 000 | 48～53 | −40～300 | 耐腐蚀，耐高温，适用于较大弹簧 |

注：拉伸弹簧材料的许用切应力取表中数值的 80%。

碳素弹簧钢丝按用途分为 B、C、D 三级，分别适用于低、中、高三种应力情况。碳簧钢丝的许用应力与弹簧的类别、级别以及弹簧钢丝的直径有关。碳素弹簧钢丝的抗拉强度见表 13-3。

**表 13-3　碳素弹簧钢丝的抗拉强度（摘自 GB/T 23935—2009）** 单位：MPa

| 弹簧钢丝直径 $d$/mm | B 级低应力弹簧 | C 级中应力弹簧 | D 级高应力弹簧 |
|---|---|---|---|
| 1.0 | 1 660 | 1 960 | 2 300 |
| 1.2 | 1 620 | 1 910 | 2 250 |
| 1.4 | 1 620 | 1 860 | 2 150 |
| 1.6 | 1 570 | 1 810 | 2 110 |
| 1.8 | 1 520 | 1 760 | 2 010 |
| 2.0 | 1 470 | 1 710 | 1 910 |
| 2.2 | 1 420 | 1 660 | 1 810 |
| 2.5 | 1 420 | 1 660 | 1 760 |
| 2.8 | 1 370 | 1 620 | 1 710 |
| 3.0 | 1 370 | 1 570 | 1 710 |

续表

| 弹簧钢丝直径 $d$/mm | B级低应力弹簧 | C级中应力弹簧 | D级高应力弹簧 |
|---|---|---|---|
| 3.2,3.5 | 1 320 | 1 570 | 1 660 |
| 4.0,4.5 | 1 320 | 1 520 | 1 620 |
| 5.0 | 1 320 | 1 470 | 1 570 |
| 5.5 | 1 270 | 1 470 | 1 570 |
| 6.0 | 1 220 | 1 420 | 1 520 |
| 6.3 | 1 220 | 1 420 | — |
| 7.0,8.0 | 1 170 | 1 370 | — |

## 13.3 圆柱螺旋压缩(拉伸)弹簧的结构和特性曲线

### 13.3.1 圆柱螺旋弹簧的结构

圆柱螺旋弹簧分为压缩弹簧和拉伸弹簧。压缩弹簧如图13-1所示。通常，其两端的端面圈并紧并磨平，称为支承圈或死圈。两磨平部分不少于圆周长的3/4，端头厚度一般不少于弹簧钢丝直径的1/8。

拉伸弹簧如图13-2所示。为了便于安装和加载，拉伸弹簧的两端制有钩环。

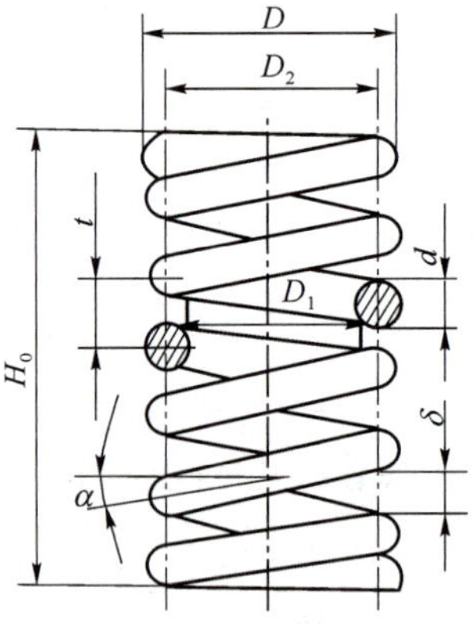


图13-1 压缩弹簧

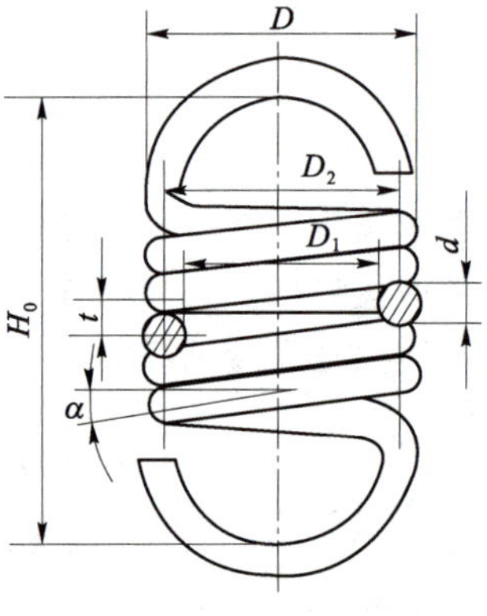


图13-2 拉伸弹簧

圆柱螺旋压缩(拉伸)弹簧的结构尺寸和参数主要有弹簧钢丝直径 $d$，弹簧外径 $D_2$、内径 $D_1$ 和中径 $D$，节距 $t$，螺旋角 $\alpha$，总圈数 $n_1$，有效圈数 $n$ 和自由高度 $H_0$ 等。圆柱螺旋压缩(拉伸)弹簧的结构尺寸和参数计算公式见表13-4。

表13-4 圆柱螺旋压缩(拉伸)弹簧的结构尺寸和参数

| 参数名称 | 代号 | 压缩弹簧 | 拉伸弹簧 |
|---|---|---|---|
| 弹簧钢丝直径 | $d$ | $d$ | |
| 弹簧中径 | $D$ | $D=Cd$ | |

续表

| 参数名称 | 代号 | 压缩弹簧 | 拉伸弹簧 |
|---|---|---|---|
| 弹簧内径 | $D_1$ | $D_1=D-d$ | |
| 弹簧外径 | $D_2$ | $D_2=D+d$ | |
| 旋绕比(弹簧指数) | $C$ | $C=D/d$ | |
| 螺旋角 | $\alpha$ | $\alpha=\arctan\frac{t}{\pi D}$,推荐 $5°\leqslant\alpha<9°$ | |
| 节距 | $t$ | $t\approx(0.28\sim0.5)D$ | $t\approx d$ |
| 轴向间隙 | $\delta$ | $\delta=t-d$ | |
| 最小间隙(余隙) | $\delta_1$ | $\delta_1\geqslant0.1d$ | |
| 总圈数(弹簧有效圈数为 $n$) | $n_1$ | 冷卷 $n_1=n+(2\sim2.5)$<br>热卷 $n_1=n+(1.5\sim2)$ | $n_1=n$ |
| 弹簧展开长度 | $L$ | $L=\pi Dn_1/\cos\alpha$ | $L\approx\pi Dn+$钩环展开长度 |
| 弹簧自由高度 | $H_0$ | 磨平 $H_0\approx nt+(1.5\sim2)d$<br>不磨平 $H_0\approx nt+(3\sim3.5)d$ | $H_0=nd+$钩环轴向长度 |
| 高径比 | $b$ | $b=H_0/D$ | |

## 13.3.2 圆柱螺旋弹簧的特性曲线

弹簧应在弹性极限内工作,不允许有塑性变形。弹簧所受载荷与其变形之间的关系曲线称为弹簧的特性曲线。特性曲线反映了弹簧在工作过程中刚度的变化情况,是设计、制造和检验弹簧的重要依据。特性曲线一般应绘制在弹簧工作图中。

图 13-3 所示为圆柱螺旋压缩弹簧的特性曲线,$H_0$ 为未受载荷时弹簧的自由高度。弹簧在工作之前,通常预受一压缩力 $F_1$,使弹簧可靠地稳定在安装位置上。这时,弹簧的高度由 $H_0$ 压缩至 $H_1$,相应的变形量为 $\lambda_1$。当弹簧受到最大工作载荷 $F_2$ 时,弹簧的高度为 $H_2$,相应的变形量为 $\lambda_2$。弹簧的工作行程

$$h=\lambda_2-\lambda_1=H_1-H_2$$

图 13-3 中 $F_{\lim}$ 为弹簧的极限载荷,在它的作用下,弹簧的变形量达到极限值。这时,弹簧的高度被压缩到 $H_{\lim}$,相应的变形量为 $\lambda_{\lim}$。

设计弹簧时,弹簧的初始载荷通常取为 $F_1=(0.1\sim0.5)F_2$。最大工作载荷 $F_2$ 按工作要求确定,但为保证弹簧的正常工作,应使 $F_2\leqslant0.8F_{\lim}$。

图 13-4 所示为圆柱螺旋拉伸弹簧的特性曲线,按卷绕方法的不同,拉伸弹簧分为无初应力和有初应力两种。其中图 13-4(b)为无初应力弹簧的特性曲线,与压缩弹簧的特性曲线相似。图 13-4(c)为有初应力弹簧的特性曲线,即弹簧在自由状态下受初应力的作用,各圈相互并紧,这一初应力是在弹簧绕制过程中保持在弹簧中的。当拉力超过 $F_0$ 时,弹簧才开始伸长,$F_0$ 称为弹簧的初拉力。在同样的拉力 $F$ 作用下,有初应力弹簧比无初应力弹簧的变形小,所以可节省轴向工作空间。

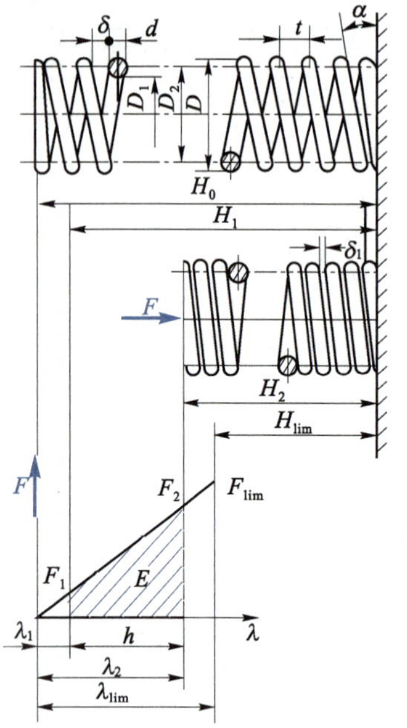

图 13-3　圆柱螺旋压缩弹簧的特性曲线

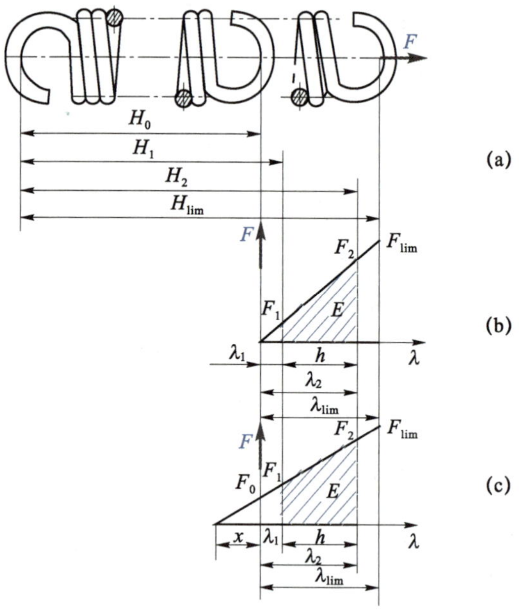

图 13-4　圆柱螺旋拉伸弹簧的特性曲线

## 13.4 圆柱螺旋压缩(拉伸)弹簧的设计计算

圆柱螺旋压缩(拉伸)弹簧的设计计算的主要任务是根据弹簧的使用要求，确定弹簧的结构尺寸和参数，并满足强度、刚度、稳定性及结构要求。

### 13.4.1 弹簧的应力

圆柱螺旋弹簧受压或受拉时，弹簧钢丝的受力情况是一样的，弹簧钢丝的截面上主要受到横向剪力和扭矩。下面以压缩弹簧承受轴向载荷的情况进行分析，图 13-5(a)中弹簧下部截去，截面上的内力为扭矩 $T$ 和剪力 $F$。由理论分析可知，截面上的最大切应力发生在弹簧钢丝截面内侧的 $a$ 点，弹簧钢丝截面的应力分布如图 13-5(b)所示。弹簧的强度条件为

$$\tau_{\max}=K\frac{8FC}{\pi d^2}\leqslant[\tau] \tag{13-1}$$

式中，$F$ 为轴向载荷，N；$d$ 为弹簧钢丝直径，mm；$C$ 为旋绕比，见表 13-4，$C$ 值的范围为 4～16，常用值为 5～8；$[\tau]$为许用切应力，MPa，根据表 13-2 查取；$K$ 为曲度系数，是为了考虑弹簧钢丝的螺旋角和曲率对弹簧钢丝中的应力影响而引入的系数，可由下式计算：

$$K=\frac{4C-1}{4C-4}+\frac{0.615}{C} \tag{13-2}$$

根据式(13-1)，当弹簧承受最大工作载荷 $F_2$ 时，弹簧钢丝的直径为

$$d\geqslant\sqrt{\frac{8KF_2C}{\pi[\tau]}} \tag{13-3}$$

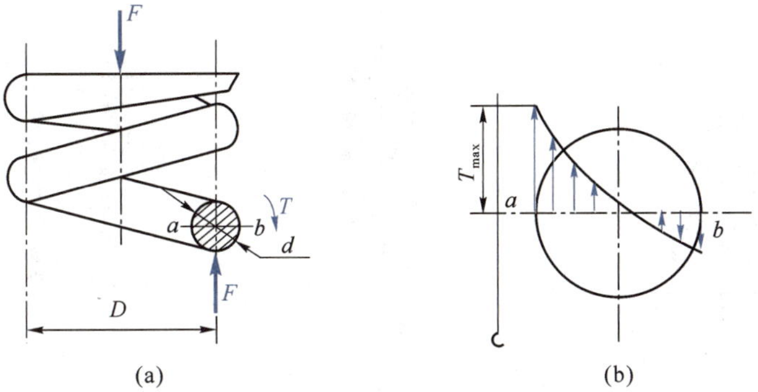


图 13-5 圆柱螺旋弹簧的受力分析及应力分析

## 13.4.2 弹簧的变形

圆柱螺旋弹簧受载后的轴向变形量 $\lambda$(mm),可根据材料力学的公式计算,即

$$\lambda=\frac{8FD^3n}{Gd^4}=\frac{8FC^3n}{Gd} \tag{13-4}$$

式中,$n$ 为弹簧的有效圈数;$G$ 为弹簧材料的剪切弹性模量(切变模量),MPa,见表 13-2。

使弹簧产生单位变形量所需的载荷称为弹簧刚度 $k$(N/mm),其计算公式为

$$k=\frac{F}{\lambda}=\frac{Gd^4}{8D^3n}=\frac{Gd}{8C^3n} \tag{13-5}$$

由上式可知,弹簧刚度 $k$ 与旋绕比 $C$ 的 3 次方成反比,即 $C$ 值对 $k$ 的影响很大。若 $C$ 值过小,则会使弹簧卷绕困难,弹簧钢丝受到强烈弯曲;若 $C$ 值过大,则弹簧过软易颤动。另外,弹簧圈数越多,弹簧刚度越小;反之,弹簧刚度越大。

根据式(13-4)和式(13-5),弹簧的有效圈数为

$$n=\frac{\lambda Gd}{8FC^3}=\frac{Gd}{8C^3k} \tag{13-6}$$

通常 $n$ 应圆整为 0.5 的倍数,且一般应大于 3。

## 13.4.3 弹簧的稳定性

弹簧的稳定性

对于压缩弹簧,若长度较大,则受力后易失去稳定性[见图 13-6(a)],这在工作中是不允许的。为了保证压缩弹簧的稳定性,弹簧的高径比 $b=H_0/D$ 不应超过许用值。高径比 $b$ 可按下列情况选取:当两端固定时,取 $b\leqslant5.3$;当一端固定,另一端可自由转动时,取 $b\leqslant3.7$;当两端均可自由转动时,取 $b\leqslant2.6$。

如果高径比 $b$ 的取值大于上述范围,又受条件限制不能改变参数时,可以加装导杆[见图 13-6(b)]或导套[见图 13-6(c)],以保证弹簧的稳定性。受动载荷的弹簧,可能发生疲劳破坏,因此除了应进行静强度和刚度等计算外,还应进行疲劳强度计算。弹簧的疲劳强度计算可参阅相关资料。

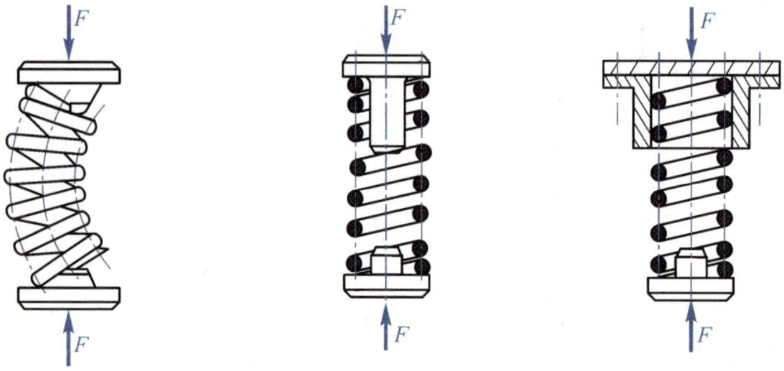


(a)失稳　　(b)加装导杆　　(c)加装导套

图 13-6　压缩弹簧失稳及对策

### 13.4.4　圆柱螺旋弹簧的设计计算步骤

圆柱螺旋弹簧设计的已知条件为弹簧承受的最大工作载荷 $F_2$、工作行程 $h$，以及工作及安装条件等。其设计步骤如下。

(1) 选择弹簧材料，确定许用切应力[$\tau$]。

(2) 确定弹簧钢丝直径 $d$ 和旋绕比 $C$。

(3) 计算弹簧的有效圈数 $n$。

(4) 弹簧的结构尺寸计算。

(5) 验算弹簧的稳定性。

(6) 绘制弹簧的工作图。

## 13.5 其他弹簧

### 13.5.1　圆柱螺旋扭转弹簧

圆柱螺旋扭转弹簧常用于压紧、储能或传递扭矩。弹簧的两端带有杆臂或挂钩，以便固定或加载（见图 13-7）。扭转弹簧在相邻两圈间一般留有小的间隙，以免扭转变形时相邻圈相互摩擦。扭转弹簧受载后，弹簧直径会缩小，对于有心轴的扭转弹簧，为了避免受载后“抱轴”，心轴和弹簧内径间必须留有足够的间隙。

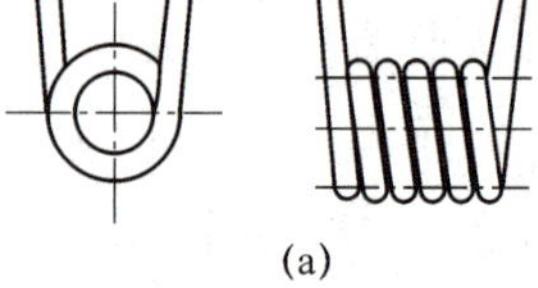

(a)

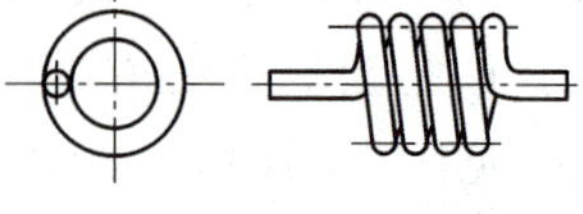

(b)

图 13-7　圆柱螺旋扭转弹簧

扭转弹簧受到外加扭矩 $T$ 时，弹簧钢丝主要承受弯矩，可按照弯曲强度条件计算扭转弹簧的强度。扭转弹簧受外加力矩后产生扭转变形，变形用扭转角 $\varphi$ 表示。与圆柱螺旋压缩（拉伸）弹簧类似，圆柱螺旋扭转弹簧的扭转角 $\varphi$ 与扭矩 $T$ 之间也为线性关系。

## 13.5.2　碟形弹簧

碟形弹簧呈无底碟状，是用薄钢板冲压而成的。实际应用中一般是将多片碟形弹簧组合起来（见图 13-8），并装在导杆上或套筒中工作。

碟形弹簧只能承受轴向载荷，是一种刚度很大的压缩弹簧。当受到轴向载荷 $F$ 时，碟形弹簧片的 $\alpha$ 角将减小，使弹簧产生轴向变形。由于不同 $\alpha$ 角时弹簧片的刚度不同，因此载荷与变形不再为线性关系，但在工程上常将碟形弹簧的特性曲线近似地取为直线。碟形弹簧在工作过程中有较大的能量消耗，因此加载过程和卸载过程的特性曲线 $OA$ 和 $ABO$ 并不重合（见图 13-9），两段曲线所围成的面积（阴影部分）代表阻尼所消耗的能量，此能量越大说明弹簧的吸振能力越强。为增大承载能力，可将碟形弹簧叠合使用（见图 13-10）。这种结构由于碟形弹簧片间的摩擦而产生大的阻尼，特别适用于缓冲和吸振。碟形弹簧常用在空间尺寸小，外载荷又很大的缓冲减振装置中。

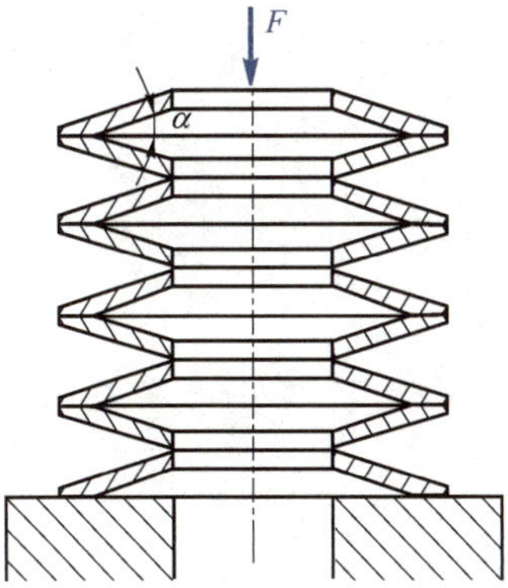


图 13-8　碟形弹簧

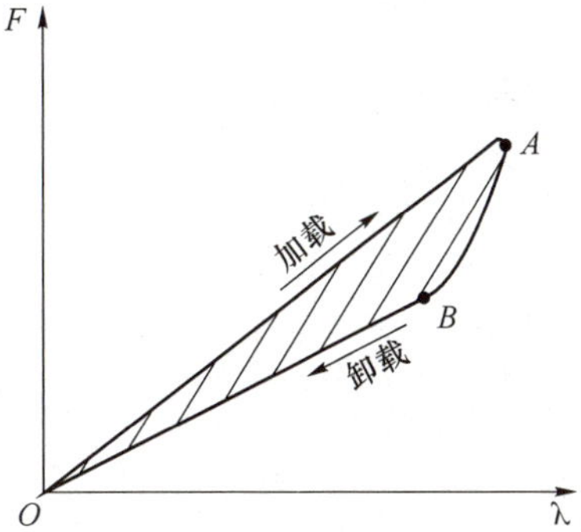


图 13-9　碟形弹簧的特性曲线

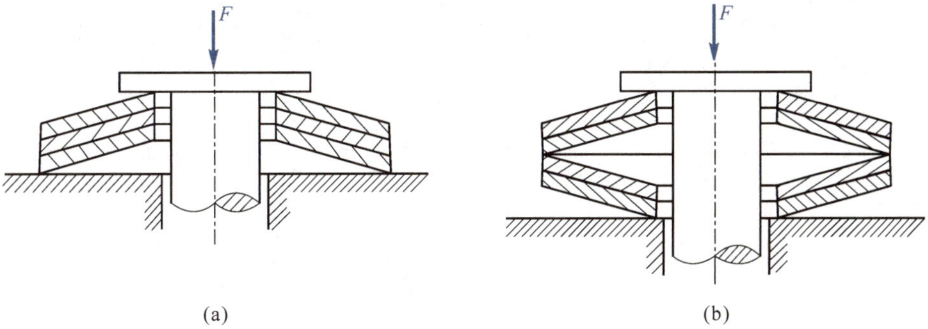


图 13-10　碟形弹簧叠合使用

## 思考与练习题

13-1 弹簧有哪些类型？各有什么功用？

13-2 弹簧旋绕比 $C$ 的含义是什么？设计弹簧时为什么 $C$ 值不宜取得过大或过小？

13-3 什么是弹簧的特性曲线？它与弹簧刚度有什么关系？

本章习题参考答案

# 第 14 章　机械的平衡和调速

## 14.1 刚性转子的静平衡和动平衡

刚性转子的平衡

在机械中绕固定轴线回转的构件常统称为转子。对于工作转速低于(0.6～0.75)$n_{c1}$($n_{c1}$为转子的一阶临界转速)的转子,由于工作中产生的弹性变形甚小,可以忽略不计,称为刚性转子;而对于工作转速高于(0.6～0.75)$n_{c1}$的转子,由于工作过程中产生的弹性变形较大,不能忽略,称为挠性转子。工程中大多数转子都是刚性转子,本章仅介绍刚性转子的平衡问题。挠性转子的平衡原理是基于弹性梁的横向振动理论,比较复杂,本章不予介绍。

### 14.1.1 产生不平衡的原因

中国高铁的平衡和调速

对于机械中的转子,由于结构上的不对称、材质的不均匀以及制造和装配中的偏差,都会导致其质心与回转轴线不重合,因此转子在回转时会产生离心惯性力。例如,一个质量为 12.5 kg 的砂轮,以 $n=6\ 000$ r/min的转速回转,若质心仅仅偏离回转轴线 1 mm,则引起的离心惯性力高达 5 000 N,是砂轮自重的 40 倍。不仅如此,离心惯性力方向还是周期性变化的。这不仅增大了运动副中的摩擦和构件中的应力,降低了机械效率和使用寿命,还会引起机械及其基础产生强迫振动,甚至产生共振,导致严重的安全事故。

转子平衡的目的就是设法将这种离心惯性力予以平衡,以消除或减小其不良影响。需要说明的是,有些机械却是利用振动工作的,如蛙式打夯机、振动打桩机等。对于这类机械,应该考察如何利用不平衡惯性力。

对于刚性转子的平衡,首先在设计阶段就需要根据转子的结构及质量分布的实际情况进行平衡计算,使转子运转时其惯性力在理论上达到平衡。至于因材质不均匀和制造及装配偏差等产生的不平衡,只能采用试验的方法加以平衡。

### 14.1.2 刚性转子的静平衡计算

对于轴向尺寸较小的盘状转子(转子轴向宽度 $b$ 与其直径 $D$ 之比 $b/D<0.2$),如齿轮、盘形凸轮、带轮、叶轮、螺旋桨等,它们的质量可以近似认为分布在垂直于其回转轴线的同一平面内。若质心不在回转轴线上,当其转动时,偏心质量就会产生离心惯性力。因为这种不平衡现象在转子静态时即可表现出来,所以将其称为静不平衡转子。由于这类转子各不平衡质量所产生的离心惯性力形成一

平面汇交力系，因此对这类转子只需要其惯性力达到平衡就可以了。具体的做法是，通过分析计算，在转子上增加或去除一部分质量，使其质心与回转轴线重合，转子即可得以平衡。

图 14-1 所示为一盘状转子，设由于种种原因（如有凸台等），已知其具有偏心质量 $m_1$ 和 $m_2$，各自的矢径分别为 $\boldsymbol{r}_1$ 和 $\boldsymbol{r}_2$，转子的角速度为 $\omega$，则各偏心质量所产生的离心惯性力为

$$\boldsymbol{F}_i = m_i\omega^2\boldsymbol{r}_i \quad (i=1,2) \tag{14-1}$$

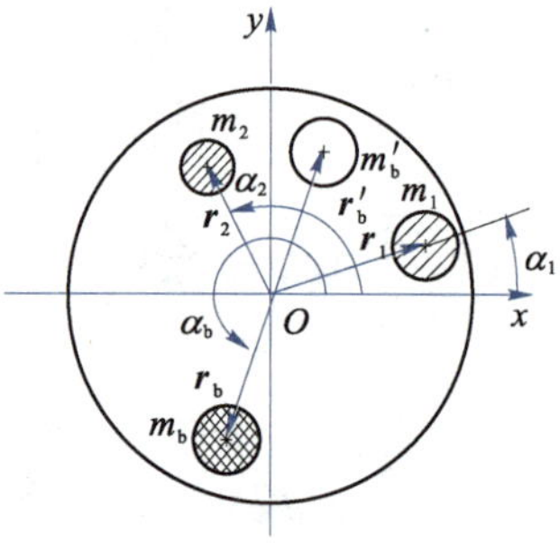

图 14-1　转子的不平衡

为了平衡这些离心惯性力，可在该转子上加一平衡质量 $m_b$，使其产生的离心惯性力 $\boldsymbol{F}_b$ 与各偏心质量的离心惯性力 $\boldsymbol{F}_i$ 相平衡，即

$$\sum \boldsymbol{F} = \sum \boldsymbol{F}_i + \boldsymbol{F}_b = \boldsymbol{0} \tag{14-2}$$

设平衡质量 $m_b$ 的矢径为 $\boldsymbol{r}_b$，则式(14-2)可转化为

$$m_1\boldsymbol{r}_1 + m_2\boldsymbol{r}_2 + m_b\boldsymbol{r}_b = \boldsymbol{0} \tag{14-3}$$

式中，$m_i\boldsymbol{r}_i$ 称为质径积，为与矢径 $\boldsymbol{r}_i$ 的方向相同的矢量。

平衡质径积 $m_b\boldsymbol{r}_b$ 的大小和方向可按力的平衡原理求得。由 $\sum F_x = 0$ 及 $\sum F_y = 0$ 有

$$\begin{cases} (m_b\boldsymbol{r}_b)_x = -\sum m_i r_i \cos\alpha_i \\ (m_b\boldsymbol{r}_b)_y = -\sum m_i r_i \sin\alpha_i \end{cases} \tag{14-4}$$

式中，$\alpha_i$ 为第 $i$ 个偏心质量 $m_i$ 的矢径 $\boldsymbol{r}_i$ 与 $x$ 轴之间的夹角。

因此，平衡质径积的大小为

$$m_b r_b = [(m_b r_b)_x^2 + (m_b r_b)_y^2]^{\frac{1}{2}} \tag{14-5}$$

根据转子结构选定 $\boldsymbol{r}_b$（一般适当选大一些）后，即可确定出平衡质量 $m_b$。而其相位角 $\alpha_b$ 为

$$\alpha_b = \arctan[(m_b\boldsymbol{r}_b)_y/(m_b\boldsymbol{r}_b)_x] \tag{14-6}$$

$\alpha_b$ 所在的象限要根据式(14－6)中分子、分母的正负号来确定。

显然，也可以在 $\boldsymbol{r}_b$ 的反方向 $\boldsymbol{r}_b'$ 处除去一部分质量 $m_b'$，使转子得到平衡，只要保证 $m_b\boldsymbol{r}_b = m_b'\boldsymbol{r}_b'$ 即可。

根据以上分析可见，对于静不平衡转子，无论有多少个不平衡质量，只需在同一平衡面内增加或除去一个平衡质量即可获得平衡，这又称为单面平衡。

## 14.1.3　刚性转子的动平衡计算

刚性转子的动平衡计算

对于轴向尺寸较大的转子（$b/D \geqslant 0.2$），如内燃机曲轴、电机转子和机床主轴等，其偏心质量往往分布在若干个不同的回转平面内。对于这类转子，即使转子的质心位于回转轴线上，满足静平衡条件，但在转子回转时，各不平衡质量产生的惯性力偶矩仍然会在支承中引起附加的动载荷和机械振动，图 14-2 所示的双凸轮转子就是一例。由于这类转子的不平衡在转子运动时才能显现出来，将其称为动不平衡转子。显然，这类转子的平衡条件是：平衡质量和各偏心质量所

引起的离心惯性力的矢量和及这些惯性力所形成的惯性力偶矩的矢量和都等于零，即

$$\begin{cases}\sum \boldsymbol{F} = \sum \boldsymbol{F}_i + \boldsymbol{F}_b = \boldsymbol{0} \\ \sum \boldsymbol{M} = \sum \boldsymbol{M}_i + \boldsymbol{M}_b = \boldsymbol{0}\end{cases} \tag{14-7}$$

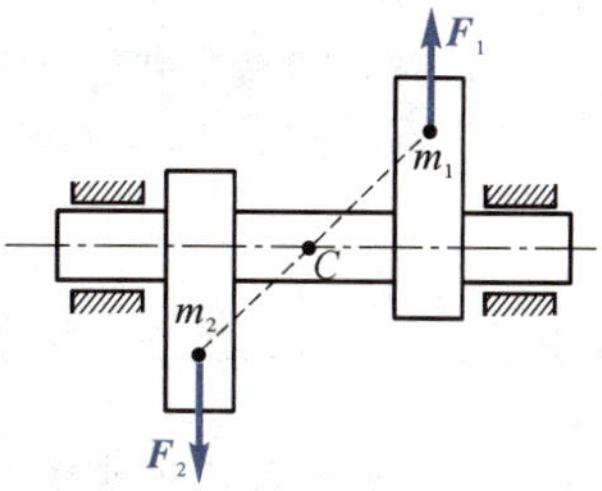

图 14-2 双凸轮轴转子的不平衡状况

这类平衡称为转子的动平衡。

为了使转子达到动平衡，可利用理论力学中力的分解的原理将其转化为静平衡问题。如图 14-3 所示的转子，根据其结构，设已知有 3 个偏心质量 $m_1$、$m_2$ 和 $m_3$ 分别位于回转平面 1、2 和 3 中，各自的矢径分别为 $\boldsymbol{r}_1$、$\boldsymbol{r}_2$ 和 $\boldsymbol{r}_3$。当转子以角速度 $\omega$ 等速回转时，这些偏心质量所产生的离心惯性力 $\boldsymbol{F}_1$、$\boldsymbol{F}_2$ 和 $\boldsymbol{F}_3$ 组成了一个空间力系。为了使该转子达到动平衡，首先根据转子结构选取两个平衡基面Ⅰ和Ⅱ，再根据理论力学中一个力可以分解为两个与其平行的力的原理，将上述 3 个离心惯性力分解到两个平衡基面Ⅰ和Ⅱ内，即将 $\boldsymbol{F}_1$、$\boldsymbol{F}_2$、$\boldsymbol{F}_3$ 分解为 $\boldsymbol{F}_{1\text{I}}$、$\boldsymbol{F}_{2\text{I}}$、$\boldsymbol{F}_{3\text{I}}$（在平衡基面Ⅰ内）和 $\boldsymbol{F}_{1\text{II}}$、$\boldsymbol{F}_{2\text{II}}$、$\boldsymbol{F}_{3\text{II}}$（在平衡基面Ⅱ内）。它们的大小分别为

$$F_{1\text{I}} = F_1 l_1/L,\quad F_{2\text{I}} = F_2 l_2/L,\quad F_{3\text{I}} = F_3 l_3/L$$

$$F_{1\text{II}} = F_1(L-l_1)/L,\quad F_{2\text{II}} = F_2(L-l_2)/L,\quad F_{3\text{II}} = F_3(L-l_3)/L$$

它们的方向保持不变。这样，就把空间力系的平衡问题转化为两个平面汇交力系的平衡（静平衡）问题了。只要分别在平衡基面Ⅰ及Ⅱ内适当地各加一平衡质量 $m_{b\text{I}}$ 和 $m_{b\text{II}}$，使两个平衡基面内的惯性力之和分别为零，这个转子便得以动平衡。

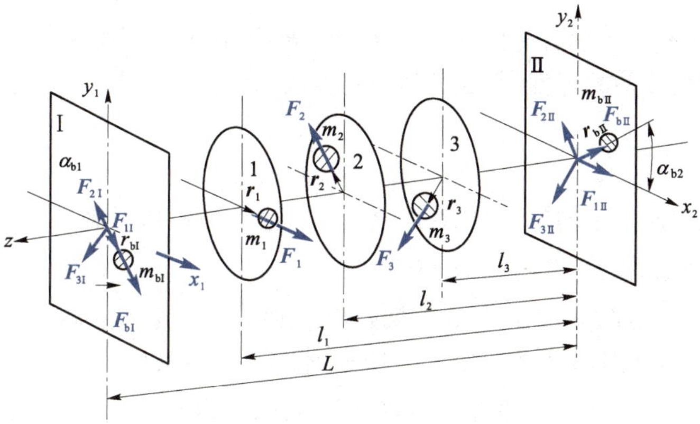

图 14-3 动平衡转子

由以上分析可知，不论转子在几个回转平面有多少个偏心质量，只要在两个平衡基面内分别加上或去除一个适当的平衡质量，即可得到完全平衡。动平衡又称双面平衡。

机械的速度波动及调节

# 14.2 机械的速度波动及其调节原理

## 14.2.1 速度波动及其类型

对于大多数机械来说,其原动机的驱动力和工作机的阻力都是变化的,若两者不能时时刻刻都相等,则会引起机械速度的波动。若原动机的驱动力和工作机的阻力变化是周期性的,则速度的波动也将呈周期性,称为周期性速度波动;若驱动力和阻力的变化是非周期性的,则速度的波动也将呈非周期性,称为非周期性速度波动。周期性速度波动会导致在运动副中产生附加动压力,引起机械振动,降低机械的寿命,影响机械效率和工作质量。对于非周期性速度波动,若驱动力长时间大于阻力,机械就会越来越快,出现所谓的"飞车"现象;若驱动力长时间小于阻力,机械就会越来越慢,甚至导致"停车"。因此,对速度波动必须加以调节和限制。

## 14.2.2 周期性速度波动及其调节

### 1. 速度不均匀系数

在工程中,以机械中主轴的最大角速度和最小角速度的算术平均值作为机械的平均角速度 $\omega_m$,即

$$\omega_m=(\omega_{max}+\omega_{min})/2 \tag{14-8}$$

机械速度波动的程度不仅与速度波动的幅度 $\omega_{max}-\omega_{min}$ 有关,还与平均角速度 $\omega_m$ 的大小有关。综合考虑这两方面的因素,工程中常用速度不均匀系数 $\delta$ 表示机械的速度波动的程度,其定义为角速度波动的幅度 $\omega_{max}-\omega_{min}$ 与平均角速度 $\omega_m$ 之比,即

$$\delta=(\omega_{max}-\omega_{min})/\omega_m \tag{14-9}$$

各种机械速度不均匀系数的许用值[$\delta$]可查机械设计手册。

### 2. 周期性速度波动的调节

如前所述,驱动力和阻力呈周期性变化时,机械将产生周期性速度波动。图 14-4(a)所示为某机器主轴在一个运动周期 $\varphi_T$ 内驱动力矩 $M_d$ 和阻力矩 $M_r$ 的变化曲线,以 $M_d$ 与 $M_r$ 相等的点为节点,将其分为图示几个区段。可以看出,有些区段中驱动力矩 $M_d$ 大于阻力矩 $M_r$(如 $bc$ 段),驱动力矩 $M_d$ 所做的驱动功就大于阻力矩所做的阻抗功,驱动功大于阻抗功的部分就是图中相应的阴影部分(以"+"号表示),称为盈功,因而在该区段机器运转速度和动能将单调增大,从 $b$ 点到 $c$ 点动能的增大量为该区段盈功的大小;而有些区段中驱动力矩 $M_d$ 小于阻力矩 $M_r$(如 $cd$ 段),驱动力矩 $M_d$ 所做的驱动功就小于阻抗力矩所做的阻抗功,驱动功小于阻抗功的部分就是图中相应的阴影部分(以"−"号表示),称为亏功,因而在该区段机器运转速度和动能将单调减小,从 $c$ 点到 $d$ 点动能的减少量为该区段亏功的大小。据此可以得到机器在一个运动周期内动能的变化曲线,

如图 14-4(b)所示。机器在一个运动周期内最大动能与最小动能的差值称为最大盈亏功，以 $\Delta W_{max}$ 表示，即

$$\Delta W_{max}=E_{max}-E_{min} \tag{14-10}$$

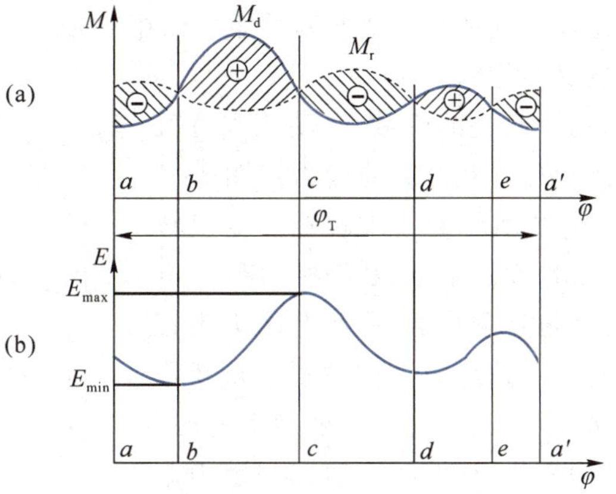


图 14-4 机器的盈亏功

一般机器动能最大的位置，机器速度也最高；机器动能最小的位置，机器速度也最低。为了减小速度波动的程度，可在机器中加装一个具有较大转动惯量的回转件——飞轮。

由于

$$\Delta W_{max}=E_{max}-E_{min}=\frac{1}{2}(J+J_F)(\omega_{max}^2-\omega_{min}^2)=(J+J_F)\omega_m^2\delta \tag{14-11}$$

因此

$$\delta=\frac{\Delta W_{max}}{(J+J_F)\omega_m^2} \tag{14-12}$$

式中，$J$ 为原机器的等效转动惯量；$J_F$ 为加装飞轮的转动惯量。

从式(14-12)中可以看出，增大飞轮的转动惯量 $J_F$，就可以使机器速度波动的程度 $\delta$ 减小，机器的运转越加平稳。

飞轮之所以能调节速度波动，在于它的储能作用，即飞轮相当于一个储能器，当机械出现盈功时，机械运转速度提高，飞轮的速度随之提高，飞轮就将一部分能量以动能的形式储存起来，从而减小机械速度的增大幅度；当机械出现亏功时，机械运转速度降低，飞轮的速度随之降低，飞轮就将一部分动能释放出来，以弥补能量的不足，从而减小机械速度的降低幅度。

应当指出的是，由于飞轮的转动惯量不可能为无穷大，因而飞轮只能起到减小速度波动程度的作用，不可能使 $\delta=0$。又由于飞轮储存能量的大小不仅与飞轮的转动惯量有关，还与飞轮的转速有关，因此一般尽可能将飞轮安装在机器的高速轴上，以减小飞轮的尺寸和提高调速的效果。

另外，飞轮的储能作用，使其在工程中得到广泛应用。比如锻压、冲压机械，在一个运动周期中，仅仅在锻压、冲压的瞬间具有很大峰值的工作载荷，其余时间机器都无工作载荷而空转。对于这类机械，通常在其中安装一个很大的飞轮，飞轮在空转的时间内储存一定的动能，在锻压、冲压的瞬间又释放动能来克服瞬间的尖峰载荷，从而可选用小功率的原动机来完成大的载荷输出，避免大马拉小车引起的多余能耗，达到节能的目的。

### 14.2.3 非周期性速度波动的调节

产生速度波动的根本原因就是驱动力矩与阻力矩不平衡。对非周期性速度波动进行调节，就是设法使驱动力矩与阻力矩彼此相适应，从而使机器在另一平衡位置上重新恢复稳定运转。

对于以电动机为原动机的机械，电动机本身就具有自动协调驱动力矩与阻力矩的能力。图 14-5 所示为三相交流异步电动机的输出转矩与输出转速的关系。当 $M_d<M_r$ 而使电动机转速下降时，电动机输出的驱动力矩将自动增大，直到与阻力矩相平衡，从而使机器在另一速度较低的位置上重新稳定运转；相反，当 $M_d>M_r$ 而使电动机转速上升时，电动机输出的驱动力矩将自动减小，直到与阻力矩相平衡，从而使机器在另一速度较高的位置上重新稳定运转。电动机的这种性能称为自调性。

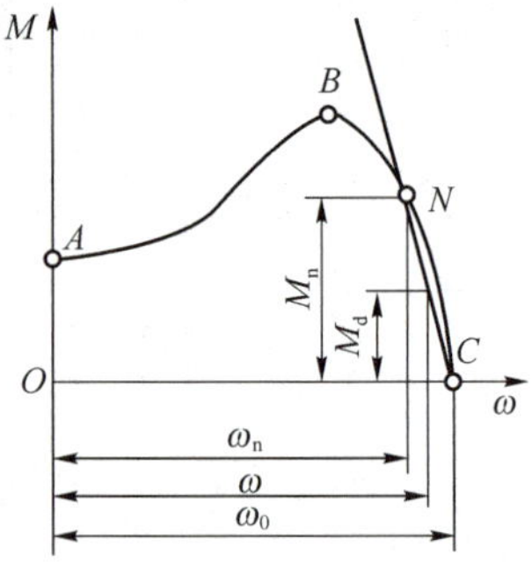

图 14-5 三相交流异步电动机的输出转矩与输出转速的关系

对于以蒸汽机、汽轮机或内燃机为原动机的机械，由于这类原动机不具有自调性，必须安装专门的调速器进行调节。调速器的种类很多，现举例来简要说明其工作原理。

图 14-6 所示为燃气涡轮发电机中采用的离心式调速器的工作原理。图中，支架 1 与发动机轴相连，离心球 2 铰接在支架 1 上，并通过连杆 3 与活塞 4 相连。在稳定运转状态下，由油箱供给的燃油一部分通过增压泵 6 增压后输送到发动机，另一部分多余的油则通过油路 a、调节油缸 5、油路 b 回到油泵入口处。当外界条件变化引起阻力矩减小时，发动机的转速 $\omega$ 将增高，离心球 2 将因离心力的增大而向外摆动，通过连杆 3 推动活塞 4 向右移动，使被活塞 4 部分封闭的回油孔间隙增大，因此回油量增大，输送给发动机的油量减小，所以发动机的驱动力矩相应地下降，使得驱动力矩与阻力矩在一个稍低的速度下达到新的平衡，发动机重新归于稳定运转。反之，如果工作阻力增大，则进行相反运动，供给发动机的油量增加，从而使发动机在一个稍高的速度下重新恢复稳定运转。

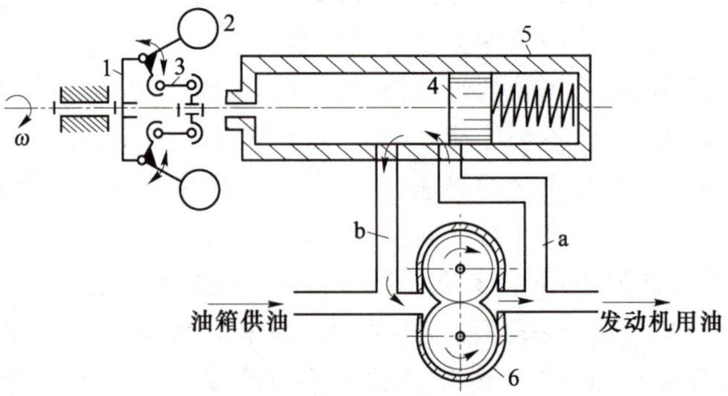

图 14-6 离心式调速器的工作原理

## 思考与练习题

14-1 什么情况下要对转子进行静平衡？什么情况下要对转子进行动平衡？动平衡后的转子是否达到了静平衡？

14-2 选择平衡质量的位置以及动平衡中两个平衡基面的位置时，应考虑哪些因素？

14-3 飞轮的调速功能是利用了飞轮的储能作用，在工程中利用飞轮的储能作用还有哪些实例？飞轮能否调节非周期性速度波动？

14-4 转子不平衡和速度波动均会在运动副中引起附加动压力，试分析它们的区别。

14-5 什么是速度不均匀系数？速度不均匀系数是否越小越好？

14-6 图 14-7 所示为一钢制圆盘，盘厚 $b=50$ mm。在位置Ⅰ处有一直径 $\varphi=50$ mm 的通孔，在位置Ⅱ处有一质量 $m_2=0.5$ kg 的凸台。为了使圆盘平衡，拟在圆盘上直径为 $r=200$ mm 处打一通孔。试求此通孔的直径与位置。（钢的密度 $\rho=7.8$ g/cm$^3$）

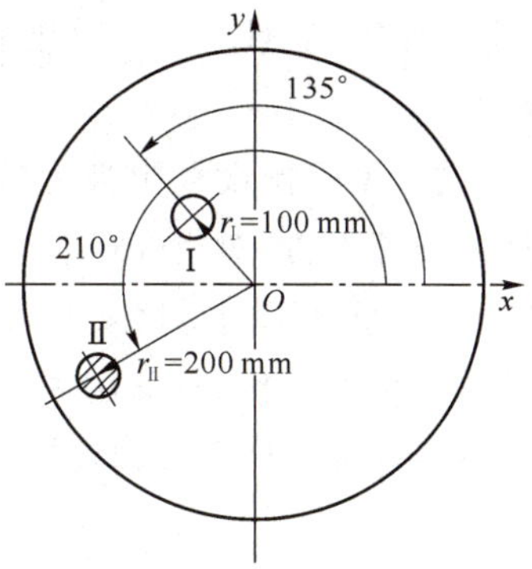


图 14-7 题 14-6

本章习题参考答案

# 第15章 机械传动系统方案设计

## 15.1 概 述

电动汽车电动机直接驱动的机械传动

机械传动系统是指将原动机的运动和动力传递到执行构件的中间环节，它是机械的重要组成部分。其作用不仅是转换运动形式、改变运动大小和保证各执行构件的协调配合工作等，而且要将原动机的功率和转矩传递给执行构件，以克服生产阻力来做功。

机械传动系统的设计是机械设计中极为重要的一环，同时也是机械创新设计的核心内容，设计的合理与否，对机械的性能和质量的好坏、设计制造成本和维护使用成本的高低都有很大影响。这就要求设计者善于运用已有的知识和实践经验，认真总结以往的相关工作，收集国内外的相关信息，充分发挥创造性思维和想象能力，灵活应用各种设计方法和技巧，以便设计出新颖、灵巧、高效的机械传动系统。

## 15.2 设计机械传动系统方案的一般原则

由于机械功能、工作原理和使用场合等的不同，对机械传动系统的要求也就不同。但在设计机械传动系统方案时应遵循下列一般原则。

### 1. 采用尽可能简短的运动链

简短的运动链有利于降低机械的质量和制造成本，也有利于提高机械效率和减小累积误差。

### 2. 优先选用基本机构

由于基本机构结构简单，设计方便，技术成熟，因此在满足功能要求的条件下，应优先选用基本机构。

### 3. 应使机械有较高效率

机械的效率取决于组成机械的各个机构的效率。因此，对于机构串联组成的机械，就要尽量提高每个机构的效率；对于机构并联或混联组成的机构，则应着重提高传递功率大的主动链中各机构的效率。

#### 4. 合理安排不同类型机械传动机构的顺序

一般来说，在机构的排列顺序上有如下一些规律：首先，在可能的条件下，转变运动形式的机构（如凸轮机构、连杆机构、螺旋机构等）通常总是安排在运动链的末端，与执行构件靠近；其次，带传动等摩擦传动一般安排在转速较高的运动链的起始端，以减小其传动的转矩，从而减小其外廓尺寸，同时也有利于启动平稳和过载保护，而且原动机的布置也较方便。

#### 5. 合理分配传动比

运动链的总传动比应合理地分配给各级传动机构，具体分配时应注意以下几点。

(1) 每级传动机构的传动比应在各自常用的范围内选取，同时还应注意机械整体结构上的协调。如果某一级机构传动比过大，就容易导致机械整体结构的庞大或不协调，甚至导致某些零件之间发生干涉。例如对于齿轮减速器，若前一级带传动的传动比过大，则会导致大带轮比齿轮减速器的尺寸还大[见图 15-1(a)]；若多级齿轮减速器的各级传动比选择不当，则会导致各级传动的大齿轮直径差别较大，给齿轮的润滑带来不便，甚至使齿轮与轴之间发生干涉[见图 15-1(b)]。

(2) 由于大多数机械的传动系统通常为减速运动链，因此一般按照“前小后大”的原则分配传动比，这样有利于减小机械的尺寸。

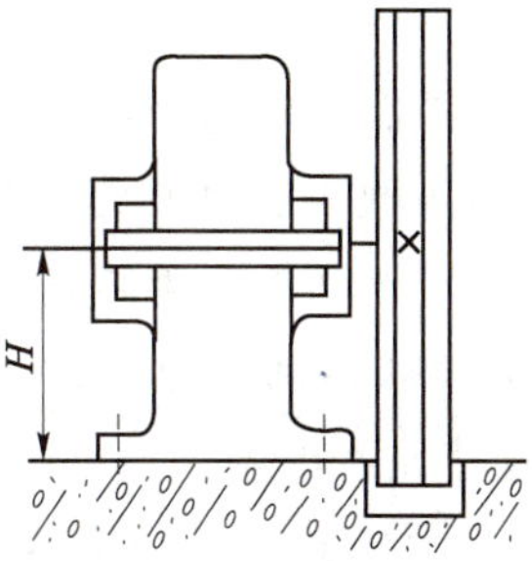

(a)

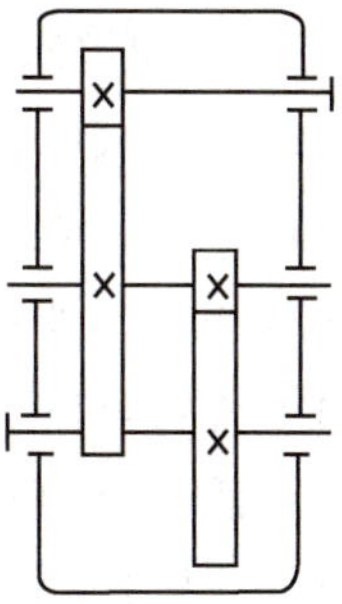
(b)

图 15-1 机械整体结构不协调

#### 6. 保证机械的安全运转

设计机械传动系统时，必须注意机械的安全运转问题，防止发生损坏机械或伤害人身的可能性。例如，起重机械的起吊部分，必须防止在荷重的作用下自动倒转，为此在机械传动系统中应设置具有自锁能力的机构或装设制动器。又如，为防止机械因过载而损坏，可采用具有过载打滑的摩擦传动或装设安全联轴器等。

## 15.3 设计机械传动系统方案的一般步骤和方法

#### 1. 拟订机械的工作原理

根据生产或生活的需要，制订所要设计机械的总的功能，即机械的用途、性能、使用价值等。在确定机械产品的功能指标时，应进行科学分析，在保证先进性、可行性的前提下，同时兼顾产品的性能和经济性。因此，应利用各种创造技法，并借鉴同类产品成功的经验和最新科技成果，以便拟订较为合理的工作原理。

实现同一种功能要求，通常会有多种不同的工作原理。比如，加工螺栓上的螺纹可以车削、套丝、搓丝等；加工齿轮的轮齿可以插齿、滚齿等。不同的工作原理，机械传动系统方案必然不同。即使相同的工作原理，由于能实现一种功能的机构会有多种，也会有不同的传动方案。

2. 执行构件的运动设计及原动机的选择

机械的工作原理确定后，为了方便设计，应将机械的总功能分为若干分功能，并以此来确定执行构件的数目和各自的运动形式及运动参数，形成机械的工艺动作过程。然后选择恰当的原动机的类型和运动参数与之匹配。

1）执行构件的数目

执行构件的数目取决于机械分功能或分动作的数目，但二者不一定相等，要针对机械的工艺过程及结构复杂性等进行具体分析。例如，立式钻床中，可采用两个执行构件（钻头和工作台）分别实现钻削和进给功能；也可采用一个执行构件（钻头）同时实现钻削和进给功能。

2）执行构件的运动形式及运动参数

执行构件的运动形式取决于要实现的分功能的运动要求。常见的运动形式有回转运动、直线运动、曲线运动及复合运动 4 种。前两种是基本运动形式。

回转运动又有如下 3 种：连续回转运动，其运动参数为转速；间歇回转运动，其运动参数为每分钟转动的次数、转角的大小和运动系数等；往复摆动，其运动参数为每分钟摆动的次数、摆角大小及行程速比系数等。

直线运动也有 3 种：往复直线移动，其运动参数为每分钟的行程、行程的大小和行程速比系数等；带停歇的往复直线移动，其运动参数为一个运动循环中停歇的次数、位置及时间，还有行程的大小和工作速度等；带停歇的单向直线移动，其运动参数为停歇时间和运动位移等。

曲线运动有如下两种：沿固定的曲线运动，如搅拌机中执行构件上某点的运动，其运动参数为该点坐标 $x$、$y$、$z$ 的变化规律；沿可变的曲线运动，往往是 2 个或 3 个方向移动的叠加，如起重机吊钩的空间曲线运动，其运动参数需由各方向移动的配合关系而定。

复合运动是由上述几种单一运动组合而成的，如台钻的钻头一方面做连续回转（切削运动），另一方面又做直线运动（进给运动）。复合运动的运动参数根据各单一运动形式及它们的协调配合关系而定。

3）原动机的类型及其运动参数的选择

原动机的选择，对整个机械的性能及成本、组成及繁简程度将有直接影响。

原动机有电动机、内燃机、液压马达及液压缸、气动马达及汽缸等多种类型。

其中，电动机是机械中应用最为普遍的原动机。电动机又有多种种类，如交流异步电动机、直流电动机、带减速(或变速)装置的电动机、交流变频变速电动机、伺服电动机、步进电动机、力矩电动机等。各种原动机均有各自的特性和适用场合，选择时应从机械性能要求及成本等方面综合考虑。

工程中应用最多的是交流异步电动机，其同步转速有 3 000 r/min、1 500 r/min、1 000 r/min、750 r/min、600 r/min五种。在输出同样功率时，电动机转速越高，其尺寸和质量越小，价格越低。但当执行构件的速度很低时，若选择高速电动机，势必需要大减速比的减速装置，反而造成机械传动系统的过分庞大和制造成本的显著增加。

4) 各执行构件间运动的协调配合和机械的工作循环图

在某些机械中，要求各执行构件的运动必须准确协调配合才能保证其工作的完成。这些协调关系可分为时序协调和速度协调两类。所谓时序协调，是指执行构件在时间上或在运动位置上的协调配合关系。比如，牛头刨床有刨头(连同刨刀)和工作台(连同工件)两个执行构件，在刨头(刨刀)刨削的过程中，工作台是不能运动的，工作台的进给运动必须在空回行程中完成，否则会导致工件或刀具损坏。所谓速度协调，是指执行构件的运动速度必须保持协调。比如，滚齿机中的滚刀与工作台(连同被加工齿轮)两个执行构件的转动速度，必须满足实现范成运动所必需的恒定速比关系。

对于有运动协调配合要求的执行构件，往往采用一个原动机，通过运动链将运动分配到各个执行构件上，借助于机械传动系统实现运动的协调配合。为此，在设计机械时应编制出机械在一个工作循环中各执行构件运动配合关系的工作循环图(或称运动循环图)。

在编制工作循环图时，首先要在机械中选择一个构件作为定标件，用它的位置(转角或位移)作为确定各执行构件运动先后次序的基准。工作循环图可以做成直线式，也可以做成圆周式。图 15-2 所示为自动冲床的工作循环图(直线式)，以主轴为定标件，主轴旋转一周，完成一个工作循环。自动送料器在冲头的空回行程中完成送料。图 15-3 所示为单缸四冲程内燃机的工作循环图(圆周式)，其 4 个冲程是进气、压缩、膨胀和排气。这 4 个冲程是在曲轴转两周的时间内完成的，因此以曲轴为定标件。在曲轴转两周的时间内，活塞、进气阀门、排气阀门的运动和火花塞的点火必须协调配合。

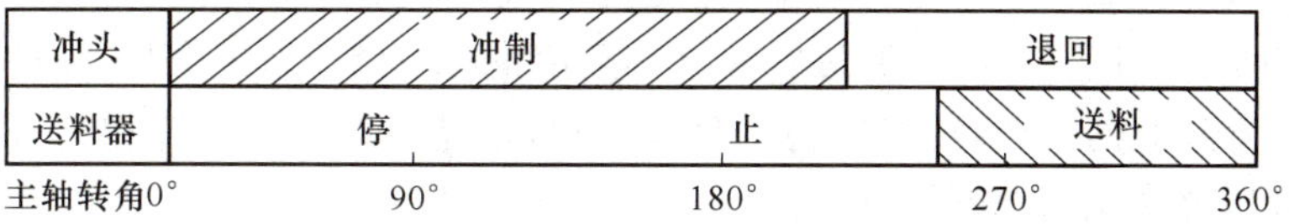


图 15-2 自动冲床的工作循环图

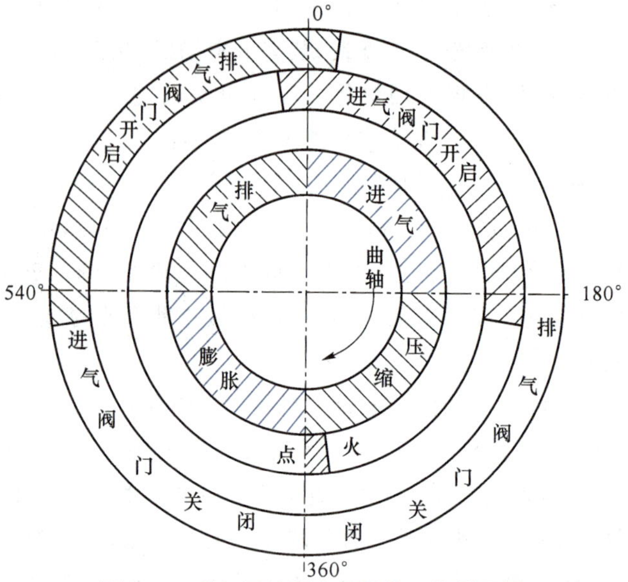


图 15-3　单缸四冲程内燃机的工作循环图

做出工作循环图后，各执行构件与定标件之间的相位关系，就必须根据此工作循环图的有关参数进行设计。

### 3. 机构的选型及组合

1）机构的选型

机构的选型是机械传动系统中一个重要的环节。实现同一功能的机构可以有多种，究竟选择哪一种机构，需要综合考虑多方面的因素。机构选型时，应考虑以下一些原则。

(1) 所选机构应满足机器运动方面的要求。这些要求包括运动形式的变换、减速或增速、变速及运动精度等。

(2) 根据需要，所选机构应具有较好的动力性能，运动平稳，无冲击、振动，具有较高的机械效率，对工作负荷的改变有较好的适应能力等。

(3) 在满足运动及工作要求的前提下，选用尽可能少的构件组成简短的运动链。这对于保证运动精度、提高机械效率和降低生产成本等都是有利的。

(4) 选用机构时应考虑现场条件，要取材方便，加工容易，便于安装调试。

(5) 所选机构在工作中要安全可靠，便于操作、维护和检修。

另外，有时还要考虑一些特殊因素，如机器的使用环境、机器的重要程度等。总之，机构的选型是一个较为复杂的问题。为了解决好这个问题，设计者不仅需要对各种机构具有较深入的了解，而且必须用正确的设计思想指导，要注重联系实际，注意经验的总结，集思广益。只有这样，才能在理论与实践相结合的基础上，较好地解决机构选型问题。

2）机构的组合

为了组成一部性能优良的机器，常需要把一些机构通过一定的方式组合起来。机构的组合方式常见的有以下几种。

1）机构的串联组合

前后几种机构依次连接的组合方式称为串联组合，串联组合又分为一般串联组合和特殊串联组合两种。

所谓一般串联组合，是指后一级机构的主动构件固接在前一级机构的与机架相连的构件上的组合方式。图 15-4 所示的连杆机构与凸轮机构的串联组合就是一例。

所谓特殊串联组合，是指后一级机构的主动构件固接在前一级机构的与机架不相连的浮动构件上的组合方式。例如，图 15-5 所示齿轮机构与连杆机构的串联组合，其后一级连杆机构铰接在前一级行星机构的行星轮上。由于行星轮上各不同点的轨迹是各种内摆线，因此选不同的铰接点 $C$ 可使从动杆 4 获得多种不同的运动规律。

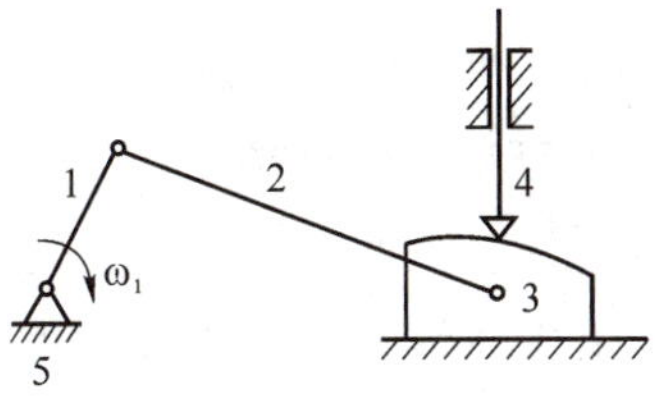


图 15-4 连杆机构与凸轮机构的串联组合

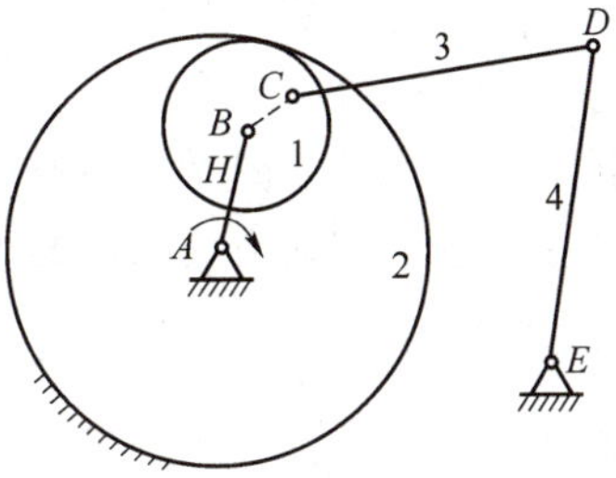


图 15-5 齿轮机构与连杆机构的串联组合

2）机构的并联组合

一个机构产生若干个分支后续机构，或若干个分支机构汇合于一个后续机构的组合方式称为机构的并联组合。并联组合也可分为一般并联组合和特殊并联组合两种。

所谓一般并联组合，是指各分支机构之间无任何严格的运动协调配合关系。例如，组合钻床的传动系统就属于此类组合。这种组合方式中各分支机构可根据各自的工作需要，独立进行设计。

所谓特殊并联组合，是指各分支机构之间有严格的运动协调配合关系。比如车床的主传动链与进给传动链之间，由于有严格的速比要求，就属于特殊并联组合。

3）机构的封闭组合

机构的封闭组合，是指将一个多自由度（通常为两个自由度）机构（称为基础机构）中的某两个构件的运动用一个机构（称为约束机构）联系起来，使整个机构成为一个单自由度的机构（通常称为组合机构）。根据被封闭构件的不同，机构的封闭组合又分为一般封闭组合和反馈式封闭组合两类。

一般封闭组合是指将基础机构的两个主动件或两个从动件封闭起来的组合方式。例如，图 15-5 所示的齿轮-连杆组合机构中，基础机构为一个两自由度的五杆机构，用一对齿轮将两个主动件 $AB$、$DE$ 联系起来，使整个机构成为一单自由度机构。可以利用该机构上 $C$ 点所描绘的连杆曲线实现预定轨迹要求。改变各杆的长度、齿轮的传动比及相对相位角，便可得到不同的连杆曲线，比单纯的四杆机构的连杆曲线丰富得多。

通过约束机构使从动件的运动反馈回基础机构的组合方式称为反馈式封闭组合。图15-6所示的滚齿机上所用的校正，就是反馈式封闭组合。与蜗轮同轴的校正凸轮使推杆运动，并将它反馈回基础机构K中，以校正蜗轮的实际转角与理论转角之间的误差。这种组合方式常用在闭环控制、校正装置等机构中。

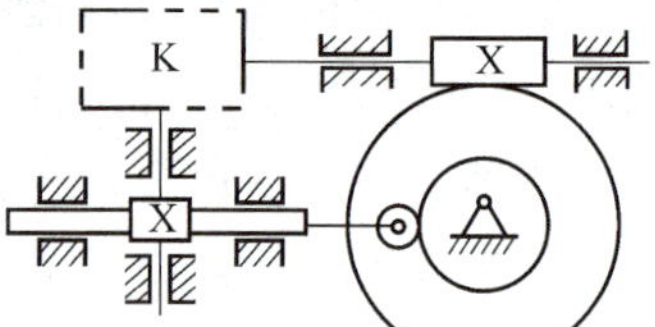

图15-6　滚齿机的反馈式封闭组合

4. 确定机构的运动尺寸

通过上述的机构选型、组合，形成了机械传动系统的示意图后，便可根据执行构件和原动件的运动参数及各执行构件之间的协调配合要求，确定各构件的运动尺寸，绘制机械传动系统的机构运动简图。

5. 方案分析

利用机构运动简图对机械传动系统进行运动及动力分析，考察其能否全面满足机械的运动和动力的功能要求，必要时还应进行适当的调整。

6. 方案评审

综合考虑机械的功能质量、工作性能、经济性及结构合理性等方面的因素，对所提出的各种方案进行对比分析，从中选出最佳方案。

## 15.4 机械传动系统方案设计实例

现通过工艺设计实例进一步说明极小传动系统方案设计的大体过程，以加深对上述内容的理解。

设计任务：要求设计一专用自动钻床，用来同时加工图15-7所示零件上的3个孔，并能自动送料。

1. 确定工作原理

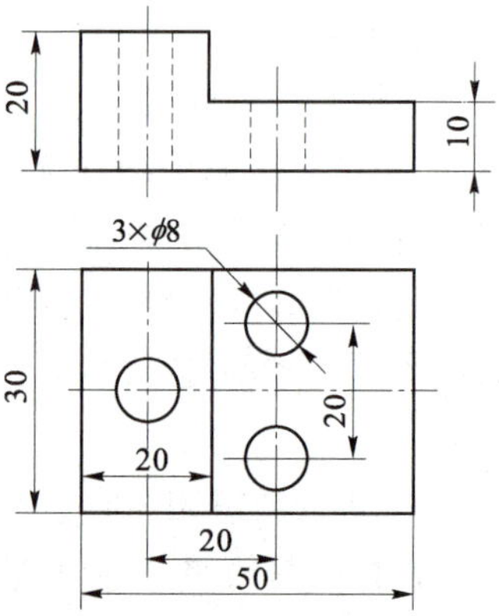

图15-7　零件工作图

由于设计要求为钻孔，因此工作原理就是利用钻头与工件间的相对回转和进给移动来切除孔中多余的材料。钻孔加工的运动方案有3种：工件不动，钻头回转并沿轴向进给[见图15-8(a)]；钻头回转，工件进给[见图15-8(b)]；钻头不动，工件回转并进给[见图15-8(c)]。从可行性来说，前两种方案都是可行的，第三种方案可用于车床上钻孔，但对于要设计的自动钻床，由于同时钻3个孔，工件不能回转，因此不可行。一般钻床多用第一种方案，但对于要设计的专用三轴钻床来说，因为工件小，工作台轻，移动工件比同时移动三根钻轴简单，所以第二种方案较合理。

送料方案可以采用送料杆从工件料仓推送工件的方式，如图15-9所示。

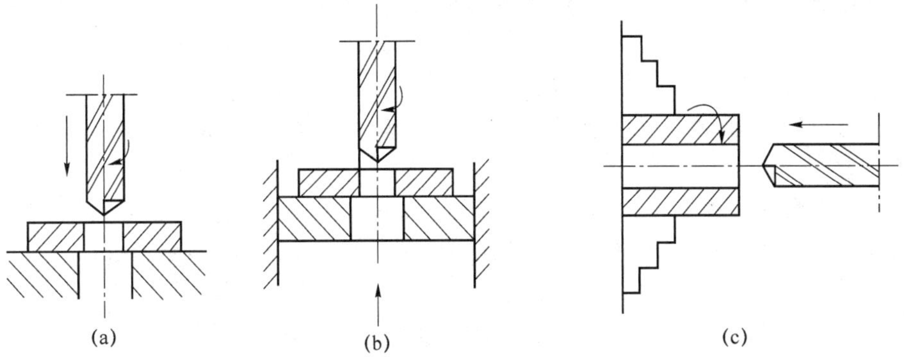


图 15-8 钻孔加工的运动方案

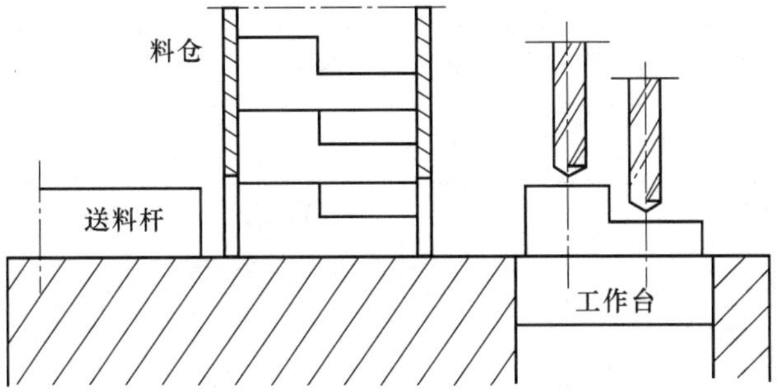


图 15-9 从工件料仓推送工件

2. 执行构件的运动设计

由所确定的运动方案可知，其执行构件是工作台、送料杆和 3 个钻头。其工艺过程是：送料杆从工件料仓里推出一待加工工件，并将已加工好的工件从工作台上的夹具中顶出，使待加工工件被夹具（图 15-9 中未画出）定位并夹紧在工作台上，送料杆退回；工作台带着工件向上快速靠近回转着的钻头，然后慢速进给，钻孔结束后，又带着工件快速退回，等待更换工件并完成下一个工作循环。

钻头的运动形式为连续回转，查金属切削手册确定其工作转速为 $n=500$ r/min。

工作台为上下往复移动。根据加工要求，工作台连同工件应先快速趋近钻头，然后改用工作进给速度先钻削凸台上的一个孔，待钻到一定深度时，3 个钻头才同时钻削，此时钻削阻力将显著增大，所以进给速度要比钻单孔时小一些，在钻削完成后，工作台又快速退回。可见，工作台的运动要求较为复杂。

工作台一个工作循环所需的时间 $T_f$ 由 5 部分组成，即

$$T_f=t_1+t_2+t_3+t_4+t_5$$

其中，$t_1$ 为单孔钻削时间，可根据进给量和单孔钻削深度来计算。设单孔钻削时每转进给量 $s_1=0.2$ mm/r。单孔钻削深度为10 mm，并考虑 3 mm 的提前工作量，可求得 $t_1=(10+3)/(s_1n_c)=0.13$ min$=7.8$ s。$t_2$ 为三孔同时钻削时间，设钻头进给量 $s_2=0.16$ mm/r，钻削深度为 10 mm，并考虑钻头越程 3 mm，则可求得 $t_2=(10+3)/(s_2n_c)=0.163$ min$=9.8$ s。$t_3$、$t_4$ 分别为快速趋近时间、快速退回时间，取 $t_3=1.5$ s，$t_4=2.5$ s。$t_5$ 为工作台停歇等待更换工件的时间，取 $t_5=3$ s。

因此，工作台完成一个工作循环所需的时间为

$$T_f=(7.8+9.8+1.5+2.5+3)\ \text{s}=24.6\ \text{s}$$

工作台每分钟的工作循环数为 $n_f=60/T_f=2.44$。

送料杆的运动形式为左右往复运动，其中一个工作循环所需时间应等于 $T_f$。

工作台的行程 $H_f=h_0+h_1+h_2$。其中 $h_0$ 为工作台快速趋近钻头的运动距离，$h_1$、$h_2$ 分别为单孔、三孔钻削的深度，取 $h_0=15$ mm，$h_1=h_2=13$ mm，得 $H_f=41$ mm。

取送料杆的行程 $H_s=100$ mm（取工件长度的 2 倍）。

送料杆的运动与工作台的运动必须协调，钻头的回转与送料杆和工作台的运动是独立的。以凸轮轴为定标件，其工作循环图如图 15-10 所示。

<table>
<tr><td>送料杆</td><td>送料</td><td colspan="3">静止</td><td>送料</td></tr>
<tr><td>工作台</td><td>停止</td><td>快进</td><td>单孔钻</td><td>三孔钻</td><td>快退</td></tr>
</table>

凸轮轴转角0°　90°　180°　270°　360°

图 15-10　工作循环图

### 3. 原动机的选择

根据对机床的工作要求，选择原动机为交流异步电动机，其同步转速为 1 500 r/min，额定转速为 1 440 r/min。

另外，为减少原动机数量，各执行构件的运动链采用并联形式，用同一台电动机驱动。

### 4. 传动比的计算

切削运动链的传动比为 $i_c=1\,440/500=2.88$；进给运动链与送料运动链具有相同的传动比，即 $i_f=1\,440/2.44=590$。

### 5. 机构选型

1）切削运动链的设计

在设计切削运动链时应满足如下各种功能。

（1）钻头做连续回转运动，运动链总的传动比为 2.88，即不需要运动形式转换，但要求减速。

（2）3 个钻头应同向回转，且各钻头之间距离很小，即要求具有运动分解功能，其尺寸受到严格限制。

（3）电动机一般为水平方向放置，与钻头回转轴线方向垂直，即要求具有改变运动轴线方向的功能。

（4）电动机与钻头之间距离较大，即要求运动链有远距离传动功能。

根据上述功能要求，下面进行机构选型。

能实现减速传动的机构有齿轮传动、带传动及链传动等多种机构。考虑到传动距离较远和速度较高等特点，决定采用 V 带传动实现减速和远距离传动功能。

能实现变换运动轴线方向的机构有圆锥齿轮传动、交错轴斜齿轮传动和蜗

杆传动等。考虑到两轴垂直相交和传动比较小，决定采用圆锥齿轮传动实现改变运动轴线方向的功能。

为使 3 个钻头同向回转，可采用一个中心齿轮带动周围 3 个从动齿轮的定轴轮系或平行四边形机构，考虑到较稳定的传力性能，决定选用前者。由于工件上 3 个孔之间的距离较小，3 个从动齿轮之间的距离要远大于此，为此采用双万向联轴器将 3 个从动齿轮的运动和动力传给 3 个钻头。

2）进给运动链设计

进给运动链应满足以下功能。

(1) 工作台做上下往复移动，并且运动规律较复杂，但行程不大。

(2) 进给运动链应有较大的减速比，但进给力不大。

(3) 进给运动方向和位置与电动机不一致，应有变换空间位置和轴线的功能。

工作台上下往复移动可采用直动推杆盘形凸轮机构；减速换向可采用蜗杆传动。为达到较大减速比和变换空间位置，可在蜗杆传动前串接带传动机构。

3）送料运动链设计

送料运动链的功能要求与进给运动链基本相同，只是往复运动方向为水平，且运动行程较大。又因其减速比与进给运动链相同，所以可由进给运动链中的蜗轮轴带动。因送料杆运动规律复杂，所以采用凸轮机构，又因其行程大，所以采用连杆机构进行行程放大。

### 6. 机构组合

将上述各运动链进行组合，得到的机器总传动系统如图 15-11 所示。图中，1 为电动机，2 为 V 带传动，其减速比为 2.88；3 为传动比为 1 的 V 带传动，其作用是加大运动传递距离；4 为圆锥齿轮传动，传动比为 1，其作用是变换运动方向；

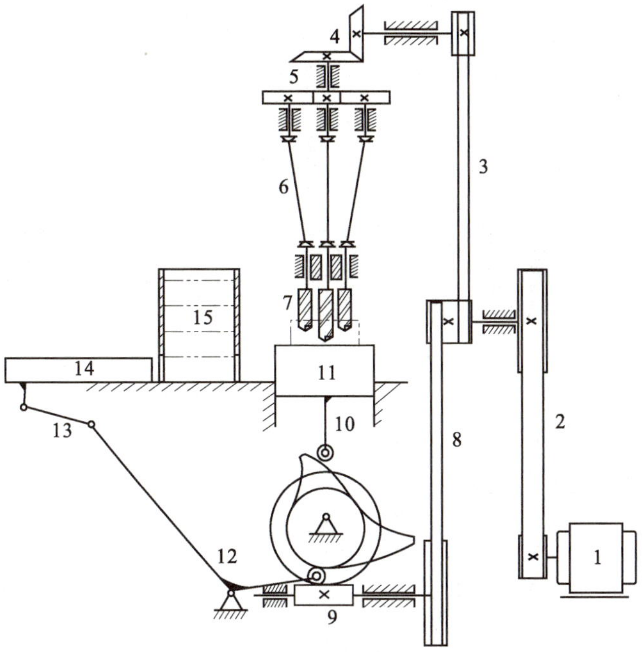


图 15-11 机器总传动系统

5为齿轮传动（一个主动齿轮带动周围三个从动齿轮），传动比为1，其作用是实现分支传动；6为双万向联轴器，其作用是改变轴间距；7为钻头；8为另一路V带传动，其传动比为3；9为蜗杆传动，传动比为65；10为直动推杆凸轮机构，其作用是实现工作台11的运动要求；12为摆动推杆凸轮机构，其作用是实现送料杆14的运动要求；15为待加工工件。

图15-12为该机械传动系统的机构组合示意框图。

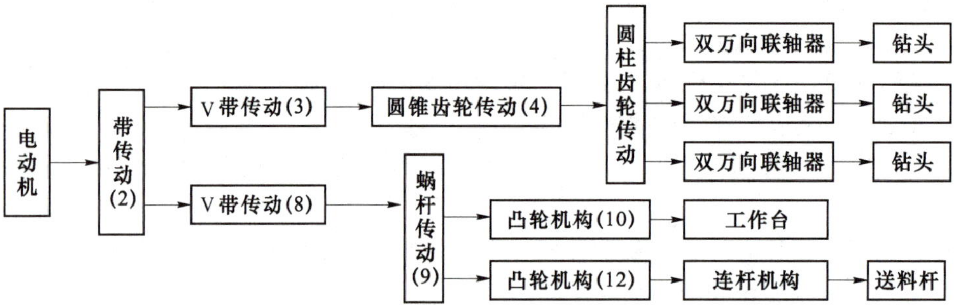


图15-12 机械传动系统的机构组合示意框图

## 思考与练习题

15-1 设计机械传动系统方案需要考虑哪些基本要求？大致的设计步骤如何？

15-2 什么叫机械的工作循环图？什么情况下需要画工作循环图？

15-3 机构的选型一般遵循哪些原则？

15-4 机构组合有哪几种方式？

# 附录A 机械零件工作能力计算基础

## A1 机械零件的工作能力及其变形的基本形式

### A1.1 机械零件的工作能力

机械零件由于某种原因不能正常工作，称为失效。在不发生失效的条件下，零件能安全工作的限度，称为工作能力。

零件的失效可能是因为：断裂或塑性变形；过大的弹性变形；工作表面的过度磨损或损伤；发生强烈的振动；连接的松弛；摩擦传动的打滑等。例如，轴的失效可能由于疲劳断裂；也可能由于过大的弹性变形，致使轴颈在轴承中倾斜而发生偏磨，同时影响齿轮的啮合造成齿面载荷分布不均(见图 A-1)。

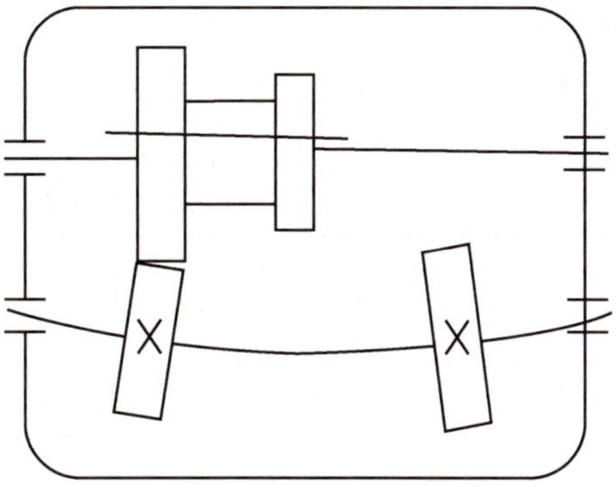

图 A-1 主轴的弯曲变形

影响机械零件工作能力的主要因素有载荷、变形、速度、温度、压力及零件的形状、加工质量等。同一种零件可能有数种不同的失效形式，那么对应各种失效形式也就有不同的工作能力。

对于载荷而言，工作能力又称为承载能力。在确定机械零件的承载能力时，机械零件应满足以下基本要求。

1) 强度要求

保证零件在外载荷作用下不发生断裂或不允许的残余变形，是机械零件能正常工作的前提条件。机械零件的强度是指机械零件在外载荷作用下抵抗断裂或残余变形的能力。

2）刚度要求

零件在外载荷作用下产生的弹性变形不超过允许的限度，称为零件满足刚度要求。机械零件在外载荷作用下抵抗弹性变形的能力，就是机械零件具有的刚度。

3）稳定性要求

某些承受压力的细长零件，在轴向载荷达到一定数值时，会失去原来的平衡形态而丧失工作能力，这种现象称为失稳。稳定性是指零件维持原有形态平衡的能力。

综上所述，具有足够的强度和刚度是设计机械零件时必须满足的最基本、最主要的要求。在进行具体零件设计时，可能有所侧重，即有些零件以强度为主，而有些零件以刚度为主。另外，在设计某些零件时还需要考虑耐磨性、振动稳定性、可靠性、温度等方面对工作能力影响的问题。

零件的强度、刚度和稳定性与所用材料的力学性能有关，而材料的力学性能必须由实验测定。此外，还有些实际工程问题至今无法由理论分析来解决，必须依赖实验手段。

## A1.2 机械零件变形的基本形式

各种机械零件在不同的载荷作用下，可能产生不同形式的变形，主要有拉压、剪切、扭转、弯曲 4 种基本形式。

### 1. 拉伸与压缩变形

这类变形形式是由大小相等、方向相反、作用线与杆件轴线重合的一对外载荷引起的，表现为杆件的长度发生伸长或缩短(见图 A-2)。在工程中经常见到承受拉伸或压缩的杆件。例如，紧固螺栓(见图 A-3)，当拧紧螺母时，被压紧的工件对螺栓有反作用力，螺栓承受拉伸；千斤顶的螺杆(见图 A-4)，当顶起重物时，承受压缩。

图 A-2 直杆的轴向拉伸和压缩

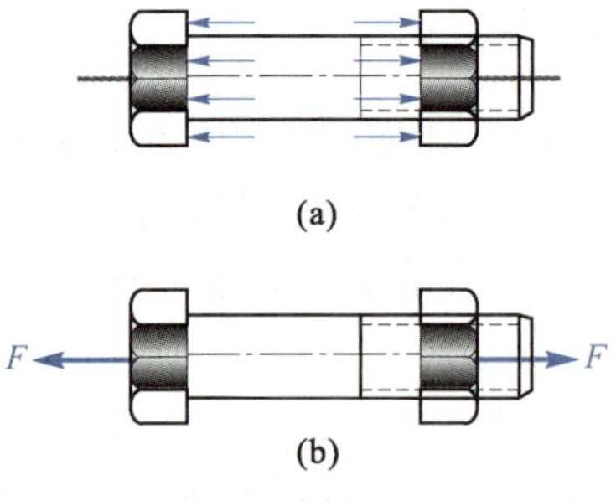


图 A-3 受拉螺栓

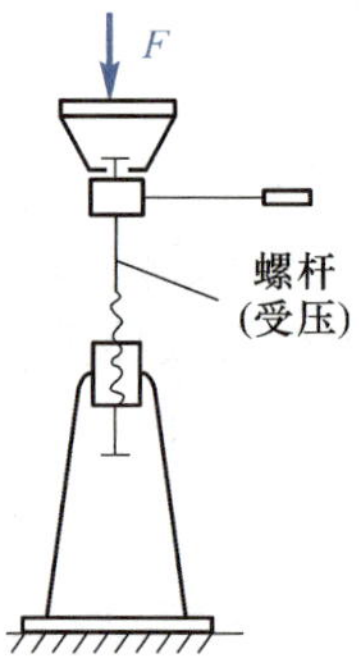


图 A-4 千斤顶

### 2. 剪切变形

这类变形形式是由大小相等、方向相反、作用线相互平行的力引起的，表现为受剪杆件的两部分沿外力作用方向发生相对错动(见图 A-5)。机械中常用的连接件,如键、销钉、铆钉(见图 A-5)、螺栓等都产生剪切变形。

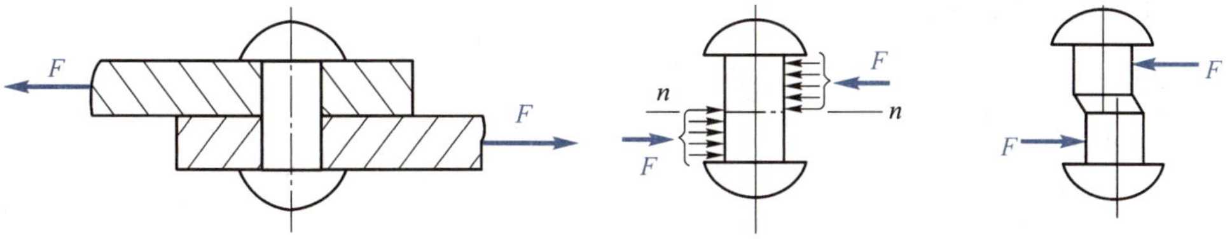


图 A-5 剪切变形

### 3. 扭转变形

这类变形形式是由大小相等、方向相反、作用面都垂直于杆件的两个力偶引起的,表现为杆件的任意两个横截面发生绕轴线的相对转动(见图 A-6)。在工程中经常遇到扭转变形的构件。例如,驾驶员的两手在方向盘所在的平面内各施加一个大小相等、方向相反、作用线平行的力 $F$(见图 A-7),它们形成一个力偶,作用在操纵杆的 $A$ 端,而在操纵杆的 $B$ 端则受到来自转向器的反力偶的作用,这样操纵杆便受到扭转作用。以扭转变形为主的受扭矩的轴称为传动轴(见图 A-8)。

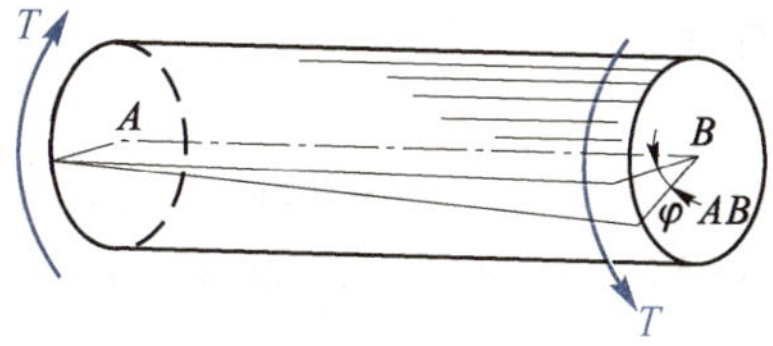


图 A-6 扭转变形

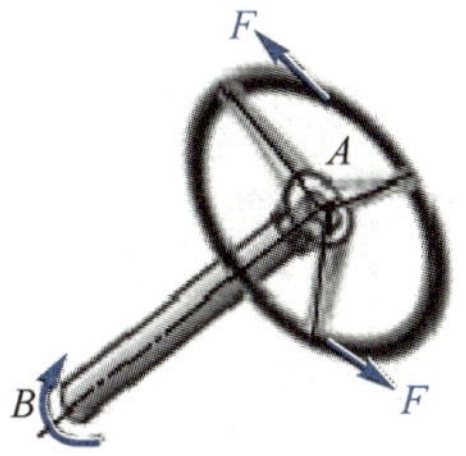


图 A-7 汽车方向盘

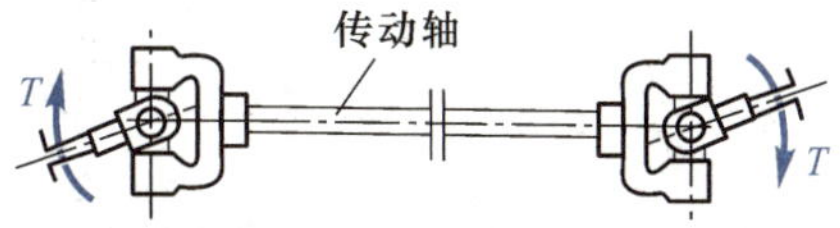


图 A-8 传动轴

### 4. 弯曲变形

这类变形形式是由垂直于杆件轴线的横向力,或由作用于包含杆轴的纵向平面内的一对大小相等、方向相反的力偶引起的,表现为杆件轴线由直线变为曲线(见图 A-9)。在工程中,受弯杆件是经常遇到的情况之一。桥式起重机的大梁及各种心轴的变形都属于弯曲变形。例如,图 A-10 所示的火车车轮轴,受力后轴线将由原来的直线弯成曲线。

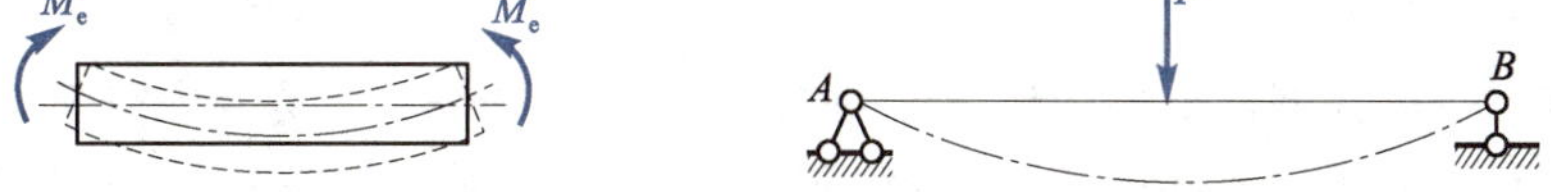


(a) (b)

图 A-9 弯曲变形

还有一些杆件同时发生几种基本变形，如图A-11所示的带传动的电动机轴A和大带轮轴B均在工作时同时受有带的压轴力和扭矩，电动机轴A和大带轮轴B在工作时发生弯曲和扭转两种基本变形。这种情况称为组合变形。

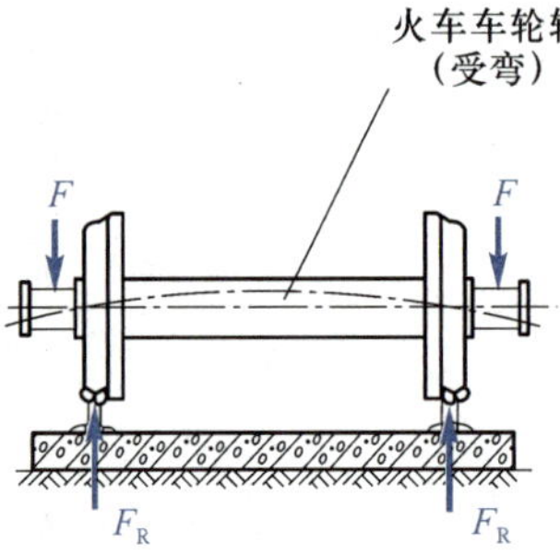


图A-10 火车车轮轴

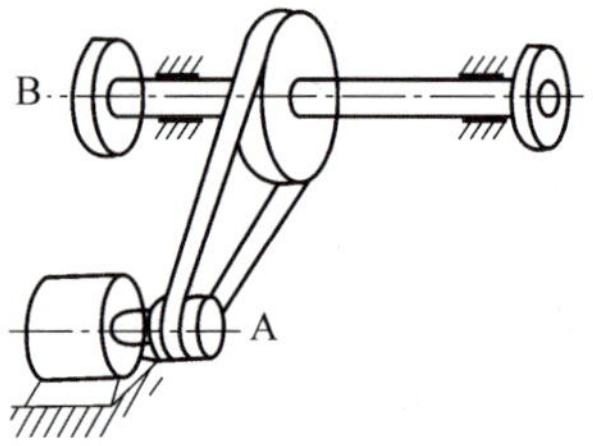


图A-11 带传动

## A2 轴的拉伸与压缩

### A2.1 轴向拉压杆的内力

为设计轴向拉压杆，需首先研究杆件的内力，求构件内力的基本方法是截面法。如图A-12(a)所示的等直杆，假想用一横截面将杆沿截面 $m-m$ 截开，取左段为研究对象[见图A-12(b)]。由于整个杆件处于平衡状态，因此左段也保持平衡，由平衡条件 $\sum X=0$ 可知，截面 $m-m$ 上分布内力的合力必是与杆轴重合的一个力，且 $N=F$，其指向背离截面。同样，若取右段为研究对象[见图A-12(c)]，可得出相同的结果。

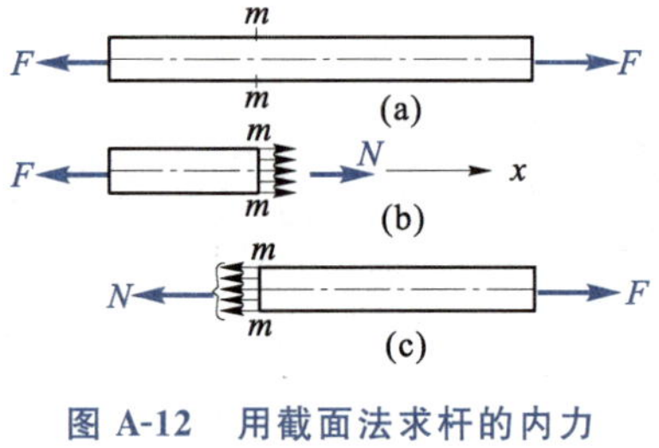


图A-12 用截面法求杆的内力

把作用线与杆轴线重合的内力称为轴力，用符号 $N$ 表示。背离截面的轴力称为拉力，指向截面的轴力称为压力。通常规定：拉力为正，压力为负。

轴力的单位为牛顿(N)或千牛顿(kN)。

### A2.2 轴向拉压杆的应力

在工程设计中，已知截面上轴力还不能判断杆件在外力作用下是否会因强度不足而破坏。例如，两根材料相同而粗细不同的拉杆，在相同拉力 $F$ 作用下，两杆截面上的轴力 $N=F$ 都相同，但当 $F$ 增大时，细杆可能被拉断，而粗杆却不会同时断裂。这是因为杆横截面上内力的分布集度不同，即应力不同。细杆的横截面面积小，应力比粗杆的应力大，因而细杆先破坏。

已知杆横截面上内力的大小和指向以后，还必须知道内力在杆横截面上的分布规律才能求得横截面上的应力。为了找出内力在杆横截面上的分布规律，常用的方法是先根据由实验中观察到的变形现象，作出关于变形分布规律的假设，即杆在变形以前的横截面，在变形以后仍保持为平面且仍与杆轴线垂直。通常把这个假设叫作平面假设。

根据平面假设，可把杆看作是由许多纵向纤维组成的，当杆受拉时，所有的纵向纤维都均匀地伸长，即在杆横截面上各点处的变形都相同。因为内力是伴随着变形一同产生的，所以在杆横截面上的内力也一定是均匀分布的。由此可知，在杆横截面上各点处有相同的内力分布集度或相同的正应力 $\sigma$。已知正应力在杆横截面上的均匀分布规律以后，就不难由横截面上的内力 $N$ 确定正应力 $\sigma$ 的数值。

轴向受拉杆横截面上正应力的计算公式为

$$\sigma=\frac{N}{A} \tag{A-1}$$

式中，$A$ 为杆的横截面面积。

显然，这里 $N=F$，所以上式也可写为

$$\sigma=\frac{F}{A} \tag{A-2}$$

## A2.3 受拉(压)杆的强度计算

在工程实际中，由作用在轴向受拉(压)杆上的轴向载荷可求得杆内的最大轴力 $N_{\max}$，为杆选择横截面的形状和尺寸后，即可用式(A-1)计算出等直杆内的最大正应力为

$$\sigma_{\max}=\frac{N_{\max}}{A}$$

通常把最大轴力 $N_{\max}$ 所在的截面称为危险截面，其上的正应力称为杆的最大工作应力。

为了保证杆能正常地工作，不致破坏且有一定的安全储备，必须使其最大工作应力不超过材料在拉伸(压缩)时的许用应力$[\sigma]$，即

$$\sigma_{\max}\leqslant[\sigma] \quad 或 \quad \frac{N_{\max}}{A}\leqslant[\sigma] \tag{A-3}$$

这就是等截面受拉(压)杆的强度条件。式(A-3)中的许用应力$[\sigma]$可从有关的设计规范和手册中查得。

针对不同的具体情况，应用式(A-3)，可解决以下 3 种不同类型的强度计算问题。

1) 校核杆的强度

在已知杆的材料、尺寸(已知$[\sigma]$和 $A$)和所承受载荷(已知内力 $N_{\max}$)的情况下，可用式(A-3)检查和校核杆的强度是否能满足要求，即若有

$$\sigma_{\max}=\frac{N_{\max}}{A}\leqslant[\sigma]$$

则表示杆的强度是足够的，否则要加大杆的横截面面积 $A$。

根据既要保证安全又要节约材料的设计原则，在对杆进行强度校核时，还应注意一方面不使杆内的计算应力 $\sigma_{\max}$ 小于许用应力$[\sigma]$太多，另一方面，在必要时也可容许计算应力 $\sigma_{\max}$ 稍大于$[\sigma]$，但一般设计规范规定以不超过许用应力$[\sigma]$的 5%为限。

2）选择杆的截面

在根据载荷算出了杆的内力和确定了所用材料（已知 $N_{max}$ 和 $[\sigma]$）以后，根据强度条件即可求出所需的横截面面积 $A$，此时式（A-3）应改写为

$$A \geqslant \frac{N_{max}}{[\sigma]}$$

根据计算出来的 $A$ 值选用截面的形状和尺寸时，也容许采用的 $A$ 值稍小于其计算值，但仍以计算应力不超过许用应力 $[\sigma]$ 的 5% 为限。

3）确定杆的容许载荷

若已知杆的尺寸和材料（已知 $A$ 和 $[\sigma]$），则可由式（A-3）确定容许杆承受的最大轴力，从而计算出容许它承担的最大载荷。此时式（A-3）应改写为

$$N_{max} \leqslant A[\sigma]$$

# A3 剪切和挤压

## A3.1 挤压的概念

构件在受剪切的同时，在两构件的接触面上，因相互压紧会产生局部受压，称为挤压。例如，图 A-5 所示的铆钉连接中，作用在钢板上的拉力 $F$，通过钢板与铆钉的接触面传递给铆钉，接触面上就产生了挤压。两构件的接触面称为挤压面，作用于接触面的压力称为挤压力，挤压面上的压应力称为挤压应力。当挤压力过大时，孔壁边缘将受压起“皱”[见图 A-13(a)]，铆钉局部压“扁”，使圆孔变成椭圆，连接松动[见图 A-13(b)]。因此，连接件除需要进行剪切强度计算外，还要进行挤压强度计算。

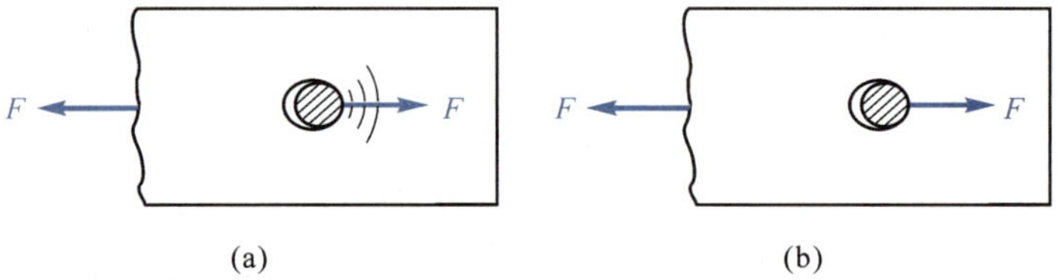


图 A-13 挤压

## A3.2 剪切的实用计算

剪切面上的内力可用截面法求得[见图 A-14(a)、(b)]。假想将铆钉沿剪切面截断为上、下两部分，任取其中一部分为研究对象[见图 A-14(c)]，由平衡条件可知，剪切面上的内力 $F_s$ 必然与外力方向相反，其大小满足

$$\sum X = 0, \quad F - F_s = 0, \quad 得\ F_s = F$$

这种平行于截面的内力 $F_s$ 称为剪力。

与剪力 $F_s$ 对应，在剪切面上有剪应力 $\tau$ 存在。剪应力在剪切面上的分布情况十分复杂，工程上通常采用一种以试验及经验为基础的实用计算方法来计算，假定剪切面上的剪应力 $\tau$ 是均

匀分布的,可得

$$\tau=\frac{F_s}{A} \tag{A-4}$$

式中,$A$ 为剪切面面积;$F_s$ 为剪切面上的剪力。

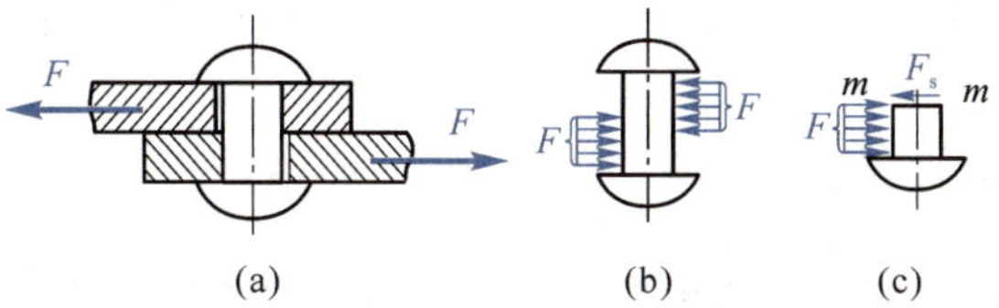


图 A-14 剪切实用计算

为保证构件不发生剪切破坏,要求剪切面上的平均剪应力不超过材料的许用剪应力,即剪切时的强度条件为

$$\tau=\frac{F_s}{A}\leqslant[\tau] \tag{A-5}$$

式中,$[\tau]$为材料的许用剪应力。许用剪应力由剪切试验测定。

各种材料的许用剪应力可在相关手册中查得。

## A3.3 挤压的实用计算

挤压应力在挤压面上的分布也很复杂,如图 A-15(a)所示,因此也采用实用计算方法。假定挤压应力均匀地分布在计算挤压面上,这样平均挤压应力为

$$\sigma_{bs}=\frac{F}{A_{bs}} \tag{A-6}$$

式中,$A_{bs}$为挤压面的计算面积。当接触面为平面时,接触面的面积就是计算挤压面的面积;当接触面为半圆柱面时,取圆柱体的直径平面的面积作为计算挤压面的面积[见图 A-15(b)]。这样计算所得的挤压应力值和实际最大挤压应力值十分接近。由此可建立挤压强度条件为

$$\sigma_{bs}=\frac{F_{bs}}{A_{bs}}\leqslant[\sigma_{bs}] \tag{A-7}$$

式中,$[\sigma_{bs}]$为材料的许用挤压应力,由试验测得,许用挤压应力$[\sigma_{bs}]$比许用压应力$[\sigma_p]$高,为 1.7~2.0 倍,因为挤压时只在局部范围内引起塑性变形,周围没有发生塑性变形的材料将会阻止变形的扩展,从而提高了抗挤压的能力。

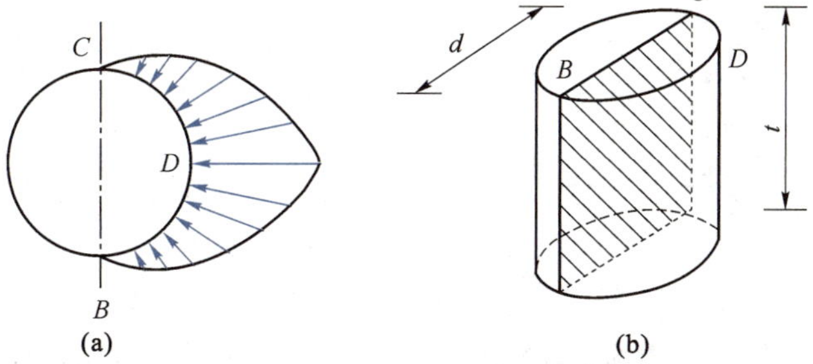


图 A-15 挤压的实用计算

上面介绍的实用计算方法，从理论上看虽然不够完善，但对一般的连接件来说，用这种简化方法进行计算还是比较方便和切合实际的。到目前为止，在工程计算中仍广泛采用这种方法。

# A4 圆轴的扭转

## A4.1 外力偶矩的计算

工程实际中作用于轴上的外力偶矩并不是直接给出的，往往是通过已知转轴的转速及其所传递的功率来计算的。外力偶矩的计算公式为

$$M_e = 9.55 \times 10^6 \frac{P}{n} \tag{A-8}$$

式中，$M_e$ 为外力偶矩，N·mm；$P$ 为轴传递的功率，kW；$n$ 为轴的转速，r/min。

输入力偶矩为主动力矩，其方向与轴的转向相同；输出力偶矩为阻力矩，其方向与轴的转向相反。

## A4.2 受扭杆横截面上的内力——扭矩

受扭杆横截面上的内力，仍然采用截面法计算。图 A-16(a)所示为一等截面圆轴，其 $A$、$B$ 两端上作用有一对平衡外力偶矩 $M_e$，现用截面法求圆轴横截面上的内力。在任意截面$m-m$处将轴分为两段，取左段为研究对象[见图 A-16(b)]，因为 $A$ 端有外力偶 $M_e$ 的作用，所以为保持左段平衡，在截面 $m-m$ 上必有一个内力偶矩 $T$ 与之平衡，$T$ 称为扭矩。由平衡方程$\sum M_x=0$，得到

$$T = M_e$$

若取右段为研究对象[见图 A-16(c)]，则求得的扭矩与以左段为研究对象求得的扭矩大小相等、转向相反，它们是作用与反作用的关系。为了使不论取左段还是取右段求得的扭矩的大小、符号都一致，对扭矩的正负号规定如下：采用右手螺旋定则，四指顺着扭矩的转向握住轴线，大拇指的指向与横截面的外法线方向一致时为正；反之为负，如图 A-17 所示。

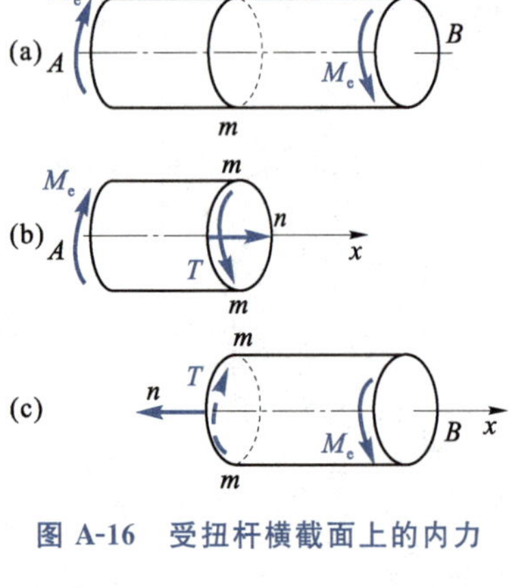


图 A-16 受扭杆横截面上的内力

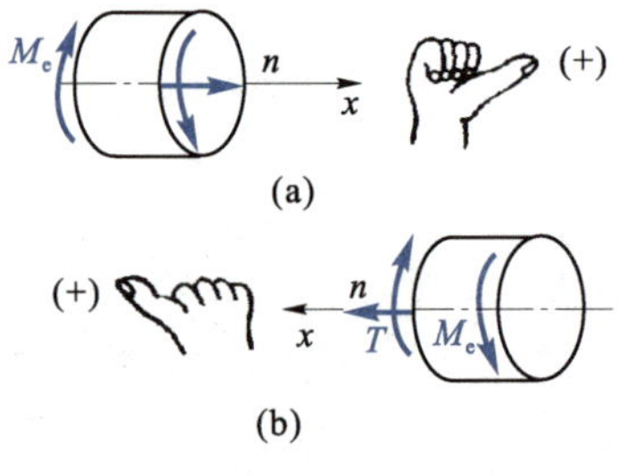


图 A-17 扭矩符号规定

求扭矩时，若横截面上扭矩的实际转向未知，则一般先假设扭矩矢量沿横截面的外法线方向，若求得结果为正，则表示扭矩实际转向与假设相同；若求得结果为负，则表示扭矩实际转向与假设相反。当轴上作用有几个外力偶时，必须把外力偶所在的轴用截面法分成数段，逐段求出其扭矩。

## A4.3 圆轴扭转时的强度计算

### 1. 剪应力及其分布规律

剪应力的分布规律：一点的剪应力的大小与该点到圆心的距离成正比，其方向与该圆的半径垂直。

横截面上任一点的剪应力(见图 A-18)的计算公式为

$$\tau=\frac{T}{I_p}\rho \tag{A-9}$$

横截面上最大剪应力发生在周边上(见图 A-19)，计算公式为

$$\tau_{max}=\frac{T}{I_p}R=\frac{T}{W_T} \tag{A-10}$$

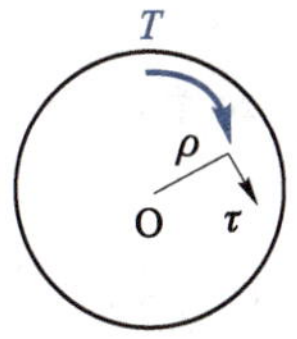


图 A-18 横截面上任一点的剪应力

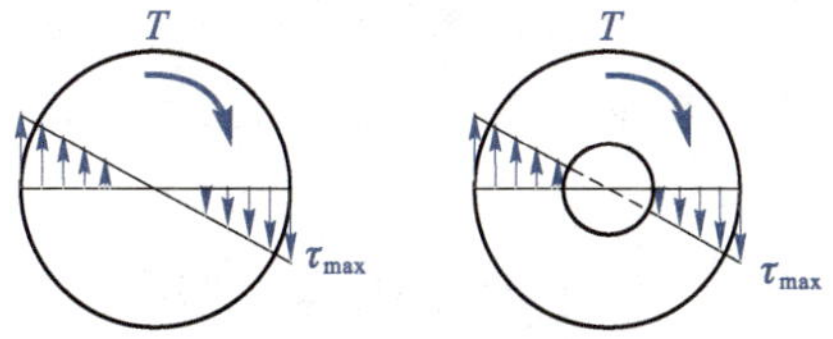


图 A-19 剪应力及其分布规律

### 2. 惯性矩与扭转截面系数

实心圆截面 $I_p=\frac{\pi D^4}{32}$， $W_T=\frac{\pi}{16}D^3$

空心圆截面 $I_p=\frac{\pi}{32}(D^4-d^4)=\frac{\pi D^4}{32}(1-\alpha^4)$， $W_T=\frac{\pi D^3}{16}(1-\alpha^4)$

### 3. 强度条件

为了保证轴的正常工作，轴内最大切应力不应超过材料的许用切应力[$\tau$]，因此圆轴扭转时的强度条件为

$$\tau_{max}=\frac{T}{W_T}\leqslant[\tau] \tag{A-11}$$

式中，[$\tau$]为材料的许用切应力，各种材料的许用切应力可查阅有关手册。

## A4.4 圆轴扭转时的变形与刚度计算

圆轴扭转时除有强度要求外，有时还有刚度要求，即要求轴在一定的长度内扭转角不超过某一值，通常限制单位长度转角 $\varphi$。

圆轴扭转时的刚度条件 $\varphi \leqslant [\varphi]$

对于等截面圆轴，有
$$\varphi=\frac{T_{\max}}{GI_{\mathrm{p}}}\leqslant[\varphi] \tag{A-12}$$

式中，$T_{\max}$为截面上的扭矩；$I_{\mathrm{p}}$为截面对圆心$O$点的极惯性矩；$G$为剪切弹性模量。单位长度转角$\varphi$和单位长度许可转角$[\varphi]$的单位都是rad/m。

工程上，单位长度许可转角$[\varphi]$的单位为(°)/m，考虑单位换算，得
$$\varphi=\frac{T_{\max}}{GI_{\mathrm{p}}}\times\frac{180^{\circ}}{\pi}\leqslant[\varphi] \tag{A-13}$$

不同类型的轴的$[\varphi]$值可从工程手册中查得。

运用圆轴的刚度条件，也可以求解截面设计、校核和确定许可载荷3类问题。

# A5 弯　曲

## A5.1 剪力与弯矩

为了讨论梁的强度和刚度，首先应弄清楚梁横截面上有什么样的内力以及如何计算内力，求内力的根本方法是截面法。现以图A-20(a)所示的简支梁为例，对梁的内力计算具体说明如下。

设图A-20(a)所示简支梁两端的支反力分别为$F_A$和$F_B$，现求任一横截面$m-m$上的内力。按截面法，沿$m-m$截面假想地把梁截开，分为左、右两部分，保留左部分考虑其平衡。作用于左部分上的力，除外力$F_A$及$F_1$外，在截面$m-m$上还有右部分作用于其上的内力。为了使左部分梁处于平衡状态，横截面$m-m$上应存在一个与横截面相平行的力$F_Q$及一个作用面与横截面相垂直的力偶$M$，如图A-20(b)所示。

由平衡方程式
$$\sum F_y=0,\quad F_A-F_1-F_Q=0$$
$$\sum M_O=0,\quad M+F_1(x-a)-F_Ax=0$$

得
$$F_Q=F_A-F_1$$
$$M=F_Ax-F_1(x-a)$$

式中，矩心$O$为截面$m-m$的形心。作用于$m-m$截面上的力$F_Q$及力偶$M$分别称为剪力与弯矩。剪力$F_Q$和弯矩$M$是平面弯曲时梁横截面上的两种内力。

当保留右部分时，如图A-20(c)所示，同样可以求得剪力$F_Q$与弯矩$M$。剪力$F_Q$与弯矩$M$是截面左、右两部分之间的相互作用力。因此，作用于不同保留部分上的剪力$F_Q$与弯矩$M$，大小相等，但方向(转向)相反。

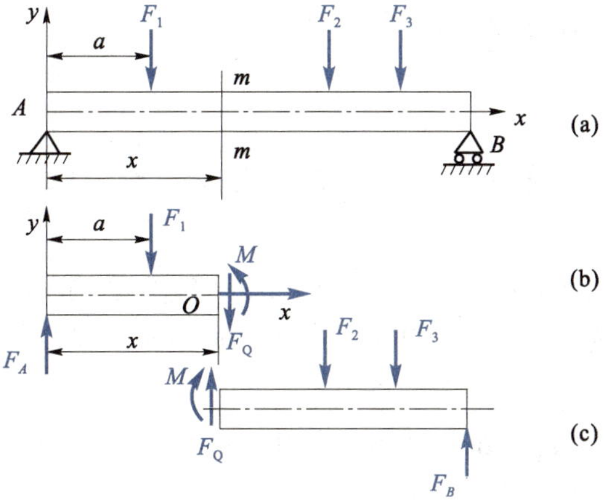


图 A-20 梁的内力计算

剪力符号：当剪力 $F_Q$ 使微段梁绕微段内任一点沿顺时针方向转动时，规定其为正号，反之为负号，如图 A-21 所示。

弯矩符号：当弯矩 $M$ 使微段梁凹向上方时，规定其为正号，反之其为负号，如图 A-22 所示。

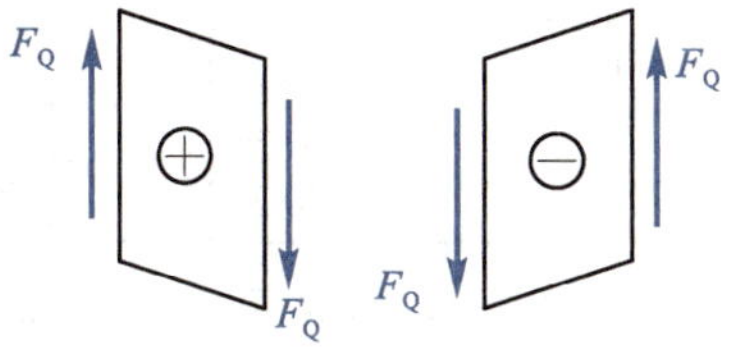


图 A-21 剪力符号

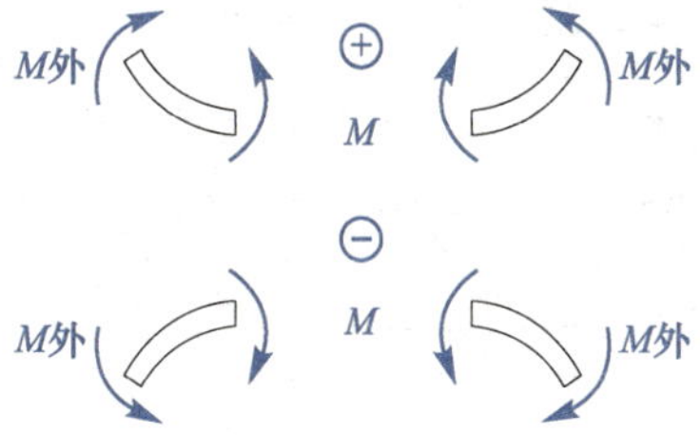


图 A-22 弯矩符号

## A5.2 剪力方程与弯矩方程

以上分析表明，在梁的不同截面上，剪力和弯矩一般均不相同，是随截面位置而变化的。设用坐标 $x$ 表示横截面的位置，则梁各横截面上的剪力和弯矩可以表示为坐标 $x$ 的函数，即

$$F_Q = F_Q(x) \tag{A-14}$$

$$M = M(x) \tag{A-15}$$

上述关系式分别称为剪力方程和弯矩方程。

## A5.3 剪力图与弯矩图

梁的剪力与弯矩随截面位置的变化关系，常用图形表示，这种图称为剪力图与弯矩图。绘图时以平行于梁轴的横坐标 $x$ 表示截面的位置，以垂直于梁轴的纵坐标 $y$ 表示相应截面上的剪力或弯矩。

(1) 利用方程绘制函数图形，即剪力图(弯矩图)。

(2) 无分布载荷的梁段称为无载段。无载段中剪力图是水平直线(剪力为常数)，弯矩图为斜直线(线性函数)。可利用以上规律直接绘图。

## A5.4 纯弯曲时梁的正应力

### 1. 概念

在平面弯曲中，如果某梁段剪力为零，该梁段称为纯弯曲梁段；如果某梁段剪力不为零（存在剪力），该梁段称为剪切弯曲梁段。

纯弯曲时梁的纤维层[见图 A-23(a)]有的变长，有的变短[见图 A-23(b)]。其中有一层既不伸长也不缩短，这一层称为中性层。中性层与横截面的交线称为中性轴[见图 A-23(c)]。

### 2. 纯弯曲时梁的正应力的分布规律

以中性轴为分界线分为拉区和压区，正弯矩上压下拉，负弯矩下压上拉，正应力呈线性规律分布，最大的正应力发生在上、下边沿点，如图 A-24 所示。

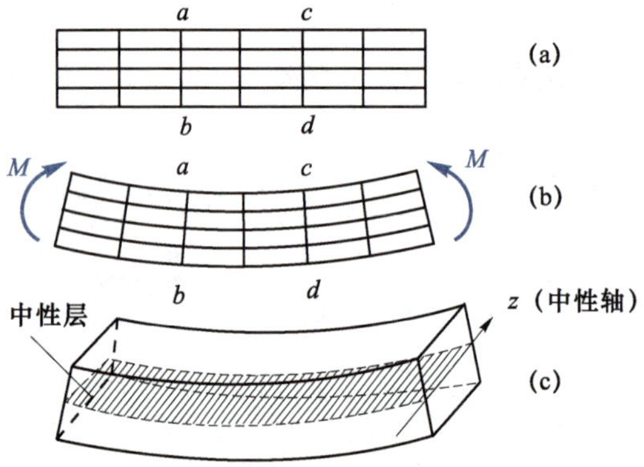


图 A-23 中性层和中性轴

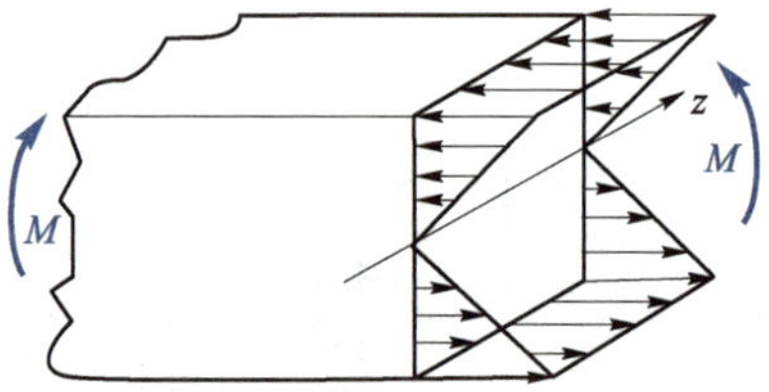


图 A-24 梁的正应力的分布规律

### 3. 横力弯曲时的正应力

弹性理论分析表明，对横力弯曲时的细长梁，即截面高度 $h$ 远小于跨度 $L$ 的梁，横截面上的下述附加正应力和纵向纤维间的正应力都是非常微小的，而且其值可以使用纯弯曲时梁横截面上的正应力公式计算。

任一点正应力的计算公式为

$$\sigma=\frac{My}{I_z} \tag{A-16}$$

最大正应力的计算公式为

$$\sigma_{\max}=\frac{My_{\max}}{I_z}=\frac{M}{W_z} \tag{A-17}$$

式中，$M$ 为截面上的弯矩；$I_z$ 为截面对中性轴（$z$ 轴）的惯性矩；$y$ 为所求应力的点到中性轴的距离；$W_z$ 为抗弯截面系数，圆形截面的抗弯截面系数 $W_z=\frac{\pi d^3}{32}$。

## A5.5 横梁弯曲强度条件

横梁弯曲强度条件为

$$\sigma_{\max}=\frac{M_{\max}}{W_z}\leqslant[\sigma] \tag{A-18}$$

对于等截面梁，弯矩最大的截面就是危险截面，其上、下边缘各点的弯曲正应力为最大工作应力，具有最大工作应力的点一般称为危险点。

梁的弯曲强度条件是：梁内危险点的工作应力不超过材料的许用应力。运用梁的弯曲强度条件，可对梁进行强度校核、设计截面和确定许可载荷。

### A5.6 弯曲变形和刚度条件

1. 梁弯曲时的变形

如图 A-25 所示，对于挠曲线 $AB_1$ 有如下规定。

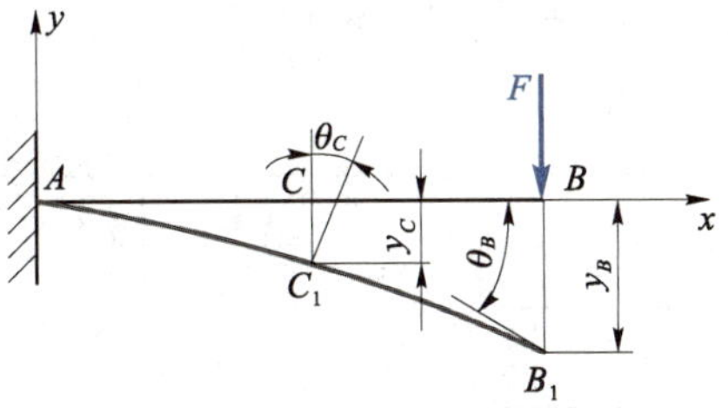


图 A-25 梁弯曲时的变形

挠度：$y_C(CC_1)$、$y_B(BB_1)$，单位为 mm；正、负号规定：与坐标轴 $y$ 的正方向一致时为正，反之为负。

转角：横截面相对于原来位置转过的角度 $\theta_B$，单位为 rad；正、负号规定：逆时针方向的转角为正，反之为负。

2. 梁弯曲时的刚度条件

梁弯曲时的刚度条件为

$$|y|_{\max}\leqslant[y]$$
$$|\theta|_{\max}\leqslant[\theta]$$

## A6 强度理论

### A6.1 强度理论的概念

零件的强度问题是材料力学研究的基本问题之一。通常认为当零件承受的载荷达到一定大小时，其材料就会在应力状态最危险的一点处首先发生破坏。为了保证零件能正常地工作，必须找出材料进入危险状态的原因，并根据一定的强度条件设计或校核零件的截面尺寸。

各种材料因强度不足而引起的失效现象是不同的。例如，对以普通碳钢为代表的塑性材料，以发生屈服现象、出现塑性变形为失效的标志；对以铸铁为代表的脆性材料，失效现象是突然断裂。在单向应力情况下，出现塑性变形时的屈服点 $\sigma_s$ 和发生断裂时的强度极限 $\sigma_b$ 可由试验测定。$\sigma_s$ 和 $\sigma_b$ 统称为失效应力，以安全系数除失效应力得到许用应力$[\sigma]$，于是建立强度条件为

$$\sigma\leqslant[\sigma]$$

可见，在单向应力状态下，强度条件都是以试验为基础的。

实际零件危险点的应力状态往往不是单向的。实现复杂应力状态下的试验，要比单向拉伸或压缩困难得多。常用的方法是把材料加工成薄壁圆筒（见图 A-26），在内压 $p$ 的作用下，筒壁为二向应力状态。若再配以轴向拉力 $F$，则可使两个主应力之比等于各种预定的数值。这种薄壁筒试验除作用内压和轴力外，有时还在两端作用扭矩，这样还可得到更普遍的情况。此外，还有一些实现复杂应力状态的其他试验方法。尽管如此，要完全复现实际中遇到的各种复杂应力状态并不容易。况且复杂应力状态中应力组合的方式和比值又有各种可能。若像单向拉伸一样，靠试验来确定失效状态，建立强度条件，则必须对各式各样的应力状态一一进行试验，确定失效应力，然后建立强度条件。由于技术上的困难和工作的繁重，上述试验往往是难以实现的。解决这类问题，经常是依据部分试验结果，经过推理，提出一些假说，推测材料失效的原因，从而建立强度条件。

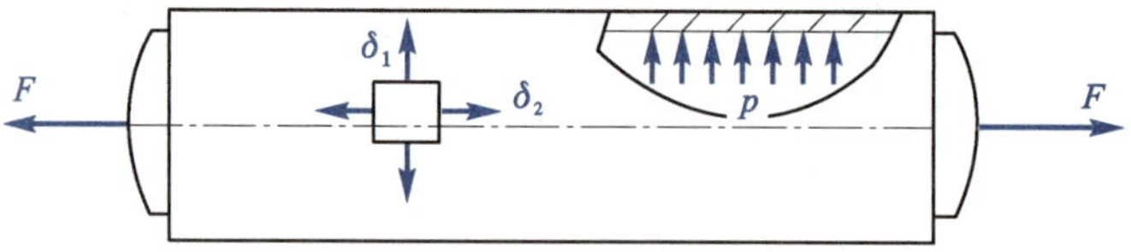


图 A-26　薄壁圆筒

经过分析和归纳发现，尽管失效现象比较复杂，但是强度不足引起的失效现象主要还是断裂和屈服两种类型。同时，衡量受力和变形程度的量又有应力、应变和变形能等。人们在长期的生产活动中，综合分析材料的失效现象和资料，对强度失效提出各种假说。这类假说认为，材料之所以按某种方式（断裂或屈服）失效，是由应力、应变或变形能等因素中某一因素引起的。按照这类假说，无论是简单应力状态还是复杂应力状态，引起失效的因素都是相同的。也就是说，造成失效的原因与应力状态无关。这类假说称为强度理论。利用强度理论，便可由简单应力状态的试验结果，建立复杂应力状态下的强度条件。至于某种强度理论是否成立，在什么条件下能够成立，还必须经受科学试验和生产实践的检验。

下面只介绍 4 种常用强度理论，这些都是在常温、静载荷下，适用于均匀、连续、各向同性材料的强度理论。当然，强度理论远不止这几种。而且，现有的各种强度理论还不能说已经圆满地解决了所有的强度问题，这方面还有待发展。

## A6.2　4 种常用强度理论

零件强度失效的主要形式有断裂和屈服两种。相应地，强度理论也分成两类：一类是解释断裂失效的，其中有最大拉应力理论和最大伸长线应变理论；另一类是解释屈服失效的，其中有最大切应力理论和形状改变比能理论。

### 1. 最大拉应力理论（第一强度理论）

这一理论认为引起材料脆性断裂破坏的因素是最大拉压力，它是人们根据早期使用的脆性材料（如天然石、砖和铸铁等）易于拉断而提出的。该理论认为无论在什么应力状态下，只要构件内一点处的最大拉压力 $\sigma_1$ 达到单向应力状态下的极限强度 $\sigma_b$，材料就要发生脆性断裂。危险点处于复杂应力状态的构件发生脆性断裂破坏的条件为

$$\sigma_1 = \sigma_b \tag{A-19}$$

将极限强度 $\sigma_b$ 除以安全系数得到许用应力 $[\sigma]$，危险点处于复杂应力状态的构件，按第一强度理论建立的强度条件为

$$\sigma_1 \leqslant [\sigma] \tag{A-20}$$

2. 最大伸长线应变理论(第二强度理论)

这一理论认为最大伸长线应变是引起断裂的主要因素，即无论在什么应力状态下，只要最大伸长线应变 $\varepsilon_1$ 达到单向应力状态下的极限值 $\varepsilon_u$，材料就要发生脆性断裂破坏。假设单向拉伸直到断裂仍可用胡克定律计算应变，则拉断时伸长线应变的极限值 $\varepsilon_u=\dfrac{\sigma_b}{E}$。危险点处于复杂应力状态的构件，发生脆性断裂破坏的条件为

$$\varepsilon_1=\frac{\sigma_b}{E} \tag{A-21}$$

由广义胡克定律得 $\varepsilon_1=\dfrac{1}{E}[\sigma_1-\mu(\sigma_2+\sigma_3)]$，代入式(A-21)得到断裂破坏条件为

$$\sigma_1-\mu(\sigma_2+\sigma_3)=\sigma_b \tag{A-22}$$

将极限强度 $\sigma_b$ 除以安全系数得到许用应力 $[\sigma]$。危险点处于复杂应力状态的构件，按第二强度理论建立的强度条件为

$$\sigma_1-\mu(\sigma_2+\sigma_3)\leqslant[\sigma] \tag{A-23}$$

3. 最大切应力理论(第三强度理论)

这一理论认为最大切应力是引起屈服的主要因素，即认为不论在什么应力状态下，只要最大切应力 $\tau_{max}$ 达到与材料性质有关的某一极限值，材料就发生屈服。在单向拉伸下，当横截面上的拉应力达到极限应力 $\sigma_s$ 时，与轴线成45°的斜截面上相应的最大切应力为 $\tau_{max}=\dfrac{\sigma_s}{2}$，此时材料出现屈服。$\dfrac{\sigma_s}{2}$ 就是导致屈服的最大切应力的极限值。因为这一极限值与应力状态无关，所以在任意应力状态下，只要 $\tau_{max}$ 达到 $\dfrac{\sigma_s}{2}$，就引起材料屈服。由于对任意应力状态有 $\tau_{max}=\dfrac{(\sigma_1-\sigma_3)}{2}$，因此得屈服准则

$$\frac{\sigma_1-\sigma_3}{2}=\frac{\sigma_s}{2} \tag{A-24}$$

或

$$\sigma_1-\sigma_3=\sigma_s \tag{A-25}$$

将极限应力 $\sigma_s$ 除以安全系数得到许用应力 $[\sigma]$，按第三强度理论得到的强度条件为

$$\sigma_1-\sigma_3\leqslant[\sigma] \tag{A-26}$$

4. 形状改变比能理论(第四强度理论)

这一理论认为形状改变比能是引起材料屈服破坏的主要因素，即无论在什么应力状态下，只要构件内一点处的形状改变比能达到单向应力状态下的极限值，材料就要发生屈服破坏。

这里略去详细的推导过程，直接给出按照这一理论建立起来的最后结果，即危险点处于复杂应力状态的构件发生塑性屈服破坏的条件为

$$\sqrt{\frac{1}{2}(\sigma_1-\sigma_2)^2+(\sigma_2-\sigma_3)^2+(\sigma_3-\sigma_1)^2}=\sigma_s \tag{A-27}$$

将极限应力 $\sigma_s$ 除以安全系数得到许用应力 $[\sigma]$，按第四强度理论得到的强度条件为

$$\sqrt{\frac{1}{2}(\sigma_1-\sigma_2)^2+(\sigma_2-\sigma_3)^2+(\sigma_3-\sigma_1)^2}\leqslant[\sigma] \tag{A-28}$$

可以把 4 种强度理论的强度条件统一写成以下形式

$$\sigma_r\leqslant[\sigma] \tag{A-29}$$

式中，$\sigma_r$ 称为当量应力，它是由 3 个主应力按一定形式组合而成的，实质上是一个抽象概念，即 $\sigma_r$ 是与复杂应力状态危险程度当量的单轴拉应力。按照从第一强度理论到第四强度理论的顺序，当量应力分别为

$$\begin{cases}\sigma_{r1}=\sigma_1\\ \sigma_{r2}=\sigma_1-\mu(\sigma_2+\sigma_3)\\ \sigma_{r3}=\sigma_1-\sigma_3\\ \sigma_{r4}=\sqrt{\frac{1}{2}[(\sigma_1-\sigma_2)^2+(\sigma_2-\sigma_3)^2+(\sigma_3-\sigma_1)^2]}\end{cases} \tag{A-30}$$

以上介绍了 4 种常用的强度理论。铸铁、石料、混凝土、玻璃等脆性材料，通常以断裂的形式失效，宜采用第一和第二强度理论。碳钢、铜、铝等塑性材料，通常以屈服的形式失效，宜采用第三和第四强度理论。

# 附录B 极限与配合

## B1 互换性与标准化概述

### B1.1 互换性

1. 互换性及其分类

在机械和仪器制造工业中，零部件的互换性是指在同一规格的一批零件或部件中，任取其一，不需任何挑选或附加修配（如钳工修理）就能装在机器上，达到规定的性能要求。例如，同型号的轴承、光管、螺钉、手机的显示屏等。

互换性包括几何参数、力学性能、物理化学性能等方面的内容。

互换性分为以下两大类。

1）完全互换性

若零件在装配或更换时，不作任何选择，不需调整或修配，就能满足预定的使用要求，称为完全互换性（当不限定互换范围时，称为完全互换法，也叫作绝对互换法）。

2）不完全互换性

由于某种特殊原因只允许零件在一定范围内互换，称为不完全互换性。

完全互换性与不完全互换性的主要区别如下。

（1）完全互换性是一批零件或部件在装配时不需分组、挑选、调整和修配，装配后即能满足预定要求；而不完全互换性是零件加工好后，通过测量将零件按实际尺寸的大小分为若干组，仅同一组内零件有互换性，组与组之间不能互换。

（2）当装配精度要求较高时，采用完全互换性将使零件制造精度要求提高，加工困难，成本增高；而采用不完全互换性，可适当降低零件的制造精度，使之便于加工，成本降低。

一般来说，使用要求与制造水平、经济效益没有矛盾时，可采用完全互换性；反之，采用不完全互换性。

2. 互换性的技术经济意义

（1）在设计方面，零件的互换性有利于最大限度采用通用件和标准件，大大简化绘图和计算工作，缩短设计周期，便于计算机辅助设计。

（2）在制造方面，零件的互换性有利于组织专业化生产，采用先进工艺和高效率的专用设备，提高生产效率。

（3）在使用、维修方面，零件的互换性可以减少机器的维修时间和费用，保证机器能连续持久地运转，提高了机器的使用寿命。

3. 具有互换性的条件

一批相同规格的零件具有互换性的条件为：实际尺寸在允许范围内；形状误差在允许范围内；位置误差在允许范围内；表面粗糙度达到规定的要求。

4. 互换性的作用

(1) 互换性有利于组织专业化协作。

(2) 互换性有利于用现代化工艺装配。

(3) 互换性有利于采用流水线和自动生产线方式。

(4) 互换性能够提高生产效率，降低成本，延长机器使用寿命。

## B1.2 标准化与互换性生产的关系

现代化工业生产的特点是规模大，协作单位多，互换性要求高，为了正确协调各生产部门和准确衔接各生产环节，必须采取一种协调手段，使分散的局部的生产部门和生产环节保持必要的技术统一，成为一个有机的整体，以实现互换性生产。标准与标准化正是联系这种关系的主要途径和手段，是实现互换性的基础。

标准分为技术标准和公差标准。对产品和工程建设质量、规格及检验方面所作的技术规定称为技术标准。我国的技术标准分为3级：国家标准(GB)、部门标准(专业标准，如JB)、企业标准。对零件的公差和相互配合所制定的标准称为公差标准。

# B2 光滑圆柱的极限与配合

## B2.1 基本术语及定义

1. 公称尺寸($D$,$d$)

公称尺寸是根据使用要求，通过强度、刚度等方面的计算或结构的需要而确定的。通常，大写字母表示孔，小写字母表示轴。

2. 实际尺寸($D_a$,$d_a$)

通过测量获得的尺寸称为实际尺寸。实际尺寸用两点法测量。由于测量误差是客观存在的，因此实际尺寸不是尺寸真值。

3. 极限尺寸($D_{max}$,$D_{min}$,$d_{max}$,$d_{min}$)

极限尺寸是一个孔或轴允许的尺寸的两个极端。

孔或轴允许的最大尺寸称为上极限尺寸($D_{max}$,$d_{max}$)；孔或轴允许的最小尺寸称为下极限尺寸($D_{min}$,$d_{min}$)。

极限尺寸是根据设计要求以公称尺寸为基础给定的，是用来控制实际尺寸误差变动范围的，实际尺寸若小于或等于上极限尺寸，大于或等于下极限尺寸，则零件合格。

## B2.2 有关极限偏差、公差的术语与定义

### 1. 实际偏差与极限偏差

1）实际偏差

实际偏差是实际尺寸减其公称尺寸所得的代数差。实际尺寸可能大于、小于或等于公称尺寸，因此，实际偏差可能是正值、负值或零。

2）极限偏差

极限偏差是极限尺寸减去公称尺寸所得的代数差，极限偏差可能是正值、负值或零，书写或标注时正号、负号或零都要标注，如图 B-1 所示。

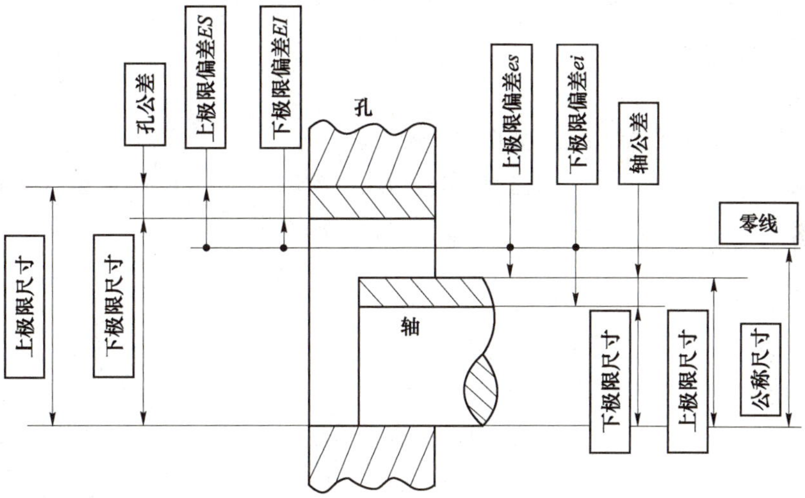


图 B-1 公称尺寸、极限尺寸与极限偏差

（1）上极限偏差（$ES$、$es$）为上极限尺寸减去公称尺寸所得的代数差，即

$$ES = D_{max} - D$$

$$es = d_{max} - d$$

（2）下极限偏差（$EI$、$ei$）为下极限尺寸减去公称尺寸所得的代数差，即

$$EI = D_{min} - D$$

$$es = d_{min} - d$$

### 2. 尺寸公差（简称公差 $T_h$、$T_s$）

公差是上极限尺寸与下极限尺寸之差，或上极限偏差与下极限偏差之差。它是允许尺寸的变动量。

公差是控制误差的，加工时误差是不可避免的，显然公差应该大于零（负公差、零公差没有意义）。

孔的公差 $T_h = D_{max} - D_{min} = ES - EI$

轴的公差 $T_s = d_{max} - d_{min} = es - ei$

从使用角度和加工角度考虑，公差与极限偏差是两个不同的概念。公差表示制造精度的要求，反映加工难易程度，公称尺寸相同，公差值越大，工件精度越低，越容易加工。反之，工件精度高，难加工；而极限偏差表示与公称尺寸偏离的程度，它表示公差带的位置，影响配合的松紧，

从工艺看，一般不反映加工难易程度，只表示加工时机床的调整位置（如车削时进刀位置）。

## B2.3 有关配合的定义

### 1. 配合

公称尺寸相同，相互结合的孔、轴公差带之间的关系，称为配合。

### 2. 间隙

孔的尺寸减去相配合的轴的尺寸之差为正，用 $X$ 表示。

### 3. 过盈

孔的尺寸减去相配合的轴的尺寸之差为负，用 $Y$ 表示。

### 4. 配合类别

1）间隙配合

孔的公差带在轴的公差带之上，如图 B-2 所示。

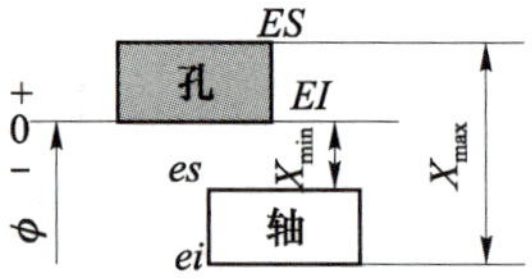


图 B-2 间隙配合

最大间隙 $X_{max}=D_{max}-d_{min}=ES-ei$

最小间隙 $X_{min}=D_{min}-d_{max}=EI-es$

平均间隙 $X_{av}=D_{av}-d_{av}=\dfrac{X_{max}+X_{min}}{2}$

2）过盈配合

孔的公差带在轴的公差带之下，如图 B-3 所示。

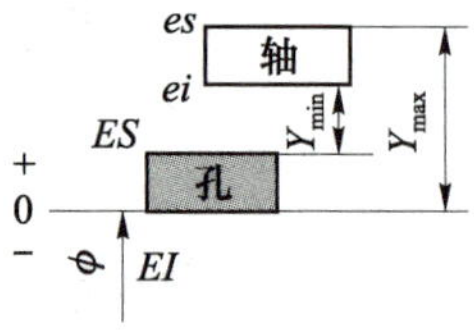


图 B-3 过盈配合

最大过盈 $Y_{max}=D_{min}-d_{max}=EI-es$

最小过盈 $Y_{min}=D_{max}-d_{min}=ES-ei$

平均过盈 $Y_{av}=D_{av}-d_{av}=\dfrac{Y_{max}+Y_{min}}{2}$

3）过渡配合

孔和轴的公差带相互交叠，如图 B-4 所示。

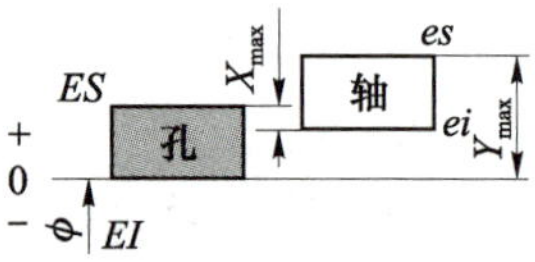


图 B-4 过渡配合

最大间隙 $X_{max}=D_{max}-d_{min}=ES-ei$

最大过盈 $Y_{max}=D_{min}-d_{max}=EI-es$

平均过盈 $Y_{av}=D_{av}-d_{av}=\dfrac{Y_{max}+X_{max}}{2}$

对于最大间隙和最大过盈的平均值，取正值时为平均间隙，取负值时为平均过盈。

## B2.4 基准制

### 1. 基孔制

基孔制是指基本偏差为一定的孔的公差带，与不同基本偏差的轴的公差带形成各种不同配合的制度。基孔制中的孔是配合的基准件，称为基准孔。基准孔的基本偏差代号为“H”，它的基本偏差为下极限偏差，其数值为零，上极限偏差为正值。

基孔制中的轴是非基准件，由于轴的公差带相对零线可以有不同的位置，因而可形成各种不同性质的配合。

2. 基轴制

基轴制是指基本偏差为一定的轴的公差带,与不同基本偏差的孔的公差带形成各种不同配合的制度。基轴制中的轴是配合的基准件,称为基准轴。基准轴的基本偏差代号为"h",它的基本偏差为上极限偏差,其数值为零,下极限偏差为负值。

基轴制中的孔是非基准件,由于孔的公差带相对零线可以有不同的位置,因而可形成各种不同性质的配合。

### B2.5 一般公差

设计时,零件上的某些部位在使用功能上无特殊要求时,可以给出一般公差。

1. 一般公差的概念

线性尺寸的一般公差是在车间普通工艺条件下,机床设备的一般加工能力可保证的公差。采用一般公差时,在图样上不单独标注出公差,而是在图样、技术文件或技术标准中作出总的说明;采用一般公差时,在正常的生产条件下,尺寸一般不进行检验,而由工艺保证。

2. 一般公差标准

线性尺寸的一般公差标准既适用于金属切削加工的尺寸,也适用于一般冲压加工的线性尺寸。线性尺寸的一般公差规定了 4 个等级:f(精密级)、m(中等级)、c(粗糙级)、v(最粗级)。

3. 一般公差的表示方法

线性尺寸的一般公差可在图样、技术文件或技术标准中用线性尺寸的一般标准号和公差等级符号表示。例如,当一般公差选用中等级时,可在零件图样上(标题栏上方)标明:未注公差尺寸按 GB/T 1804—m。

## B3 极限与配合的选用

### B3.1 基准制的选用

选用基准制时,主要应从零件的结构、工艺、经济等方面综合考虑。

(1) 优先选用基孔制。中等尺寸高精度的孔,一般用铰刀、拉刀等定尺寸刀具加工,为了减少备用的定尺寸刀具、量具的品种规格,优先选用基孔制。通常加工孔比轴更困难,而且所用刀具、量具尺寸规格也多些。应该尽量减少定尺寸刀具、量具的规格数目。

(2) 同一根轴上(基本尺寸相同)有多种配合时,采用基轴制(多种配合);只有在有明显经济效益时,如冷拔钢作轴,或在统一基本尺寸上要装配几个不同配合的零件时,才选用基轴制。

(3)与标准件配合时基准制的选择常依标准件而定。与滚动轴承内圈配合的轴采用基孔制,外圈配合的孔采用基轴制。

(4) 对于套筒等,采用非基准制配合要求。

### B3.2 公差等级的选用

选择公差等级时要正确处理机器零件的使用性能、制造工艺和生产成本之间的关系。总的选择原则是:在满足使用要求的条件下,尽量选取低的公差等级。

公差等级的选用方法：采用类比的方法。参考经过实践证明是合理的典型产品的公差等级，结合待定零件的配合、工艺和结构特点，经过分析对比后确定公差等级。

### 1. 公差等级的应用范围和加工方法与公差等级的关系

公差等级的应用范围和加工方法与公差等级的关系列于表B-1中。

表B-1　公差等级的应用范围和加工方法与公差等级的关系

| 公差等级的应用范围 | | 加工方法与公差等级的关系 | |
|---|---|---|---|
| 应用范围 | 公差等级 | 加工方法 | 公差等级 |
| 量块 | IT01～IT1 | 绞孔 | IT6～IT10 |
| 量规 | IT1～IT7 | 车削 | IT7～IT11 |
| 特别精密的配合 | IT2～IT5 | 镗削 | IT7～IT11 |
| 一般配合 | IT5～IT13 | 铣削 | IT8～IT11 |
| 非配合尺寸 | IT12～IT18 | 刨削 | IT10、IT11 |
| 原材料尺寸 | IT8～IT14 | 钻孔 | T10～IT13 |

### 2. 公差等级的主要应用实例

公差等级的主要应用实例见表B-2。

表B-2　公差等级的主要应用实例

| 公差等级 | 主要应用实例 |
|---|---|
| IT01～IT1 | 用于精密标准量块 |
| IT2～IT7 | 用于量规的尺寸公差 |
| IT3～IT5 | 用于精度要求很高的重要配合；配合公差很小，对加工要求很高，应用较少 |
| IT6 | 用于机床、发动机和仪表中的重要配合；配合公差较小，精密加工能够实现，在精密机械中广泛使用 |
| IT7、IT8 | 用于机床、发动机中不太重要的配合，也用于一般机械的重要配合；配合公差中等，加工容易实现，在一般机械中广泛使用 |
| IT9、IT10 | 用于一般要求，或长度精度要求较高的配合 |
| IT11、IT12 | 用于没有严格要求，只要求便于连接的配合 |
| IT12～IT18 | 用于非配合尺寸和粗加工的工序尺寸 |

## B3.3　配合的选用

### 1. 配合制的选用原则

(1) 一般情况下，应优先选用基孔制。

(2) 与标准件配合时，配合制的选择通常依标准件而定。

(3) 为了满足配合的特殊要求，允许采用混合配合制。

### 2. 配合种类的选用

选用配合种类在一般情况下采用类比法，即与经过生产和使用验证后的某种配合进行比较，然后确定其配合种类。

## B4 几何公差的种类

### 1. 几何公差的项目、符号和分类

根据国家标准 GB/T 1182—2018，几何公差分为形状公差、方向公差、位置公差及跳动公差 4 种类型，见表 B-3。

**表 B-3 形位公差的分类**

| 公差类型 | 几何特征 | 符号 | 有无基准 |
|---|---|---|---|
| 形状公差 | 直线度 | — | 无 |
| | 平面度 | ▱ | |
| | 圆度 | ○ | |
| | 圆柱度 | ⌭ | |
| | 线轮廓度 | ⌒ | |
| | 面轮廓度 | ⌓ | |
| 方向公差 | 平行度 | // | 有 |
| | 垂直度 | ⊥ | |
| | 倾斜度 | ∠ | |
| | 线轮廓度 | ⌒ | |
| | 面轮廓度 | ⌓ | |

| 公差类型 | 几何特征 | 符号 | 有无基准 |
|---|---|---|---|
| 位置公差 | 位置度 | ⌖ | 有或无 |
| | 同心度（用于中心线） | ◎ | 有 |
| | 同轴度（用于轴线） | ◎ | |
| | 对称度 | ⌯ | |
| | 线轮廓度 | ⌒ | |
| | 面轮廓度 | ⌓ | |
| 跳动公差 | 圆跳动 | ↗ | |
| | 全跳动 | ⌰ | |

### 2. 形状误差、最小条件与形状公差

(1) 形状误差。形状误差是指被测实际要素对理想要素的变动量。若将被测实际要素与其理想要素进行比较，则二者间的偏离表明有形状误差。

(2) 最小条件。最小条件是指被测实际要素对其理想要素的最大变动量为最小。评定形状误差时，理想要素的位置就按这一准则确定。

(3) 形状公差。为了和位置误差与公差中的关联要素相区分，把给出形状公差要求的单个要素称为单一要素。单一实际要素的形状所允许的变动全量，称为形状公差。形状公差的公差带就是限制实际要素变动的区域，实际要素必须处在此区域内，该实际要素的形状方为合格。

### 3. 位置误差与位置公差

1) 位置误差

位置误差是指关联被测实际要素对其理想要素的变动量。理想要素的位置由基准确定。根据位置误差的特征可分为定向误差、定位误差和跳动 3 类。

2）位置公差

位置公差是指关联实际要素的位置对基准所允许的变动全量。它限制实际要素变动的区域，因此，它应是一个有确定位置（或仅是确定方向）的公差带，零件上的被测实际要素应能落在此区域内方为合格。

4. 基准和基准体系

基准是确定被测要素方向或位置的依据，图样上标注的基准都应是理想要素。但实际上基准由零件上相应的实际要素来体现，这些起基准作用的实际要素称为基准实际要素（用与基准实际要素相接触，并且用形状足够精确的表面模拟基准）。

基准的分类如下。

（1）按几何形状分类：基准点、基准线、基准面。

（2）按构成情况分类如下。

- 单一基准：由一个要素建立的基准，如图 B-5 所示。
- 组合基准：由两个或两个以上的要素共同建立，如图 B-6 所示。
- 成组基准：由某一要素组（如孔组）所建立的基准。

三基面体系是指由三个相互垂直的平面构成的基准体系，如图 B-7 所示。

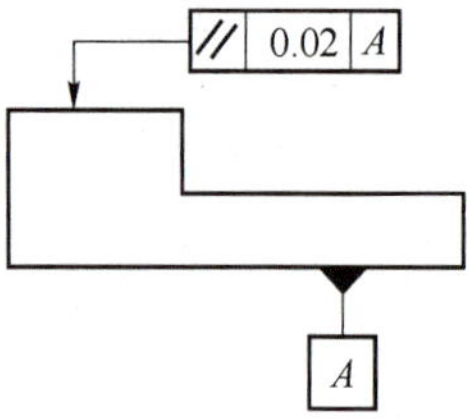

图 B-5　单一基准

基准是指表面上的一些点、线、面。基准表面上确定基准目标后，基准只由基准目标确立，而与整个基准要素无关。基准目标要通过夹具和检具来体现，夹具、检具上的定位点、定位线及定位面应符合图样上基准目标的要求。

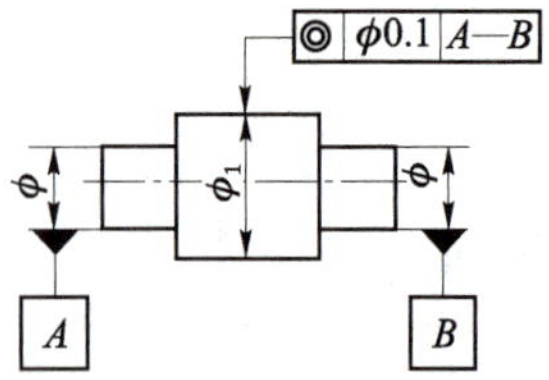

图 B-6　组合基准

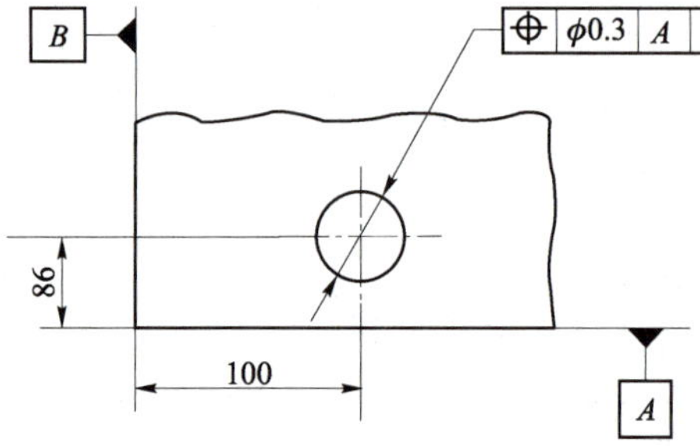

图 B-7　三基面体系

## B5　表面结构和评定参数

表面结构是表面粗糙度、表面波纹度、表面缺陷、表面纹理和表面几何形状的总称。表面结构的图样表示法在 GB/T 131—2006《产品几何技术规范（GPS）技术产品文件中表面结构的表示法》中均有具体规定。本节主要介绍表面粗糙度表示法。

### B5.1　表面粗糙度轮廓的形成和特征

对于任何机器零件，不论采用多么精密的机床和先进的工艺来加工，总会发现加工后的表面并不完全平整，这是由切削过程中刀具相对零件的运动轨迹、刀具和零件表面的摩擦、切削时零件表层金属的撕裂以及机床和刀具的振动等造成的。

加工后表面上由间距很小的微小峰谷所形成的表面不平，即为表面粗糙度，或称为微观几何形状误差。

## B5.2 表面粗糙度对零件功能的影响

表面粗糙度对零件功能的影响如下。

(1) 对摩擦和磨损的影响。具有粗糙表面轮廓的两个相配零件表面，主要是在轮廓的峰顶处发生接触。这样，有相对运动的两表面越粗糙，运动的阻力越大，即摩擦系数越大。由峰顶接触的两表面，其有效接触面积很小，单位面积承受的压力很大，当零件相对运动时，磨损就会加剧。

(2) 对疲劳强度的影响。零件表面产生疲劳裂纹以致损坏，多半和应力集中有关，尤以承受动载荷最甚。应力集中的程度不仅和微观不平度的峰谷深度有关，还和谷底的曲率半径大小有关。表面越粗糙，痕迹越深，底部的曲率半径越小，则应力越集中，零件疲劳强度降低以致损坏的可能性越大。

(3) 对配合性质的影响。表面粗糙度会影响配合性质的稳定性。对于间隙配合，由于表面粗糙不平，会因磨损而使间隙迅速加大，致使配合性质改变；对过盈配合，粗糙表面轮廓的峰顶在装配时被挤平，有效过盈减小，降低了连接强度；对过渡配合，表面粗糙度也有使配合变松的影响。

同时，表面粗糙度对接触刚度、耐腐蚀性、密封性能，以及对流体的阻力和外观质量也有影响。

## B5.3 有关检验规范的基本术语

对于零件表面结构的状况，可由3类参数加以评定：轮廓参数[由GB/T 3505—2009《产品几何技术规范(GPS) 表面结构 轮廓法 术语、定义及表面结构参数》定义]、图形参数[由GB/T 18618—2009《产品几何技术规范(GPS)表面结构 轮廓法 图形参数》定义]、支承率曲线参数[由GB/T 18778.2—2003《产品几何量技术规范(GPS) 表面结构 轮廓法 具有复合加工特征的表面 第2部分：用线性化的支承率曲线表征高度特性》和GB/T 18778.3—2006《产品几何技术规范(GPS) 表面结构 轮廓法 具有复合特征的加工表面 第3部分：用概率支承率曲线表征高度特征》定义]。其中轮廓参数是我国机械图样中目前最常用的评定参数。本节仅介绍评定粗糙度轮廓($R$轮廓)中的两个高度参数$Ra$和$Rz$。

算术平均偏差$Ra$是指在一个取样长度内纵坐标值$Z(x)$绝对值的算术平均值。

轮廓的最大高度$Rz$是指在同一取样长度内，最大轮廓峰高和最大轮廓谷深之和的高度。

### 1. 取样长度和评定长度

以粗糙度高度参数的测量为例，由于表面轮廓的不规则性，测量结果与测量段的长度密切相关，若测量段过短，则各处的测量结果会产生很大差异；若测量段过长，则测得的高度值中将不可避免地包含波纹度的幅值。因此，在$X$轴上选取一段适当长度进行测量，这段长度称为取样长度。但是，在每一取样长度内的测得值通常是不等的，为取得表面粗糙度最可靠的值，一般取几个连续的取样长度进行测量，并以各取样长度内测量值的平均值作为测得的参数值。这段在$X$轴方向上用于评定轮廓的并包含着一个或几个取样长度的测量段称为评定长度。当参数代号后未注明时，评定长度默认为5个取样长度，否则应注明个数。例如，*Rz* 0.4、*Ra*3 0.8、*Rz*1 3.2分别表示评定长度为5个（默认）、3个、1个取样长度。

### 2. 极限值判断规则

完工零件的表面按检验规范测得轮廓参数值后，需与图样上给定的极限比较，以判定其是否合格。极限值判断规则有以下两种。

（1）16%规则。运用本规则时，当被检表面测得的全部参数值中，超过极限值的个数不多于总个数的16%时，该表面是合格的。

（2）最大规则。运用本规则时，被检的整个表面上测得的每个参数值都不应超过给定的极限值。

16%规则是所有表面结构要求标注的默认规则，即当参数代号后未注写“max”字样时，均默认为应用16%规则（如 *Ra* 0.8）；反之，应用最大规则（如 *Ra*max 0.8）。

# 附录C 零件机械加工工艺简介

## C1 零件机械加工工艺过程

零件机械加工工艺规程是规定零件机械加工工艺过程和方法等的工艺文件。它是在具体的生产条件下，将最合理或较合理的工艺过程用图表(或文字)的形式制成文本，是用来指导生产、管理生产的文件。

### C1.1 制订工艺规程的原则与原始资料

#### 1. 制订工艺规程的原则

制订工艺规程的原则是:在保证产品质量的前提下，以最快的速度、最少的劳动消耗和最低的费用，可靠加工出符合设计图纸要求的零件;同时，还应充分利用本企业现有的生产条件。

#### 2. 制订工艺规程的原始资料

(1) 产品零件图样及装配图样。零件图样标明了零件的尺寸和形状以及其他技术要求，产品的装配图有助于了解零件在产品中的位置、作用，因此，它们是制订工艺规程的基础。

(2) 产品的生产纲领。

(3) 产品验收的质量标准。

(4) 本厂现有生产条件，如机床设备、工艺装备、工人技术水平及毛坯的制造生产能力等。

(5) 国内外同类产品的生产工艺资料。

### C1.2 制订工艺规程的步骤

#### 1. 零件图样分析

零件图样分析的目的如下。

(1) 分析零件的技术要求，主要了解各加工表面的精度要求、热处理要求，找出主要表面并分析它与次要表面的位置关系，明确加工的难点及保证零件加工质量的关键，以便在加工时重点关注。

(2) 审查零件的结构工艺性是否合理，分析零件材料的选取是否合理。

#### 2. 毛坯的选择

毛坯的选择主要考虑以下几方面的因素。

(1) 零件的材料及机械性能。零件的材料一旦确定，毛坯的种类就大致确定了。例如，材料为铸铁，就应选择铸造毛坯;钢质材料的零件，一般可用型材;当零件的机械性能要求较高时，要用锻造；有色金属常用型材或铸造毛坯。

(2) 零件的结构形状及尺寸。例如，直径相差不大的阶梯轴零件可选用棒料作为毛坯，直径相差较大时，为节省材料，减少机械加工量，可采用锻造毛坯；尺寸较大的零件可采用自由锻，形状复杂的钢质零件则不宜用自由锻。箱体、支架等零件一般采用铸造毛坯，大型设备的支架可采用焊接结构。

(3) 生产类型。大量生产时，应采用精度高、生产率高的毛坯制造方法，如机器造型、熔模铸造、冷轧、冷拔、冲压加工等。单件小批生产时，采用木模手工造型、焊接、自由锻等。

(4) 考虑毛坯车间现有生产条件及技术水平，以及通过外协获得各种毛坯的可能性。

### 3. 拟订工艺路线

1) 定位基准的选择

正确选择定位基准，特别是主要的精基准，对保证零件加工精度、合理安排加工顺序起决定性的作用。因此，在拟订工艺路线时首先应考虑选择合适的定位基准。

2) 零件表面加工工艺方案的选择

由于表面的要求(尺寸、形状、表面质量、机械性能等)不同，往往同一表面需采用多种加工方法完成。某种表面采用各种加工方法所组成的加工顺序称为表面加工工艺方案。

3) 加工阶段的划分

对于那些加工质量要求高或比较复杂的零件，通常将整个工艺路线划分为以下几个阶段。

(1) 粗加工阶段。该阶段的主要任务是切除毛坯的大部分余量，并制作出精基准。该阶段的关键问题是如何提高生产率。

(2) 半精加工阶段。该阶段的任务是减小粗加工留下的误差，为主要表面的精加工做好准备，同时完成零件上各次要表面的加工。

(3) 精加工阶段。该阶段的任务是保证各主要表面达到图样规定要求。这一阶段的主要问题是如何保证加工质量。

(4) 光整加工阶段。该阶段的主要任务是减小表面粗糙度值和进一步提高精度。

划分加工阶段的好处是按先粗后精的顺序进行机械加工，可以合理地分配加工余量以及合理地选择切削用量，充分发挥粗加工机床的效率，长期保持精加工机床的精度，并减少工件在加工过程中的变形，避免精加工表面受到损伤；粗加工和精加工分开，还便于及时发现毛坯缺陷，同时有利于安排热处理工序。

4) 加工顺序的安排

加工顺序的安排对保证加工质量、提高生产率和降低成本都有重要作用，是拟订工艺路线的关键之一。可按下列原则进行。

(1) 切削加工顺序的安排。

① 先粗后精。先安排粗加工，中间安排半精加工，最后安排精加工。

② 先主后次。先安排零件的装配基面和工作表面等主要表面的加工，后安排如键槽、紧固用的光孔和螺纹孔等次要表面的加工。

③ 先面后孔。对于箱体、支架、连杆、底座等零件，其主要表面的加工顺序是先加工用作定位的平面和孔的端面，然后加工孔。

④ 先基准后其他。选作精基准的表面应在一开始的工序中就加工出来，以便为后续工序的加工提供定位用的精基准。

(2) 热处理工序的安排。

零件加工过程中的热处理按应用目的,大致可分为预备热处理和最终热处理。

① 预备热处理。预备热处理的目的是改善零件机械性能、消除内应力、为最终热处理作准备,它包括退火、正火、调质和时效处理。对于铸件和锻件,为了消除毛坯制造过程中产生的内应力,改善机械加工性能,在机械加工前应进行退火或正火处理;对大而复杂的铸造毛坯件(如机架、床身等)及刚度较差的精密零件(如精密丝杠),需在粗加工之前及粗加工与半精加工之间安排多次时效处理;调质处理的目的是获得均匀细致的索氏体组织,为零件的最终热处理做好组织准备,同时它也可以作为最终热处理,使零件获得良好的综合机械性能,一般安排在粗加工之后进行。

② 最终热处理。最终热处理的目的主要是提高零件材料的硬度及耐磨性,它包括淬火、渗碳及氮化等。淬火及渗碳淬火通常安排在半精加工之后、精加工之前进行;氮化处理由于变形较小,通常安排在精加工之后。

(3) 辅助工序的安排。

辅助工序包括检验、清洗、去毛刺、防锈、去磁及平衡去重等。其中检验是最主要的辅助工序,也是必不可少的辅助工序。零件加工过程中除了安排工序自检,还应在下列场合安排检验工序:

① 粗加工全部结束之后、精加工之前;

② 工件转入、转出车间前后;

③ 重要工序加工前后;

④ 全部加工工序完成后。

4. 工艺文件的编制

零件的机械加工工艺过程确定之后,应将有关内容填写在工艺卡片上,这些工艺卡片总称为工艺文件。生产中常用的工艺文件有下列3种形式。

1) 机械加工工艺过程卡片

机械加工工艺过程卡片是以工序为单位,简要说明零件整个加工工艺过程的一种工艺文件,其内容包括工序号、工序名称、工序内容、加工车间、设备及工艺装备、各工序时间定额等。在单件小批生产中,常以这种卡片直接指导生产。

2) 机械加工工序卡片

机械加工工序卡片是针对每道工序编制的,是用来具体指导工人进行生产的工艺文件。它通过工序简图详细说明该工序的加工内容、尺寸及公差、定位基准、装夹方式、刀具的形状及其位置等,并注明切削用量、工步内容及工时等。工序卡片多用于大批大量生产中,且每个工序都要有工序卡片。成批生产中的主要零件或一般零件的关键工序,有时也要有工序卡片。

3) 机械加工工艺(综合)卡片

机械加工工艺(综合)卡片是以工序为单位,比较详细地说明零件加工工艺过程的一种工艺文件,简称工艺卡。它不但包含工艺过程卡片的内容,而且详细说明每一工序的工位及工步的工作内容;对于复杂工序,还要绘出工序简图,标注工序尺寸及公差等。机械加工工艺卡片是用来指导工人生产和帮助技术管理人员掌握整个加工过程的主要技术文件,常用于成批生产和小批生产中比较重要的零件。

## C2 典型零件加工工艺

轴类零件是常见的典型零件之一。按轴类零件结构形式不同，一般可分为光轴、阶梯轴和异形轴3类；也可分为实心轴、空心轴等。它们在机器中用来支承齿轮、带轮等传动零件，以传递转矩或运动。

阶梯轴的加工工艺较为典型，反映了轴类零件加工的大部分内容与基本规律。下面就以减速箱中的转轴为例，介绍一般阶梯轴的加工工艺。

### 1. 零件图样分析

图C-1所示零件是减速器中的转轴。它属于阶梯轴类零件，由圆柱面、轴肩、螺纹退刀槽、砂轮越程槽和键槽、螺纹等组成。轴肩一般用来确定安装在轴上的零件的轴向位置；各环槽的作用是使零件装配时有一个正确的位置，并使加工中磨削外圆或车螺纹时退刀方便；键槽用于安装键，以传递转矩；螺纹用于安装各种锁紧螺母和调整螺母。

根据工作性能与条件，该转轴图样（见图C-1）规定了轴颈 $M$、$N$，外圆 $P$、$Q$ 以及轴肩 $G$、$H$、$I$ 有较高的尺寸、位置精度和较小的表面粗糙度值，并有热处理要求。这些技术要求必须在加工中给予保证。因此，该转轴的关键工序是轴颈 $M$、$N$ 和外圆 $P$、$Q$ 的加工。

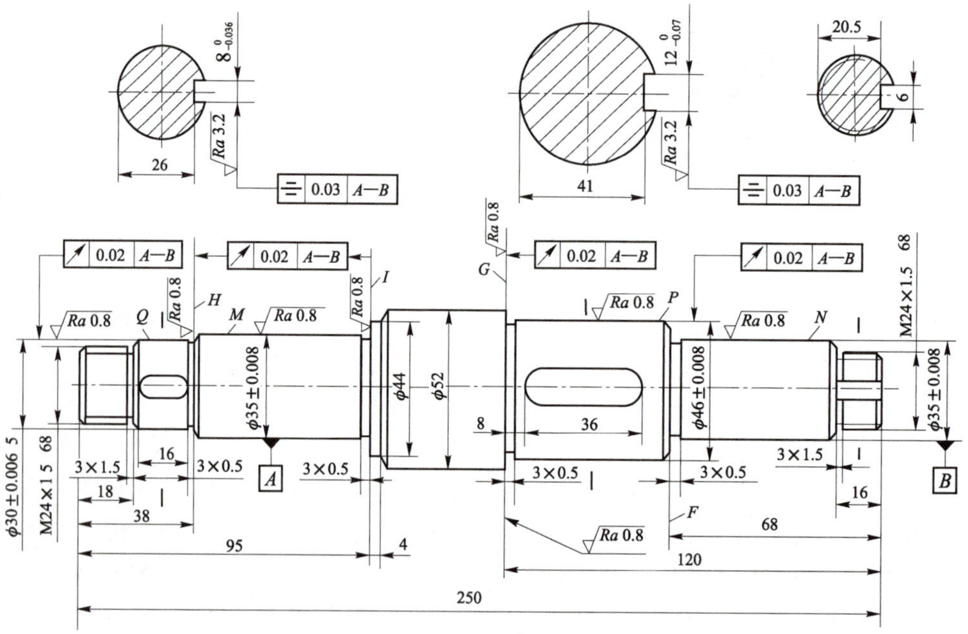


图C-1 减速器中的转轴

### 2. 确定毛坯

该转轴属于一般转轴，所以选45钢可满足其要求。

本例转轴属于中、小转轴，并且各外圆直径尺寸相差不大，所以选择 $\phi$60 mm的热轧圆钢作为毛坯。

### 3. 确定主要表面的加工方法

转轴大都是回转表面，主要采用车削与外圆磨削成型。由于该转轴的主要表面 $M$、$N$、$P$、$Q$

的公差等级(IT6)较高,表面粗糙度 $Ra$ 值较小($Ra=0.8\ \mu m$),因此车削后还需磨削。外圆表面的加工方案可为粗车→半精车→磨削。

4. 确定定位基准

合理地选择定位基准,对于保证零件的尺寸和位置精度有着决定性的作用。由于该转轴的几个主要配合表面($Q$、$P$、$N$、$M$)及轴肩面($G$、$H$)对基准轴线 $A-B$ 均有径向圆跳动和端面圆跳动的要求,它又是实心轴,因此应选择两端中心孔为基准,采用双顶尖装夹方法,以保证零件的技术要求。

粗基准采用热轧圆钢的毛坯外圆。中心孔加工采用三爪自定心卡盘装夹热轧圆钢的毛坯外圆,车端面和钻中心孔。但必须注意,一般不能用毛坯外圆装夹两次钻两端中心孔,而应该以毛坯外圆作粗基准,先加工一个端面,钻中心孔,车出一端外圆;然后以已车过的外圆作基准,用三爪自定心卡盘装夹(有时在上个工步已车外圆处搭中心架),车另一端面,钻中心孔。如此加工中心孔,才能保证两中心孔同轴。

5. 划分阶段

对精度要求较高的零件,其粗、精加工应分开,以保证零件的质量。

该转轴加工划分为 3 个阶段:粗车(粗车外圆、钻中心孔等),半精车(半精车各处外圆、阶梯和修研中心孔及次要表面等),粗、精磨(粗、精磨各处外圆)。各阶段划分大致以热处理为界。

6. 热处理工序安排

轴的热处理要根据其材料和使用要求确定。对于转轴,正火、调质和表面淬火用得较多。该轴要求调质处理,并安排在粗车各外圆之后,半精车各外圆之前。

综合上述分析,转轴的工艺路线如下:

下料→车两端面,钻中心孔→粗车各外圆→调质→修研中心孔→半精车各外圆,车槽,倒角→车螺纹→划键槽加工线→铣键槽→修研中心孔→磨削→检验。

7. 加工尺寸和切削用量

转轴磨削余量可取 0.5 mm,半精车余量可选用 1.5 mm。加工尺寸可由此而定,见该轴加工工艺卡(见表 C-1)的工序内容。

车削用量的选择,单件、小批量生产时,可根据加工情况由工人确定;一般可由《机械加工工艺手册》或《切削用量手册》中选取。

8. 拟订工艺过程

定位精基准面中心孔应在粗加工之前加工,在调质之后和磨削之前各需安排一次修研中心孔的工序。调质之后修研中心孔是为消除中心孔的热处理变形和氧化皮,磨削之前修研中心孔是为提高定位精基准面的精度和减小锥面的表面粗糙度值。拟订转轴的工艺过程时,在考虑主要表面的加工的同时,还要考虑次要表面的加工。在半精加工 $\phi$52 mm、$\phi$44 mm 及 M24 mm 外圆时,应车到图样规定的尺寸,同时加工出各退刀槽、倒角和螺纹;3 个键槽应在半精车后以及磨削之前铣削加工出来,这样可保证铣键槽时有较精确的定位基准,又可避免在精磨后铣键槽时破坏已精加工的外圆表面。

在拟订工艺过程时,应考虑检验工序的安排、检查项目及检验方法的确定。

综上所述,所确定的该转轴加工工艺过程见表 C-1。

**表 C-1 转轴机械加工工艺卡**

| ××减速机厂 | 机械加工工艺卡 | | 产品名称 | 减速器 | 图　号 | JQC-00-02 |
|---|---|---|---|---|---|---|
| | | | 零件名称 | 转轴 | 共 1 页 | 第 1 页 |
| 毛坯种类 | 圆钢 | 材料牌号 | 45 钢 | | 毛坯尺寸 | $\phi$60 mm×265 mm |

| 序号 | 工种 | 工步 | 工 序 内 容 | 设备 | 工具 | | |
|---|---|---|---|---|---|---|---|
| | | | | | 夹 具 | 刃 具 | 量 具 |
| 0 | 下料 | | $\phi$60 mm×265 mm | | | | |
| 5 | 车 | | 三爪自定心卡盘夹持工件毛坯外圆 | CA6140 | | | |
| | | 1 | 车端面见平 | | | | |
| | | 2 | 钻中心孔 | | | 中心钻 $\phi$2 mm | |
| | | | 用尾座顶尖顶住中心孔 | | | | |
| | | 3 | 粗车$\phi$46 mm 外圆至$\phi$48 mm，长 118 mm | | | | |
| | | 4 | 粗车$\phi$35 mm 外圆至$\phi$37 mm，长 66 mm | | | | |
| | | 5 | 粗车 M24 mm 外圆至$\phi$26 mm，长 14 mm | | | | |
| | | | 调头，三爪自定心卡盘夹持$\phi$48 mm 处 | | | | |
| | | | （$\phi$46 mm 外圆） | | | | |
| | | 6 | 车另一端面，保证总长 250 mm | | | | |
| | | 7 | 钻中心孔 | | | | |
| | | | 用尾座顶尖顶住中心孔 | | | | |
| | | 8 | 粗车$\phi$52 mm 外圆至$\phi$54 mm | | | | |
| | | 9 | 粗车$\phi$35 mm 外圆至$\phi$37 mm，长 93 mm | | | | |
| | | 10 | 粗车$\phi$30 mm 外圆至$\phi$32 mm，长 36 mm | | | | |
| | | 11 | 粗车 M24 mm 外圆至$\phi$26 mm，长 16 mm | | | | |
| | | 12 | 检验 | | | | |
| 15 | 热 | | 调质处理 220～240 HBS | | | | |
| 20 | 钳 | | 修研两端中心孔 | CA6140 | | | |
| 30 | 车 | | 双顶尖装夹 | CA6140 | | | |

续 表

| ××减速机厂 | 机械加工工艺卡 | 产品名称 | 减速器 | 图 号 | JQC-00-02 |
|---|---|---|---|---|---|
| | | 零件名称 | 转轴 | 共 1 页 | 第 1 页 |
| 毛坯种类 | 圆钢 | 材料牌号 | 45 钢 | 毛坯尺寸 | $\phi$60 mm×265 mm |

| 序号 | 工种 | 工步 | 工序内容 | 设备 | 工具 | | |
|---|---|---|---|---|---|---|---|
| | | | | | 夹具 | 刃具 | 量具 |
| | | 1 | 半精车$\phi$46 mm 外圆至$\phi$46.5 mm，长 120 mm | | | | |
| | | 2 | 半精车$\phi$35 mm 外圆至$\phi$35.5 mm，长 68 mm | | | | |
| | | 3 | 半精车 M24 mm 外圆至$\phi24_{-0.2}^{-0.1}$ mm，长 16 mm | | | | |
| | | 4 | 半精车(2～3)mm×0.5 mm 环槽 | | | | |
| | | 5 | 半精车 3 mm×1.5 mm 环槽 | | | | |
| | | 6 | 倒外角 $C1$，3 处 | | | | |
| | | | 调头，双顶尖装夹 | | | | |
| | | 7 | 半精车$\phi$35 mm 外圆至$\phi$35.5 mm，长 95 mm | | | | |
| | | 8 | 半精车$\phi$30 mm 外圆至$\phi$35.5 mm，长 38 mm | | | | |
| | | 9 | 半精车 M24 mm 外圆至$\phi24_{-0.2}^{-0.1}$ mm ，长 18 mm | | | | |
| | | 10 | 半精车$\phi$44 mm 至尺寸，长 4 mm | | | | |
| | | 11 | 车(2～3)mm×0.5 mm 环槽 | | | | |
| | | 12 | 车 3 mm×1.5 mm 环槽 | | | | |
| | | 13 | 倒外角 $C1$，4 处 | | | | |
| | | 14 | 检验 | | | | |
| 35 | 车 | | 双顶尖装夹 | | | | |
| | | 1 | 车 M24 mm×1.5 mm～6 g 至尺寸 | CA6140 | | | |
| | | | 调头，双顶尖装夹 | | | | |
| | | 2 | 车 M24 mm×1.5 mm～6 g 至尺寸 | | | | |
| | | 3 | 检验 | | | | |

续 表

<table>
<tr><td colspan="2" rowspan="2">××减速机厂</td><td rowspan="2">机械加工工艺卡</td><td colspan="2">产品名称</td><td>减速器</td><td>图　号</td><td colspan="3">JQC-00-02</td></tr>
<tr><td colspan="2">零件名称</td><td>转轴</td><td>共 1 页</td><td colspan="3">第 1 页</td></tr>
<tr><td colspan="2">毛坯种类</td><td>圆 钢</td><td>材料牌号</td><td colspan="2">45 钢</td><td>毛坯尺寸</td><td colspan="3">φ60 mm×265 mm</td></tr>
<tr><td rowspan="2">序号</td><td rowspan="2">工种</td><td rowspan="2">工步</td><td colspan="3" rowspan="2">工 序 内 容</td><td rowspan="2">设备</td><td colspan="3">工　　具</td></tr>
<tr><td>夹 具</td><td>刃 具</td><td>量 具</td></tr>
<tr><td>40</td><td>钳</td><td></td><td colspan="3">划两个键槽及一个止动垫圈槽加工线</td><td></td><td colspan="3"></td></tr>
<tr><td>45</td><td>铣</td><td></td><td colspan="3">用 V 形台虎钳装夹，按线找正</td><td></td><td colspan="3"></td></tr>
<tr><td></td><td></td><td>1</td><td colspan="3">铣键槽 12 mm×36 mm，保证尺寸 41～41.25 mm</td><td>立铣</td><td colspan="3"></td></tr>
<tr><td></td><td></td><td>2</td><td colspan="3">铣键槽 8 mm×16 mm，保证尺寸 26～26.25 mm</td><td></td><td colspan="3"></td></tr>
<tr><td></td><td></td><td>3</td><td colspan="3">铣止动垫圈槽 6 mm×16 mm，保证 20.5 mm 至尺寸</td><td></td><td colspan="3"></td></tr>
<tr><td></td><td></td><td>4</td><td colspan="3">检验</td><td></td><td colspan="3"></td></tr>
<tr><td>50</td><td>钳</td><td></td><td colspan="3">修研两端中心孔</td><td>CA6140</td><td colspan="3"></td></tr>
<tr><td>55</td><td>磨</td><td>1</td><td colspan="3">磨外圆(φ30±0.008)mm 至尺寸</td><td rowspan="2">外圆磨床</td><td></td><td></td><td></td></tr>
<tr><td></td><td></td><td>2</td><td colspan="3">磨轴肩面 I</td><td></td><td></td><td></td></tr>
<tr><td></td><td></td><td>3</td><td colspan="3">磨外圆(φ30±0.006 5)mm 至尺寸</td><td></td><td></td><td></td><td></td></tr>
<tr><td></td><td></td><td>4</td><td colspan="3">磨轴肩面 H</td><td></td><td></td><td></td><td></td></tr>
<tr><td></td><td></td><td></td><td colspan="3">调头，双顶尖装夹</td><td></td><td></td><td></td><td></td></tr>
<tr><td></td><td></td><td>5</td><td colspan="3">磨外圆 P 至尺寸</td><td></td><td></td><td></td><td></td></tr>
<tr><td></td><td></td><td>6</td><td colspan="3">磨轴肩面 G</td><td></td><td></td><td></td><td></td></tr>
<tr><td></td><td></td><td>7</td><td colspan="3">磨外圆 N 至尺寸</td><td></td><td></td><td></td><td></td></tr>
<tr><td></td><td></td><td>8</td><td colspan="3">磨轴肩面 F</td><td></td><td></td><td></td><td></td></tr>
<tr><td></td><td></td><td>9</td><td colspan="3">检验</td><td></td><td></td><td></td><td></td></tr>
</table>

# 附录D 计算机辅助设计简介

## D1 CAD技术概述

CAD(computer aided design,计算机辅助设计)是利用计算机强有力的计算功能和高效率的图形处理能力,辅助进行产品的设计与分析的理论和方法,是综合了计算机科学与工程设计方法的最新发展而形成的一门新兴技术。

CAD技术把产品的物理模型转化为存储在计算机中的数字化模型,从而为后续的工艺、制造、管理等环节提供了共享的信息源。现在CAD技术已不仅用于自动绘图或三维建模,而且已成为一种广义的、综合性的关于设计的新技术。CAD技术涉及以下基础技术。

(1) 图形处理技术,如二维交互图形技术、三维几何造型技术及其他图形输入输出技术。

(2) 工程分析技术,如有限元分析、优化设计方法、物理特性计算(如面积、体积、惯性矩等计算)、模拟仿真以及各行各业中的工程分析等。

(3) 数据管理与数据交换技术,如产品数据管理(product data management,PDM)、数据库、异构系统间的数据交换和接口等。

(4) 文档处理技术,如文档制作、编辑及文字处理等。

(5) 界面开发技术,如图形用户界面、网络用户界面、多通道多媒体智能用户界面等。

(6) 基于Web的网络应用和开发技术。

## D2 机械设计过程与机械CAD过程比较

### 1. 机械设计过程

机械设计是产品设计、制造、装配、销售和使用整个生命周期中的第一个环节,也是最重要的环节,因为它对产品性能的影响通常占80%。机械设计过程如图D-1所示。设计一般经历以下几个阶段。

1) 概念设计

通过调查研究、资料收集,仔细分析用户需求,在此基础上确定产品功能,进而构思方案,进行分析与论证,最后获得一组可行的原理性方案。

2) 初步设计

从一组可行的原理方案中选择一种优化方案,绘制总布置草图,确定各部件的基本结构和形状,建立相应的数学模型,进行主要设计参数的分析计算与优化。

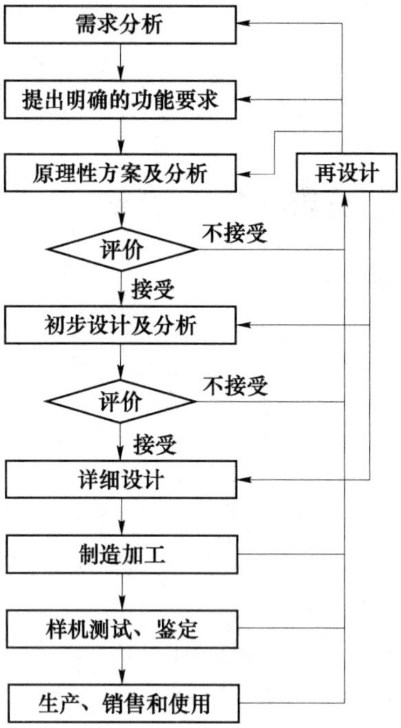


图 D-1　机械设计过程

3）详细设计

确定设计对象的细部结构，最终完成总布置图和零部件图，并编写技术文件。

详细设计的终结并不意味着最终获得了一个好的设计。机械产品在经历了制造加工、样机测试、批量生产以及销售使用后，将返回大量信息，要依据这些信息再对产品进行不断修改。由此可见，机械设计是一个“设计—评价—再设计”的反复迭代、不断优化的过程。在人工设计情况下，设计周期长。因此，实现某种程度的设计自动化，缩短设计周期，降低设计成本，提高设计质量，就成为机械设计发展的迫切要求，正是在这样的背景下产生了计算机辅助设计。

2. 机械 CAD 过程

现在的 CAD 过程往往与计算机辅助工艺设计（computer aided process planning，CAPP）和数值控制（numerical control，NC）编程连在一起，形成集成的 CAD/CAM（computer aided manufacturing，计算机辅助制造）系统，如图 D-2 所示。

图 D-2 中一开始先根据市场需求确定产品的性能，然后用专家系统进行产品方案设计，由此再进行几何建模、工程分析，直到产生详细的工程图。CAPP 的功能是进行零件加工工艺路线及工序的编制，它的作用除了为生产调度及控制提供信息，还为 NC 自动编程提供所需信息。NC 自动编程生成刀具加工轨迹并在屏幕上进行加工仿真，检查无误后，经后置处理生成加工代码，在数控机床上进行加工。该图左边是工程数据库，构成了信息交换与集成的基础，右边列出了所需软件的种类。

CAM 是利用计算机对制造过程进行设计、管理和控制，一般来说包括工艺设计、NC 编程和机器人编程等内容。

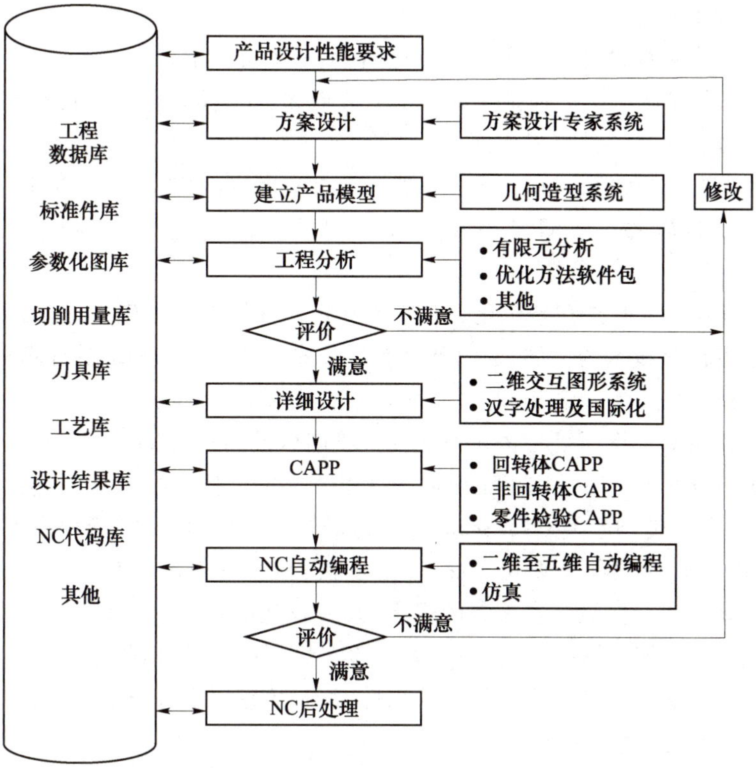


图 D-2 CAD/CAM 系统工作流程

## D3 机械 CAD 系统的软件

机械 CAD 系统的软件包括系统软件、支撑软件和应用软件。

### 1. 系统软件

系统软件主要用于计算机的管理、维护、控制及运行，以及计算机程序的翻译、装入和运行。它有以下几类。

(1) 操作系统。操作系统种类很多，版本也在不断更新，目前常用的有 Windows、UNIX 等。操作系统的主要功能有：①文件管理，即在磁盘上建立、存储、删除、检索文件；②设备管理，即管理计算机输入输出等硬件设备。

(2) 编译系统。编译系统的作用是将用高级语言编写的程序翻译成计算机能够直接执行的机器指令。有了编译系统，用户就可应用接近于人类自然语言和数学语言的方式来编写程序，翻译成机器指令，这样就有可能使非计算机专业的各类工程技术人员很容易地应用计算机来实现其目的。

### 2. 支撑软件

支撑软件是机械 CAD 系统的核心软件。它是为满足 CAD 作业中一些用户的共同需要而开发的通用软件。近年来，由于计算机应用领域迅速扩大，支撑软件的开发研制有了很大的进展，推出了种类繁多的商品化支撑软件，其中比较通用的有以下几类。

1）计算分析软件

它主要用来解决工程设计中各类数值计算问题，主要有以下几个。

（1）数值计算程序库。它可提供诸如解微分方程、线性代数方程、数值积分、有限差分以及曲线曲面拟合等数学问题的计算机程序。

（2）有限元结构分析软件。有限元法在理论与方法上均已比较成熟，在工程设计上应用十分广泛。有限元分析软件有 SAPV、NASTRAN、ANSYS 等，它们均具有较强的前、后处理功能。

（3）优化设计软件。它是在最优化数学理论和现代计算技术基础上，运用计算机寻求设计的最佳方案。随着优化技术的发展，国内外已有许多成熟的算法和相应的计算机程序。

2）图形处理软件

图形处理软件可分为图形处理语言及交互式绘图软件两种类型。

（1）图形处理语言。它通常以子程序或指令形式提供一整套绘图语句，供用户在以高级语言编程时调用。例如，美国泰克（Tektronix）公司研制的 PLOT10 图形程序库，可以用 FORTRAN 语言中的 CALL 语句来调用。此外，绘图机指令 RD/GL、DM/PL、HP/GL 等均属此类。应用图形处理语言及高级语言编制的程序，既有较强的计算能力，又具有图形显示或绘图功能。遗憾的是，这类图形处理语言往往由硬件生产厂家提供，因而受到硬件设备型号的制约，不像程序设计中的高级语言那样有良好的通用性，编制的程序也只能在规定的硬件环境下才能执行，因此为推广应用造成了一定困难。

（2）交互式绘图软件。它可用人机交互式（如菜单方式、问答式）生成图形，进行图形编辑（对图形增删、缩放、平移等）、标注尺寸、拼装图形等图形处理工作，省却了编程的麻烦。在微型计算机（简称微机）上可执行的著名交互式绘图软件有 AutoCAD 等，这些软件均具有二维及三维绘图功能，只是在三维图形功能强弱上有差别。此外，国内外流行的三维实体建模软件有 IDEAS 、SolidEdge 、SolidWorks 等，它们的可执行语句在 10 万句到 50 万句之间，软件规模很大，并具有较强的三维几何建模、消除隐藏线及生成阴阳图像能力。

3）数据库管理系统软件

数据库管理系统（database management system，DBMS）是在操作系统基础上建立的操纵和管理数据库的软件，它满足了庞大的数据处理和信息交换的需要。数据库管理系统除了可保证数据资源共享、信息保密、数据安全，还能尽量减少数据库内数据的重复。用户使用数据库都是通过数据库管理系统，因而它也是用户与数据之间的接口。CAD 系统的数据类型及数据关系复杂，而且信息往往是动态的，因此，适用于 CAD 系统的数据库管理系统，有别于商用数据库管理系统。目前，PDM 系统软件正在产品及工程设计领域的数据管理方面发挥着越来越大的作用。

4）计算机网络工程软件

网络型 CAD 系统将成为微机及工作站 CAD 的主要使用环境之一。在微机网络工程中，网络系统软件是必不可少的。例如，NetWare 就是 NOVELL 公司专门为该公司微机局域网产品设计的网络系统软件，它包括服务器操作系统、文件服务器软件、通信软件等。应用这些软件可进行网络文件系统管理、存储管理、任务调度、用户间通信、软硬件共享等工作。

### 3. 应用软件

应用软件是在系统软件、支撑软件基础上，针对某一专门应用领域而研制的软件。这类软件通常由用户结合当前设计工作需要自行研究开发，此项工作又称为二次开发。例如，模具设计软件、电器设计软件、机械零件设计软件、机床设计软件，以及汽车、船舶、飞机设计制造专用软件，均属应用软件。

## D4 三维产品建模技术

### 1. 三维几何造型技术

几何造型是指一种能将物体的形状及其属性（如颜色、纹理等）存储在计算机内，形成该物体的三维几何模型的技术。这个模型是对原物体的确切的数学描述或是对原物体某种状态的真实模拟。这个模型将为各种不同的后续应用提供信息，如由模型产生有限元网格，由模型编制刀具轨迹，由模型进行物体间碰撞、干涉检查等。很显然，用计算机对模型进行分析或模拟比对实物进行制作或处理要容易得多，因此 CAD 系统无不将几何造型作为系统的核心。通常把能够定义、描述、生成几何模型，并能交互地进行编辑的系统称为几何造型系统。市场上有许多这样的系统，AutoCAD、Pro/E、UG NX 等就是这样的系统。

随着造型系统应用面的扩大，迫切要求将线框模型、曲面模型和实体模型 3 种不同形式的造型系统统一起来，融合成一体。目前这样的系统已经有了很大的发展，如美国的 Parasolid 和 ACIS，以及一些著名的 CAD 系统（美国的 Pro/E 和 UG，我国的 GEMS 等）都实现了这样的统一。

### 2. 三维几何造型的应用

在产品设计方面，通过建立零部件三维数字化模型，能逼真地显示零部件形状，检查装配干涉，高效地产生二维工程图。在分析计算方面，能进行物体的物理特性计算（简称物性计算），如计算体积、面积、重心、惯性矩等，还能生成有限元分析的网格。在模拟仿真方面，能利用生成的三维几何模型进行运动学分析、动力学分析、装配工艺规划等。在制造方面，能利用生成的几何模型进行自动编程及刀具轨迹的仿真。此外，在计算机艺术、动画制作、医学、装饰、服装、影视等行业都有广泛的应用。

### 3. 三维几何造型系统的三种模型

1）线框模型

20 世纪 60 年代初期的线框模型仅仅是二维的，用户需要逐点、逐线地构建模型，目的是用计算机代替手工绘图。由于图形几何变换理论的发展，人们认识到加上第三维信息再投影变换成平面视图是很容易的事情，因此三维绘图系统迅速发展起来，但它同样仅限于点、线和曲线的组成。在许多 CAD/CAM 系统中仍将此种模型作为表面模型与实体模型的基础。线框模型系统一般具有丰富的交互功能，用于构图的图素是大家所熟知的点、线、圆、圆弧、二次曲线、样条曲线、贝塞尔（Bezier）曲线等。

2）表面模型

表面模型能实现以下功能：消隐、着色、表面积计算、两个曲面的求交、刀具轨迹生成、有限元网格划分等。它还擅长构造复杂的曲面物体，如模具、汽车、飞机等表面。

表面模型又分为平面模型和曲面模型。前者将物体表面划分成多边形网格，后者将物体曲面划分成若干曲面片再进行光滑拼接。

3）实体模型

它与表面模型的不同之处在于，确定了表面的哪一侧存在实体这个问题，可确切地分清体内体外，形成实体模型。

实体模型的数据结构不仅记录了全部几何信息，而且记录了全部点、线、面、体的拓扑信息，这是实体模型与线框或表面模型的根本区别。正因为如此，实体模型成为设计与制造自动化及集成的基础。依靠计算机内完整的几何与拓扑信息，所有前面提到的工作，从消隐、剖切、有限元网格划分直到刀具轨迹生成都能顺利地实现，而且着色、光照及纹理处理等技术的运用使物体有着出色的可视性，使它在CAD/CAM领域外也有广泛应用，如计算机艺术、广告、动画等。

4. 特征建模技术

1）实体造型的缺点

实体造型的主要缺点是只存储了形体的几何形状信息，缺乏产品开发全生命周期所需的信息，诸如材料、加工特征信息、尺寸公差、形位公差、表面粗糙度、装配要求等信息，因此不能构成符合STEP标准的产品模型，导致CAD/CAPP/CAM集成及更大范围集成的困难。此外实体造型系统在零部件造型设计时，只能提供无工程语义的简单体素的拼合，这种初级的构型手段，不能满足设计、制造对构型的需要，因为设计工程师与制造工程师在设计或考虑一个零部件形状时，总是从那些对设计或制造有意义的基本形体特征出发，然后加以组合，形成所需的零部件，因此实体造型提供的构型手段不符合工程师的习惯。

2）特征建模的特点

特征建模的主要思想如下。

（1）从构型角度来说，不再将抽象的基本几何体（如图柱、圆锥、球等）作为拼合零件的对象。而是选用那些对设计制造有意义的特征形体作为基本单元拼合成零件，如槽、凹腔、凸台、孔、壳、壁等特征。

（2）从信息角度来说，特征作为产品开发过程中各种信息的载体，不仅包含了几何、拓扑信息，还包含了设计制造所需的一些非几何信息，如材料信息、尺寸、形状公差信息、热处理及表面粗糙度信息、刀具信息、管理信息等，这样的特征包含了丰富的工程语义，可以在更高的信息层次上形成零部件完整的信息模型。

由上述思想所形成的特征建模有以下特点。

（1）建立的零部件模型不仅包括几何信息，还包括下游活动（计算机辅助工艺过程设计、数控编程等）所需的信息，形成了符合产品模型数据交换标准（standard for exchange of product model data，STEP model data）的产品信息模型，从而为计算机集成制造系统（computer integrated manufacturing system，CIMS）及并行工程（concurrent engineering，CE）环境下的CAX与DFX等集成打下了良好基础。

（2）能以工程师所熟悉的方式进行设计，比实体造型有更高的设计效率。

3）特征的定义

由于从不同的应用领域来认识特征和提取特征，因此出现了特征的不同定义。例如，从设计角度，往往将特征与产品设计知识表示和功能要求相连，把特征定义为“具有一定形状的实体，与一个或多个设计功能相关，可以作为基本单元进行设计和处理”。从制造角度，往往将特征与工艺过程设计、NC编程、自动检测相连，把特征定义为“对应一定基本加工操作的几何形状”。

在实践中应尽可能将设计特征与制造特征统一起来。因此，“特征是零件或部件上一组相关联的具有特定形状和属性的几何实体，有着特定的设计或制造意义。”

## D5 计算机辅助工程分析

长期以来，机械设备的分析与计算一直沿用材料力学、理论力学和弹性力学所提供的公式。由于有许多的简化条件，因而其计算精度很低。为了保证设备的安全可靠运行，常采用加大安全系数的方法，但结果会使结构尺寸加大，浪费材料，有时还会造成结构性能的降低。现代产品正朝着高效、高速、高精度、低成本、节省资源、高性能等方面发展，传统的计算分析方法远远无法满足要求。伴随着计算机技术的发展，出现了计算机辅助工程（computer aided engineering，CAE）这一新兴学科。采用 CAE 技术，企业可以建立产品的数字样机，并模拟产品及零件的工况，对零件和产品进行工程校验、有限元分析和计算机仿真。在产品开发阶段，企业应用 CAE 能有效地对零件和产品进行仿真检测，确定产品和零件的相关技术参数，发现产品缺陷、优化产品设计，并极大地降低产品开发成本。在产品维护检修阶段能分析产品故障原因，分析质量因素等。

对 CAE 进一步分析，其具体的含义表现在以下几个方面。

（1）运用工程数值分析中的有限元等技术，分析计算产品结构的应力、变形等物理场量，给出整个物理场量在空间与时间上的分布，实现结构的从线性、静力的计算分析到非线性、动力的计算分析。

（2）运用过程优化设计的方法，在满足工艺、设计的约束条件下，对产品的结构、工艺参数、结构形状参数进行优化设计，使产品结构性能、工艺过程达到最优。

（3）运用结构强度与寿命评估的理论、方法、规范，对结构的安全性、可靠性以及使用寿命作出评价与估计。

（4）运用运动/动力学的理论和方法，对由 CAD 实体造型设计出的机构、整机进行运动/动力学仿真，给出机构、整机的运动轨迹、速度、加速度以及动反力的大小等。

### 1. 动态设计技术和有限元分析

动态设计的目的就是对设备的动力学特性进行分析，通过修改设计和优化设计最终得到具有良好动态和静态特性、振动小、噪声低的产品。机械动态设计是目前正在发展中的一项新技术，它涉及现代动态分析技术、计算机技术、优化设计技术、设计方法学、测试理论、产品结构动力学理论等众多的学科和技术，到目前尚未完全形成完整的动态设计理论、方法和体系，许多问题尚需深入广泛地进行研究。

动态设计的一般过程如下：首先由 CAD 系统产生机械系统的零件图和装配图，由此得到产品的初始结构；然后将初始结构划分为若干子结构，再建立各子结构的动态模型；有了动态模型后，就可以对各子结构进行动力分析，求得固有频率、振型、振幅等动态参数，然后对结果进行分析、研究、比较，若有不理想之处，则对模型进行修改，直至满意为止；将子结构模型综合为整机动力学模型；再对整机模型进行动力分析和灵敏度分析，若结果不理想，则对结构进行修改，最后求得动态特性最佳化设计。整个过程如图 D-3 所示。

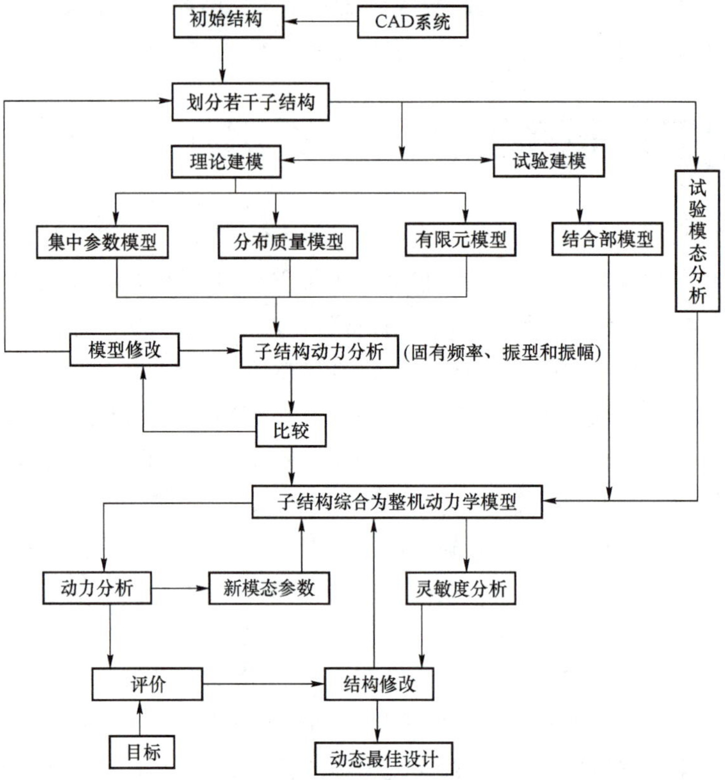


图 D-3　动态设计的一般过程

### 2. 优化设计技术

在工程设计中，设计方案往往不是唯一的，从多个可行方案中寻找“尽可能好”或“最佳化”方案的过程，称为优化设计。传统的设计过程是“构思方案—评价—再构思—再评价”的过程，这也是一种寻优过程。但由于受到人的客观条件的限制，这种设计过程只可能得到“较好的可行解”，无法得到设计的最佳解。为了得到最佳解，国外从 20 世纪 70 年代，国内从 20 世纪 80 年代开始，试图利用计算机辅助这种寻优过程，出现了最优化设计技术。

最优化设计是以数学规划为理论基础，以电子计算机为工具，在充分考虑多种约束的前提下，寻求满足某项预定目标的最佳设计方案。

随着市场经济的发展，产品市场竞争日趋激烈，工矿企业迫切期望提高产品性能，减少原材料消耗，降低生产成本，增强产品的竞争力，使得工程优化设计的应用范围越来越广，效益也越来越显著。

### 3. 可靠性和可靠性工程

可靠性是建立在概率统计理论基础上的，以零件、产品或系统的失效规律为基本研究内容的一门学科。影响产品失效寿命的因素是非常复杂的，有时甚至是不可捉摸的。因此，产品的寿命，即产品的失效时间完全是随机的。只有依靠长期的、大量的统计与实验才能找到它的必然规律，找到能恰当地描述这种规律的数学模型。可靠性工程作为可靠性学科的一个分支，包括下面的一些内容。

(1) 应用可靠性理论预测与评价产品。

(2) 零件的可靠性预测或可靠性评价。

(3) 应用于产品、零部件设计中的可靠性设计(或称概率工程设计)。

(4) 综合各方面的因素,考虑设计最佳效果的可靠性分配和可靠性优化。

(5) 考虑维修因素的系统可维修性与可利用性的估价与设计。

(6) 作为以上各分支基础的可靠性实验及其数据处理。

### 4. 计算机仿真技术

仿真技术是将系统的数学模型,放到计算机上进行模型试验的一种技术。例如,在工程和产品的设计过程中,为了验证和评价设计方案,往往需要建立某一部件或以该产品作为系统的模型,并进行试验,以便获取系统运行过程中最本质的特性数据,供设计工作者修改方案时参考。当然这种试验可通过实物系统模型进行,也可用计算机中生成的几何模型,再经仿真软件,在计算机上进行仿真试验。前者效率低,成本高,常受限制;后者速度快,既安全又经济。仿真技术的研究与应用具有很长的历史。现代仿真与计算机的发展密切相关。20 世纪 50 年代的模拟计算和 20 世纪 60 年代的混合计算机仿真系统及数学仿真语言的出现,使仿真技术广泛应用于航空工业、机电工业、钢铁工业、土木建筑工业等各个领域,在一些非工程领域中,如环境系统、生物系统、社会系统等方面也同样被广泛使用。仿真技术在工程系统中应用,其收效十分显著。例如,在机床设计及试验中,可以对机床传动系统的设计分析及调试的各阶段运用仿真技术,获得更好的传动性能。在进行方案比较时,可应用仿真技术建立各种方案的数学模型,输入有关参数,以确定理想的设计方案。当进入设计阶段后,运用仿真软件优选系统参数,从而得到结构中的最优方案,以获得最优性能和品质。与实物模型试验相比,这既节省了资金和人力,缩短了设计周期,又提高了设计效率。

仿真技术特别适用于那些周期长、难于试验和耗资巨大的系统,具有广泛的发展前景。

# 参 考 文 献


[1] 李继庆,李育锡.机械设计基础[M].2 版.北京:高等教育出版社,2006.

[2] 李育锡.机械设计基础[M].北京:高等教育出版社,2007.

[3] 杨可桢,程光蕴,李仲生,等.机械设计基础[M].7 版.北京:高等教育出版社,2020.

[4] 西北工业大学机械原理及机械零件教研室,孙桓,葛文杰.机械原理[M].9 版.北京:高等教育出版社,2021.

[5] 濮良贵,陈国定,吴立言.机械设计[M].10 版.北京:高等教育出版社,2019.

[6] 陈立德,罗卫平.机械设计基础[M].5 版.北京:高等教育出版社,2019.

[7] 张策.机械原理与机械设计[M].3 版.北京:机械工业出版社,2018.

[8] 王旭,王秀叶,王积森.机械设计课程设计[M].3 版.北京:机械工业出版社,2014.

[9] 汪信远,奚鹰.机械设计基础[M].4 版.北京:高等教育出版社,2010.

[10] 吴宗泽,高志.机械设计[M].2 版.北京:高等教育出版社,2009.

[11] 黄华梁,彭文生.机械设计基础[M].3 版.北京:高等教育出版社,2001.